U0342127

中国石油勘探开发研究院出版物

页岩/致密油气藏提高采收率

[美] James J. Sheng 著

杨 阳　阎逸群　刘书剑　王 睿　陈哲伟　译

北　京

冶 金 工 业 出 版 社

2023

北京市版权局著作权合同登记号 图字：01-2023-0770

First Published in English under the title

Enhanced Oil Recovery in Shale and Tight Reservoirs

edited by James J. Sheng

Copyright © Elsevier Inc. ，2020

This edition has been translated and published under licence from Elsevier Inc.

All Rights Reserved.

内 容 提 要

本书对页岩/致密油气藏的多种提高原油采收率技术进行了系统的论述、对比与总结，介绍了北美地区页岩油气勘探开发的技术经验，通过详细的讨论和实践案例分析，帮助读者全面了解页岩/致密油气藏提高采收率技术的各种方法和原理机制。

本书可供油气开采技术专业、石油工程专业及油田化学应用技术专业的科技人员及大专院校师生阅读参考。

图书在版编目(CIP)数据

页岩/致密油气藏提高采收率/(美) 盛家平 (James J. Sheng) 著；杨阳等译 . —北京：冶金工业出版社，2023.4

书名原文：Enhanced Oil Recovery in Shale and Tight Reservoirs

ISBN 978-7-5024-9329-5

Ⅰ.①页… Ⅱ.①盛… ②杨… Ⅲ.①致密砂岩—提高采收率—研究 Ⅳ.①TE357

中国版本图书馆 CIP 数据核字(2022)第 201500 号

页岩/致密油气藏提高采收率

出版发行	冶金工业出版社	电　话	(010)64027926
地　址	北京市东城区嵩祝院北巷 39 号	邮　编	100009
网　址	www. mip1953. com	电子信箱	service@ mip1953. com

责任编辑　武灵瑶　张熙莹　美术编辑　彭子赫　版式设计　郑小利
责任校对　郑　娟　李　娜　责任印制　禹　蕊
北京捷迅佳彩印刷有限公司印刷
2023 年 4 月第 1 版，2023 年 4 月第 1 次印刷
787mm×1092mm　1/16；22.75 印张；549 千字；350 页
定价 129.00 元

投稿电话　(010)64027932　投稿信箱　tougao@cnmip. com. cn
营销中心电话　(010)64044283
冶金工业出版社天猫旗舰店　yjgycbs. tmall. com
(本书如有印装质量问题，本社营销中心负责退换)

译者的话

    本书的原著 *Enhanced Oil Recovery in Shale and Tight Reservoirs* 由爱思维尔公司于 2020 年出版，系统介绍了页岩/致密油气藏提高采收率方法及其作用机理，包括注气驱、气水同注驱、注气吞吐等，阐述了生产过程中提高采收率的方法、技术和设备所面临的主要问题与解决方案，并给出了最新的实际应用案例，为油藏工程师和研究人员提供了页岩/致密油气提高采收率所需的专业知识，为页岩/致密油气资源管理者提供了该领域的最新信息。

    作者为国际知名油气藏提高采收率专家 James J. Sheng，现任得克萨斯理工大学石油工程专业教授、中国石油大学名誉教授，曾荣获 SPE 美国西南部地区技术奖、得克萨斯理工大学杰出研究奖、最具影响力教师奖、富布赖特专家奖、SPEREE 杰出副主编奖等多项殊荣。

    美国依靠页岩革命实现了能源独立，我国具有雄厚的页岩/致密油气资源基础，大力发展页岩/致密油气是我国油气工业发展的必由之路。但页岩/致密油气藏非常复杂，为借鉴美国成功的研究经验与技术，深化提高采收率方法与机理认识，我们从 2021 年着手翻译本书，历经一年多的句栉字比，力求汲取精华、言简意赅。翻译过程中，得到了中国石油勘探开发研究院肖毓祥、雷征东、王明磊及航天科技张萌等同志的热心帮助，在此表示感谢！

    由于译者水平有限，译文中难免有不足之处，恳请读者批评指正！

译 者

2022 年 10 月

致 谢

本书总结了本人过去十年间在页岩油藏提高采收率技术方面的一些研究成果。书中引用了我曾经的博士和博士后学生及当前博士生的论文和研究成果，以佐证我的观点。这些同学分别是 Yang Yu、Lei Li、Ziqi Shen、Siyuan Huang、Yao Zhang、Sharanya Sharma、Xingbang Meng、Nur Wijaya、Srikanth Tangirala、Tao Wan、Samiha Morsy、Shifeng Zhang、Hu Jia、Junrong Liu、Talal Daou Gamadi 和 Jiawei Tu。此外，本书还引用了其他学者的已发表成果，在此对他们的工作表示诚挚的感谢。

我把自己的大部分时间都投入到了职业发展上，对此，非常感谢我的妻子 Ying Zhang，我的女儿 Emily 和 Selena，还有我的父亲 Jifa Sheng 和母亲 Shouying Liu。如果人生可以重新选择，我会抽更多时间陪伴他们。

本书所述的部分研究工作得到了美国能源部的支持，资助项目编号为 DE-FE0024311，同时还得到了阿帕奇公司和康菲石油公司的大力支持。

James J. Sheng

目　　录

1 页岩和致密油气藏简介

摘　要： 本章总结并讨论了相关文献对页岩和致密储层的定义，在此基础上，对页岩和致密储层进行了初步定义，而目前学术界尚未对页岩和致密层的定义达成广泛共识。本章对页岩油和油页岩的定义进行了区分，前者是指赋存于页岩中的石油，后者是指赋存有机质烃类物质的岩石。后文将介绍页岩和致密储层资源，并对当前的开采技术进行概述。

关键词： 油页岩；页岩；页岩油；页岩资源；致密储层

1.1　引言

2015 年，页岩和致密储层的原油产量占美国原油总产量的一半以上（美国能源信息署（EIA），2016）。随着低渗透油气藏的大力开发，这一产量预计将持续大幅增长。当前的页岩油开采技术是利用水平井多段横向压裂进行衰竭开采，其原油采收率通常低于10%（Sheng，2015d）。根据 EIA 2013 报告（Kuuskraa，2013），当前开采技术的原油采收率仅为 3% ~ 6%。致密储层的原油采收率也很低，仅为 15% ~ 25%（Kuuskraa，2013）。Clark 的研究结果（2009）表明，经多种方法证实，Bakken 页岩的原油采收率很可能仅为7% 左右。北达科他州委员会在网站上发表声明："采用当前最先进的技术，预计可采出1% ~ 2% 的储量"（北达科他州委员会，2012 年）。美国 28 个致密油区的原油采收率均低于 10%（美国先进资源国际公司，2013）。可以肯定的是，在未采用提高采收率（EOR）技术的情况下，仍有很大比例的原油尚未被采出，页岩油和致密油的采收率还有很大的提升空间。因此，本书专门讨论了页岩和致密油气藏的提高采收率技术。

在本章节中，首先对页岩和致密油藏进行定义，之后论述了当前的开采技术。在随后的章节中，将对 EOR 技术进行详细论述。

1.2　页岩和致密油气藏的定义

在本节中，对页岩和致密油气藏进行了定义，对页岩油和油页岩的术语进行了区分，并讨论了不同的注采方式。

1.2.1　页岩致密储层

页岩是一种层状或易裂黏土岩或粉砂岩。如果黏土岩（或粉砂岩，未包含在 Pettijohn 的研究中，1957）既未开裂也未分层，而是呈块状或巨块状，则称为泥岩。黏土岩即硬化的黏土，而黏土是颗粒小于 0.002mm（半径，或直径为 1/256mm）的沉积物（Pettijohn，1957）。致密地层可作为油气储层。页岩和致密储层具有同一个重要特点，即渗透率非常低。致密储层的原油渗透率低于 0.1mD（空气渗透率低于 1mD）（Jia 等，2012），而页岩储层的基质渗透率量级为 nD。Zou 等人（2015）将 1mD 的空气渗透率作为标准，划分了常规和非常规油气藏。Song 等人（2015）将页岩层、致密层、煤层气层和油页岩归入非常规储层。另一个相关术语是超低渗透率储层，其渗透率为 1nD～1mD（Speight，2017）。换言之，超低渗透率储层包括致密层系和页岩储层。但在中国，超低渗透率的定义为 0.3～1mD（空气渗透率）（Yang 等，2013）。部分页岩储层发育小型天然裂缝，会使得有效渗透率的量级高于纳米量级。致密油气藏的部分关键参数包括：孔隙度小于 10%，总有机碳（TOC）高于 1%，热成熟度为 0.6%～1.3%，以及 API 度高于 40（Jia 等，2012）。前人根据页岩孔径的分布范围对其进行划分，认为微孔的孔径 $d \leqslant 2nm$，中孔的孔径 d 为 $2nm < d \leqslant 50nm$，大孔的孔径 $d > 50nm$（Fakcharoenphol 等，2014）。根据美国能源部（DOE）的报告，页岩是在低能量环境中形成的泥岩沉积物，主要由固结的黏土颗粒组成（地下水保护委员会和所有咨询公司，2009）。

同时也可采用孔径定义页岩储层和致密储层。Zou 等人（2012）定义了孔喉直径，页岩气层的孔喉直径为 5～200nm，致密油灰岩层的孔喉直径为 40～500nm，致密油砂岩层的孔喉直径为 50～900nm，致密气砂岩层的孔喉直径为 40～700nm。一些研究者将页岩储层归类为烃的烃源岩（Aguilera，2014）或运移距离极短的岩石层（Yang 等，2015），并将致密储层定义为靠近烃源岩的储层（原油运移距离较短）（Jia 等，2014）或包含烃源岩-储层互层的储层（Zheng 等，2017）。实际上，页岩层不一定是烃源岩。严格来说，页岩油来自烃源岩和泥页岩等页岩储层；致密油则源于低渗透率的砂岩、粉砂质砂层和碳酸盐岩储层。然而，在实际应用中，这两个术语之间似乎没有明确或一致的区分，通常作为同义词使用。显然，在中国通常使用"致密储层"一词，而在世界其他地方，特别是在美国，则通常使用"页岩储层"一词。Zhou 和 Yang（2012）已对这个问题进行了深入讨论及评论。

Zhao 等人（2018）列出了页岩与致密层系之间的一些差异，本书在表 1.1 中对这些差异进行了总结。

表 1.1　页岩和致密储层之间的区别

项目	致密储层	页岩储层
烃类物质的类型	已转化的烃类物质（石油和天然气）从附近的烃源岩中运移而来	已转化的烃类物质（石油和天然气）和未转化的有机质
岩石	储层（石油和天然气）	烃源岩
孔隙度	>6%	<3%
渗透率	<1mD（空气渗透率）	<1nD（可能为笔误，应当为<1μD）

尽管前人已经对页岩和致密油气藏进行了上述讨论，但尚未对"致密油"一词进行具体的技术、科学或地质定义。致密油是一个行业常用术语，一般指从渗透率极低的页岩、砂岩和碳酸盐岩地层中生成的原油，其渗透率依然作为衡量流体穿过岩石能力的标准。在局部区域，地层的渗透率非常低，几十年来原油产量一直很少（EIA，2018a）。

应当对页岩和致密储层进行定义。初步定义见表 1.2。

表 1.2 页岩和致密储层的初步定义

项目	致密储层	页岩储层
烃类物质的类型	已转化的烃类物质（石油和天然气）从附近的烃源岩中运移而来	未转化的有机物和已转化的烃类（石油和天然气）和/或从附近烃源岩运移过来的烃类（石油和天然气）
岩石	储层	烃源岩和储层互层
基质渗透率	<0.1mD	<1μD

在页岩和致密油气藏的开发过程中，须使用相同的非常规技术（水平井钻探和压裂技术），为了方便起见，本书将这二者结合并进行讨论。因此，本书未对页岩油和致密油的术语加以区分，除非是在某些必要的情况下。请注意，一些研究者将页岩油定义为来自油页岩和页岩储层的原油（NPC，2011；Jia 等，2012）。然而，应用于油页岩和页岩储层的原油开采技术有很大差别，因此这一定义逐渐失去了用途。在油页岩的原油开采过程中，一般采用高温热解技术。

1.2.2 油页岩与页岩油

油页岩和页岩油之间有很大的区别。油页岩是一种岩石，它包含一种被称为"干酪根"的固体有机化合物，是石油的前身。油页岩是一种误称，因为干酪根并不是真正的原油，而赋存干酪根的岩石不一定是页岩。页岩油是指赋存在非常致密的地层中的烃类物质，这些地层中的石油和天然气无法轻易流入生产井。

在油页岩中，为了生成石油和天然气（在开采之前），需要在低氧环境中将富含干酪根的岩石加热到高温状态（约510℃或500℃），这一过程被称为干馏。目前通常采用两种方法加热岩石，一种方法是开采岩石并在地表对其进行加热，另一种方法则是在地下区域进行加热。为了加热地下岩层，埃克森美孚公司开发了一种工艺，能够在油页岩地层中形成地下裂缝，并在裂缝中铺设导电材料，从而使电流通过页岩，将干酪根逐渐转化为液体石油。而壳牌石油公司则将电加热器埋在地下，以加热油页岩。与油页岩生烃技术相比，当前页岩油的开采技术更为人所熟知，其中包括水平井钻探技术和压裂技术。在中文文献中，按照字面翻译，有一个术语可译为"体积压裂"。这一术语实际上是指能够形成大型储层改造体积的大规模压裂（Qi，2015）。

1.2.3 注入模式

可通过注入模式或吞吐模式将流体（无论是水还是气体）注入油气藏。在驱替模式中，可通过特定井注入流体，之后从一个或多个独立的井中采出石油和天然气（见图1.1）。在吞吐模式中，通过一口井注入流体，之后将原位流体（油、气和水）和一部分注入流体从同一口井中开采出来（见图1.2）。在某些情况下，油井存在一个关井期，这一时期被称为闷井时间。之后重复进行注入-闷井-开采过程。

在某些情况下，可能会将采出液重新注入储层，以便对采出液进行循环使用。在驱替模式和吞吐模式下，均可实施这一循环注入过程。然而，在油气相关文献中，循环注入更多指吞吐注入模式。

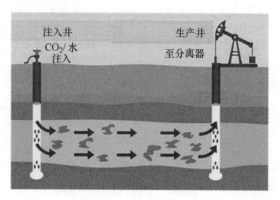

图 1.1　驱替模式示意图

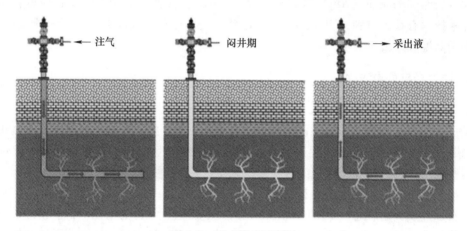

图 1.2　吞吐模式示意图

1.3　页岩和致密资源

根据 EIA 的报告，未来石油和天然气产量的增加将主要来自致密油气藏，如图 1.3 所示。来自致密储层烃源岩的石油和天然气产量超过了其他来源的总和，在中国也是如此。

1.4　当今的开采技术

当前的页岩和致密油气藏开采技术主要通过水力压裂水平井进行一次采油。就提高原油采收率方法而言，Orozco 等人（2018）指出："到目前为止，业界主要采用吞吐注气模式以提高页岩储层的原油采收率。"石油工程师协会（Society of Petroleum Engineers）于 2017 年 11 月 5 日至 10 日在得克萨斯州圣安东尼奥举办了一场非常规油气藏的 EOR 技术论坛，该会议长达一周，主要讨论了吞吐注气技术。在会议的最后，有人提问："对于页岩和致密油气藏，还有没有其他可行的 EOR 技术？"毫无疑问，已经有人提出了其他有潜力的 EOR 技术。本书的部分章节将讨论这些有潜力的提高采收率技术及相关内容。

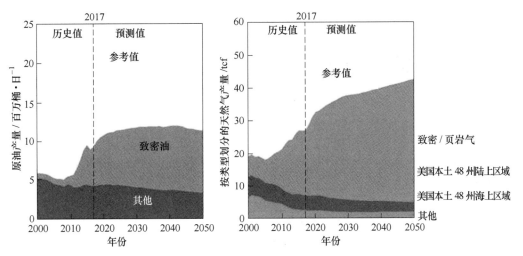

图 1.3 美国原油和干气产量

（1tcf＝2.8317×10¹⁰m³）（EIA，2018b）

2 油藏注气吞吐采油技术

摘　要：本章主要研究分析页岩和致密油藏的注气吞吐方法，探讨了基质尺寸、压力及压力衰减速度、闷井时间、气体成分、扩散、含水饱和度、应力和渗透率敏感性等因素对提高采收率潜力的影响，还探讨了提高采收率的机制。研究发现，注气吞吐的最小混相压力高于常规细管试验的估计值，同时天然气穿透深度与天然裂缝的密度密切相关。此外，本章还介绍了一些油田项目。

关键词：扩散；气体组分；气体穿透；吞吐；最小混相压力；压力衰减速率；闷井时间

2.1　引言

在页岩和致密储层中，气体具有超低渗透率和高注入率，因此注气是首选开采方式。可通过驱替或吞吐进行注气。此外，由于基质具有超低渗透率，因此大部分压力下降往往发生在注入井附近。通常情况下，注入气体需要通过很长时间才能将石油驱替至生产井。因此，驱替模式失去了以往的优势。相反，在吞吐模式下，于同一口井中进行注气和产液，在注气期间，油气井附近的压力会迅速增加，在进入回采模式后可以迅速生产液体（气、油和水）（Sheng 和 Chen，2014）。注气作业的优势在于可以很快得到回报，且注气—闷井—回采过程可以重复进行（多轮次）。这一优势可持续很长一段时间。因此，吞吐作业是首选方式。在这一章中，我们详细讨论了注气吞吐工艺，包括该工艺的机制和相关油田项目，以及相关实验和数值模拟研究，用于研究工艺性能的影响因素。

2.2　注气吞吐的初步模拟研究

Chen 等人（2013）最早使用 UT-COMP 储层模拟器（UT Austin 的组分模拟器）模拟了储层非均质性对页岩油储层注 CO_2 吞吐提高采收率效果的影响。他们得到的结论是，如果储层是均质的，注入的 CO_2 向储层深部运移，近井储层压力增加较少，因此无法在生产阶段将原油驱替回井中，导致原油采收率低于一次采油采收率。在一些已发表的期刊论文中（Chen 等人，2014）认为储层的非均质性使得生产阶段的采收率加速下降，从而降低了最终采收率；而生产阶段的采收率增量无法弥补注气和停产阶段的产量损失，因此吞吐作业的最终采收率低于一次采油。

Sheng（2015d）进一步分析了 Chen 等人（2014）的数据和结果。在他们建立的模型中，吞吐过程为 300 ~ 1000 天，注气压力为 27.579MPa（4000psi），井底生产压力为20.684MPa。Sheng（2015d）认为这些结果是由于较低的历史产量和低注气压力造成的。为了支持这个论点，Sheng 使用模型模拟了 Chen 等人的注气压力及注气和开采过程。模拟结果表明，在吞吐过程中，0 ~ 1000 天的采收率为 2.94%，低于一次采油采收率（3%），

Sheng 的模拟结果与 Chen 等人观测到的结果一致。然而，通过该模型还能够观测到，当注气压力为 48.263MPa 时，吞吐 30 年、50 年和 70 年的采收率均高于一次采油的采收率。Sheng 认为 Chen 等人得到的结果受较低的注气压力（27.579MPa）的影响，该压力低于储层初始压力（47.159MPa）。因此，提高高压储层的注气压力才能充分发挥吞吐作业的优势，从而提高采收率。

Wan 等人（2013a）与 Chen 等人几乎同时提出了注气吞吐方法，他们的模拟结果表明，注气吞吐可以显著提高原油采收率。之后，他们以研究小组的形式开展了大量实验和数值模拟研究。下文将对其中一些研究进行讨论，同时将前人研究中与该研究有关的内容相结合。

2.3 实验方法

在页岩和致密岩心中，流体流速很低，实验结果可能产生严重误差，因此开展实验的难度很大，本节将讨论多个已经论证过的实验装置。

2.3.1 岩心含油饱和度

在进行实验时，需要用油将岩心浸透。由于岩心的渗透率非常低，且所需的饱和压力非常高，故不能使用传统的干燥器，可以使用如图 2.1 所示的实验装置。首先将岩心抽真空 1 天，测得岩心干重为 W_{dry}。然后，通过另一个泵泵送原油，直到容器内达到所需的高压，之后停止泵送。在高油压的作用下，油会逐渐渗透至岩心中，由于岩心已被抽真空，因此其内部压力较低。随着时间的推移，岩心内部的压力增加，直到与容器内的油压相等。在饱和阶段，原油被吸入岩心，容器内的油压下降，因此可能重新启动油泵。当容器内的压力停止降低时，表示岩心基

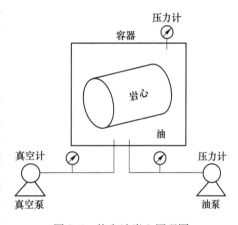

图 2.1 饱和油岩心原理图

本处于饱和含油状态，之后测量已被原油浸透的岩心的质量 W_{sat}。通常，在低于一定压力的情况下，原油无法进入非常狭窄的孔隙，而随着饱和压力的增加，原油可进入一些较窄的孔隙。那么，应施加多大的压力呢？一般来说，饱和压力要比储层的初始压力高数个兆帕。实践发现，岩心无法完全处于饱和含油状态，即使在这样高的压力下，原油也无法进入极小的孔隙。这种部分饱和状态是符合实际情况的，因为在实际采出过程中，无论如何都无法采出极小孔隙中（如几纳米）的原油。因此，造成实验室采收率结果偏好的原因是岩心的部分含油饱和性。饱和油的质量为 $W_{sat} - W_{dry}$。经验表明，由岩心含油饱和度造成的误差并不明显，为了证明这一点，研究检查了不同饱和压力下的原油质量，还检查了岩心中赋存的原油质量，并将其与通过氮气注入或使用 CT 扫描仪独立测量得出的孔隙体积进行了对比。

通过 CT 可以推导出孔隙度计算公式。如果孔隙度是已知的，则孔隙体积也已知，可将孔隙体积中的原油质量与饱和岩心和干燥岩心的质量差进行比较。如果原油质量等于或

非常接近二者质量差，则能够表明岩心是完全饱和的。

假定岩石处于完全饱和油状态，则含油岩石的总质量等于原油和岩石的总质量之和：

$$V_{or}\rho_{or} = V_o\rho_o + V_r\rho_r \tag{2.1}$$

式中　V_{or}，V_o，V_r——孔隙完全饱和的含油岩石体积、原油体积及固体岩石的体积；

　　　　ρ_{or}，ρ_o，ρ_r——孔隙完全饱和的含油岩石、原油以及岩石本身的密度；

　　　　下标 o，r——原油、岩石。

将各项除以 V_{or}，上面的方程可转化为：

$$\rho_{or} = \phi\rho_o + (1 - \phi)\rho_r \tag{2.2}$$

式中　ϕ——孔隙度。

假设物质的密度与物质中测量到的 CT 值成正比，则上面的方程可以表示为：

$$CT_{or} = \phi CT_o + (1 - \phi)CT_r \tag{2.3}$$

同样，对于饱含空气的干岩石，公式可以表示为：

$$CT_{ar} = \phi CT_a + (1 - \phi)CT_r \tag{2.4}$$

式中　下标 a——空气。

根据上述两个方程，孔隙度可表示为：

$$\phi = \frac{CT_{or} - CT_{ar}}{CT_o - CT_a} \tag{2.5}$$

可通过 CT 值或 CT 图像来检测岩心是否处于饱和油状态，如果岩心中部 CT 值与岩心边缘 CT 值接近，则表明岩心已处于饱和状态，图 2.2 为 40 张处于饱和油状态的岩心的 CT 图像（Li 和 Sheng，2016）。在图 2.2 的岩心中部显示了更多绿色，表明其 CT 值较低，但总体而言，颜色相对均匀。还可以通过比较每片干燥岩心和油饱和岩心的 CT 值对饱和度进行复核，如图 2.3 所示（Li 和 Sheng，2016）。结果表明，每一张片子的饱和岩心的 CT 值均高于干岩心的 CT 值。

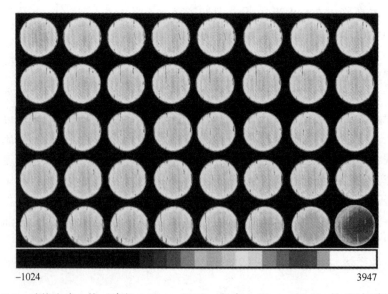

图 2.2　油饱和岩心柱（直径 5.08cm（2in），长度 5.08cm（2in））的 CT 切片图像

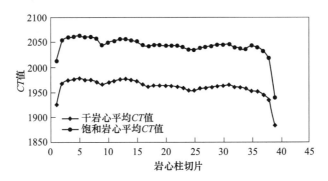

图 2.3 干岩心与油饱和岩心的 *CT* 值对比

2.3.2 吞吐实验

气体（N_2）吞吐实验的实验装置如图 2.4 所示（Yu 等，2016a），该装置主要包括高压氮气瓶、高压容器、压力表、三通阀、两个压力调节器及一个气体质量流量控制器。将油饱和岩心置于容器进行称重，得到 W_{sat}，容器内径与岩心之间的环空代表基质周围的裂隙间距。在进行吞吐实验之前，需要关闭所有阀门。

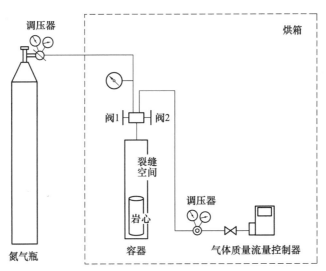

图 2.4 注 N_2 吞吐试验装置示意图

完整的吞吐轮次工艺流程如下：

（1）打开阀 1 和氮气瓶阀门，将气体输送到容器中，直到系统压力达到设计的注气压力；

（2）关闭阀 1，让岩心进入闷井时间；

（3）闷井结束后，打开阀 2，并设定一个预期的气体出口流量，以将系统压力（线性）降至大气压力；

（4）从容器中取出岩心，测量质量（W_{exp}），计算采出程度 $(W_{sat} - W_{exp})/W_{sat}$；

（5）重复（1）~（4）步，完成一组次数（轮次）。

在 Akita 等人（2018）的实验装置中，没有采用岩心柱，而是使用了破碎的页岩样品。在他们的实验中，通过每个轮次前后核磁共振体积的差值计算产生的液体流量。

还可以根据 CT 值计算原油采收率。根据 Akin 和 Kovscek（2003）的研究成果，岩心的 CT 值位于连接第 1 阶段与第 2 阶段的直线上。他们指出，岩心的 CT 值与组成材料的衰减系数呈线性关系：

$$CT_{gor} = (1 - \phi)\mu_r + \phi S_o\mu_{or} + \phi S_g\mu_{gr} \tag{2.6}$$

式中 CT_{gor} ——气、油和岩石系统的 CT 值；

$\mu_r, \mu_{or}, \mu_{gr}$ ——岩石的衰减系数、油饱和岩心的衰减系数及气饱和岩心的衰减系数；

S_o, S_g ——含油饱和度和含气饱和度。

注意，衰减系数 μ_{or} 和 μ_{gr} 并不仅仅是油和气体的衰减系数，尽管我们的直觉或逻辑上通常认为它们是。

如果孔隙中只含有气体，则上述方程可表示为：

$$CT_{gr} = (1 - \phi)\mu_r + \varphi\mu_{gr} \tag{2.7}$$

如果孔隙中只含有油，则上述方程可表示为：

$$CT_{or} = (1 - \phi)\mu_r + \varphi\mu_{or} \tag{2.8}$$

孔隙中含有纯流体、油或气体，$\phi = 1$，从以上两个方程可以看出，CT 值等同于 μ，故根据式（2.7）和式（2.8），可以得到：

$$\phi = \frac{CT_{or} - CT_{gr}}{\mu_{or} - \mu_{gr}} \tag{2.9}$$

请注意，式（2.9）与式（2.5）有所不同，因为它是在式（2.6）的基础上推导出来的，因此可能存在错误。我们认为式（2.6）可表示为：$CT_{gor} = (1 - \phi)CT_r + \phi S_o CT_o + \phi S_g CT_g$，稍后将会对该公式展开进一步讨论。

根据式（2.6）和式（2.7），我们可以得到：

$$CT_{gor} - CT_{gr} = \phi S_o(CT_o - CT_g) \tag{2.10}$$

结合式（2.9）和式（2.10），可以得到：

$$S_o = \frac{CT_{gor} - CT_{gr}}{CT_{or} - CT_{gr}} \tag{2.11}$$

则原油采收率 RF 为：

$$RF = \frac{S_{oi} - S_o}{S_{oi}} \times 100\% \tag{2.12}$$

式中 S_{oi} ——初始含油饱和度。

尽管很多学者都采用了式（2.12）（Shi 和 Horne，2008；Li 和 Sheng，2016；Meng 等，2017），但其推导缺乏严谨性，下文将介绍另一种推导方法。

两种流体饱和的岩心（气体和油）的质量平衡方程为：

$$\rho_{gor} = (1 - \phi)\rho_r + \phi S_o\rho_o + \phi S_g\rho_g \tag{2.13}$$

假设系统或材料的密度与 CT 值成正比，则

$$CT_{gor} = (1 - \phi)CT_r + \phi S_o CT_o + \phi S_g CT_g \tag{2.14}$$

如果岩石处于气体或油饱和状态，可以得出：

$$CT_{or} = (1 - \phi)CT_r + \phi CT_o \tag{2.15}$$

和

$$CT_{gr} = (1 - \phi)CT_r + \phi CT_g \tag{2.16}$$

结合式（2.14）和式（2.16），可得出式（2.11）。

图 2.5 为干岩心、油饱和岩心及 8 轮次期间的 CT 值累积分布图（Li 和 Sheng，2016），轮次中的 CT 值介于干岩心与饱和岩心的 CT 值之间。CT 值随轮次的增加而减小，根据各个轮次的 CT 值，利用式（2.11）可计算含油饱和度，利用式（2.12）可计算采出程度，如图 2.6 所示。

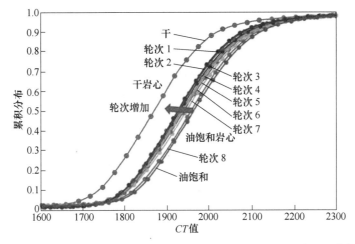

彩图

图 2.5 Houns 油田干岩心、饱和岩心及 8 轮次期间的 CT 值累积分布

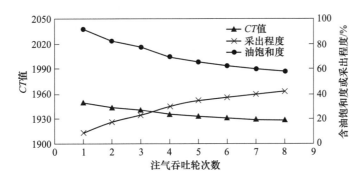

图 2.6 各吞吐轮次中的 CT 值、油饱和度及原油采出程度

Tovar 等人（2014）在实验装置（见图 2.7）的岩心柱与容器壁之间的环空中填充玻璃珠，以模拟水力裂缝。在 CO_2 吞吐过程中，使用 CT 扫描仪监测油饱和度的变化。根据 CT 值计算原油采收率，玻璃微珠中的孔隙度远大于岩心的孔隙度，因此二氧化碳饱和度非常接近 1。

在 Alharthy 等人（2015）的装置中（见图 2.8），采用的是 ISCO 泵，以 34.47MPa 的压力在萃取器的进口阀处注入 CO_2，在整个实验过程中压力保持不变，萃取器内的温度为 110℃。岩心和器壁之间的环空代表基质周围的裂隙。在注气阶段，关闭出口阀，保持 CO_2 的压力在 34.47MPa，持续 50min（闷井时间），如果实验不能继续，则保持一整夜。随后，仅将出口阀打开 10min，与此同时，进口压力保持在 34.47MPa。该过程利用二氧化碳的冲洗作用，将岩心的石油提取到收集容器中。当发生置换时，该过程不能完全代表采

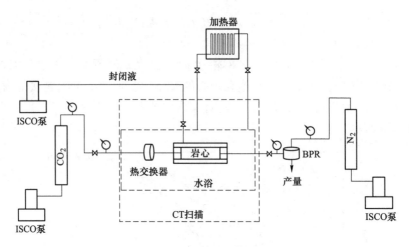

图 2.7 替换设备原理图

(Tovar 等，2014)

油阶段。它代表 CO_2 或溶剂在裂缝储层中发生流动，主要是在缝隙内流动，该过程实际上是一个溶剂萃取（闷井）过程。整个过程大约需要 1h，有些实验可能会持续 24h 以上，利用气相色谱法可计算原油采收率。

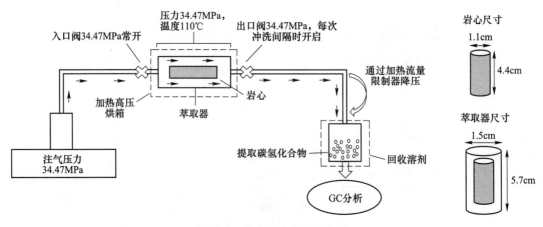

图 2.8 提高采收率实验装置

(Alharthy 等，2015)

2.3.3 吞吐效果的实验验证

Wan 等人（2013a）和 Chen 等人（2013）的实验模拟工作表明，在页岩岩心和页岩储层中采用注气吞吐技术能够提高原油采收率，但是仍需要通过实验来验证该结论。注气吞吐技术存在的主要问题有：（1）注气期间，注气压力较高，气体全部自岩心表面注入，自岩心逆流而出的油量非常少；（2）回采（生产）阶段，由于油的可压缩性较低，因此进入岩心的气体有限，从而限制了将油驱替出岩心的压力能量；（3）基于这两个原因，吞吐过程可能会引起注气和产气的发生。

为了验证提高采收率的潜能，Gamadi 等人（2013）首次使用了与图 2.4 类似的实验装置，采用了来自 Eagle Ford 盆地、Barnett 盆地和 Marcos 盆地的页岩露头岩心柱（无裂缝基质岩心），实验介质采用的是 Soltrol 130 矿物油和氮气。实验分析了闷井时间和注气压力等参数的影响。结果表明，注气吞吐可以显著提高原油产量，如图 2.9 所示。

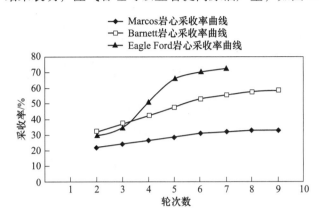

图 2.9 对 Mancos、Barnett 和 Eagle Ford 岩心注入氮气的情况

Tovar 等人（2014）在密闭条件下使用了保存完好的井壁岩心（直径 2.54cm（1in）），将这些岩心在压力分别为 11.031MPa 和 20.684MPa，温度为 100℃ 的 CO_2 环境下闷井数天。之后将系统压力提升至设定的压力之上（类似于回采阶段），获得了原油产量。开采 1h 后，将系统压力再次保持在低于设定压力 0.689MPa 的压力水平（类似于注气和闷井阶段）。每天开采两次，岩心的原油采收率达到了 18%~55%。

Alharthy 等人（2015）使用了溶剂闷井工艺（非吞吐），同时还发现，通过使用二氧化碳，可将 Bakken 组中段岩心的采收率提升至 95%，并将 Bakken 组下段岩心的采收率提升至 40%，其中岩心的直径为 1.1cm，长度为 4.4cm。他们还使用了一些其他溶剂，如甲烷，甲烷-乙烷混合物及氮气。

2.4 岩心尺寸的影响

继上文的初步研究和实验验证之后，研究人员又相继开展了许多实验和模拟研究，接下来将对这些结论进行总结和讨论。

在之前的验证实验中，均采用了小岩心，获得了较高的采收率。但在实际储层中，岩石的基质尺度要大得多。因此，不可将小岩心的实验结果直接应用于实际储层，需要研究岩心尺寸对实验结果的影响。

Li 和 Sheng（2016，2017a）利用西得克萨斯州 Wolfcamp 组的两组岩心进行了一项实验，研究了岩心大小对吞吐效果的影响。第一组岩心柱的长度均为 5.08cm，直径分别为 2.54cm、3.81cm、5.08cm、7.62cm、8.89cm、10.16cm。第二组岩心柱直径均为 3.81cm，长度分别为 2.54cm、5.08cm、6.985cm、8.89cm。在实验过程中注入甲烷气体，注气压力为 13.789MPa，烘箱温度设置为 35℃，所有的实验都在此温度下进行，按照 2.3.2 节所述的步骤进行了吞吐实验。

图 2.10 给出了相同长度（5.08cm）且不同直径的岩心的采收率。不难理解，随着直径的增大，表面积体积比减小，扩散面积和流动面积相对降低，压力梯度（dp/dr）变小，导致原油采收率降低。

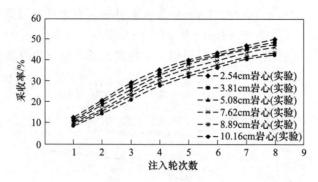

图 2.10 相同长度、不同直径的岩心采收率

图 2.11 给出了直径（3.81cm）相等、不同长度的岩心的采收率。结果表明，各岩心的采收率差别不大，原因是表面积体积比没有发生变化，因此扩散面积和流动面积没有变化，长度变化时，压力梯度（dp/dr）不变。

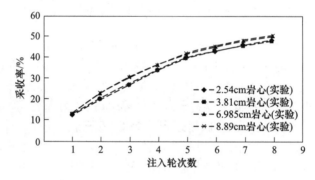

图 2.11 相同直径、不同长度的岩心采收率

上述实验表明，注气吞吐采收率随岩心大小的不同而发生变化，可以预见，它也会随着矿场尺度上储层基质的大小而变化。为了能够使用上述实验数据，需要采用一种升级尺度的方法。Li 和 Sheng（2017b）提出了不同规模的原油采收率与无量纲时间的关系曲线：

$$t_D = \frac{0.000264kt}{\phi \mu c_t L^2 p_D^2} \tag{2.17}$$

式中 t_D ——无量纲时间；

  k ——渗透率，mD；

  t ——作业时间，h；

  ϕ ——基质孔隙度；

  μ ——油的黏度，cP（1cP = 1mPa · s）；

  c_t ——总压缩性，psi^{-1}（1psi = 6894.757Pa）；

  L ——长度，ft；

  p_D ——无因次压力，可定义为：

$$p_D = p_{huff} - p_{puff} = \frac{\int_0^{t_{huff}} p_{avg} dt}{S_{huff}} - \frac{\int_0^{t_{puff}} p_{avg} dt}{S_{puff}} \tag{2.18}$$

式中　下标"huff"，"puff"——"注气"和"回采"阶段；

　　　　p_{avg}——基质平均压力。

参照图 2.12 中标注的区域，p_{huff} 和 p_{puff} 可定义为：

$$p_{huff} = \frac{S_1}{S_2} = \frac{\int_0^{t_{huff}} p_{avg}dt}{S_{huff}} = \frac{\int_0^{t_{huff}} p_{avg}dt}{p_{max} \times t_{huff}} \tag{2.19}$$

$$p_{huff} = \frac{S_3}{S_4} = \frac{\int_0^{t_{puff}} p_{avg}dt}{S_{puff}} = \frac{\int_0^{t_{puff}} p_{avg}dt}{p_{max} \times t_{puff}} \tag{2.20}$$

式中　S_1——一个轮次内的基质平均压力随注气（吞）时间 t_{huff} 变化的积分；

　　　　S_2——注气过程中最大的平均基质压力所定义的区域，等于 $p_{max} \times t_{huff}$；

　　　　S_3——一个轮次内基质平均压力随回采（吐）时间 t_{puff} 的积分；

　　　　S_4——最大的平均基质压力所定义的区域，等于 $p_{max} \times t_{puff}$。

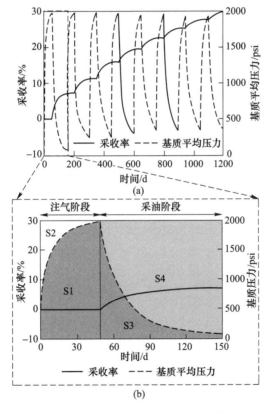

图 2.12　采收率和基质平均压力随作业时间变化而发生的变化

（a）在典型的吞吐注气时间内；（b）典型曲线进行放大

（1psi = 6894.757Pa）

根据上述定义可知，不同基质大小模型模拟的采出程度与无量纲时间曲线几乎落在同一曲线上，如图 2.13 所示。图中不同尺度基质的原油流动性（渗透率除以油的黏度）是相同的。当原油的流动性增加时，曲线向右移动，但当油气井生产作业约束条件发生变化时（如注气压力和生产压力），曲线却未发生移动。当注气-回采（吞-吐）时间同时或二者之一发生变化时，p_D 也会随之发生改变。p_D 增加，t_D 也增加，曲线向左移动。模型模拟结果表明，采出程度的最佳 p_D 为 0.8（Li 和 Sheng，2017b）。

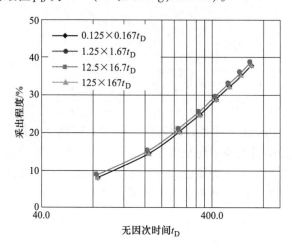

图 2.13 不同尺度模拟模型的采出程度与无量纲时间的关系

2.5 压力和压力衰减的影响

在室内研究初期，注气压力一般为数十个兆帕，之后将其瞬时释放到大气中。研究发现，随着注气压力的增加，采收率也会增加（Gamadi 等，2013），同样，Yu 等人（2016a）、Li 等人（2018）室内和模拟研究人员也证实了这一结果。Liu 等人（2005）指出，注气压力越低，气体穿透速度越低，注入的气体（CO_2）能够停留在注入井附近，从而减少气体与原油的接触。当气体流速较高时，气体可能绕过原油，进一步渗入储层中，增加了气与原油的接触。如果注气压力过高，也可能将原油驱离油井。实验结果表明，在常规储层中，注入气体的速度以中速最佳。在页岩和致密油储层中，高注入速度产生高注气压力，从而达到更好的效果。但是，如果注气压力进一步增大，且注气吞吐的时间足够长，增加的油量会逐渐减少，得到的采收率与较低压力下得到的采收率基本相同（Song 和 Yang，2013）。

注气压力的作用与回采压力的作用相反，当回采压力较低时，会产生较高的压降，从而进一步增加采收率。Sheng 及 Chen（2014）和 Sanchez-Rivera 等人（2015）的模拟结果表明，压降越大，采收率越高，相比通过提高回采压力来维持井筒附近的混相，更关键的措施是要获得更大的压降。

在实验室中，如果岩心大小相同，压力的影响实际上就是压力衰减速率的影响。在真实储层中，压力衰减速率不同于或低于典型的室内实验结果。为了利用室内实验结果进行现场动态预测，必须研究压力衰减速率的影响。

Yu 等人（2016a）利用图 2.4 所示的实验装置，使用 Eagle Ford 盆地的两个露头岩样（LEF_3 和 LEF_4）研究了压力衰减速率的影响。其中岩心的孔隙度为 9.7%，渗透率为 300~500nD。实验使用了氮气和黏度 8mPa·s 的 Wolfcamp 脱气原油，闷井 12h，闷井压力 6.895MPa（1000psi），分别在 0.05h、12h、24h 和 48h 内将压力泄压到大气中。从图

2.14 的数据可以看出，随着压力衰减速率的降低，采出程度也逐渐降低。他们还通过一个模拟模型将实验结果与 LEF-3 岩心的实验数据进行历史拟合，如图 2.15 所示。在开展拟合之前，研究人员还做了大量前期工作（Yu 和 Sheng，2015）。

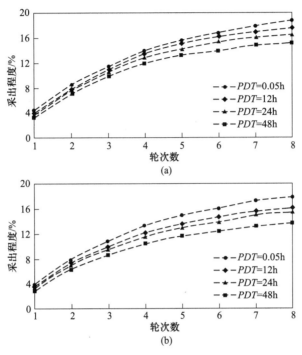

图 2.14　压力衰减速率影响

（a）LEF_3；（b）LEF_4

PDT—压力衰减时间

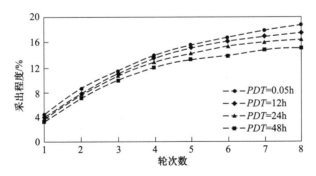

图 2.15　对比实验数据和模拟数据对压力衰减率的影响（岩心 LEF_3）

压力衰减越快，就可以在同一时间段内进行更多轮次，从而进一步提高原油产量；也会有更多的气体点形成核，然后聚集成小气泡，这些气泡不断变大或膨胀，从而产生能量，将原油从岩石基质中驱替出来。随着气泡越来越多，气泡之间将更难融合。也就是说，如果压力衰减速率较低，会形成较大的气泡，且气泡更容易聚结，从而形成连续的流动通道，绕过原油从基质中流出（Sheng 等，1997，1998）。

有趣的是，Akita 等人（2018）的注气吞吐实验数据表明，注气速率越高，采收率越低。他们将这种低采收率归因于两相扼流效应。实验采用了天然岩心柱和二氧化碳气体，温度为 65.6℃，注气压力为 24.131MPa（3500psi），闷井时间为 1h，并采用了两种压力衰减速率。在快速衰减实验中，将 24.131MPa 压力于 3min 内泄压到大气中。在另一个慢速衰减实验中，将 24.131MPa 压力于 45min 内泄压到大气中。降压后，将样品从压力容器中取出，放入干燥器中冷却至室温，并放置 1h，然后利用各个轮次前后测得的核磁共振体积差异来测量每个轮次期间样品所产生的液体量。核磁共振测量的频率为 12MHz，回波时间 TE 为 0.114ms。实验结果表明，慢速衰减实验中每个轮次的采收率大约是快速衰减实验中相应轮次的两倍。

在快速衰减实验中，压力衰减完后立即从压力容器中取出样品，放入干燥器冷却到室温，由于室温和压力都很低，样品中的液体无法再次流出来。根据经验，致密岩心中的液体流出需要很长时间。而在慢速衰减实验中，样品处于高温环境下（65.6℃），并以相对较高的压力保持了 1h。根据我们的经验，这段时间内，将流出大量液体。

2.6 闷井时间的影响

显而易见，闷井时间越长，注入气体扩散到基质和溶解到原油中的时间就越长，因此在每个轮次中可以采出更多的原油，这一结果已在相关文献中得到证实（Gamadi 等，2013；Yu 和 Sheng，2015；Li 等，2016）。图 2.16 为 Eagle Ford 盆地的一个露头岩样实例（Yu 等，2016a）。其中闷井压力为 6.895MPa（1000psi），在回采阶段，该压力将在 0.05h 内归零，注入气体为氮气。该案例表明，在轮次顺序相同的情况下，采出程度随着闷井时间的增加而提高。实验还发现，当闷井时间较短时（0.25h、3~12h），延长闷井时间可显著提高采出程度，但随着闷井时间的增加（12h、24~48h），采出程度的提高效果并不明显。特别是第 4 轮次后，不同闷井时间产生的采出程度差异很小。从逻辑上讲，应该存在一个最佳闷井时间。在本案例中，最佳时间可能为 12h。

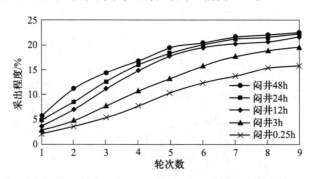

图 2.16 闷井时间对吞吐采出程度的影响（岩心 LEF_1）

实验数据与模拟结果对比如图 2.17 所示，从图中可以看出，模拟结果与实验数据基本吻合，验证了实验得出的结论。利用模拟模型，可以通过分析模拟数据来研究更多闷井的机理。图 2.18 为闷井时间为 12h、开采时间为 3h 的实验中前 6 个轮次的基质-裂缝系统压力。实验时，快速将氮气注入该系统，直至系统压力达到 6.895MPa（1000psi），然后闷井 12h，随后将系统压力泄压到大气中，紧接着生产 3h，一个轮次的总时间为 15h。闷井阶段，系统压力在前 3h 迅速下降，随后下降速率逐渐减小，直至压力趋于平缓。第一个轮次的压降（Δp）约为 0.069MPa（10psi），该压力在随后的轮次中会进一步下降。这是由于在早期轮次中，原油的饱和度很高，气体很难扩散到油中。而在之后来的轮次中，已经生产了一些原油，形成了更多气体通道，使得气体能够进入基质并溶解在原油中，导致压力进一步下降（约 0.11MPa（16psi））。在第 6 轮次中，压降约为 0.124MPa（18psi）。

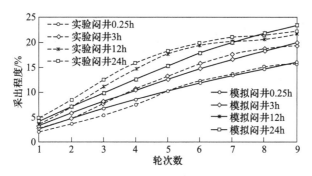

图 2.17　闷井时间效应的实验数据与模拟结果的对比

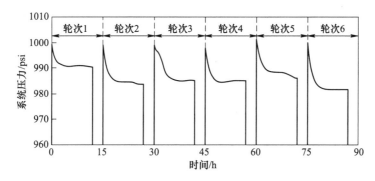

图 2.18　闷井时间为 12h、生产时间为 3h 的实验的前 6 个轮次的系统压力剖面
（1psi=6894.757Pa）

图 2.19 进一步展示了系统内的压力分布，图中可以看出，注气后裂缝区的压力迅速（30s 内）上升至 6.895MPa（1000psi）。之后气体扩散到页岩基质内，随着闷井时间的增加，基质压力由外部向内部增加。闷井 8.5h 后，整个系统的压力达到近 6.895MPa。因此，当闷井时间超过 8.5h 时，对提高原油采收率的作用不大。

尽管闷井提高了采收率，但也耗费了等量的生产时间。图 2.20 给出了四种不同闷井时间的采油历程。注意，横轴代表实际的作业时间，而不是上文绘制的轮次数。由于注气和闷井期间不产油，且均在每个采油阶段结束后采集 RF 数据，故从注气到闷井结束期间，采出程度曲线保持平缓。将回采阶段采集到的 RF 数据和闷井结束后采集到的 RF 数据相连，就得到了图中所示的一条短直线，其斜率为正。所以，在各个轮次中，均有一条平直线和一条正斜率直线。从图中可以看出，在相同的作业时间内，闷井时间越短，采出程度越高。尽管在单个轮次内，较短的闷井时间对应较低的采出程度，但可以开展更多的轮次，从而减少生产时间的损失。上述结果也经过了室内实验（Gamadi 等，2014b；Li 和

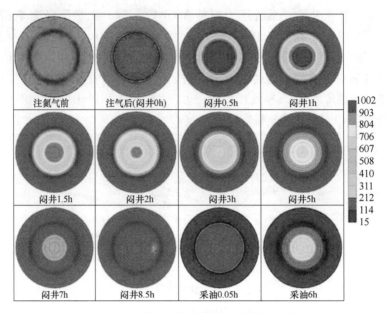

图 2.19 第一个吞吐轮次系统压力剖面

Sheng，2017a）和数值模拟的证实（Sanchez-Rivera 等，2015；Li 等，2016；Kong 等，2016；Li 和 Sheng，2017a）。

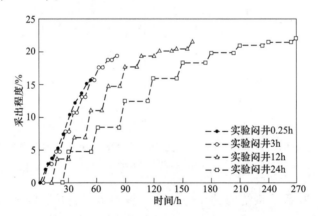

图 2.20 不同闷井时间对应的采出程度

根据以上讨论，似乎闷井时间为零最优。Monger 和 Coma（1988）的报告表明，为了最大限度地提高 Berea 含水岩心的采收率，需要维持一定的闷井时间。在该储层 14 次成功的注 CO_2 吞吐现场测试中，9 次测试开展了为期 18~52 天的闷井，实践结果还表明，工艺性能对闷井时间不太敏感。在页岩储层的一些注 CO_2 吞吐项目中，闷井时间一般为数十天（Sheng，2017a）。根据作者的经验，模拟模型表明，零闷井时间的采油效果最好。

2.7 轮次对采收率的影响

Artun 等人（2011）对天然裂缝性储层（常规储层）进行了轮次数模拟研究，研究发现，基于净现值（NPV）的最佳轮次数是 2~3 个。图 2.21 为注甲烷吞吐第 1~8 轮次模拟结果，岩心的直径和长度均为 5.08cm（2in）（Li 和 Sheng，2016 年）。甲烷的注气压力为 13.789MPa（2000psi），岩心在气体中闷井长达 1 天，然后向大气泄压，表 2.1 统计了 10 个岩心每个轮次的采收率增量。从图 2.21 和表 2.1 中可以看出，随着轮次的增加，从岩心中流出的原油量逐渐减少，造成这种现象的原因是在最初的几个轮次中，原油相对容易到达岩心表面，且原油饱和度梯度也较高。

图 2.21 8 次吞吐轮次中流出的原油

表 2.1 10 组岩心每个轮次的采收率增量

岩心编号	直径/cm	长度/cm	各轮次采收率增量/%							
			轮次 1	轮次 2	轮次 3	轮次 4	轮次 5	轮次 6	轮次 7	轮次 8
1	2.54	5.08	12.63	8.21	8.27	6.30	4.66	3.47	3.37	2.74
2	3.81		11.26	8.47	7.61	6.24	5.59	3.18	3.60	2.62
3	5.08		10.53	8.05	7.32	6.96	5.48	3.61	3.26	2.55
4	7.62		9.77	6.54	7.92	6.69	5.16	3.73	3.76	2.58
5	8.89		9.34	6.18	7.62	5.83	4.82	3.86	3.83	2.07
6	10.16		8.62	5.84	6.69	6.54	4.62	4.12	3.99	2.22
7	3.81	2.54	12.98	7.85	6.96	6.48	6.21	2.78	2.98	2.30
8		5.08	12.97	7.30	7.04	6.75	5.80	3.53	2.63	2.26
9		6.985	13.67	9.63	7.83	5.64	4.86	3.82	2.67	2.19
10		8.89	13.60	9.77	7.52	5.75	5.53	3.48	2.68	2.21

Yu 和 Sheng（2015）开展了相关实验研究，实验采用 Eagle Ford 盆地露头岩样、Soltrol 130 原油和氮气，在不同压力衰减速率下进行了 10 次注气吞吐实验，实验结果显示采出程度随着轮次的增加而增加，表 2.2 列出了其中一个案例的实验结果。

表 2.2 第一轮实验（闷井 1 天）10 个吞吐采收轮次的乘出程度数据

岩心编号	压力衰减时间/h	采出程度/%									
		轮次 1	轮次 2	轮次 3	轮次 4	轮次 5	轮次 6	轮次 7	轮次 8	轮次 9	轮次 10
EF-1	0.05	18.67	23.75	28.91	32.82	36.22	39.51	42.46	45.40	48.08	50.51
EF-2	4	15.39	22.25	26.40	30.23	33.88	37.10	40.28	43.24	46.27	49.06
EF-3	40	9.27	15.34	19.74	24.01	26.73	30.34	33.66	37.06	40.34	43.39

Wan 等人（2015）所做的历史拟合结果与 Yu 和 Sheng 的实验结果基本吻合，他们的模型还预测了随着轮次的持续增加，采收率也随之增加。他们的模拟数据表明，当模型不考虑扩散时，采出程度几乎随轮次周期呈线性增加。

Sheng（2017b）模拟了注气吞吐实验，其中单次轮次包括 300 天注气、300 天回采，零闷井时间，整个实验的模拟时间为 32850 天（约 90 年）。如图 2.22 所示，虽然产油率随时间的增加而减小，但采出程度不断增大。这些结果表明，可以在页岩和致密储层中连续进行注气吞吐作业，直到达到经济产量极限。在实际生产过程中，受经济极限的影响，不会开展多轮次的吞吐作业。Artun 等人（2011）对天然裂缝性储层（常规储层）进行了参数模拟研究，结果显示，经济效益最高的轮次数为 2~3 次。Sanchez-Rivera 等人（2015）假设油价为 90 美元/标准桶，二氧化碳成本为 2 美元/mscf（1mscf = 28.317m^3），他们通过模拟数据得出的结论是只有第一个注 CO_2 吞吐轮次具有经济效益。另外，利用回注分离气体（大约 50% 的二氧化碳和 50% 的产出气）可提高项目利润。

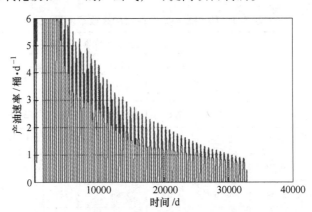

图 2.22 产油速率与时间关系的扩展模拟

2.8 注入气体成分的影响

在实验室中，不同的研究人员分别使用了 N_2、CO_2 和 C_1 来开展注气吞吐实验。为了对比这些气体的性能差异，Li 等人（2017a）在相同的实验装置和条件下进行了实验和模拟工作，其中采用了 Wolfcamp 脱气原油，注气压力为 13.789MPa（2000psi），更多实验细节见表 2.3。为了检查实验的重复性，实验过程中使用了两个岩心。需要说明的是，CO_2 的实验条件与 N_2 和 C_1 的不同。在岩心 1 的前 3 个轮次实验中，N_2 和 C_1 采收率相似，但 N_2 要优于 C_1（见图 2.23（a））。在岩心 2 的实验中，N_2 的采收率一直高于 C_1，这表明 N_2

的性能似乎更优（见图 2.23 （b））。分析原因可知，实验采用了脱气原油，C_1 更易溶于脱气原油中，导致将原油驱出岩心的压力降低。

表 2.3　实验条件

实验序号	气体	岩心号	注入时间/h	闷井时间/h	生产时间/h
1	CO_2	岩心 1	1	6	6
		岩心 2			
2	N_2	岩心 1	0.2	18	6
		岩心 2			
3	C_1	岩心 1	0.2	18	6
		岩心 2			

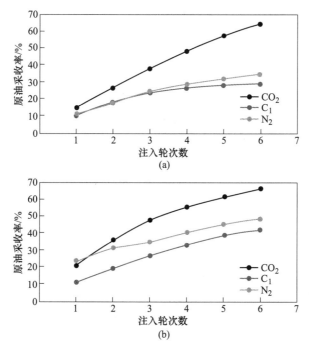

图 2.23　注气吞吐对采收率的影响

（a）岩心 1 采收率；（b）岩心 2 采收率

　　为避免实验误差造成性能差异，研究采用实验尺度的模拟模型，结果显示，N_2 吞吐实验效果优于 C_1，CO_2 效果最佳（见图 2.24）。矿场尺度的模拟结果如图 2.25 所示，图中可以看出 C_1 优于 N_2，C_2 优于 CO_2，注气和回采时间均为 100 天。其他模拟研究（如 Wan 等，2014a）也表明，页岩储层注 CO_2 的采收率高于注甲烷的采收率。

　　Shayegi 等人（1996）和 Alharthy 等人（2015）分别利用砂岩和页岩岩心开展了注气吞吐实验，结果显示，C_1 的效果优于 N_2。Li 等人（2017a）将这种不一致性归因于原油组分的差异。图 2.26 为矿场尺度的实验模型，实验结果显示，在驱替脱气原油的过程中，

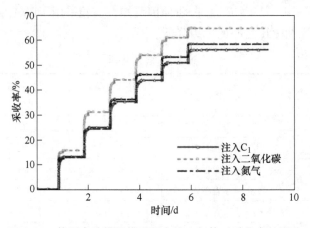

图 2.24 使用实验模拟模型研究注入气体对采收率的影响

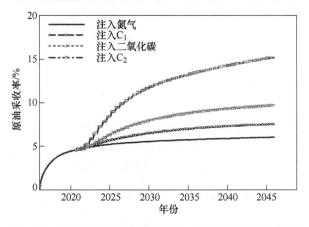

图 2.25 使用矿场尺度模型研究注入气体对采收率的影响

N_2 的性能更好，而对于含气原油，C_1 的性能更好。相对 N_2 来说，C_1 容易溶解在含气原油中，从而降低原油黏度。但对于脱气原油来说，使用二者对原油黏度降低的幅度相差不大。

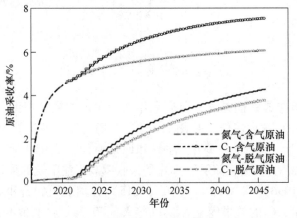

图 2.26 注入 N_2 和 C_1 采收率对比（采用 Wolfcamp 含气原油和脱气原油）

Sheng 等人（2016）通过模拟研究发现，在凝析油储层中，注入二氧化碳的液态凝析油采收率略高于注入甲烷的液态凝析油采收率，且远高于注入氮气的液态凝析油采收率，因为氮气更难与液态油混溶。然而，Sheng（2015b）观察到，注入二氧化碳的液体原油采收率低于注入 C_1 的液体原油采收率，因为在相同的注气压力下，注入的二氧化碳总体积比注入的 C_1 低 15%。Sharma 和 Sheng（2017，2018）发现，与甲烷和甲醇、异丙醇（IPA）等溶剂相比，乙烷是采收液体凝析油的最优介质。

一般而言，如果注入的气体的性质与液体油更为相似，那么在相同的注入条件和注入量下，液体油的采收率会更高。另外，还需考虑其他作业问题。例如，在大型油田作业现场，注入二氧化碳可能产生腐蚀、水合物，且用量储备可能不足，还可能会造成沥青质沉积问题（Shen 和 Sheng，2017a，2017b，2018）。

2.9 最小混相压力

气、油混相是提高天然气采收率的重要机制之一，这需要测量混相压力。细管测试是一种传统的测量混相压力方法，其实验装置如图 2.27 所示。图中标注"盘管/柱"的部分为填满沙子的细管，最开始时利用脱气原油对沙子进行饱和处理。向细管内注入大约 1.2 倍孔隙体积（PV）的气体（CO_2），一部分气体溶解在原油中，使原油发生膨胀，从而降低原油黏度，一部分气体绕过了原油，还有一部分气体取代了细管中的原油。下游安装背压调节器（BPR），用于收集产出的原油。显而易见，随着注气压力的增加，能够驱替出更多的原油。当系统压力较低时，压力的增加将导致原油产量明显增加。但是当系统压力本身比较高时，提高压力带来的产量增幅可能低于低压系统。图 2.28 为不同压力下的采收率案例，从图中可以看出，当压力高于 11.169MPa（1620psi）时，采收率增幅减缓。这表明，当压力达到 11.169MPa 时，油气开始完全混相，我们称之为最小混相压力（MMP）。

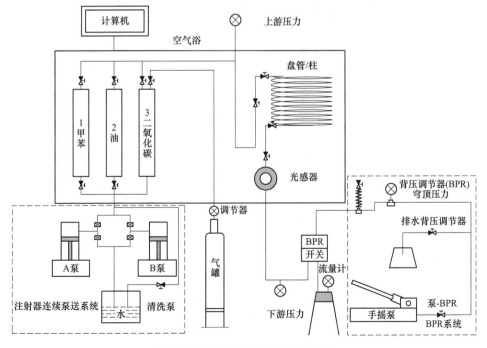

图 2.27　细管测试混相压力原理图

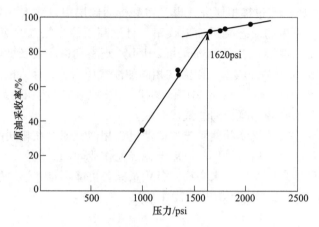

图 2.28　利用细管实验确定最小混相压力的实例

(1psi = 6894.757Pa)

Li 等人（2017b）利用上述实验装置测试了温度为 40℃ 时，CO_2 和 Wolfcamp 油的混相压力，测得的最小混相压力为 11.169MPa。

在用细管实验测定混相压力后，Li 等人（2017b）利用 Wolfcamp 油和 3 个 Wolfcamp 页岩岩心样品开展了注 CO_2 吞吐实验，分别开展了低于和高于混相压力的实验（分别为 8.274MPa、11.031MPa、12.410MPa、13.789MPa 和 16.548MPa）。在每种压力下，均进行了 7 轮次的吞吐实验，每次吞吐实验的闷井时间为 6h，岩心在闷井压力下放置 6h 后向大气泄压。通过测试实验前后含油岩心样品的质量差来估算回收的油量，实验设置如图 2.29 和图 2.30 所示。利用蓄能器 1 来储存高压二氧化碳，将岩心样品放入蓄能器 2 中，蓄能器 3 中装有用来使岩心样品饱和的油，利用 3 个岩心进行重复测试，岩心 2 的测试结果如图 2.31 所示。需要注意的是，不同闷井压力和轮次条件下，采收率也不相同。但是，在岩心 2 的第 6 和第 7 轮次中，两次轮次测得的混相压力非常相近，与其他岩心的测试结果也相似，最小混相压力大约为 12.410MPa（1800psi），比细管测试的最小混相压力高约 1.379MPa（200psi）。

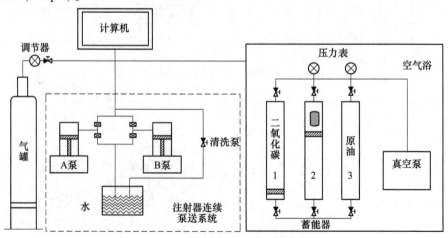

图 2.29　注 CO_2 吞吐实验装置

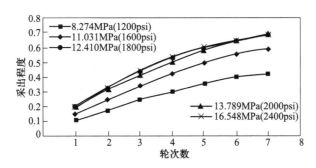

图 2.30 岩心 2 在不同闷井压力和轮次下的采出程度

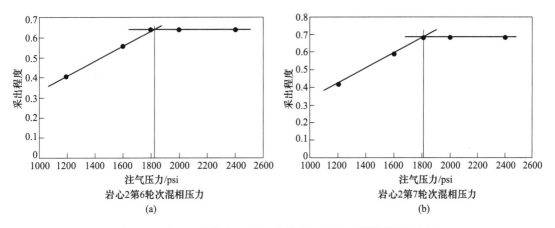

图 2.31 岩心 2 在轮次 6（a）和轮次 7（b）中测得的混相压力

（1psi＝6894.757Pa）

Li 等人（2017b）建立了一个模拟模型，用以对岩心 2 的测试数据进行历史拟合，图 2.32 为第 7 轮次闷井期结束时岩心 2 的压力分布图。图中可以看出，岩心中部的压力低于岩心表面附近的压力，图 2.31 记录了岩心表面的注气压力，并绘制了压力曲线。为了使岩心中心部分能够发生混相，靠近岩心表面的注气压力必须高于细管测试得出的混相压力（11.169MPa）。在渗透率较高的情况下，这种现象不太明显。造成最小混相压力差异的另一个原因是采用了两种不同的测量方法，第一种方法是通过吞吐实验测量最小混相压力，在吞吐实验中，压力衰减较快，导致采油阶段的实际压力低于实际所需的最小混相压力。第二种方法是细管实验，实验过程中气体注入速度非常慢，从而将气体与原油充分混合。因此，注气吞吐实验所需的最小混相压力应高于细管测试估算得出的最小混相压力。

同样，在第 7 轮次的闷井期结束时，根据岩心中原油的 CO_2 摩尔分数分布图（见图 2.33）可知，当注气压力低于 12.410MPa（1800psi）时，岩心内的 CO_2 分数很低，这表明岩

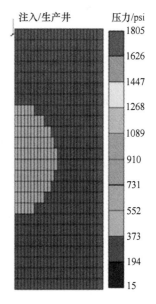

图 2.32 第 7 轮次闷井结束时岩心 2 的压力分布

心中心尚未达到混相状态。当压力达到 12.410MPa 时，更多的 CO_2 到达岩心中心，但在此之后，继续增加压力后效果不是很明显。

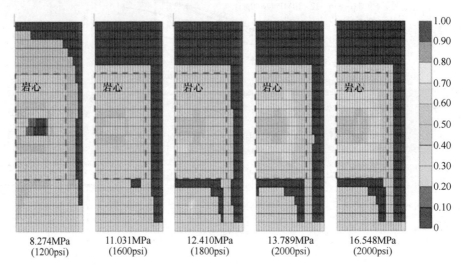

图 2.33　闷井结束时第 7 轮次不同压力下岩心 2 中原油的 CO_2 摩尔分数

（虚线区域为岩心）

2.10　扩散影响

我们一直认为在页岩和致密地层中对流强度较小，因此其中的扩散作用比常规地层更为重要，甚至可以认为扩散作用在页岩和致密地层中起着主导作用，但实际情况则是页岩和致密地层的扩散作用比常规地层要小得多。在相关调研文献中，尚未发表关于注气吞吐工艺的理论或实验量化类的文章。研究人员通常使用模拟模型，通过比较包含和未包含扩散作用的模型的采收率来量化模型的作用。Wan 和 Sheng（2015a）对页岩气驱进行了模拟，模拟结果表明，模型中的 Péclet 数为大约 10^{-3}，表现为一种扩散-控制的流动形态，Péclet 数（N_{pe}）可定义为对流项（速度乘以特征长度 L）和扩散系数（D）的比值。图 2.34 和图 2.35 给出了不同天然裂缝间距下气驱扩散对采收率的影响。由于在初始开采过程中没有注入气体，因此没有出现扩散现象，在注气过程中，随着裂缝间距的减小，扩散效果增强。当裂缝间距约为 15.24m（50ft）~30.48m（100ft）时，与未发生扩散作用的模型相比，发生扩散作用的模型的采收率增加了约 10%。Yu 等人（2014b）的模拟结果表明，当扩散系数为 10^{-8} m^2/s 时，采收率增量为 3%~4%。在他们的模型中，将吞吐实验参数设置为：注气 6 个月，闷井 3 个月，回采 12 个月，共计重复该轮次长达 30 年。

Li 和 Sheng（2017a）模拟了有扩散和无扩散情况下的注 CH_4 吞吐实验，采用 Sigmund（1976）相关性计算分子扩散系数。由图 2.35 可知，在前 5 个轮次中，有扩散作用的采收率比没有扩散作用的采收率高约 10%，但是随着轮次的增加，这种差异性逐渐变小。

Li 等人（2018）提出了一种模拟模型，将模型数据与注甲烷吞吐实验数据进行历史拟合，其中距离裂缝不同距离处的原油黏度如图 2.36（a）（有扩散作用）和图 2.36（b）（无扩散作用）所示。裂缝表示实验中的岩心柱（直径 3.81cm(1.5in)）与容

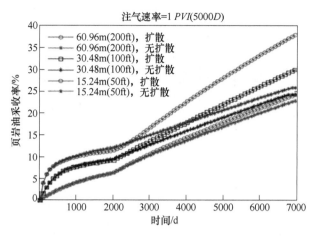

彩图

图 2.34 不同裂缝间距下的扩散对气驱采收率的影响

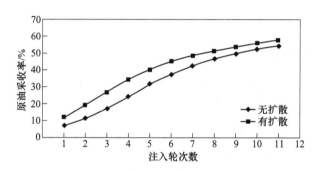

图 2.35 扩散对注甲烷吞吐的影响

器壁之间的空隙。岩心边缘距裂缝 1.905cm（0.75in），岩心中部距裂缝 1.143cm（0.45in），岩心中心距裂缝 0.1905cm（0.075in）。图中"H"代表注气时间（1h），闷井时间（4h），"P"代表回采时间（4h）。从包含扩散作用得到图 2.36（a）可以看出，在注气和闷井期间，岩心中心的原油黏度增大，随着甲烷从边缘向中心扩散，岩心中部和边缘的原油黏度减小。从未发生扩散作用的图 2.36（b）可以看出，在注气和闷井期间，原油的黏度未发生变化。

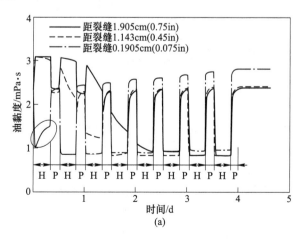

(a)

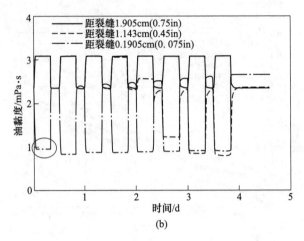

图 2.36　注气过程岩心不同部位油黏度

（a）发生扩散；（b）未发生扩散

2.11　含水饱和度的影响

实际储层通常含有一定量的原生水和压裂液，Li 等人（2018）研究了这类液体对注 CO_2 吞吐效果的影响。目前尚不清楚轮次初始和结束时期岩心的含水饱和度和含油饱和度，因此无法计算采收率。然而，可采用以下公式计算液体采收率。

轮次结束时的液体采收率：

$$i = \frac{W_{r+w+o} - W_i}{W_{r+w+o} - W_{dry}} \tag{2.21}$$

式中　　W_{r+w+o}——最初被水和油饱和的岩石质量；

　　　　W_i——第 i 轮次结束时含水和油的岩石质量；

　　　　W_{dry}——岩石的干重。

共计进行了 3 次实验，第一次测试时用 Wolfcamp 脱气原油对岩心进行完全饱和，另外两次测试分别采用 15%氯化钾水溶液和原油对岩心进行饱和，之后进行重复性测试。在实验期间，将高达 13.789MPa（2000psi）的闷井压力泄压到大气中，闷井时间约 6h，注气时间约 6h，实验数据如图 2.37 所示。实验结果表明，即使将采出的油和水加在一起，

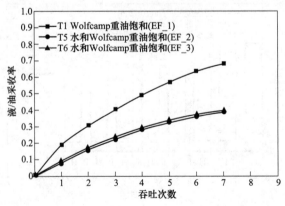

图 2.37　轮次末期不同含油饱和度对液/油采收率的影响

液态油的采收率也低于原油的采收率，这说明在吞吐模式下，多相流体系的产液效果不如单相油液体系，这也是今后预测油田产量时需要考虑的另外一个因素。

2.12 渗透率应力敏感性的影响

在经过几年的初步开采后，油田储层压力（孔隙压力）降低，地层有效应力增加，从而导致地层渗透率降低。如果采用注气吞吐工艺，地层渗透率在注气期和采油早期会有所增加，因为孔隙压力的增加会降低地层有效应力。换言之，吞吐过程能够提高井的注入能力和产能。Gala 和 Sharma（2018）通过储层建模对这一效益进行了评估，如图 2.38 所示，它展示了在不考虑地质力学（渗透率无应力敏感变化）、基准 Gamma 值为 5×10^{-4} psi^{-1}（中曲线）及基准 Gamma 值为 $10 \times 10^{-4} psi^{-1}$（下曲线）情况下的采收率。Gamma 为下式中上载/卸载轮次中的渗透率应力指数：

$$k = k_0 e^{\beta(\sigma - \sigma_0)} \tag{2.22}$$

式中　k——有效应力 σ 下的渗透率；

k_0——初始应力 σ_0 下的渗透率；

β——渗透率-应力指数。

从图 2.38 中可以看出，当渗透率未随着有效应力发生变化（无地质力学问题）时，采收率最高，这显然不符合我们的预期。造成这种现象的原因是，在他们的模拟模型中，当不考虑地质力学时，渗透率在初始有效应力 σ_0 处保持最大值 k_0。为了进行客观比较，在不考虑地质力学问题的条件下，应选择长达 5 年的一次采油结束时的渗透率值，从而表现出吞吐过程提升了渗透率这一优势。

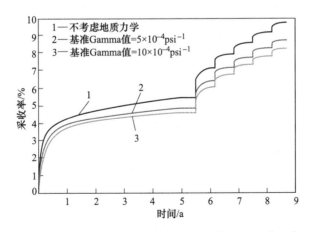

图 2.38　不考虑地质力学、基准 Gamma 值为 $5 \times 10^{-4} psi^{-1}$ 和
基准 Gamma 值为 $10 \times 10^{-4} psi^{-1}$ 情况下的采收率

图 2.39 展示了注气吞吐的优势，图中绘制了吞吐情况下的产油量与非吞吐情况下的产油量的比值。可以看出，未考虑地质力学问题的案例的比值低于其他两个案例。换句话说，在实际的渗透率应力敏感储层中，吞吐效果会增强。

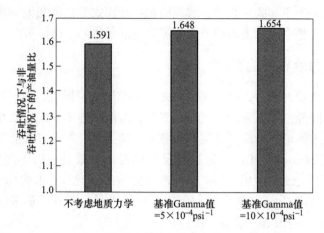

图 2.39　吞吐情况下的原油产量与非吞吐情况下的原油产量之比

（Gala 和 Sharma，2018）

2.13　吞吐机制

已有文献已经给出了多个通过注气吞吐作业提高采收率的机理，其中包括提高储层压力、体积膨胀、降低黏度、相对渗透率滞后、混相、抽气、气体溶解及扩散等，但很少有人能够对上述各个参数进行量化。在注气过程中，膨胀效应积蓄了一部分能量，为回采提供了动力。此外，膨胀效应同样会增加原油的体积，从而增加原油饱和度和相对渗透率。Liu 等人（2005）指出，在相同压力下，注气期的膨胀系数要高于回采期的膨胀系数。在注气期间，注入的气体处于连续相，而在回采期间，气体可能损失一些连续性，部分气体被封存。这可能会导致相对渗透率滞后，气体相对渗透率在回采期（自吸过程）降低。当气体扩散到油相时，原油的黏度降低。对重质油而言，这一机理可能很重要，但对轻质油的影响较小。实验表明，在相同的作业时间内，闷井时间越短，采收率越高（Yu 等，2016a），而闷井时间越长，单轮次采收率越高（Gamadi 等，2013；Yu 和 Sheng，2015）。许多模拟结果表明，在不进行闷井的情况下，通过设置一个固定作业时间，可获得最高的采收率（例如，Li 等，2016；Fragoso 等，2018a），说明扩散效应不能明显提高采收率。实验还表明，注气压力越大，混相越好，产油量越大（Li 等，2017b）。接下来，将对溶剂闷井机理进行更详细的讨论。

Hawthorne 等人（2013）认为，页岩和致密储层中的流体流动主要发生在裂缝内，故常规储层的驱油机制不适用。因此，他们提出了基于 CO_2 的提高采收率方法，如图 2.40 所示。这些工艺与吞吐过程中发生的一些现象有关，下面将对其进行论述。

Hawthorne 等人（2013）利用图 2.41 的实验设置，使用尺寸极小的岩石样品开展了 CO_2 萃取实验。在实验过程中，他们在容器内放置一个很小的岩心柱，容器壁和岩心柱之间的真空区可用于模拟裂缝性页岩和致密储层缝内流体的流动。图 2.42 展示了不同相对分子质量烷烃的采收率。从图中可以看出，即使在接触的前 10min，采收率也没有出现明显滞后。这一观察结果表明，图 2.40 步骤 2 中 CO_2 携油进入基质，在早期增压阶段，原油产量并未明显降低。同样，在最初几分钟内未能快速采出原油，说明开采初期的原油膨胀不是重要的采出机理。

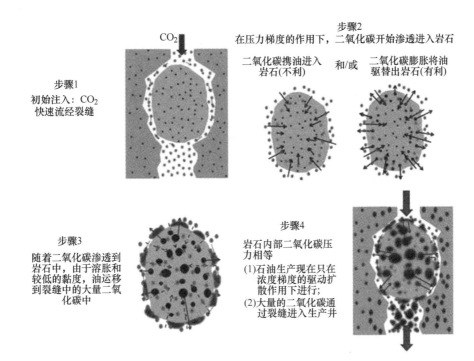

图 2.40 在裂缝性页岩和致密储层应用 CO_2 提高采收率的设计流程

(Hawthorne 等，2013)

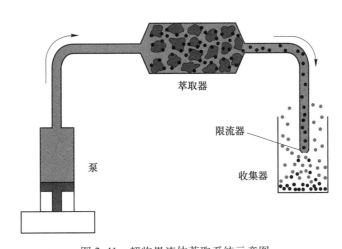

图 2.41 超临界流体萃取系统示意图

将超临界流体（如 CO_2）（灰色）泵入提取容器，从岩石样品基质中提取分析物（黑色），

接着将分析物通过限流器进入收集装置，排出减压的超临界流体（对大多数流体而言，该阶段排出的均为气体）

(Hawthorne，1990)

由图 2.40 步骤 3 可知，CO_2 溶解到原油中，导致原油发生膨胀，黏度降低，可能有利于提高采收率。从图 2.40 可以看出，低相对分子质量原油的采收率更高，这表明碳氢化合物转移到了 CO_2 中而非 CO_2 溶解于原油中，是主要的采出过程。究其原因，可能是由于原油溶入了 CO_2 相，或生成了新的 CO_2 与原油混溶物，二者均能够降低原油密度。

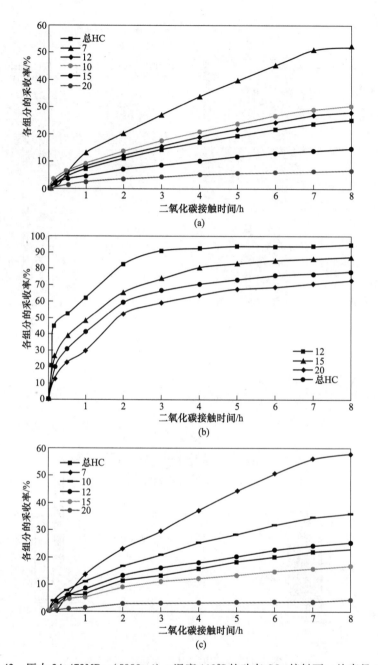

图 2.42   压力 34.473MPa（5000psi）、温度 110℃的动态 CO_2 接触下，从直径 1cm、
长度 4cm 的圆形杆状岩石样品中获得了不同相对分子质量烷烃的采收率
(a) Bakken 组上段，圆杆样品动态变化；(b) Bakken 组中段，圆杆样品动态变化；
(c) Bakken 组下段，圆杆样品动态变化
（图中的数字代表碳氢化合物的组分，如 7 代表 C_7；"总 HC" 代表不考虑相对分子质量的总烃回收质量）
（Hawthorne 等，2013）

　　虽然实验采用的岩石样品的尺寸非常小，但耗时数小时的采油过程表明，图 2.40 中步骤 4 的机理，即由原油的浓度梯度驱动的扩散作用，这一过程非常缓慢。

Alharthy 等人（2015）总结了溶剂闷井过程中从致密基质驱替原油的机理，主要包括再次加压（溶解气驱）、原油溶胀降低黏度和界面张力、改变润湿性及相对渗透率滞后。研究通过数值模型对闷井萃取实验数据进行历史拟合，分析了不同机理对提高采收率的作用，如图 2.43 所示。结果表明，重力分异或重力分异-扩散作用仅对油气采收率产生微乎其微的影响；从基质到裂缝，压力梯度（DARCY）和重力分异都起着非常重要作用；为提升实验数据的拟合度，该模拟模型添加了重力分异、压力梯度和扩散等参数。研究结果还表明，在 85% C_1 和 15% C_2 的混合溶剂和氮气环境下，采用溶剂闷井法能够获得较高的碳氢采收率。研究还发现，扩散与压力梯度的协同作用在溶剂闷井过程中起着主导作用，主导机制为扩散-对流传质。然而，在开展矿场尺度注气吞吐模拟实验的过程中，研究人员发现，最终采收率几乎未受到分子扩散的影响（小于 1%）。

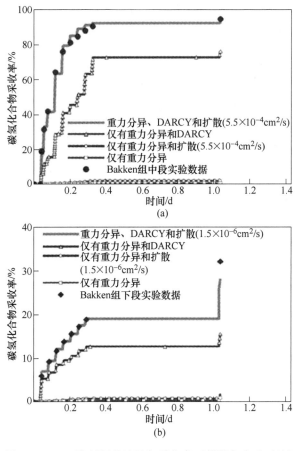

彩图

图 2.43 CO_2 溶剂闷井法油气采收率（模拟与实验对比）

（a）Bakken 组中段岩石样品；（b）Bakken 组下段岩石样品

（Alharthy 等，2015）

2.14 气体穿透深度

显而易见，气体穿透深度对有效注气吞吐采油至关重要。高注入速率和地层非均质性可促进气体向地层指进，使气体穿透更深。液态 CO_2 更容易注入地层，气态二氧化碳可穿透至地层深部。从这个角度来看，预先注入一些氮气或其他干气，可在地层中形成气体网络，将有助于后续的液态 CO_2 穿透储层。

Li 等人（2018）通过实验模拟对气体穿透进行了研究，他们在实验中选用了直径为 3.81cm（1.5in）的原油饱和岩心，气体为甲烷，一个吞吐轮次包括注气 1h、闷井 7h 及采油 4h，同时他们还建立了一个模拟模型，对实验数据进行历史拟合。图 2.44 为原油中的甲烷摩尔分数。模型数据显示，在采油结束 1h 后，甲烷的摩尔分数范围达到 1.3335cm（0.525in），占岩心半径（1.905cm（0.75in））的 70%。在此距离，甲烷的摩尔分数为 0.1，为任意选定的值。实验表明，渗透速度为 2.54cm/h（0.6096m/d），这一较高穿透速度的分布范围可能较小。从图中还可以看出，实验开始的第一个小时，甲烷的穿透速度很高，但经过 7h 闷井后，穿透深度并没有出现进一步增加。该现象表明，注气吞吐实验中，长时间闷井对气相向油相扩散未起到促进作用，这与 Sheng（2015d）和 Yu 等人（2016a）的研究结果一致。

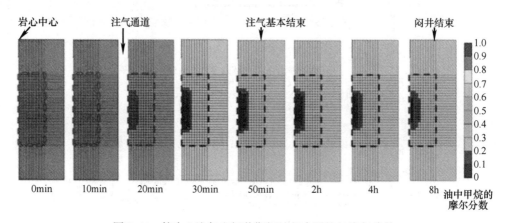

图 2.44　轮次 3 注气和闷井期间油相中甲烷的摩尔分数

在矿场尺度的大型模型中，储层中除水力裂缝外，还存在一些天然裂缝和诱导裂缝，因此注入气体无法均匀穿透到基质中，图 2.45 为原油中 CO_2 摩尔分数的例子。在这种矿场尺度的模型中，可将穿透深度定义为：

$$\sum V_i \phi_i S_{oi} y_i = A_f D \frac{\sum \phi_i V_i S_{oi}}{\sum \phi_i V_i} \times \frac{\sum \phi_i y_i}{\sum \phi_i V_i} \qquad (2.23)$$

式中　V——模块的体积；

　　　ϕ——孔隙度；

　　　S_o——含油饱和度；

　　　A_f——裂缝表面积；

　　　D——穿透深度。

在上式中，对原油中气体摩尔分数（y）大于 0.4 的模块 i 进行求和。

注意，可在任何情况下使用 $y = 0.4$，因为在基本油田模型中，穿透区域的平均 y 值为 0.4。

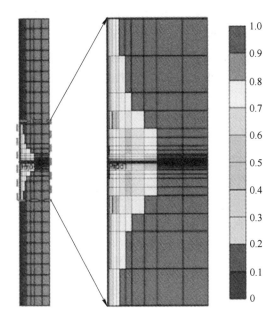

图 2.45 矿场尺度模型中注气结束时 CO_2 摩尔分数的分布

基于上述定义，Sheng（2017b）将矿场尺度模型定义为：单次轮次中注气 100 天，采油 100 天，无闷井时间。模型的基质渗透率为 300nD，天然裂缝的间距为 0.69m(2.27ft)，水力裂缝附近的诱导裂缝间距为 0.23m(0.77ft)。注入的 CO_2 在油相和气相中的扩散系数分别为 $2.12×10^{-6}cm^2/s$ 和 $2×10^{-5}cm^2/s$。从图 2.46 为预测的气体穿透深度，从图中可以看出，当长达 100 天的注入作业结束时，CO_2 的穿透深度为 32.19m(105.6ft)（Li 等，2018）。

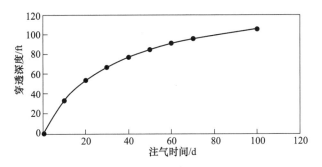

图 2.46 第一个吞吐轮次不同注气阶段的 CO_2 穿透深度

（1ft=0.3048m）

Li 等人（2018）利用矿场尺度基础模型开展了更多的参数敏感性分析，他们发现，当基质渗透率从 300nD 增加到 3000nD 时，CO_2 的穿透深度仅从 32.19m（105.6ft）增加到 32.46m（106.5ft），由此可见裂缝对穿透深度起着至关重要的作用。当诱导裂缝的间距从基础模型的 0.23m（0.77ft）增加到 2.34m（7.7ft），直至无裂缝时，气体穿透深度从 32.19m（105.6ft）降低到 20.94m（68.7ft），无裂缝时降为 0.09m（0.31ft），说明油相中的气体扩散系数非常敏感。Sorensen 等人（2018）开展了未压裂直井现场注入试验，根据注入的 CO_2 量（基质孔隙度 0.06~0.08、CO_2 饱和度 0.4~0.6），他们预测井筒附近 CO_2 的穿透半径可能达到 15.24m（50ft）~21.34m（70ft）。根据他们的模拟模型计算，某些地层的最大穿透深度为 42.67m（140ft），这种模型为双孔隙模型，基质渗透率单位为微达西。

2.15　油田项目工程

本节详细讨论了油田工程项目，并在本节末尾给出了项目实施工艺性能摘要，表 2.4 列出了各大油田迄今为止公布的页岩和致密油储层注气吞吐采油工程项目。

表 2.4　油田注气吞吐采油项目总结

开始年份	油田/页岩	注入气体	注气时间/d	闷井时间/d	回采时间/d	井数/个	注入速率和注气压力	效果	参考文献
2008 年	Elm Coulee, Bakken, ND	CO_2	30			1	1MMcf/d, 13.789~20.684MPa（2000~3000psi）	原油产量几乎无增长	Hoffman 和 Evans, 2016
2009 年	36-1H 井, Bakken, MT	CO_2	45	64		1	1.5~2MMcf/d, 13.789~20.684MPa（2000~3000psi）	气窜	Hoffman 和 Evans, 2016; Sorensen 和 Hamling, 2016
2014 年	Bakken, ND	CO_2	20~30	20				在 274.32m（900ft）外气窜	Hoffman 和 Evans, 2016
2008	Farshall 油田, Bakken, ND	CO_2	11			1		注气 11 天后气窜, 产油速率增加	Sorensen 和 Hamling, 2016
	Eagle Ford, TX	甲烷	100	0	100			114 个月原油采收率增长 20 %（预测）	Orozco 等, 2018
2012	EagleFord, Gonzales, TX	干气	28~42			1	2~3MMcf/d, 41.368MPa（6000psi）	产油速率增加	Hoffman, 2018
2015 年	Eagle Ford, Gonzales, TX	干气				4		1.5 年后产油速率增加 17%	Hoffman, 2018
2015 年	Eagle Ford, Gonzales, TX	干气				6		1.5 年后产油速率增加 20%	Hoffman, 2018
2015 年	Eagle Ford, la Salle, TX	干气	56~70, 28~42		60~90, 60	4	2~4MMcf/d, 低于破裂压力	产油速率增加 1 倍	Hoffman, 2018
2015 年	Eagle Ford, Atascosa, TX	湿气				1	2.5MMcf/d, 低于破裂压力		Hoffman, 2018
2015 年	Eagle Ford, Atascosa, TX	湿气				1	2.5MMcf/d, 低于破裂压力		Hoffman, 2018
2016 年	Eagle Ford, Gonzales, TX	干气				32			Hoffman, 2018
2017 年	Bakken 组中段	CO_2	3.2		14.6	45min（?）	16~12gal/min, 64.811~65.293MPa（9400~9470psi）	二氧化碳优先驱替轻质油	Sorensen 等, 2018

注：1MMcf=28317m³，1gal（美）= 3.785L。

2.15.1 Elm Coulee 油田 Bakken 组注 CO_2 吞吐采油

2008 年初，在页岩油大规模发展之前，North Dakota 地区 Elm Coulee 油田的 Bakken 组进行了一次注 CO_2 吞吐采油试验（Hoffman 和 Evans，2016）。整个试验过程未发现任何问题，注气压力为 13.789~20.684MPa（2000~3000psi），注气速率为 1MMscf/d（1MMscf = 28317m^3），但是注气 30 天后，试验点的采收率几乎不变。

2.15.2 Montana 地区 Burning Tree-State 油田 36-2H 井 Bakken 组注 CO_2 吞吐采油

2009 年初，Continental Resources、Enerplus 和 XTO Energy 共同对位于 Montana 地区 Richland 镇 Burning Tree-State 油田的 36-2H 井进行了注 CO_2 吞吐采油作业。该水平井完钻于 Bakken 组中段，并采用一段式水力压裂进行增产。2009 年 1~2 月，在 45 天内向井中大约注入了 45MMcf（2570t）CO_2。注气压力为 13.789~20.684MPa（2000~3000psi），注气速率为 1.5~2MMcf/d（1MMcf = 28317m^3），在油井正式投产前，闷井长达 64 天（Hoffman 和 Evans，2016）。

2010 年 1~3 月，原油产量逐渐增加，2010 年 3 月，石油峰值产量达到了 44 桶/天（比注气吞吐试验前 14 个月都要高）。但运营商却表示，产量升高可能与修井作业有关，而非延迟的注入 CO_2 效应。尽管 Burning Tree 井的产量没有明显增加，但该井仍能够继续注入 CO_2（不存在注入问题）（Sorensen 和 Hamling，2016）。

在 Montana 和 North Dakota 地区开展的注气吞吐测试中，试验结果存在差异，其中一个原因可能是注气时间过短（分别为 45 天和 30 天）。第二个原因可能是在 North Dakota 地区的试验中，二氧化碳在不到两周的时间内发生了气窜，突破至 1524m（5000ft）外的一口邻井中。第三个原因可能是注气压力过低（两项测试的压力均为 13.789~20.684MPa（2000~3000psi））。

2.15.3 Parshall 油田注 CO_2 吞吐采油

2008 年底，EOG 在 Mountrail 县 Parshall 油田的 NDIC 16713 井进行了注 CO_2 吞吐试验，水平井完钻层位为 Bakken 组中段，其中进行了 6 段水力压裂作业。实验过程中采用注气吞吐方式总计注入了约 30MMcf 的 CO_2。注气 11 天后，CO_2 突破至位于 NDIC 16713 以西 1609m（1mile）的邻井 NDIC 16768 中，测试井和邻井的产油量均有所提高。

Parshall 油田的天然裂缝非常发育，裂缝系统中的高 CO_2 流动性表明一致性控制可能是提高采收率的主要因素。在位于注入井 1609m 范围内的另外 3 口邻井中，未见 CO_2 气窜，这表明弄清当地储层的天然裂缝系统是提高采收率方案的关键（Sorensen 和 Hamling，2016）。

2.15.4 TX 地区 La Salle 县 Eagle Ford 盆地项目

从 2015 年开始，开始对 4 口井进行注气吞吐，最开始先注气 6 个月，以填充储层中的空隙。这些油井生产 2~3 个月，然后停止 8~10 周，将这一模式重复 4 次，然后进行一个较短轮次，包括 4~6 周注气和闷井，2 个月生产。租期内的油井平均产油率和累计产量如图 2.47 所示，可以清楚看到，注气吞吐作业大大增加了产油率（约翻了一番），6 年累计产油量增加了 30%。Hoffman（2018）做了一个简单的经济评估，假设每口井的基础设施/资本成本为 100 万美元，其中涵盖了安装成本、修井成本和其他费用；气体价格为 2.5美元/mscf，石油价格为 50 美元/桶；贴现率为 15%；假设开始时填充所用的气体均为"采购的气体"，大部分注入的气体都会回收，所以后续注入气体的成本按 20% 计算；另外还需要将 10% 的注入气体计入成本，该部分气体用于运转燃烧压缩机。基于这些假设，试点内部回报率为 17.7%，投资回报为 2.3 年，该试点项目似乎稍微超过收支平衡。

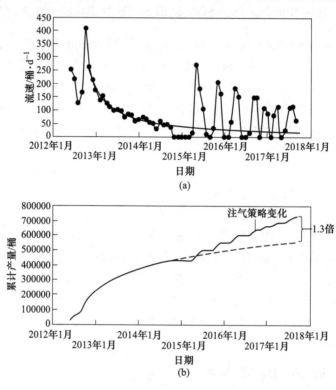

图 2.47 试点区油井平均产量（a）和累积产量（b）

(Hoffman, 2018 年)

2.15.5 Bakken 组中段未压裂垂直井注 CO_2 吞吐采油

对于页岩和致密油气藏，一般采用压裂井开采。然而，压裂井压裂过程会产生一些小裂缝，在储层中形成一定的压裂改造体积，这可能会使得 CO_2 在基质中的扩散变得更加复杂。由于地层存在非均质性，通常完钻的长水平井非理想井型，不利于提高采收率机理的研究。为了排除这些复杂因素，能源与环境研究中心（EERC）和 XTO 能源公司在 Bakken组中段的一口未压裂直井中进行了一次注 CO_2 试验（Sorensen 等，2018）。该井为Knutson-Were 34-3WIW 井，位于北达科他州，编号 11413。2017 年 4 月 3 日进行了小规模预试验，总共注入了 $16 t CO_2$，该规模足够填满油管，保证在射孔孔眼处积聚压力。当压力达到 62.827MPa（9113psi，高于储层压力 59.763MPa（8668psi））时，分隔注气层的上封隔器失效，CO_2 未进入地层。封隔器修复后，对油井进行抽汲，共抽汲液体 62 桶。抽汲后，井底压力（BHP）约为 51.710MPa（7500psi）。随后，于 2017 年 6 月 24 日晚 7 时（山区日光时间）开始主体试验，2017 年 6 月 28 日凌晨 5 时结束，共注入 CO_2 98.9t，总时长约 3.2 天。6 月 27 日，关井约 5h，之后进行压降测试。

6 月 28 日，于注气完成后关井、闷井，开井时间为 7 月 7 日（关井约 9 天），此时井底压力为 60.259MPa（8740psi），接近储层初始压力。开井后，产气长达 8.5h，基本都是油管中流出的 CO_2，在最后 2h 排采中发现了一些碳氢化合物的痕迹，此时井底压力已经降至 0.689MPa（100psi）。这些数据表明，注入的 CO_2 不断从储层中排出，由于该井自身无法维持流量，被迫关井 6 天，直到 7 月 13 日，总闷井时间约 13.6 天。可能由于油藏原油陆续向近井地带运移，井底压力增长至 21.484MPa（3116psi）。油井开井后，在生产了 10.5h 的 CO_2 和烃类气体混合物后，部分原油开始以约 1/8 桶/min 的速度流向地表，井底压力降至 13.031MPa（1890psi），低于饱和压力，45min 内共生产 9 桶石油。根据采出油成分的分析结果，注 CO_2 后采出油的成分轻于注 CO_2 前。

2.15.6 注气吞吐采油效果总结

综上所述，从上述注气吞吐采油试点项目中得出的经验可归纳为以下几点：

（1）气体注入性看起来不存在问题。

（2）部分项目中出现了气窜，这说明需要控制注气模式以保证项目成功。

（3）后期开展的项目效果比早期的要好。

（4）中国已经在低渗透砂岩储层进行了数十次注 CO_2 吞吐现场试验，其中包括一些大规模油田试验项目。据悉大多数试验取得了成功，其中一些试验是在致密油藏中开展的。

（5）注气吞吐采油的一个重要经济参数是气体利用率，上述项目均没有报告该数据。在常规油气藏中，CO_2 的利用率为 1.3mcf/桶（Thomas 和 Monge-McClure，1991），轻质油为 0.3~10mcf/桶，重质油为 5~22mcf/桶（Mohammad-Singh 等，2006）。对于页岩储层，Gamadi 等（2014a）的模拟数据约为 10mcf/桶。

3 吞吐过程中沥青质的沉淀和沉积

摘　要：在常规储层中，沥青质的沉淀和沉积可能造成地层损害。在页岩和致密储层中，其孔隙和喉道直径小于常规储层的孔隙和喉道直径。这一问题在页岩和致密储层中可能更加严重。本章专门介绍了吞吐过程中沥青质的沉淀和沉积，并给出了实验结果与数值分析。本章还讨论了沥青质沉积的机理，以及沥青质沉积对吞吐优化的影响。

关键词：沥青质沉淀；沥青质沉积；地层损害；孔喉

3.1　引言

据报道，沥青质沉淀和沉积可能会对常规储层造成地层损害。在页岩和致密储层中，孔隙和喉道直径通常小于常规储层的孔隙和喉道直径。这一问题在页岩和致密储层中可能更加严重。从另一个角度来看，吞吐注入能够有效提高采收率。本章专门介绍了吞吐过程中沥青质的沉淀和沉积作用，并给出了实验结果与数值分析。

3.2　沥青质沉淀与渗透率降低实验

Maroudas（1996）发现，直径大于孔隙或喉道直径 1/3 的颗粒将堵塞孔隙或喉道。研究发现，如果采用 1/7 法则，能够提高原油采收率。Ershaghi 等人（1986）建议使用更为严格的 1/7 法则。行业中通常使用知名的 1/3-1/7 经验法则。Partz 等人（1989）对这一经验法则展开了评估。

为了研究沥青质沉淀作用，Shen 和 Sheng（2016）首先测定了 CH_4 和 CO_2 注入条件下的沥青质粒径。实验采用了来自 Wolfcamp 页岩储层的脱气原油样品。其中油样黏度为 3.66mPa·s，密度为 0.794g/cm^3。实验装置如图 3.1 所示，主要由储液缸、滤筒和过滤缸组成。储液缸是一个容量为 400 mL 的不锈钢岩心夹持器，用于储存脱气原油和注入的气体。在滤筒中从上到下放置 3 层纳米膜，孔径分别为 200nm、100nm 和 30nm，由不锈钢框架支撑。过滤后的原油将沉淀在过滤缸中。

该装置旨在研究气体浓度对沥青质沉淀作用的影响。在每次实验中，将 200mL 原油倒入储液缸中。然后将气瓶与储液缸连接，使得原油在恒压下处于饱和状态。保持恒压条件长达 8h，以达到平衡状态。根据实验前获得的气体溶解度曲线，可以得出各个压力下的溶解气体摩尔分数。使用反压调节器向滤筒和滤液缸预充气，使得滤筒和滤液缸的压力比储液缸的压力低 0.345MPa（50psi），从而使原油通过膜。之后将加热的庚烷注入储油缸并将其强制通过膜，以洗去残存在膜和系统中的原油，因为沥青质不溶于庚烷，这个清洗过程一直持续，直至从滤液缸出口收集的庚烷是干净的。本书采用修订后的 IP143 标准测试方法（Muhammad 等，2003）测量各个膜上沉淀的沥青质质量。

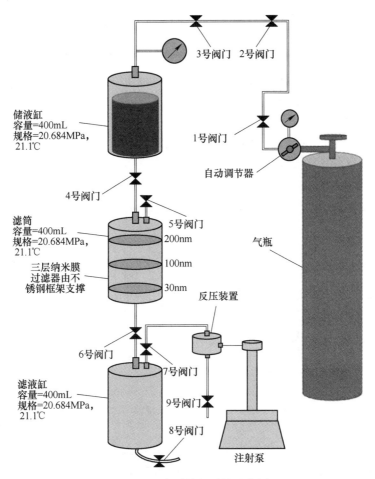

图 3.1 沥青质粒径测量示意图

图 3.2 显示了在不同的 CO_2 和 CH_4 注入浓度下沉淀的沥青质总量。其中沥青质沉淀总量为各个膜上沉淀的沥青质质量之和。研究表明，随着注入气体浓度的增加，沥青质沉淀质量增加。由此可知，Wolfcamp 页岩油的沉淀沥青质含量非常低。

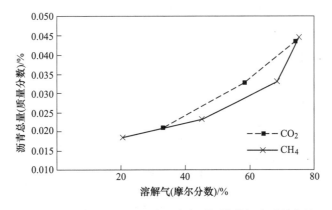

图 3.2 不同 CO_2 和 CH_4 注入浓度下沉淀的沥青质总含量

图 3.3 显示了各个膜上沉淀的沥青质质量占沉淀的沥青质总量的比例。在过滤过程中，原油首先流经孔径为 200nm 的膜，之后流经孔径为 100nm 的膜，最后流经孔径为 30nm 的膜。其中直径大于 200nm 的沥青质颗粒无法通过孔径为 200nm 的膜。这些沥青质颗粒会在孔径为 200nm 的膜上沉淀。直径小于 200nm 但大于 100nm 的沥青质颗粒可以通过孔径为 200nm 的膜，但会在孔径为 100nm 的膜上沉淀。因此，在孔径为 200nm、100nm 和 30nm 的膜上分别沉淀了粒径大于 200nm、100~200nm 和 30~100nm 的沥青质颗粒。在孔径为 200nm 的膜上，沥青质沉淀量随着注入气体浓度的增加而增加，这表明气体注入有助于沥青质形成直径更大的聚合物。与 CH_4 相比，CO_2 对沥青质聚合物的直径的增加有着更为明显的影响。

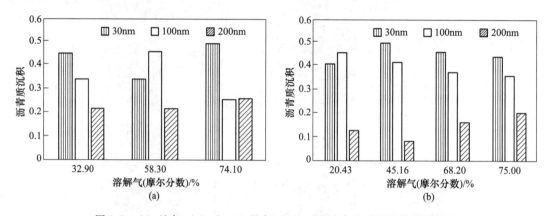

图 3.3 CO_2 注气（a）和 CH_4 注气（b）过程中各个膜的沥青质沉淀量

上述数据表明，一半以上的沥青质聚合物的直径大于 30nm。然而，图 3.4 所示的多个页岩岩心的孔喉直径数据表明，地层的大多数孔喉直径都小于 30nm。根据 1/3-1/7 经验法则，沥青质聚合物无法在这些页岩储层中流动。图 3.3 所示的沥青质含量非常低，换言之，尽管页岩储层中包含的沥青质聚合物直径较大，但由于其沥青质含量很低，因此造成的地层损害可能并不严重。接下来，本书将研究吞吐注气过程中地层损害的程度。

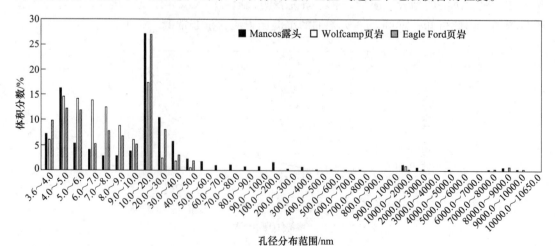

图 3.4   多个页岩岩心的孔喉大小分布范围

Shen 和 Sheng（2017a）比较了 CO_2 吞吐注入前后的孔径分布（PSD），其中通过压汞法测定 PSD。在 EF-1 和 EF-2 岩心中，采用了 Wolfcamp 油样。为了进行比较，将原油癸烷应用于 EF-5 岩心，其中癸烷不含沥青质。实验中共进行了 6 个轮次的 CO_2 吞吐注入。图 3.5 显示了对数微分孔隙体积（$dV/dlogD$）与孔隙直径（D）的关系。实验给出了测试岩心样品中孔喉直径的分布情况。图中峰值代表主体孔隙的直径分布范围。EF-1 样品的峰值位于 $0.0036 \sim 0.020 \mu m$ 的分布范围内，而 EF-2 样品的峰值位于 $0.02 \sim 0.10 \mu m$ 的分布范围内。在吞吐注气后，EF-1 样品的孔喉直径在较小直径的分布范围出现较高峰值，但在较大直径的分布范围内，其峰值较低。EF-2 的 PSD 曲线在吞吐注入后向左平移 $0.5 \sim 0.7 \mu m$，表明孔喉直径变小。对于 EF-5 岩心样品，吞吐注入之前和之后的 PSD 曲线的峰值位于 $0.10 \sim 1 \mu m$ 之间，因为原油癸烷不包含沥青质。图 3.6 ~ 图 3.8 分别为 EF-1、EF-2 和 EF-5 样品的 PSD 与孔喉直径的柱状图和累积百分比图，上述结论在图中更加清晰。

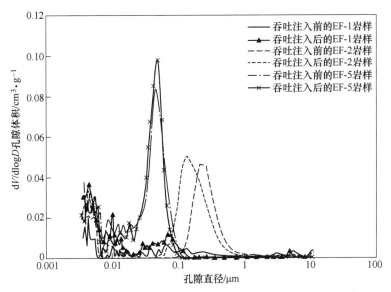

图 3.5　CO_2 吞吐注入前后测试岩心样品的 PSD 变化

本次研究还采用两个岩心（EF-3 和 EF-4）比较 CO_2 吞吐注入前后的渗透率变化。在吞吐注入过程中，注入压力为 8.27MPa，闷井时间为 6h，回采时间为 18h。整个注入过程在 21℃ 的恒温条件下进行。在吞吐注入之前，分别用 Wolfcamp 油样和癸烷对 EF-3 和 EF-4 样品进行浸泡至饱和状态。EF-3 和 EF-4 岩样的测量渗透率分别为 126nD 和 86.7nD。经过 6 个轮次的吞吐注入，重新测量得到的 EF-3 和 EF-4 岩样渗透率分别为 78.5nD 和 81.7nD。如图 3.9 所示，在使用 Wolfcamp 油样浸泡后，EF-3 岩样的渗透率在吞吐注入后下降了 47.5nD，而使用癸烷浸泡的 EF-4 岩样的渗透率几乎没有发生变化。

渗透性的降低与 PSD 的改变一致。沥青质沉积于岩石表面，从而缩小或堵塞了储层孔隙。Behbahani 等人（2013）发现，在沥青质沉积造成的总体地层损害中，60% ~ 80% 是由机械堵塞造成的，可通过环己烷逆向驱油恢复；20% ~ 40% 是由吸附作用造成的，可通过甲苯逆向驱油恢复，但恢复过程需要很长时间。在另一项实验研究中，Behbahani 等人（2015）观察到，与砂岩岩心相比，碳酸盐岩心的颗粒堵塞现象更为严重。在碳酸盐储

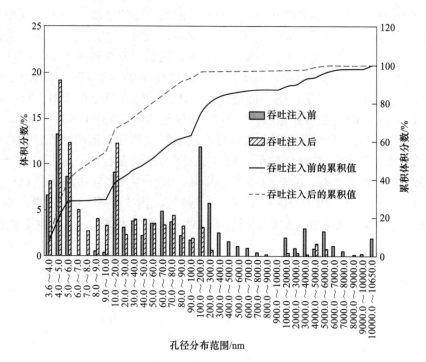

图 3.6 CO_2 吞吐注入前后 EF-1 岩心的 PSD

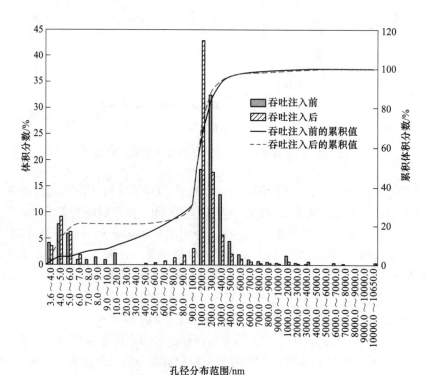

图 3.7 CO_2 吞吐注入前后 EF-2 岩心的 PSD

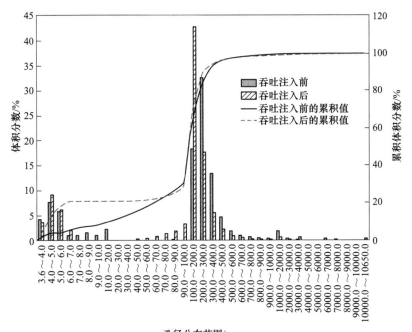

图 3.8 CO_2 吞吐注入前后 EF-5 岩心的 PSD

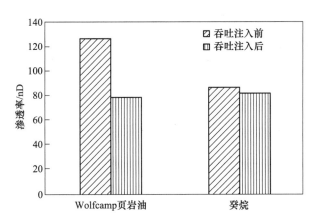

图 3.9 吞吐注入前后的渗透率比较

层中，岩心的内表面含有更多的极性基团，能够与沥青质表面基团发生极性相互作用（Hamadou 等，2008），从而产生高吸附率。在低渗透率岩心中，如碳酸盐岩岩心，堵塞率呈滚雪球式增长。在连续发生沥青质吸附后，可能发生完全堵塞现象。在页岩储层中，黏土是一种极性成分。因此学者们认为页岩储层的吸附率可能更高。而纳米级的孔隙可能会导致沥青质的吸附率呈滚雪球式增长，从而堵塞孔隙。需要提及的是，本次研究中采用的 Wolfcamp 页岩油为脱气原油。前人研究发现，在储层流动流体驱替作用下，沥青质沉积带来的渗透性降低的程度高于脱气原油驱替造成的渗透性降低（Behbahani 等，2015）。

3.3 沉积机理

在另一项研究中，Shen 和 Sheng（2017b）利用 Wolfcamp 页岩油，以 Eagle Ford 岩心为对象，在 CO_2 定量吞吐注入期间，进行了有关沥青质沉积机理的实验。在完成六个轮次的 CO_2 吞吐注入后，研究人员用钢锯从岩心上切下一块长度为 0.9cm 的岩心，用于正庚烷和甲苯逆向驱替实验。这些实验可用来测定岩心渗透性。驱替系统的示意图如图 3.10 所示。为了缩短驱替实验的时间，本次研究采用了一块较短的岩心，而非整个岩心。

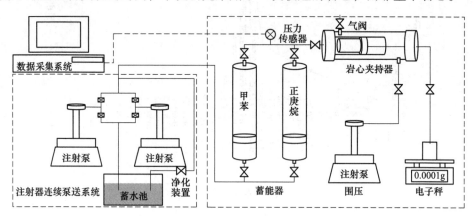

图 3.10 岩心驱替系统示意图

首先，通过采用包含两个注射器泵的组合装置，以 0.01mL/min 的速度注入正庚烷，之后继续注入正庚烷，直到芯样两端的压力差达到稳定状态。此外，可以采用一个 Quizix 泵代替两个注射泵进行连续泵送。正庚烷逆向驱替的第一个阶段持续了大约 3000min，直到岩心样品两端的压差变得稳定（见图 3.11）。

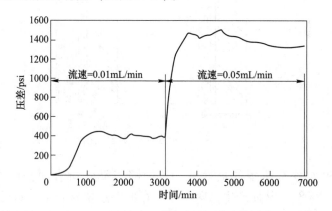

图 3.11 正庚烷逆向驱替过程中岩心样品两端的压差变化
（1psi=6894.757Pa）

稳定压差为 2.69MPa（390psi）。假设室温条件下，正庚烷在 2.69MPa（390psi）下的黏度为 0.399mPa·s（Sagdeev 等，2013；Zhang 和 Liu，1991），使用达西定律计算渗透率为 198.8nD。研究认为这种渗透率具有吸附性，但没有夹带性，因为沥青质颗粒的夹带性仅存在于空隙速度高于临界速度的情况中（Behbahani 等，2012；Behbahani 等，2015；

Bolouri 等，2013；Wang 等，1999)，且正庚烷不能溶解沥青质。研究认为 0.01mL/min 的流速低于临界流速，因为随着驱替过程的继续，压差没有出现明显降低。由于高黏度剩余油的存在，早期压降较高。

为了量化沥青质颗粒夹带作用（机械堵塞）带来的影响，本次研究将正庚烷注入作用的流速从 0.01mL/min 增加至 0.05mL/min。由于流速增加，压差首先出现快速增加，随后下降，表明沥青质堵塞已消除。对该岩心而言，0.05mL/min 的流速约等于 0.0008cm/s。研究认为该速度高于临界速度，因为堵塞物在此速度下得以清除。实验过程中，在约 7000min 内采用稳定压差和室温条件下 9.24MPa（1340psi）的压力，以及黏度为 0.427mPa·s 的正庚烷（Sagdeev 等，2013；Zhang 和 Liu，1991），通过达西方程计算得出岩心渗透率为 309.7nD。因此，在 CO_2 吞吐注入过程中，沥青质机械堵塞造成的渗透率降低幅度为 110.9nD（即 309.7nD-198.8nD）。

甲苯可以溶解沥青质，因此可以通过甲苯的反向驱替去除在吸附机理作用下沉积的沥青质。在采用正庚烷进行反向驱替后，以 0.05mL/min 的速度持续进行甲苯反向驱替，直到达到稳定的压差（见图 3.12）。

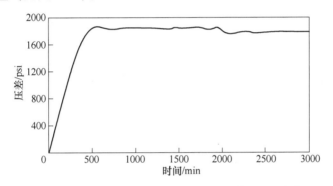

图 3.12　甲苯逆向驱替期间岩心样品两端的压差变化

研究使用室温条件下 12.3MPa（1785psi）时黏度为 0.617mPa·s 的甲苯（Krall 等，1992），估算渗透率为 332.9nD。在使用正庚烷和甲苯进行反向驱替后，在机械堵塞和吸附机制下沉积的沥青质沉积可能被去除。在沥青质沉积作用下，总渗透率降低了 134.1nD（即 332.9nD-198.8nD）。在总渗透率降低量中，83%（即 309.7nD-198.8nD）由机械堵塞机制引起（110.9nD），17%（即 332.9nD-309.7nD）由吸附机制引起（23.2nD）。基于上述研究，沥青质的机械堵塞造成的地层损害可通过吞吐过程（往返流动）减轻。

3.4　数值分析

Shen 和 Sheng（2018）进行了进一步的数值模拟研究工作。其中分别使用 Computer Modeling Group 开发的 Winprop 和 GEM 模拟器对沥青质沉淀和沉积过程进行模拟。

Winprop 模拟器使用了 Nghiem 等人（1993）提出的沥青质沉淀模型。该模型将最重的组分分为两部分：非沉淀组分和沉淀组分。这两种组分具有相同的临界性质和偏心因子，但与轻质组分的相互作用系数不同。沉淀组分与轻质组分的相互作用系数相对较大，导致二者之间的不相容性较大。因此，沉淀组分将转换为固相，从而沉淀。非沉淀组分包括不会发生解离的重石蜡、树脂、沥青质/树脂胶束。沉淀组分为沥青质和沥青质/树脂胶束，可发生解离和沉淀。研究认为原油中沉淀的沥青质组分是一种纯密相，可以是液体也可以是固体。该阶段称为沥青阶相。

Shen 和 Sheng（2018）将一种原油的 24 种组分归为五种拟组分：$C_{3\sim4}$、$C_{5\sim8}$、$C_{9\sim19}$、$C_{20\sim40}$ 和 C_{41+}。重质沉淀组分为 $C_{41\pm沥青质}$。在本次研究中，通过调节分离沉淀沥青质组分与轻质组分的相互作用系数和沥青质相的摩尔体积，能够将模型中的沥青质沉淀数据与实验数据相拟合，调节参数见表 3.1。图 3.13 比较了沥青质沉淀预测数据与实验数据。并将沉淀沥青质组分的摩尔体积调整为 0.92L/mol。

表 3.1　沉淀模型中沥青质组分和其他组分之间的二元相互作用系数

组分	CO_2	CH_4	$C_{3\sim4}$	$C_{5\sim8}$	$C_{9\sim19}$	$C_{20\sim40}$	C_{41+}	$C_{41\pm沥青质}$
$C_{41\pm沥青质}$	0.27	0.2	0.2	0.04	0	0	0	0

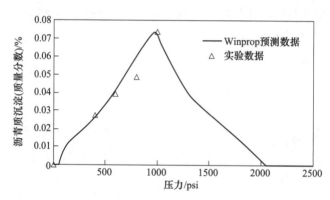

图 3.13　Winprop 预测的沥青质沉淀数据与实验数据的比较
（1psi = 6894.757Pa）

在 GEM 模拟器中，使用了 Wang 等人（1999）开发的沥青质沉积模型：

$$\frac{\partial E_A}{\partial t} = \alpha C_A \phi - \beta E_A (v_L - v_{Lc}) + \gamma \mu_L C_A \tag{3.1}$$

式中　α——表面沉积速率系数，应为正常数，并取决于岩石类型；

　　C_A——液相中沥青质沉淀的浓度；

　　ϕ——局部孔隙度；

　　β——夹带率系数；

　　E_A——沥青质沉积所占的孔隙体积分数；

　　v_L——间隙速度；

　　v_{Lc}——临界间隙速度；

　　γ——堵塞沉积速率系数；

　　μ_L——表面达西速率。

式（3.1）右侧的第一项为表面沉积，第二项是沥青质沉积的夹带作用，第三项表示孔喉堵塞率。当 v_L 高于 v_{Lc} 时，会发生沥青质夹带作用；否则夹带速率将为零。γ 项定义如下：

$$\gamma = \gamma_i (1 + \sigma E_A), D_{pt} \leqslant D_{ptc} \tag{3.2}$$

$$\gamma = 0, D_{pt} > D_{ptc} \tag{3.3}$$

式中 γ_i——瞬时堵塞沉积的速率系数；

σ——雪球效应的沉积常数；

D_{pt}——平均孔喉直径；

D_{ptc}——临界孔喉直径。

如果 D_{pt} 小于 D_{ptc}，则会发生由孔喉堵塞引起的沉积。沥青质沉积后的局部孔隙度可通过以下公式进行计算：

$$\phi = \phi_0 - E_A \tag{3.4}$$

式中 ϕ_0——初始孔隙度。

流动阻力系数可由 Kozeny-Carman 公式计算得出。对时间步长而言，阻力系数的计算是递归的。现今渗透率等于原始渗透率除以在现今时间步长计算得出的阻力系数。

在 GEM 模拟器中，沥青质沉积由 5 个参数控制：通过调节这 5 个参数，可以拟合第一个周期和最后一个周期的实验渗透率降低数据，其数值见表 3.2。

表 3.2 沥青质沉积模型的调节参数

参数	α/d^{-1}	β/ft^{-1}	$v_{Lc}/ft \cdot d^{-1}$	γ_i/ft^{-1}	$\sigma, [-]$
数值	1800	0	0	15	30

请注意，模型中未包含沥青质沉积夹带作用（$\beta = 0$）。页岩中的极性黏土含量高，能够强烈吸引沥青质分子中的极性官能团，从而导致沥青质吸附作用强烈，使得夹带更加困难。Wang 等人（1999）和 Behbahani 等人（2015）的研究结果表明，砂岩和碳酸盐岩的夹带作用的临界间隙速度为 $0.01 \sim 0.04 cm/s$，研究预计页岩的临界速度很大。在本次研究的模型中，最大速度约为 $10^{-5} cm/s$，不可能超过页岩中的临界速度。因此，可以不考虑能够导致机械堵塞的夹带作用。然而，之前的研究表明，在大多数案例中，机械堵塞会导致渗透率数据减小。对于吞吐过程中沥青质沉积的机理和定量研究，仍需要开展进一步的研究工作。

在本次研究中，使用上述沥青质模型和岩心尺度网格模型，通过调节油气相对渗透率，可以拟合 CO_2 吞吐注入实验的原油采收率结果，如图 3.14 所示。结果表明，在未沉积沥青质的情况下，与原先的 15.5% 相比，原油采收率提高了 3.5%。

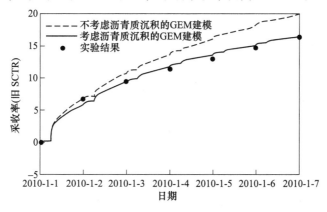

图 3.14 预测原油采收率与实验数据的比较

　　本次研究选择距离岩心柱和环空交界处0.16cm 的单元（11，1，12）。在实验过程中，注入 CO_2，并通过环空采出原油和 CO_2。参考图3.15，了解单元（11，1，12）中 CO_2 摩尔分数、沉淀和沉积沥青质的变化情况。首先观察 CO_2 总摩尔分数。这一数值在注入期和闷井期（6h）均有所增加，在回采期（18h）则减少。对于沥青质沉淀物，在注入和闷井期间，随着更多的 CO_2 扩散到该单元，沥青质沉淀量增加。在这一时期，沥青质沉淀量将达到峰值。然而，随着更多的 CO_2 扩散到内部单元，沥青质沉淀量逐渐减少。在回采期间，最初从内部单元流入该单元的原油流体增多，之后这些流体从该单元流向外部单元。由于内部单元含油饱和度较高，或沥青质含量较高，因此沥青质净沉淀量先增加后减少。期间出现一个小的峰值。在后期轮次中，由于流入该单元的原油较少，且流动速率较慢，该单元产生了沥青质沉淀作用，使得回采期出现了延迟。随着轮次的进行，峰值将越来越低。

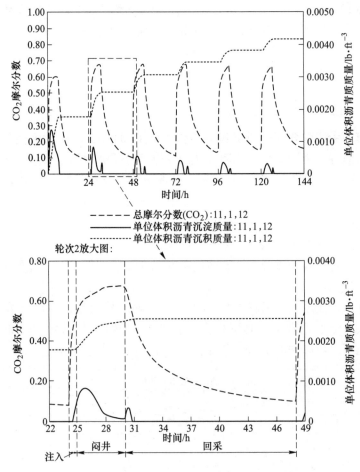

图3.15　单元（11，1，12）中 CO_2 摩尔分数及沥青质沉淀和沉积变化过程

（1lb=0.454kg，1ft=0.3048m）

　　对于沥青质沉积而言，该单元的沥青质沉积量随着轮次的增加而增加，沥青质沉积物在该单元逐渐累积。不同单元的沥青质沉淀和沉积作用可能有所变化。这一变化取决于原

油中 CO_2、原油和沥青质含量的净变化。

3.5 沥青质沉积对吞吐优化的影响

沥青质沉积作用受到压力的影响。吞吐效果在很大程度上取决于注入压力、回采压力、注入时间和回采时间的优化。Sheng（2017）提出，应优化吞吐过程，使得注入时间足够长，从而使井筒附近的压力达到设定的最大注入压力，同时让回采时间足够长，使井筒附近的压力达到设定的最小开采压力。换句话说，为了提高或优化原油采收率，应使用最大容许注入压力和最小容许回采压力。Shen 和 Sheng（2019）通过建模研究了沥青质沉积对该优化原则的影响。

本次研究采用了 Sheng（2017）的基本储层网格模型，还采用了 Ashoori 和 Balavi（2014）提及的新开采原油样品的 PVT 和成分数据。他们测定了一次采油和 CO_2 注入过程中沥青质的沉淀量。Shen 和 Sheng（2019）采用 CMG PVT 模拟器和 Winprop 来拟合沥青质沉淀数据，并使用了上一节中描述的沥青质沉积模型。对于基础模型而言，在长达 1800 天的一次采油期间，井底压力为 6.895MPa（1000psi）。在 CO_2 吞吐注入期间，注入压力为 55.157MPa（8000psi），回采压力为 6.895MPa（1000psi）。将注入时间和回采时间均设置为 100 天，无闷井。图 3.16 为有沥青质沉积和无沥青质沉积的基本情况下的采收率。在一次采油期间，两种情况下的原油采收率非常接近，其中没有注入 CO_2，沥青质沉积作用不明显。在长达 5600 天的 CO_2 吞吐注入结束时，沥青质的沉积作用使得采收率降低了 3.25%。之后重复该模拟实验，当注入压力分别为 48.263MPa（7000psi）、41.368MPa（6000psi）和 34.473MPa（5000psi）时，由沥青质沉积作用引起的采收率降低情况如图 3.17 所示。结果表明，随着注入压力的增大，原油采收率的降低幅度也越来越大。这意味着应使用较低的注入压力，以降低沥青质沉积带来的影响。然而，图 3.18 显示，即使在模型中包含了沥青质沉积的情况下，在较高的注入压力下，原油采收率仍然高于较低注入压力下的原油采收率。这意味着沥青质的沉积作用对采收率的负面影响小于较高注入压力带来的正面影响。因此，应选择较高的注入压力，以提高采收率。（Gamadi 等，2013；Yu 等，2016a；Li 等，2018）。

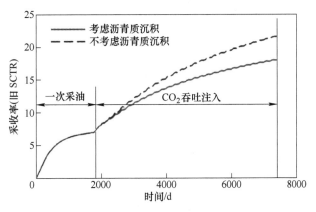

图 3.16 考虑/不考虑沥青质沉积的采收率

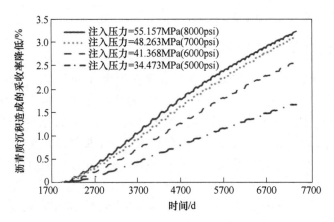

图 3.17 不同吞吐压力下沥青质沉积对原油采收率的影响

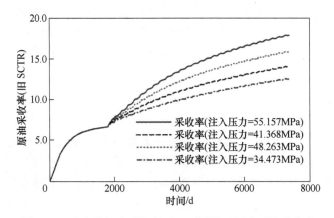

图 3.18 当考虑沥青质沉积时，不同吞吐压力下的采收率

　　同样，图 3.19 显示，随着回采压力的降低，沥青质沉积导致的原油采收率降低幅度增加。然而，图 3.20 显示，当模型中考虑沥青质沉积时，较低回采压力下的原油采收率仍然高于较高回采压力下的原油采收率。沥青质沉积对原油采收率的负面影响小于较低回采压力带来的正面影响。因此，应选择较低的回采压力以提高采收率（Sheng 和 Chen，2014；Sheng，2015b；Sanchez-Rivera 等，2015）。

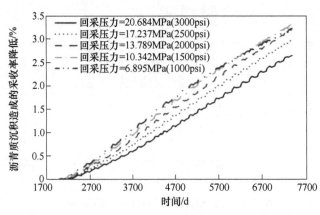

图 3.19 不同回采压力下，沥青质沉积造成的采收率降低

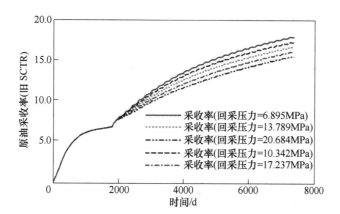

图 3.20 考虑沥青质沉积时,不同回采压力下的采收率

上述结果表明,无论是否考虑沥青质沉积作用,选择较高的注入压力和较低的回采压力以提高原油采收率的结果是相同的。

4 页岩凝析气藏的吞吐注气

摘 要：本章讨论了应用于页岩和致密凝析气藏的吞吐注气作业，并针对提高流体采收率和消除流体堵塞的能力，对吞吐注气和气驱进行了比较，同时在岩心尺度和矿场尺度中，将注气吞吐与注溶剂吞吐进行了比较。研究中采用的溶剂是甲醇和异丙醇。本章还研究了表面活性剂去除流体堵塞的能力，讨论了影响吞吐注气效果的因素，以及吞吐注入的机制，并提出了优化吞吐注入的建议。

关键词：凝析油；气驱；吞吐；流体堵塞；流体采收；溶剂；表面活性剂

4.1 引言

为了解凝析气藏的问题，并提出相应解决方案，本章首先对一张凝析气相图进行描述（见图 4.1）。当对一个凝析气藏进行开采时，在储层原始温度下，生产井附近的压力会沿着 1~5 的路径逐渐衰竭。初始压力是 1 点处的原始储层压力。在 2 点（露点）处压力降低，气相中的部分重质组分开始凝析。从 2 点到 3 点处，发生了更多的凝析作用，在 3 点处，凝析流体达到最大值，位于 15 与 20 之间，如图 4.1 所示。从 3 点到 4 点处，凝析流体开始汽化，并在 5 点处完全汽化（回到露点）。在 5 点处，流体又转变为气体。而在油气井开采过程中，需要一定的压力，因此油气井底部附近区域的压力不可能低至 5 点处的压力。因此，如图 4.2 所示，从井筒底部到储层深处的某段路径中，会形成一些凝析

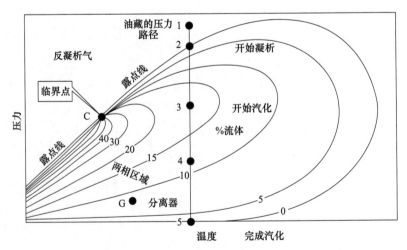

图 4.1 凝析气的相图

（改自 McCain（1989））

流体。从图 4.2 可以看出，凝析流体阻碍气流流入井筒。由于流体比气体更难流动，因此油气井的产能可能会降低。更严重的是，一些不可动的凝析流体在井筒附近聚集，永久性地阻碍了气体的流动，这就是形成于凝析气井附近的典型地层损害现象。在页岩和致密气藏中，由于储层的超低渗透性，该地层损害带的面积更大。而凝析流体由重烃组分组成，具有很高的热值。所以可对凝析流体进行开采，以获取这一热值。开采后，地层损害被消除，天然气产能得以恢复。

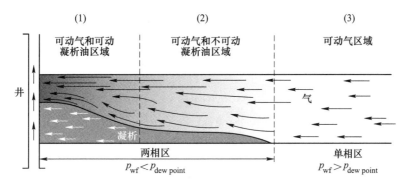

图 4.2　当井筒附近压力低于露点压力时，天然气和凝析流体的分布情况

（Al-Yami 等，2013）

　　为解决上述问题，可采用一种简单的方法，即通过气驱和/或水驱将井筒附近或储层中的压力提高到露点压力以上（Hernandez 等，1999）。在该方法中，可注入表面活性剂以降低界面张力或改变润湿性，从而降低残余液态油饱和度（Kumar 等，2006；Ahmadi 等，2011；Ganjdanesh 等，2015），同时也可注入溶剂以减轻流体堵塞带来的影响（Al-Anazi 等，2005；Sayed and Al-Munstasheri，2014）。上述这些方法是针对常规油气藏提出的。而在页岩和致密油气藏中，建议进行吞吐注气，以缓解凝析流体造成的堵塞。同时本章将这一方法与注溶剂法和表面活性剂处理法进行了比较。

4.2　实验装置

　　图 4.3 是用于驱替和吞吐注入的通用实验装置。在注入期间，单相凝析气通过阀门 C、A 和 B，从蓄能器 2 注入岩心两端。在回采期间，蓄能器 2 的阀门 G 和蓄能器 1 的阀门 F 关闭，同时返压调节器的阀门 E 打开，阀门 A、B、C 和 H 打开。返排液存储在蓄能器 3 中，岩心则放置在 CT 扫描仪中。可通过式（2.11）中的 CT 数值计算得出岩心的平均液态油饱和度，并通过式（2.12）计算得出液态凝析油采收率。

　　在驱替模式中，首先确定凝析气的饱和度。阀门 C 关闭，同时阀门 A 和 B 打开，但阀门 E、F 和 H 最初呈关闭状态。通过打开阀门 G，在高于露点压力的设定压力下，凝析气使得岩心处于饱和状态。然后在压力低于露点压力的条件下，打开阀门 E 和 H，在岩心中形成凝析流体。最后在高于先前压力的设定压力下增加注射泵速率，使得岩心中的压力升高，同时阀门 A 附近出口端的压力低于露点压力。通过上述做法，使得岩心中的凝析流体减少。当采用吞吐注入法时，可使用 CT 数值计算岩心的平均液态油饱和度和采收率。

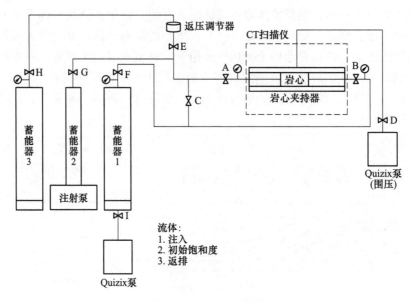

图 4.3　驱替和吞吐注入的通用实验装置

4.3　吞吐注气

　　Meng 等人（2017）进行了吞吐实验。实验过程中采用了直径为 3.81cm（1.5in）、长度为 10.16cm（4in）的 Eagle Ford 露头岩心。其孔隙度为 6.8%，渗透率为 100nD。为了使实验更易于运行和分析，采用了合成凝析气，其组分为 0.85（摩尔分数）的甲烷和0.15（摩尔分数）的正丁烷。其相图如图 4.4 所示。该实验在 20℃的室温条件下进行。

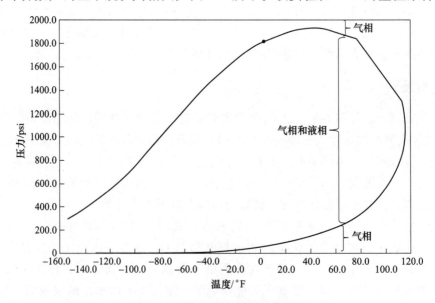

图 4.4　甲烷-正丁烷混合物的相图

（1psi＝6894.757Pa，华氏度（℉）＝32+摄氏度（℃）×1.8）

在此温度下，该混合物的析出凝析流体如图4.5所示。在20℃温度下，该凝析气混合物的露点压力为12.824MPa（1860psi）。因此，可将蓄能器2处的混合气初始压力设定为15.168MPa（2200psi），并将注入压力设定为13.100MPa（1900psi）。将注入和闷井时间设定为30min，之后，将返压调节器设置为10.066MPa（1460psi）（低于12.824MPa（1860psi）的露点压力）。将阀门B、A、E和H打开，同时将其他阀门关闭。当岩心两端压力为10.066MPa（1460psi）时，对岩心进行长达30min的衰竭开采。上述步骤为一个轮次。之后，从蓄能器2注入混合气体，并从蓄能器3进行衰竭开采。将此过程重复5个轮次。通过每个回采周期末期的CT扫描数值，可测定凝析流体饱和度。同时可通过CT扫描数值计算凝析流体采收率。

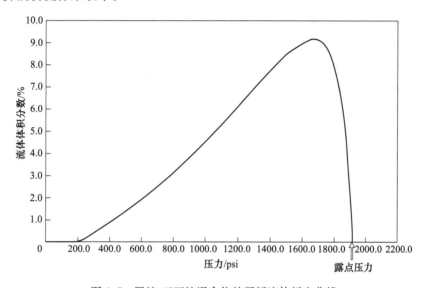

图4.5 甲烷-正丁烷混合物的凝析流体析出曲线

如图4.6所示，一次采油后的凝析流体饱和度为10%，而第一次吞吐过程结束时凝析流体饱和度为9.1%。当剩余轮次结束时，饱和度如图所示。

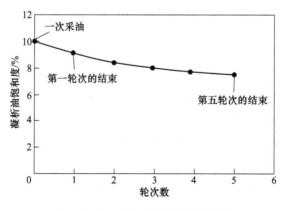

图4.6 各个轮次的凝析流体饱和度

如图4.7所示，凝析流体采收率可通过式（2.12）计算得出。结果表明，经过5个轮次的注甲烷吞吐后，凝析流体采收率为25%。通过调节相对渗透率，能够将数值模拟模型与实验数据相拟合。

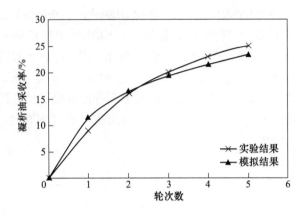

图 4.7　各个轮次的凝析流体采收率

4.4　吞吐注入与气驱

如前文第4.2节所述，可使用图4.3中的实验装置进行气驱，以增加岩心压力，从而减少凝析流体的析出。在与上一节所述的吞吐实验相同的注入压力和出口压力下，图4.8显示了凝析流体采收率，其预测值来自数值模拟模型。

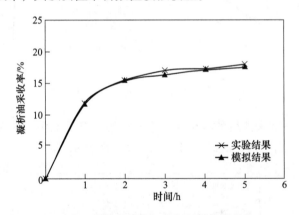

图 4.8　气驱实验期间的凝析流体采收率

在吞吐实验中，进行一个轮次需要30min的注入（吞）和闷井时间，以及30min的回采（吐）时间，共计1h。一个轮次持续1h，5个轮次共持续5h。因此，也可根据实验时间（类似现场项目中的运行时间）绘制凝析流体采收率曲线。在图4.9中，比较了吞吐注入和气驱的凝析流体采收率。在同样的5h内，通过吞吐注气，凝析流体采收率增加了23.3%；而通过气驱，凝析流体采收率增加了18.6%。这一比较结果表明，吞吐注气的效果优于气驱。在吞吐注气过程中，井筒附近的压力下降，并在回采期间耗尽；在注气期间，将气体注入同一低压区，因此压力出现快速升高。换句话说，压力得到了有效提升。随着压力的提升，凝析流体将发生再汽化。然而，在驱替模式中，由于渗透率极低，因此将压力从注入侧传递到开采侧的过程需要较长时间。

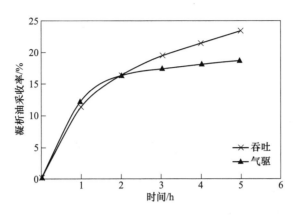

图 4.9 吞吐注气与气驱的效果对比

Sheng（2015b）使用油气藏模型比较了注气吞吐和气驱的效果。Orangi 等人（2011）在实验过程中采用了凝析气组分。其中露点压力为 27.344MPa（3988psi），基质渗透率为 100nD，注入时间和回采时间为 100 天，其中不包括闷井时间。图 4.10 显示了吞吐注气和甲烷驱替过程中开采的累积液体原油。这表明，通过采用注甲烷吞吐的方式，可以开采更多的原油，其性能数据见表 4.1。结果表明，吞吐注入过程比气驱过程的采液量高 8.7%。由表 4.1 可知，净开采气量等于开采的总气体量减去吞吐过程中注入的总气体量。同时在吞吐注气过程中，采气量和采油量均较高。吞吐注气过程中的油气开采收益也高于气驱过程中的油气开采收益。在本章的计算中，采用的销售价格为：原油 100 美元/标准桶，天然气 4 美元/mcf（1mcf = 28.317m³）。其中资本投资、设施和运营成本的差额均不包括在内，且计算过程中未考虑贴现率。如果考虑贴现率，则吞吐注气的性价比将高于气驱的性价比，因为前者采出液态油的时间较早，如图 4.10 所示。

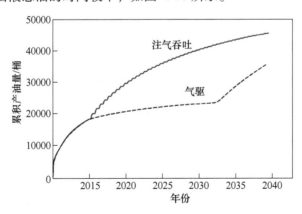

图 4.10 甲烷驱替和吞吐注入过程的累积产油量

表 4.1 不同开采方式（100nD）的效果比较

参数	一次采油	气驱（A）	吞吐（B）	比值（B/A）
总采气量/MMcf	357.01	275.43	3133.7	11.38
注入气体/MMcf	0	216.36	3008.3	13.90

参数	一次采油	气驱（A）	吞吐（B）	比值（B/A）
净采气量/MMcf	357.01	59.07	125.4	2.12
采油量/千储罐桶数	30.385	36.5	46.666	1.28
原油采收率/%	26	31.23	39.93	1.28
采出油气价值/百万美元	4.46654	3.88628	5.1682	1.33

注：1MMcf = 28317m³。

在模拟建模中，单元（10，28，4）是裂缝单元的相邻单元，其中吞吐井正处于吞吐注入模式；单元（21，28，4）也是裂缝单元的相邻单元，其中生产井正处于驱替模式。图 4.11 显示，在吞吐模式中，单元（10，28，4）的含油饱和度迅速下降至几乎为零。在一次采油和气驱模式下，单元（10，28，4）和（21，28，4）的含油饱和度仍然较高。请注意，在气驱模式下，含油饱和度于 2023 年左右出现升高，因为移动油带抵达生产裂缝。在吞吐注气模式中，单元（10，28，4）的含油饱和度在第一次注入过程中上升，因为生产裂缝单元（11，28，4）的原油被驱替至该单元。

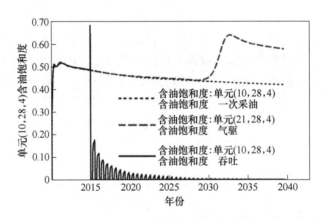

图 4.11 一次采油、气驱和吞吐注气期间井筒裂缝附近的单元含油饱和度

图 4.12 显示了吞吐注入模式下生产裂缝附近单元（10，28，4）的压力和含油饱和度。结果表明，在吞吐注入期间，随着压力的升高，原油被蒸发并随气流发生流动，部分原油被驱替至生产裂缝，因此含油饱和度降至几乎为零；而在回采期间，压力降低，凝析流体或来自深层基质的部分原油流入该单元，含油饱和度增加。

在常规油气藏中，通常进行气驱作业，以保持较高的油气藏压力，因此生成了少量的凝析流体（Thomas 等，1995）。例如，在页岩或致密凝析气藏中，当本研究的模型基质渗透率为 100nD 时，尽管注入裂缝的压力为 65.499MPa（9500psi），如图 4.13（a）所示，但在生产裂缝处仍出现较高的流体饱和度，因为此处的压力较低（约 3.447MPa（500psi））。在低基质渗透率油气藏中，注入侧附近的压力无法传导至开采侧。为了进行比较，图 4.13（a）显示了当基质渗透率增加至 0.1mD 时压力的分布情况。其中注入裂缝的压力比生产裂缝的压力高约 6.895MPa（1000psi）。换句话说，注入侧与生产侧的压力相比，不会发生明显减小。请注意，在渗透率为 0.1mD 的情况下，注入端附近的压力无

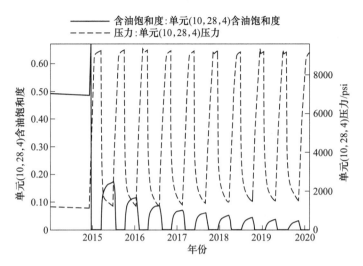

图 4.12 位于生产裂缝附近的单元（10，28，4）在吞吐注气模式下的压力和含油饱和度
（1psi=6894.757Pa）

法达到 65.499MPa（9500psi），因为压力将会传导至生产端。如果注入速率增加，则注入端的压力将增加至约 65.499MPa（9500psi），而生产端的压力则为约 58.605MPa（8500psi）。因此流体不会发生凝析作用。这就是为什么气驱能够消除或缓解高渗透率油气藏的凝析流体析出问题。

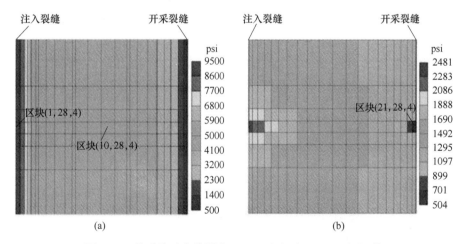

图 4.13 基质渗透率分别为 100nD（a）和 0.1mD（b）的
油气藏在长达 10 年的气驱作业结束时的压力分布情况

为了进一步证明，在渗透率极低的页岩油气藏中，注气吞吐比气驱更可取，本书在渗透率为 0.1mD 的基质高渗透率油气藏中比较了各方法的效果，见表 4.2。结果表明，与表 4.1 所示的渗透率为 100nD 的油气藏的情况相反，气驱采油的采收率比吞吐采油的采收率高 14.12%。同时气驱开采的油气收益也高于吞吐开采。

表 4.2　不同方法的效果比较（0.1mD）

参数	一次采油	气驱（A）	吞吐注气（B）	比值（B/A）
总采气量/MMcf	427.22	7491.5	3989.4	0.53
注气量/MMcf	0	7200	3600	0.50
净采气量/MMcf	427.22	291.5	389.4	1.34
采油量/千储罐桶数	55.046	111.36	83.167	0.75
原油采收率/%	47.1	95.28	71.16	0.75
采出油气价值/百万美元	7.21348	12.302	9.8743	0.80

注：1MMcf=28317m³。

4.5　气体和溶剂性能的岩心尺度模拟

如前所述，可注入溶剂以缓解凝析流体的堵塞作用，同时也可以使用多种气体。Sharma 和 Sheng（2017、2018）比较了多种气体（甲烷和乙烷）与溶剂（甲醇和异丙醇）的性能，其方法是分析岩心和油气藏尺度的模拟结果。在这一实验中，首先通过与 Al-Anazi（2003）发表的一项实验结果进行历史拟合，验证了岩心尺度模型。之后根据历史拟合实验标定的岩心尺度参数建立了油气藏尺度模型。其中一个关键步骤是岩心尺度模型，这一点将在下文进行详细介绍。

Al-Anazi（2003）利用得克萨斯 Cream 石灰岩岩心进行了凝析气藏和甲醇处理实验（相关论文中的实验 17）。实验采用的岩心直径为 2.54cm（1in），长度为 20.32cm（8in），渗透率为 3.15mD，孔隙度为 0.2。凝析气混合物（流体 A）的 C_1 含量（摩尔分数）为 0.8，C_4 含量为 0.15，C_7 含量为 0.038，C_{10} 含量为 0.012。实验温度为 62.78℃，露点压力约为 19.271MPa（2795psi）。实验中未列出初始含水饱和度。实验期间，上游注入压力为 20.684MPa（3000psi），下游（出口）压力为 8.274MPa（1200psi），流速为 2mL/h。具体实验数据如图 4.14 所示。研究采用两个模拟模型（Rai（2003）及 Sharma 和 Sheng（2017））预测了实验趋势。

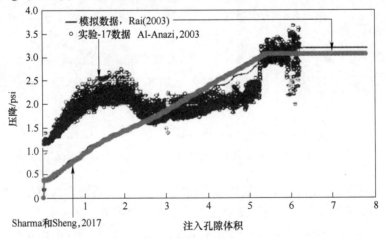

图 4.14　凝析气流体和通过两个模型预测得出的岩心驱替实验数据

（1psi=6894.757Pa）

请注意，模型预测结果和实验数据并不拟合。实验数据表明，随着注气量的增加，由于凝析气的聚集，初始压降增大；但当注入气体体积约为孔隙体积的 2 倍时，压降减小。这一观察结果在 Al-Anazi（2003）的其他实验中并未出现，而无论是 Rai（2003）的模型还是 Sharma 和 Sheng（2017）的模型，都无法观察到这一现象，因此需要对替代实验进行模拟。请注意，当建立了气体和凝析流体的两相流时，模拟模型中贯穿岩心的稳态压力必须与注入孔隙体积相拟合。这一模拟实验是能够在低流速下实现稳态流动的唯一实验。在其他高速率实验中可以观察到，由于速度效应，部分累积的凝析流体出现剥离和搬运现象。因此，当流速增加时，测得的压降实际发生了降低，同时必须驱替大量凝析气以实现稳态流动（Al-Anazi，2003），而模拟模型无法预测这一趋势。

应用上述一维模型，Sharma 和 Sheng（2017）比较了甲烷、乙烷和甲醇溶剂的性能。在实验过程中，吞吐注入作业共持续 130 天，其中注入压力和回采压力分别为 19.650MPa（2850psi）和 8.276MPa（1200psi）。当单元（4，1，1）（岩心中总包含24个单元）处的压力达到 19.650MPa（2850psi）时，将注入过程转变为回采过程。

在不同的气体或溶剂的过程中，能够开采不同的组分，因此为了评估其性能，应比较不同时间开采的烃类总量，其采收率（RF）定义如下：

$$RF = \frac{在每桶油中一次采油后开采的烃类总量-注入流体的总开采量}{每桶油中一次采油结束时的烃类总量}$$

总烃类物质包括甲烷、丁烷、庚烷和癸烷。请注意，研究中使用的单位是桶油当量（BOE）。本次研究在 0.101MPa（14.7psi）和 15.5℃的标准条件下对体积进行计算，并将一次采油结束时的 BOE 体积作为计算采收率的基准体积。其中 1 桶油当量 = 5800ft³（1ft³ = 0.0283m³）天然气。

初始流体（流体 A）中不含乙烷和溶剂，因此开采流体中的对应组分来自注入流体。对于甲烷而言，注入甲烷的总开采体积等于总注入体积减去岩心中额外的甲烷体积（即岩心中的剩余体积减去一次开采结束时岩心中的甲烷体积）。不同气体和溶剂的总烃采收率如图 4.15 所示。请注意，水平轴的时间为吞吐时间（不包括一次开采时间）。结果表明，根据一次开采结束时的烃类总量可知，当注入乙烷时，每桶原油的总烃采收率最高，为 54%，其次是甲醇，其采收率为 25.1%，而注入甲烷的采收率仅为 18.4%。

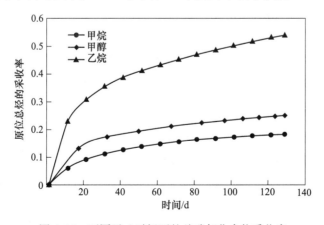

图 4.15 不同吞吐时间下的总碳氢化合物采收率

请注意，在本次研究中，于相同的吞吐时间内注入了不同体积的气体和溶剂。图 4.16 显示了总碳氢化合物采收率与其注入孔隙体积的关系。结果表明，不同注入体积的气体和溶剂的效果排序与其在不同吞吐时间下的排序相同。此外，为了对这些气体和溶剂进行全面比较，应考虑其成本差异。图 4.17 比较了气体和溶剂在成本方面的差异。在计算成本时，根据 McGuire 等人（2016 年）的数据，使用以下价格：甲烷为 3.17 美元/mscf，甲醇为 0.88 美元/gal（1gal = 0.00379m³），异丙醇为 1.35 美元/gal，乙烷为 4.15 美元/mscf。由于实验中采用的岩心尺度较小，因此绝对成本较低。所以应按其相对价值对这些成本进行解释。

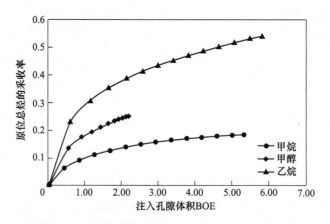

图 4.16　不同注入孔隙体积下的总碳氢化合物采收率

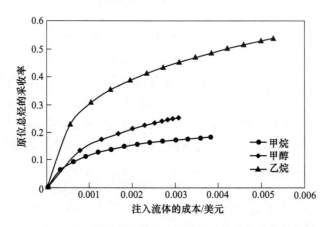

图 4.17　按成本计算得出的总碳氢化合物采收率

以上对比结果基于总碳氢化合物量，其效果排序依次为乙烷、甲醇和甲烷。为了解上述气体和溶剂的提高采收率机理，应比较各个组分的采收率。图 4.18 显示，甲醇对甲烷和丁烷组分的采收率较高，但对庚烷和癸烷组分的采收率较低。当注入甲烷时，几乎无法开采原位甲烷（0.2%，图中不可见）。换句话说，开采的甲烷量几乎与注入的甲烷量相同。但是与甲醇相比，甲烷能够开采更多的丁烷、庚烷和癸烷组分。由于岩心中的凝析流体析出物为 C_4、C_7 和 C_{10} 组分，因此与甲醇相比，甲烷能够更加有效地开采凝析流体。这一现象在图 4.19 中更为明显，其中显示了中间组分和重组分（不包括甲烷）的采收率。

综上所述，甲烷和乙烷的效果优于甲醇。

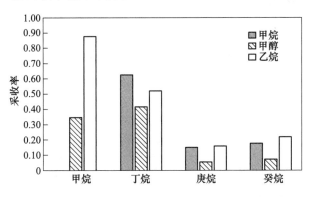

图 4.18 甲烷、乙烷和甲醇的烃类单个组分采收率

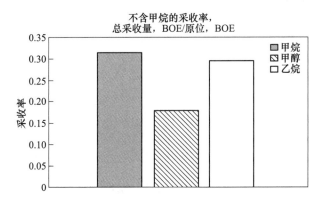

图 4.19 甲烷、乙烷和甲醇中的总烃类采收系（除甲烷外）

Sharma 和 Sheng（2017）还比较了气体（甲烷和乙烷）和溶剂（甲醇和 2-丙醇（通常称为异丙醇））开采流体 B 的效果。流体 B 由 0.81（摩尔分数）的 C_1、0.05 的 C_4、0.06 的 C_7 和 0.08 的 C_{10} 组成，所含组分多于流体 A。实验中初始含水饱和度为 25%，实验温度为 148.89℃。总体而言，异丙醇（IPA）的效果与甲醇的效果相似，前者略优于后者，但成本较高。由于 IPA 比甲醇重，因此其采收重质凝析流体的效果优于甲醇。这四种气体和溶剂的采收率从高到低依次为乙烷、甲烷、IPA 和甲醇。

通常情况下，气体更容易穿透凝析流体，而液体溶剂则更有可能溶解凝析流体。乙烷能够与凝析流体混合，因此在实验室条件中，很难将生成的凝析流体和乙烷分离。模拟结果表明，乙烷是采收原位总烃的最佳注入流体。它能够使得凝析流体再气化，降低初始油气藏流体的露点压力，同时其超临界流体特性使其能够以相对较小的注入量采收大量的总烃流体。

油气藏流体组分越丰富，气体和溶剂吞吐注入的效果差异就越大，而注入甲烷和乙烷的采收率就越高。通过注入溶剂，可以以较高的采收率采收中间流体，而对贫凝析气流体而言，溶剂注入的采收率可以与气体吞吐的采收率相媲美。在采收重组分的过程中，异丙醇溶剂的采收率比甲醇高，然而，其成本也同样较高，因此阻碍了实际应用。

4.6　对气体和溶剂性能的油气藏尺度模拟

前一节的讨论基于岩心尺度的建模，而本节则重点介绍油气藏尺度的建模。油气藏尺度模型的网格块如图 4.20 所示，其中基质渗透率为 304nD，孔隙度为 5.6%，非储层改造体积（SRV）区域的裂缝间距为 2.27ft（1ft = 0.3048m），SRV 区域的裂缝间距为 0.77ft。更多详细信息请参阅 Sheng 等人（2016）的研究。

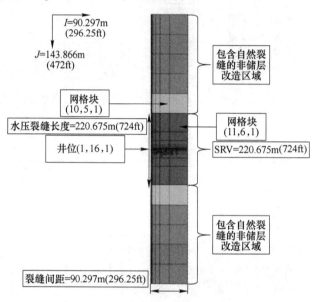

图 4.20　基于 Sheng 等人（2016）的油气藏尺度网格模型

模型中使用了前一节所述的流体 B；组分之间的双向相互作用参数则来自 Bang 等人（2010）的研究，其中初始油气藏压力为 53.778MPa（7800psi）。在进行吞吐注入前，该油气藏的一次采油期不足 5 年。在吞吐注入期间，其注入压力为 53.778MPa（7800psi），高于露点压力。当靠近水压裂缝的井区单元（2, 16, 1）的压力达到注入压力（53.778MPa（7800psi））时，将操作切换为回采作业，其回采压力为 8.274MPa（1200psi）。当单元（2, 16, 1）处的压力约达到 8.274MPa（1200psi）时，将操作再次切换为注入作业。这一过程共重复了 10585 天（29 年）。在进行注气作业时，其注入时间为 175 天，回采时间为 920 天。在进行注甲醇作业时，注入时间为 575 天，回采时间为 1500 天。而在进行注异丙醇作业时，注入时间为 775 天，回采时间为 1750 天。其中不包含闷井时间。

在本节中，以%为单位的采收率（RF）均采用以下公式进行计算：

$$采收率（RF）= \frac{初始原位总烃物质的量 - 剩余原位总烃物质的量}{初始原位总烃物质的量} \times 100\%$$

通过使用各个组分的物质的量，能够在不依赖油气藏或表面压力和温度条件的情况下，独立计算采收率（RF）。不同气体和溶剂的采收率如图 4.21 所示。与岩心尺度的实验结果相似，乙烷的采收率最高；甲醇和 IPA 的采收率与未进行吞吐注气开采时的采收率相近；甲烷的采收率最低。关于其原因，可通过后文的多个独立组分的采收率进行解释。

在 BOE 体积注入图中再次绘制总烃采收率时，可得到类似结果（见图 4.22）。

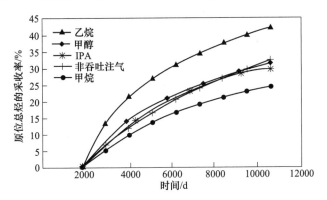

图 4.21　不同作业方案的总烃采收率与时间的关系

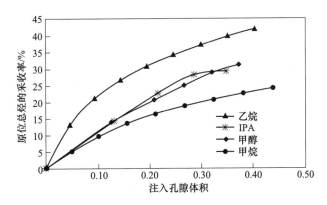

图 4.22　不同作业方案的总烃采收率与注入 BOE 体积的关系

单个组分的采收率也同样遵循上述等式，但"总烃物质的量"被"总组分 i 物质的量"所取代。组分 i 代表甲烷、丁烷、庚烷或癸烷。之后将油相和气相中的组分物质的量相加，单个组分的采收率如图 4.23 所示。可以看出，在采收凝析流体组分（丁烷、庚烷和癸烷）时，甲烷的效果几乎与乙烷相同，但甲烷的采收率最低。这是因为在采收率的定义中，不包括残余甲烷。残余甲烷的一部分可能来自注入的甲烷。但当计算其他组分的采收率时，因为在注入过程中并未注入相应组分，所以在采收率计算过程中并未将其被排除。显然，这一关于采收率的定义并不完善，但上一节中关于采收率的早期定义似乎能够避免这一问题。注入气体或溶剂的目的是采收凝析流体组分，因此在评估采收效果时，需要注意这些采收率。还需要注意的是，当进行甲烷注入时，能够比采用溶剂注入采收更多的甲烷，而丁烷注入也是如此。

本次研究考虑了总注入量及其成本带来的影响，对采收率进行了校正（称为校正采收率，RF_c）。其定义如下：

$$校正采收率(RF_c) = \frac{采收率}{单位体积流体成本 \times 注入流体的总体积}$$

注入流体的单位体积成本已在上一节中列出，本章定义的采收率仅用于比较相对经济

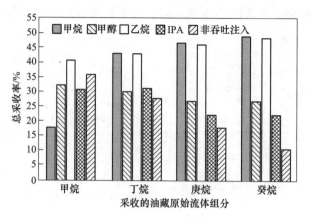

图 4.23 不同作业方案的单个烃类总采收率

性。不同气体和溶剂的校正采收率如图 4.24 所示，其中气体优于溶剂。尽管这两种气体的校正采收率均随时间而降低，但溶剂的校正采收率仍能够保持相对平稳。

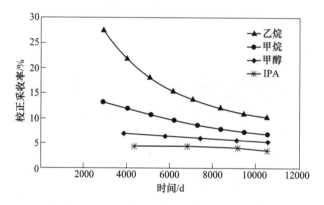

图 4.24 不同作业方案的校正采收率

4.7 甲醇注入现场案例

Hatter's Pond 气田的渗透率为 2~6mD，孔隙度为 12%~15%，露点压力为 20.891MPa（3030psi），该数值高于初始油气藏压力（18.616MPa（2700psi））和油气井流动压力（13.789MPa（2000psi））。当压力为 13.789MPa（2000psi）时，凝析流体析出率为 33%。这一富气使得研究井的产量分别从天然气 2.7MMscf/d 和凝析油 348 桶/天逐渐下降至天然气 0.25MMscf/d 和凝析油 87 桶/天。这一产量的下降可能由水基泥浆滤液、完井液和凝析流体的堵塞所引起。测井估算渗透率为 0.039mD，总表皮系数为 0.68mD。

在该井中，以 5~8 桶/min 的速度通过油管向下输送 1000 桶甲醇，并进行处理。处理后，油井的天然气产量从 0.25MMscf/d 增加至 0.5MMscf/d，凝析油产量则从 87 桶/天增加到 157 桶/天。尽管渗透率几乎没有变化，但总表皮系数从 0.68 提高至 1.9，表明甲醇的注入消除了井筒损害。这一开采速率以 50% 的增长率持续了 2~4 个月（Al-Anazi 等，2005）。

4.8 表面活性剂的处理

使用表面活性剂处理凝析油封堵井的原理是将强油湿层的润湿性转换为优先气湿层（Li 和 Firoozabadi，2000）。在砂岩岩心中应用非离子型含氟聚合物表面活性剂时，岩心的气体和凝析油相对渗透率均提高了 2~3 倍（Kumar 等，2006）。这种表面活性剂溶液是通过甲醇-水混合物制备得到的。在异丙醇和丙二醇的混合物中（Bang 等，2008），以及 2-丁氧基乙醇-乙醇混合物中（Bang，2007），可制备这种含氟表面活性剂。当采用这种表面活性剂处理充填了砂岩的支撑缝时，气体的相对渗透率提高了 1.5~2.5 倍（Bang 等，2008）。而当采用这种表面活性剂处理储层和出露的砂岩时，在束缚水饱和度条件下，凝析气的相对渗透率提高了 2 倍（Bang 等，2009，2010）。而在驱替了较大孔隙体积的凝析气后，这一渗透率仍然较高。然而，Ahmadi 等人（2011）发现，多胺类引物的预冲洗是非常必要的，能够使含氟化学品具备较强的稳定性。Karandish 等人（2015）使用阴离子氟化表面活性剂混合物，将 Sarkhun 组碳酸盐岩岩心从水湿性转变为中间气湿性。在该实验中，气体相对渗透率提高了 1.7 倍。

Li 等人（2011）使用氟碳表面活性剂处理了渗透率低于 0.1mD 的致密岩心，并采用水和癸烷进行了浸泡试验，以证明岩心润湿性从水湿性到气湿性的转变。

Sharma 等人（2018）使用氟碳表面活性剂处理了 Eagle Ford 组露头岩心，其孔隙度为 8%~9%，渗透率为 700~900nD。在研究过程中，将 0.85（摩尔分数）的甲烷和 0.15 的正丁烷的凝析气混合物作为储层流体。前文已对这一混合物的相态特征进行了介绍。本节的实验在室温 23.2℃ 的环境下进行，其中流体的露点压力为 12.893MPa（1870psi）。当压力为 10.324MPa（1500psi）时，流体的最大析出率为 6.5%。实验中使用了含 95% 添加剂的非离子型含氟表面活性剂，其中包含的氟烷基具有憎油和憎水的特性，因此具有亲气性，而氧化烯官能团则通过氢键引发的吸附作用与岩石表面发生相互作用。通过稀释质量分数为 2% 的表面活性剂、94% 的甲醇和 4% 的去离子水，可制备该溶液。在实验过程中，对经过处理的岩心的接触角进行测量，结果显示润湿性发生了明显的改变，呈优先气湿性。水/空气/岩石的接触角从 60° 增加至 80°，正癸烷/空气/岩石的接触角从 0° 增加到 60°。实验装置如图 4.3 所示。

在研究过程中，为了进行吞吐实验以消除凝析油堵塞的现象，需要构建一个凝析油析出现象。首先使用单相气体-凝析油混合物使岩心处于饱和状态，然后将出口 A 的压力设置为 10.342MPa（1500psi），在此压力下会达到最大析出量。混合气体不断地涌入岩心 B 的另一端，直到平均 CT 扫描数值不再发生变化，表明岩心的流量趋于稳定。出口 B 处的凝析油饱和度为最大值，并在距离入口 B 一定距离处逐渐下降到零。这一凝析油饱和度代表了从油气井到油气藏中某一点的真实流体饱和度曲线。

为了进行比较，本次研究还进行了甲烷注入吞吐实验。在注入期间，输送气体（甲烷）进入岩心的阀门 A（B 和 C）在 13.789MPa（2000psi）的压力（高于露点压力）下关闭了 30min。在回采期间，通过 A 阀将岩心中的气体排放至 BPR 中，该过程持续了 30min，其中不包括闷井时间。注入期结束时，记录 CT 扫描数值，同时还记录了岩心中的对应流体饱和度。该轮次重复了 5 次。在这 5 个轮次中，凝析油的饱和度从 0.2745 下降至 0.0957，流体采收率达到 65.14%。

在注入表面活性剂溶液的过程中，在 2.5h 内通过阀门 A 将表面活性剂溶液以 13.789MPa（2000psi）的压力注入岩心，同时阀门 B 和 C 关闭。此后，由于岩石压缩系数较低，因此无法进一步注入表面活性剂溶液。同时，由于流体黏度较高，页岩渗透性较低，因此表面活性剂溶液很难发生返排。因此，在实验过程中，仅进行了一个轮次的表面活性剂吞吐注入。凝析油的饱和度从 0.225 降至 0.2218，同时流体采收率为 1.42%。请注意，任何低于临界饱和度的凝析油都无法通过注入表面活性剂的方式进行采出，表面活性剂的注入只能改变岩石的润湿性，使之更倾向于气湿性，从而提高气体和液态凝析油的相对渗透率。一个问题是，在吞吐注入期间，表面活性剂的处理半径和渗透率很小。假设实验过程中能够进行 5 个轮次，与甲烷注入（采收率为 65.14%）相比，表面活性剂注入的采收率（1.42% × 5 = 7.1%）降低了约 9/10。在甲烷注入过程中，可能存在再汽化机制，因此能够在较高和较低的临界凝析油饱和度下采收液态凝析油。两个实验中的两个岩心均来自鹰滩组露头。

为了进一步评估表面活性剂注入的可行性，本节研究了表面活性剂的化学稳定性和经济效益。表面活性剂的吸附量随着注入孔隙体积的增加几乎呈线性增长。在注入 14 个孔隙体积后，这一数值达到了 6.1mg/g 岩石。该数据表明，由于致密页岩具有较大的表面积，因此随着高孔隙体积的表面活性剂溶液的注入，吸附量可能会增加。本次研究的实验室经验表明，在采用大于 15 个孔隙体积的驱替液进行处理后（这种处理方式在现实油气藏中是不可行的），很难通过这种表面活性剂改变岩心润湿性。

在前人的研究中，对页岩气-凝析油岩心中甲烷和甲醇的吞吐注入进行了比较。与甲醇相比，甲烷更容易注入和返排，因此甲烷注入的应用范围大于甲醇注入。通常将甲醇表面活性剂溶解在由 94% 甲醇组成的溶液中。很明显，甲醇表面活性剂的经济效益要低于甲烷表面活性剂。

4.9 影响吞吐注气效果的因素

为了更好地了解吞吐注气机制，并对其进行优化，本节将讨论影响其效果的几个相关因素。这些因素包括储层原始压力、注入压力、回采压力、轮次时间、闷井时间和二氧化碳气体组分。

4.9.1 注入压力带来的影响

如图 4.7 所示，第一个轮次的凝析油采收率最高。Meng 等人（2015a）发现，在较高的注入（吞）压力下，能够得到较高的凝析油采收率，当高于露点压力时，压力带来的影响逐渐变小，如图 4.25 所示。实验中使用了 85% 甲烷和 15% 丁烷的凝析气混合物。

根据第 4.4 节所述的基础模型，凝析气的露点压力为 27.496MPa（3988psi），储层原始压力为 62.659MPa（9088psi）。原则上，注入压力不应高于储层原始压力，以免形成储层裂缝。当然，注入压力应高于露点压力。为了测试注入压力带来的影响，本次研究分别在原始压力为 62.659MPa 和 34.473MPa 的储层中应用了两种注入压力，结果见表 4.3。结果表明，在原始压力分别为 62.659MPa 和 34.473MPa 的储层中，吞吐注入的原油采收率比一次采油的原油采收率分别提高了 54% 和 31%，采出的原油和天然气分别增加了 16% 和-4%。上述结果表明，吞吐压力越高，采收率越高。

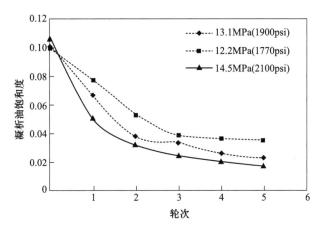

图 4.25 注入压力对凝析油采收率的影响

表 4.3 注入压力带来的影响

参数	注入压力为 62.659MPa（9088psi）			注入压力为 34.473MPa（5000psi）		
	一次采油 （PA）	吞吐注入 （A）	$\frac{A-PA}{PA}$	一次采油 （PB）	吞吐注入 （B）	$\frac{B-PB}{PB}$
净产气量/MMscf	357.01	125.40	−0.65	286.62	115.70	−0.60
产油量 /千储罐桶数	30.39	46.67	0.54	17.83	23.42	0.31
原油采收率/%	26.00	39.93	0.54	19.00	24.91	0.31
采出油气的效益 /百万美元	4.47	5.19	0.16	2.93	2.80	−0.04

注：$1MMcf = 28317m^3$。

4.9.2 回采压力带来的影响

为了简化回采压力带来的影响，实验中采用的回采压力应低于露点压力（27.496~27.579MPa），否则就不存在流体堵塞问题。由于生产压差的降低，一次采油的产气量随着回采压力的增加而减少见表 4.4。然而，原油采收率随着回采压力的增加而增加，因为随着回采（生产）压力的增加，析出的液态油变少，原油采收率升高。

表 4.4 回采压力带来的影响

采油压力/psi	一次采气量/MMcf	一次采油量 /千储罐桶数	吞吐开采量 /千储罐桶数	采收率增加 幅度/%
500	357.01	26.00	39.93	53.6
1000	337.87	26.43	39.33	48.8
2000	285.84	27.97	38.81	38.7
4000	167.85	28.90	34.68	20.0
6000	85.13	15.27	25.32	65.8

注：$1psi = 6894.757Pa$，$1MMcf = 28317m^3$。

在吞吐注入过程中，液态油的采出量随着回采压力的增加而减少，表明在较低的生产压差下，采收效益较低，这是因为注入的气体或能量较少，而这些气体和能量能够提升气体和液态凝析油的开采率。因此，随着回采压力的增加，与一次采油相比，吞吐注入过程中增加的原油采收量逐渐减少。

为了进一步讨论回采压力带来的影响，在表 4.4 中添加了当回采压力为 41.368MPa（6000psi）的情况。从表中可知，当采油压力为 41.368MPa（6000psi）时，一次采气量、一次采油量和吞吐采油量都是最低的。这也意味着部署在凝析气藏中的油气井应该在露点压力以下进行开采作业。

4.9.3   轮次时间带来的影响

表 4.5 显示了轮次时间带来的影响。表中的轮次时间等于注入时间和回采时间之和。随着轮次的缩短，干气采收量增加。然而，液态油的开采总量在 100 天时达到峰值，原油和天然气的开采效益也在 100 天达到峰值，这意味着开采原油具有更高的经济价值。

表 4.5   轮次时间带来的影响

参数	200 天	100 天	50 天	25 天
总产气量/MMcf	2232.2	3133.7	3783.1	3814.4
注产量/MMcf	2161.6	3008.3	3621.5	3572.0
净产气量/MMcf	70.6	125.4	161.6	242.4
产油量/千储罐桶数	43.816	46.666	44.668	40.891
原油采收率/%	37.49	39.93	38.22	34.99
采出油气的效益/百万美元	4.664	5.1682	5.1132	5.0587

注：$1MMcf = 28317m^3$。

4.9.4   闷井时间带来的影响

在表 4.6 中，"100~0~100"，即注入时间为 100 天，闷井时间为 0 天，回采时间为 100 天。结果显示，当把第一个 100 天划分为长达 50 天的注入时间和长达 50 天的闷井时间时，除净产气量外，原油采收率和产油、产气效益均降低。这意味着闷井作业是无效的。闷井作业的好处是能够促使注入的气体扩散到原油中。然而，由于注入的气体量较少，除净产气量外，每个性能参数值均低于未进行闷井作业的参数值。这意味着闷井作业无法提升效益。这一结论得到了 Meng 和 Sheng（2016a）的模拟结果的支持。在注入压力接近露点压力的部分情况中，通过闷井作业，可将压力扩散至储层深处，使得生产井或裂缝附近的压力低于露点压力，从而形成更多的凝析油。

表 4.6   闷井时间的影响

参数	100~0~100	50~50~100	50~50~100+扩散	扩散效应/%
总产气量/MMcf	3133.7	2017.9	2028.2	0.5
注产量/MMcf	3008.3	1798.2	1790.3	-0.4

续表 4.6

参数	100~0~100	50~50~100	50~50~100+扩散	扩散效应/%
净产气量/MMcf	125.4	219.7	237.9	8.3
产油量/千储罐桶数	46.666	40.582	40.92	0.8
原油采收率/%	39.93	34.72	35.012	0.8
采出油气的效益/百万美元	5.1682	4.937	5.0436	2.2

注：1MMcf=28317m^3。

当增加闷井时间时，应在模型中相应实施扩散效应，在本次研究中，这一效应是在 50~50~100+扩散 的条件下进行的。通过增加扩散效应，除了注气量外，每个参数都略有提高。在"扩散效应"一列中，参数的增加值过小，可以忽略不计，这可能是闷井时间未带来明显影响的原因之一。本次研究采用 Sigmund（1976）的方法计算混合物中各组分之间的分子二元扩散系数。

4.9.5 注 CO_2 的效果

前人已经对与 CO_2 相关的提高采收率技术进行了许多研究，并一致认为 CO_2 注入的提高采收率技术的性能高于干气注入。然而，表 4.7 显示，C_1 注入的采收率高于 CO_2 注入。这是因为油气井注入过程的注入压力相同，因此 C_1 的注入体积高于 CO_2。

表 4.7 CO_2 吞吐注气效果

参数	C_1	CO_2
总产气量/MMcf	3133.2	2709.6
注气量/MMcf	3008.0	2626.0
净产气量/MMcf	125.2	83.6
原油采收率/%	39.93	37.09

注：1MMcf=28317m^3。

在另一项模拟研究中，Sheng 等人（2016）比较了 C_1、CO_2 和 N_2 相关的吞吐注入效果。其中注入 CO_2 的原油采收率略高于注入 C_1，同时比注入 N_2 的原油采收率高很多。由于最小混相压力较高，因此注入 N_2 的原油采收率较低。凝析气藏的气体组分带来的影响非常复杂，它取决于气体注入率及气体与凝析油的混相度。对于页岩油储层而言，注入 CO_2 的采收率高于注入 C_1 的采收率（Wan 等，2014a）。

4.10 优化"吞吐"注入法

上文对影响吞吐注入效果的因素进行了讨论，据此可以采用以下参数，以提高凝析油气藏的注入效率：最大容许注入压力，最小容许采油压力，零闷井时间。

在研究过程中，需要对轮次时间进行优化。Meng 和 Sheng（2016a）在尺寸为 220.68m（724ft）的单一水力压裂模型中模拟了注入时间带来的影响。他们假设模拟区域尺寸为 220.68m（724ft）×180.44m（592ft），且基质渗透率为 100nD，回采时间为 200 天，露点压力为 18.960MPa（2750psi）。实验分别研究了注入时间为 10 天、50 天和 100

天的情况，结果见表4.8。就原油采收量而言，注入时间越长，效果更好。然而，当注入时间为50天时，采收效益达到最高。

表4.8 采收时间带来的影响

参数	10 天	50 天	100 天
总产气量/MMcf	315	381	407
注产量/MMcf	30	117	164
净产气量/MMcf	285	264	243
产油量/千储罐桶数	12.933	14.113	14.678
原油采收率/%	13.3	14.5	15.1
采出油气的效益/百万美元	2.433	2.467	2.439

注：1MMcf=28317m³。

在图4.26中，用虚线圈出了一次采油末期的主体凝析带。当注入时间为10天时，该区域的大部分压力约为10.342MPa（1500psi）。当注入时间为50天时，一半区域的压力低于13.789MPa（2000psi）。当注入时间为100天时，整个区域的压力约为16.547MPa（2400psi），同时该区域的平均压力接近露点压力（18.960MPa（2750psi）），原油采收率达到最高。通过上述结论可以看出，该区域所需的注入时间过长，以至于凝析带的压力高于露点压力。在注入过程中，当需要注入更多的气体时，应参考经济效益，从而对最终的注入时间进行优化。在上述案例中，最优的注入时间为50天。也可以将这一理论进行拓展，即应优化吞吐注入，使得注入作业结束时主凝析带的压力高于露点压力。

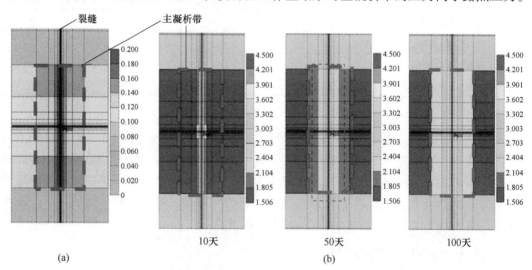

图4.26 一次采油末期的含油饱和度（a）和第一次注入作业末期的压力分布（b）

在实验过程中，项目时间是固定的，如果采用了较长的回采时间，就需要减少轮次数量和注气量，并获得更长的采收时间。基于上述模拟模型，Meng 和 Sheng（2016a）进一步研究了回采时间带来的影响。他们将回采时间从200天延长到400天，但保持50天的注入时间固定不变。研究发现，两种情况的原油采收率几乎相同，但与200天的回采时间相比，当回采时间为 400 天时，油气开采带来的经济效益增长了 2 倍以上。当长达 200 天的回采时间结束时，产气速率为初始产气速率的 38%，而当长达 400 天的回采时间结束时，产气速率为初始产气速率的 10%。因此，学者们建议，在确定回采时间时，应当使得回采期末期的产气速率为初始采气速率的 10%。请注意，10% 这一数值并非通用规则。当需要在相对较低的压力（能量）模式下进行较长时间的开采时，这一数值可能并非最佳参数。

4.11 吞吐注气的机制

能量供应或压力保持可能是吞吐注气过程中最重要也是最明显的机制。本节将讨论再汽化、增溶和相态特征改变的机制。

4.11.1 气体的再汽化

在 4.5 节中，通过一个一维模拟模型对气体和溶剂的性能进行了模拟。图 4.27 显示了在（10，1，1）单元中，把甲烷注入流体 A 的中心时，原油的黏度、压力和含油饱和度发生的变化。请记住，在该模型中共使用了 24 个单元，其中在（1，1，1）单元采用了吞吐注入。在压力曲线上，每一个峰值都代表注入期的结束，而每一个谷值都代表回采期或生产期的结束。在一个吞吐轮次内，含油饱和度的变化趋势与压力的变化趋势相反。换句话说，当注入期间压力增加时，含油饱和度下降，因为更高的压力（露点压力为 19.27MPa（2795psi））使得原油蒸发。请注意，几乎在整个吞吐过程中，原油的饱和度都低于 0.2。而模型中的残余油饱和度为 0.25。因此，原油的饱和度因汽化作用而出现下降。总而言之，原油的饱和度随轮次的增加而降低，原油的黏度峰值随轮次的增加而略有升高。原油黏度之所以随轮次的增加而升高，是因为原油中的轻质组分在早期轮次中被优先汽化，导致重质组分在后期轮次中残留。图 4.28 显示，单元（10，1，1）中丁烷的摩

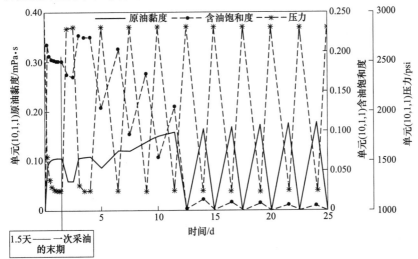

图 4.27 当把甲烷注入流体 A 的中心时单元（10，1，1）中
原油黏度、压力和饱和度的变化
（1psi = 6894.757Pa）

尔分数出现下降，而癸烷的摩尔分数随轮次的增加而增加。上述结论表明，原油黏度的降低可能不是低黏度凝析油的主要采出机理。

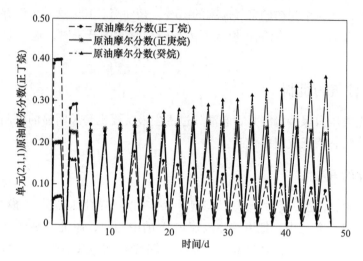

图 4.28 当把甲烷注入流体 A 的中心时单元（10，1，1）中各组分的摩尔分数

Meng 和 Sheng（2016b）使用含 15% 的丁烷和 85% 的甲烷的混合物做了吞吐实验。在一次采油末期，采出的气流中丁烷含量为 2%（见图 4.29）。在第一个轮次期间，由于压力增加，发生了再汽化作用，因此丁烷含量有所增加。在之后的轮次中，可用的丁烷较少，更多的甲烷流入采出液流，造成丁烷含量下降。

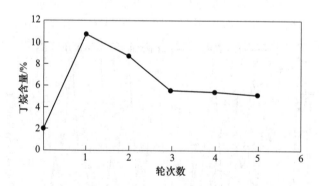

图 4.29 一次采油后的丁烷含量和吞吐注入轮次

4.11.2 溶剂的溶胀作用

甲醇可以溶解液态凝析油和气体。在图 4.30 中，模型中的原油体积随着轮次的增加而持续增加。由于原油被不断开采出来，因此原始原油体积必然发生减少，而增加的原油体积则是源于甲醇的溶解作用。原位原油体积实际上是溶剂和烃类的混合物的体积。

尽管溶剂会置换井筒附近的部分凝析油，但它们同时也会占据凝析油所在的储层空间。因此，这些溶剂无法有效地增加气体渗透率。然而，溶剂和凝析油之间的界面张力（IFT）通常较低。IFT 较低的凝析油更容易发生返排。溶剂也可溶解蜡质或沥青质堵塞物。

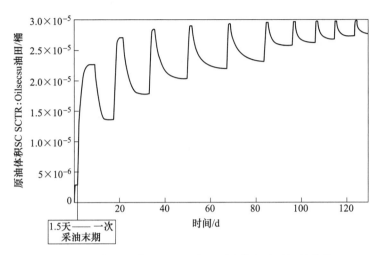

图 4.30　在注甲醇吞吐过程中，原油体积随时间的变化

4.11.3　相态特征的改变

气体和溶剂可将凝析油转化为更易挥发的流体，从而降低露点压力和流体析出压力。例如，向流体 A 中添加 15%摩尔分数的甲烷、乙烷、丙烷和 CO_2 时，露点压力和析出压力均发生降低（见图 4.31）。当注入甲烷或乙烷时，上述流体 B 的露点压力也将降低（见图 4.32）。

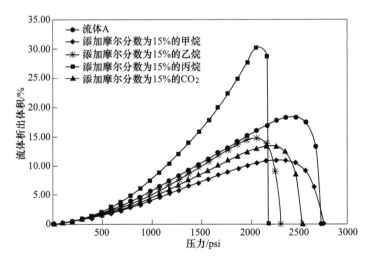

图 4.31　当再次添加摩尔分数为 15%的气体时流体 A 的析出压力和露点压力均降低

（1psi = 6894.757Pa）

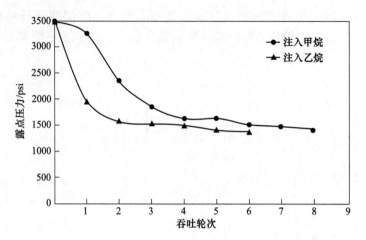

图 4.32 注入乙烷或甲烷后 SRV 单元的露点压力发生降低

（1psi = 6894.757Pa）

5 页岩和致密油藏注气吞吐工艺优化

摘　要： 本章讨论了实际作业和油藏条件下的最佳注气吞吐时间、轮次数和闷井时间，实际作业条件和油藏条件决定了最大注采速率、最大注气压力及最小生产压力。本书还提出了注气吞吐采油工艺的优化原则和准则。研究发现，通过闷井获得的经济效益不能弥补由闷井损失时间造成的注采损失。因此，在页岩和致密油藏注气吞吐过程中，可能不需要闷井。

关键词： 注气吞吐；最大注气压力；最低生产压力；优化标准；优化原则；闷井时间

5.1　引言

Wan 等人（2013a）首先提出以注气吞吐工艺提高页岩油和致密油采收率，之后，研究人员发表了多篇针对该课题的论文，Sheng（2015d）对这些论文进行了综述。Chen 等人（2014）的研究表明，生产阶段增加的采收率无法弥补注气和关井阶段的经济损失，因此注 CO_2 吞吐采油的最终采收率往往低于一次采油的采收率。在他们的模型中，注气吞吐时间从 300 天到 1000 天不等，井底注气压力约 27.579MPa（4000psi），生产压力为 20.684MPa（3000psi）。Sheng（2015d）利用模型重复了 Chen 等人（2014）的结果（即注气吞吐采收率低于一次采油）。然而，Sheng（2015d）的模型还证明，如果将注气压力提高到 42.63MPa（7000psi），当分别长达 30 年、50 年和 70 年的开采阶段结束后，吞吐过程的总采收率均高于一次采油的采收率。换句话说，Chen 等人（2014）获得的结果主要受较低的注气压力（27.579MPa（4000psi））影响。原始油藏压力为 47.159MPa（6840psi），一般情况下，尽量使用高注气压力，以提升注气吞吐的效率。上述例子表明，吞吐优化至关重要，如果不进行优化，可能会对注气吞吐的有效性做出错误判断。本章主要讨论了页岩油油藏注气吞吐采油的优化问题，其中采用数值模拟方法结合室内实验结果研究了注气时间、采油时间及闷井时间。

5.2　基础模型的建立

本次研究利用 Bakken 组中段数据建立了一个有效基础模型，采用的工具是 Computer Modeling Group（2014）开发的包含油藏流体组成的油层动态数值模拟器 GEM。假设模型中的一口水平井共包含 15 条压裂缝，其中半裂缝通过直井单元（1，16，1）相连，则该模型得出的生产数据可代表水平井 30 条半裂缝的产能。

模拟模型如图 5.1 所示，尺寸为 90.30m（296.25ft）×1440m（4724ft）×1.5m（5ft），储层改造体积（*SRV*）在 *J* 方向的裂缝长度为 220.68m（724ft），*I* 方向的半缝间距为 90.30m（296.25ft），*K* 方向（地层厚度）为 15.24m（50ft）。水力裂缝半缝宽为

0.15m（0.5ft），基本模型的详细单元大小如下。

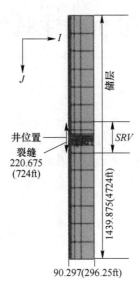

图 5.1 基本模型示意图

I 方向上 11 个单元的尺寸为：

0.15m	0.08m	0.16m	0.32m	0.65m	1.33m	2.70m
(0.5ft)	(0.257312051ft)	(0.522150017ft)	(1.059571985ft)	(2.150134547ft)	(4.363156667ft)	(8.85392783ft)

5.48m	11.11m	22.55m	45.76m
(17.96681715ft)	(36.45913142ft)	(73.98462696ft)	(150.1331714ft)

J 方向 31 个单元的尺寸为：

1.5m (5ft)× 60.96m (200ft)	57.05m	27.55m	13.31m	6.43m	3.10m	1.50m
	(187.1636568ft)	(90.39505341ft)	(43.65839939ft)	(21.08584226ft)	(10.18389932ft)	(4.918551703ft)

0.72m	0.35m	0.17m	0.08m	0.15m	0.08m
(2.375529264ft)	(1.147317264 ft)	(0.554123632 ft)	(0.267626932 ft)	(0.5 ft)	(0.267626932ft)

0.17m	0.35m	0.72m	1.50m	3.10m	6.43m
(0.554123632 ft)	(1.147317264 ft)	(2.375529264 ft)	(4.918551703 ft)	(10.18389932 ft)	(21.08584226 ft)

13.31m	27.55m	57.05m	1.5m(5ft)× 60.96m（200ft）
(43.65839939 ft)	(90.39505341 ft)	(187.1636568 ft)	

K 方向采用一个单元，大小为 15.24m（50ft）。

表 5.1 总结列出了 Bakken 组中段页岩（Kurtoglu，2013）改造和未改造区域的基质和裂缝特征参数。

表 5.1 基质和裂缝特征

参数	储层未改造体积	储层改造体积
厚度/m	15.24	15.24
基质渗透率/mD	$3.0×10^{-4}$	$3.0×10^{-4}$
基质孔隙度（小数）	0.056	0.056
裂缝孔隙度（小数）	0.0022	0.0056
裂缝渗透率/mD	$2.16×10^{-3}$	$3.13×10^{-2}$
裂缝间距/m	0.69（2.27ft）	0.23（0.77ft）
水力裂缝孔隙度（小数）		0.9
水力裂缝渗透率/mD		100

　　研究采用双重渗透率模型对基质、天然裂缝和水力压裂储层改造体积进行了模拟。页岩基质渗透率为 0.0003mD，天然裂缝在储层改造体积区域的有效渗透率为 0.0313mD，在储层未改造体积内的渗透率为 0.00216mD。

　　储层流体组成及 Peng-Robinson 状态方程参数来源于 Yu 等人（2014b），见表 5.2，二元相互作用系数见表 5.3。油藏温度为 118.33℃，原始油藏压力为 53.778MPa（7800psi），原始含水饱和度为 0.4，历史拟合的相对渗透率如图 5.2 和图 5.3 所示。

表 5.2 Bakken 原油的 Peng-Robinson 状态方程参数

组成	初始摩尔分数	临界压力 p_c atm	临界温度 T_c /K	临界体程 V_c /L·mol⁻¹	偏心因子	相对分子质量 MW /g·mol⁻¹	等张比系数
CO_2	0.0001	72.80	304.2	0.0940	0.013	44.01	78.0
N_2-C_1	0.2203	45.24	189.7	0.0989	0.04	16.21	76.5
C_2-C_4	0.2063	43.49	412.5	0.2039	0.0986	44.79	150.5
C_5-C_7	0.1170	37.69	556.9	0.3324	0.1524	83.46	248.5
C_8-C_{12}	0.2815	31.04	667.5	0.4559	0.225	120.52	344.9
C_{13}-C_{19}	0.0940	19.29	673.8	0.7649	0.1848	220.34	570.1
C_{20+}	0.0808	15.38	792.4	1.2521	0.7527	321.52	905.7

注：1atm=101325Pa。

表 5.3 Bakken 石油的二元相互作用系数

组成	CO_2	N_2-C_1	C_2-C_4	C_5-C_7	C_8-C_{12}	C_{13}-C_{19}	C_{20D}
CO_2	0						
N_2-C_1	0.1013	0					
C_2-C_4	0.1317	0.013	0				
C_5-C_7	0.1421	0.0358	0.0059	0			
C_8-C_{12}	0.1501	0.0561	0.016	0.0025	0		
C_{13}-C_{19}	0.1502	0.0976	0.0424	0.0172	0.0067	0	
C_{20+}	0.1503	0.1449	0.0779	0.0427	0.0251	0.0061	0

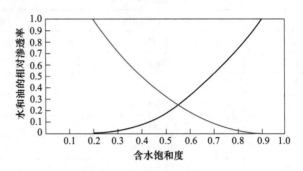

图 5.2　水和油的相对渗透率

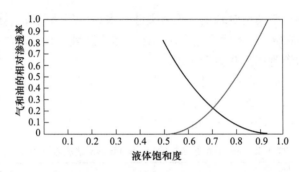

图 5.3　气和油的相对渗透率

在长达 1.2 年的生产历史拟合过程中，于模型中设置了产油历史，通过调整模型参数，对产气速率和井底压力数据进行了拟合，井底压力模拟数据（线）与实际数据（点）对比如图 5.4 所示，因为在模拟过程中，在模型中输入了产油速率数据，因此图中所得的拟合结果比较合理。虽然模型计算得出的产气速率低于实际数据，但总体趋势与实际数据一致。研究认为这是由于实验过程中使用的 EOS 模型对 PVT 数据的表达不完善，因此，本次研究对模型进行了合理标定。

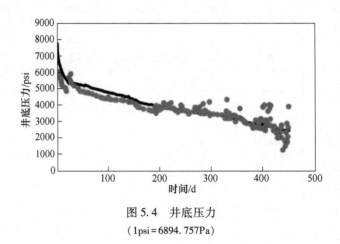

图 5.4　井底压力

（1psi = 6894.757Pa）

5.3 优化原则

为了达到优化目的，首先需要定义一个目标函数或参数。虽然净现值是很好的参数之一，但仍需要许多其他参数，如设备成本、运营成本、特许权税和利率等，这些参数都是非常具体的，利用某个参数很难得到通用的优化准则。最终将采收率作为目标函数。

与气驱相比，注气时间、采油时间和闷井时间均是重要参数，它们与注气压力、生产压力及注气速率、生产速率密切相关。首先，需解决压力和速率问题。如前几章所述，注气压力应尽可能高，一般情况下，将注气压力设置为模型的原始油藏压力（53.778MPa（7800psi）），过高的压力可能导致储层出现破裂。典型的稳压做法是将已压裂水平井的整体最大注气速率设定为9MMcf/d（254853m³/d）。该模型仅模拟了水平井中15个井段的压裂半缝，因此，模型的最大注气速率为0.3MMcf/d（8495.1m³/d）。Sheng和Chen（2014）研究表明，当井底流压（BHFP）较低时，即使流压低于泡点压力，也能获得较高的采收率。因此，将最小井底压力设置为3.447MPa（500psi）。该模型最大产油速率为1500桶/天或50桶/天，最大产气速率为9MMcf/d（254853m³/d）或0.3MMcf/d（8495.1m³/d）。注气之前，当最小流压为3.447MPa（500psi）时，一次采油时间从1.2年延长至约3年（1000天）。持续注气吞吐10950天（共计约30年），注入气体为甲烷。

5.4 优化准则

根据上述原理，确定了最优注气时间、采油时间和闷井时间，并讨论了轮次数。

5.4.1 优化注气和采油时间

文献中，常规和致密油田项目的注气时间、采油时间和闷井时间分别从天、月到年不等（Kurtoglu，2013；Shoaib和Hoffman，2009年；Wang等，2010）。不同注气和采油时间的原油采收率见表5.4，从表中可以看出，当注气时间从100天（案例H100P300）增加至300天时（案例H300P300），在同样的采油时间内（300天），原油采收率由15.05%提高到21.2%，提高了6.15%，说明油采收率对注气时间非常敏感。在案例H100P300中，H代表注气，后接数字代表注气时间，单位为天；P代表采油，后接数字表示采油时间，单位为天，此命名法同样适用于下文的案例。在长达100天和300天的注气时间内，注气井单元（1，16，1）附近单元（2，16，1）的压力如图5.5所示。结果表明，注气100天后，压力可提高到27.579MPa（4000psi）左右，而注气300天后的压力可达最大值53.778MPa（7800psi）左右。注气100天后产油压降几乎是注气300天的一半，说明注气100天不足以增加压力（能量）。

表 5.4 吞吐时间影响

案例	注气/d	采油/d	原油采收率/%
一次采油	0	10950	11.42
H100P100	100	100	15.12
H100P300	100	300	15.05

案例	注气/d	采油/d	原油采收率/%
H300P300	300	300	21. 20
H300P100	300	100	15. 38
H300P200	300	200	19. 49
H300P350	300	350	20. 95
H300P450	300	450	20. 57
H300P600	300	600	20. 12
H100P100qx3	100	100	23. 33
Primarytrans0. 33	0	10, 950	9. 46
H100P100trans0. 33	100	100	15. 53

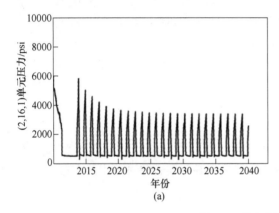 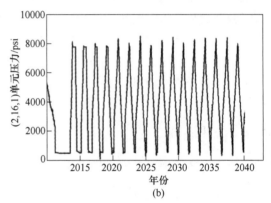

图 5.5　注气期间近井单元压力

(a) 注气 100 天采油 300 天；(b) 注气 300 天采油 300 天

(1psi = 6894. 757Pa)

在相同的注气时间下（100 天），当采油时间由 100 天（案例 H100P100）增加到 300 天（案例 H100P300）时，原油采收率从 15.12% 降低到 15.05%，降低了 0.07 个百分点，说明采油时间的影响并不明显，近井单元压力如图 5.6 所示。当注气时间为 100 天时，近井压力相对较低（27.579MPa（4000psi）~ 34.473MPa（5000psi）），导致产量下降，产油速率降低。因此，采油时间过长反而不利于原油生产，过长的采油时间将消耗有效作业时间。

本次研究将案例 H300P300 和案例 H300P100 进行了对比，相比案例 H300P300，案例 H300P100 的采收率由 21.2% 降至 15.38%，降低了 5.82 个百分点。在这两个案例中，注气时间起着重要影响，案例 H300P100 井（压裂）单元（1，16，1）相邻单元（2，16，1）的压力如图 5.7 所示。结果表明，在注气阶段，井内压力达到注入压力，长达 100 天的采油阶段结束后，在将生产井切换至注气模式之前，井内压力无法衰减到设定的采油压力（3.447MPa（500psi）），导致有效产量降低。为了验证这一理论，本次研究对案例 H300P200 进行了模拟，结果显示，采收率提高到 19.49%。

如果在注气 300 天的基础上继续延长注气时间，采收率是否会提高呢？研究人员开展

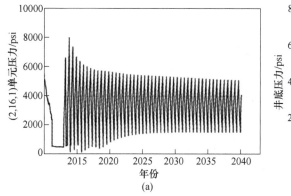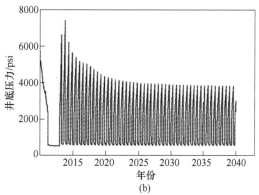

图 5.6 注气期间近井单元压力

（a）注气 100 天采油 100 天；（b）注气 100 天，采油 100 天

（1psi = 6894.757Pa）

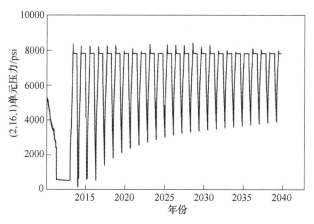

图 5.7 案例 H300P100 近井单元压力

（1psi = 6894.757Pa）

了另外三项案例研究，分别为 H300P350、H300P450 和 H300P600，其中将注气时间分别延长至 350 天、450 天和 600 天，获得的采收率分别为 20.95%、20.57% 和 20.12%（见表 5.4），均低于案例 H300P300。在注气吞吐过程中，近井单元压力略低于 H300P300（为了缩短演示时间，此处未展示数据）。而且，300 天后的产油率非常低，因此，生产时间的增加无法提升采收率。

由以上讨论可知，当优化延长注气时间时，近井压力可以达到设定的最大注气压力；当优化延长采油时间时，近井压力可以达到设定的最小采油压力。

为了支持上述结论，在案例 H100P100 的基础上，本次研究另外模拟了案例 H100P100q×3。在该案例中，将最大注气速率和最大产油速率均提高了 3 倍。通过提高注气速率，井筒附近（裂缝）的注气压力升高，采油压力降低。图 5.8 显示近井压力达到了设定的最大注气压力和最小采油压力。该案例获得的采收率为 23.3%，高于案例 H300P300（21.2%）。

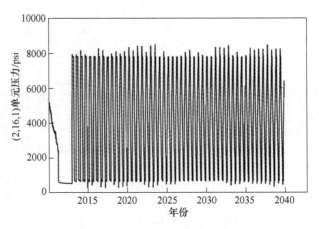

图 5.8 注气吞吐时间 100 天时（注气速率更高 H100P100q×3）近井单元压力
（1psi＝6894.757Pa）

此外，本次研究还使用了其他模型来支持该结论。如果地层压力的传导性降低，那么近井单元压力将更容易在注气期间达到设定的最大注入压力（53.778MPa（7800psi）），在采油期间达到设定的最小生产压力（3.447MPa（500psi））。即使注气—采油时间较短（100 天），但是通过优化，同样能够提高采收率。为了证明原案例（初始）和注气吞吐案例（H100P100）的传导性降低至 1/3，研究提出了新的相关案例，即案例 Primarytrans0.33（初始传导性降至 0.33）和案例 H100P100trans0.33（H100P100 传导性降至 0.33）。在注气吞吐情况下，案例 H100P100trans0.33 的近井单元压力如图 5.9 所示，从图中可以看出，在注气期间，达到了预先设定的最大注入压力，在采油期间，达到了预先设定的最小生产压力。初次采油率和注气吞吐采油率分别为 9.46% 和 15.53%（见表 5.4），采收率增幅为 6.07 个百分点。

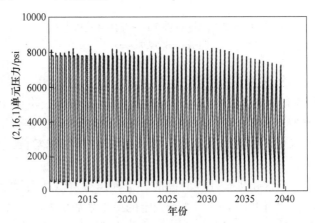

图 5.9 案例 H100P100trans0.33 近井单元压力比案例 H100P100 降低了 3 倍
（1psi＝6894.757Pa）

Fragoso 等人（2018b）发现，长轮次时间（对应更长的吞吐时间）的效果优于短轮次时间，因为注入气体越多，生产时间越长，他们的结果与上述讨论一致。进一步研究发现，最佳的方案是轮次时间随着轮次数的增加而增加，因为随着生产的进行，排气量也逐渐增加，需要注入更多的气体，从而补充地层空隙，并且需要很长时间开采油藏深处的原油。他们还建议将再压裂和注气吞吐相结合，以提高原油采收率。

Kong 等人（2016）通过模拟发现，对于 Cardium 致密油油藏（渗透率 0.2mD），最佳的注 CO_2 吞吐时间为 1 个月注气时间、3 个月采油时间、闷井 10 天。他们发现，如果在每个连续轮次中，将注气时间和采油时间都增加 5 天，那么在长达 5 年的开采阶段结束后，原油产量将增加 0.7%。

Kong 等人（2016）还通过对比异步和同步注入 CO_2 的结果，研究了注 CO_2 吞吐过程中的井间干扰问题。在同步注入过程中，在所有井的相同层位进行注气、闷井和采油作业，而在异步注入过程中，当一组井进行注气时，其余井都处于采油模式。试验区域总共包括三口井，当中间井处于注气状态时，两侧的井处于采油状态，反之亦然。试验结果发现，异步注入优于同步注入，可能是因为在异步注入期间更有效地利用了能量。

5.4.2 优化闷井时间

实验数据表明，增加或延长闷井时间，都会提高单个轮次内的采收率（Gamadi 等，2013），但是，当注气、闷井及采油的总试验时间相同时，如果不闷井或缩短闷井时间，则会采出更多的油（Yu 和 Sheng，2015）。Monger 和 Coma（1988）报告的现场试验闷井时间为 18~52 天，表明闷井对时间的敏感性不高。他们的室内实验表明，闷井主要提高了岩心中水驱残余油的采收率，而采收率的提高主要来自后续水驱阶段。Sanchez-Rivera 等人（2015）的模型模拟结果表明，闷井时间越长，采收率反而降低，即使加入分子扩散条件，也不会改变这一结果。

为了研究闷井时间带来的影响，研究人员又创建了一个新案例 H300S100P300。在该案例中，设置了长达 100 天的闷井时间，总注气吞吐轮次数与 H300P300 相同。试验总时间为 10950 天，两个案例的总轮次数约为 17 次，但是案例 H300S100P300 的总运行时间增加到 12650（10950 +1700）天，得到的采收率为 21.39%，高于 H300P300 的 21.2%，见表 5.5，该结果与上述实验观察结果一致。

表 5.5 闷井时间影响

案例	注气/d	闷井/d	采油/d	原油采收率/%
一次采油	0	0	10950	11.42
H300P300	300	0	300	21.20
H300S100P300ext	300	100	300	21.39
H200S100P300	200	100	300	17.70
H300S5P300	300	5	300	21.01
H300S50P300	300	50	300	20.71
H300S100P300	300	100	300	20.33
H300P300Diff	300	0	300	23.40
H300S100P300Diff	300	100	300	22.71

　　然而，如果将案例 H200S100P300 的总试验时间固定为 10950 天，将 300 天的注气时间拆分为 200 天注气和 100 天闷井，得到的最终采收率为 17.7%，低于案例 H300P300 的 21.2%（见表 5.5），该结果与凝析油油藏情况一致（Sheng，2015b）。

　　现将案例 H300S5P300、H300S50P300 和 H300S100P300 的总运行时间（10950 天）和注气时间（300 天）保持不变，在案例 H300P300 中分别增加 5 天、50 天、100 天的闷井时间，得到的采收率分别为 20.01%、20.71%、20.33%，见表 5.5。在案例 H300P300 中，不加闷井时间的采收率均低于 21.2%。因此，不采用闷井（Wan 等，2013a，b；Wan 等，2014a，b；Sheng 和 Chen，2014；Wan 和 Sheng，2015b；Meng 等，2015b）。

　　在上述包含闷井的案例中，未考虑扩散作用，而闷井过程可促使气体扩散到油相中。因此，为了研究闷井时间带来的影响，本次研究在模型中加入扩散因素，创建了案例 H300S100P300Diff，得到的采收率为 22.71%，低于 H300P300Diff（不加闷井时间）的采收率（见表 5.5），两个案例的项目总时间相同。对比这两个案例可知，考虑扩散并不能提升闷井效率。Fragoso 等人（2018a）在模拟研究中没有使用闷井，因为在不考虑闷井的情况下，可以获得最高的采收率。

5.4.3　轮次数

　　每个早期轮次的产量都高于后期轮次，所以应该有一个最佳的轮次数。Artun 等人（2011）的模拟工作表明，在裂缝性常规油藏中，基于净现值的最佳轮次数为 2~3 次。Yu 和 Sheng（2015）进行了包含 10 个轮次的注气吞吐试验，采出程度随着轮次数的增加而不断增加。Wan 等人（2015）的历史拟合结果与 Yu 和 Sheng 的实验结果吻合，其模型预测也表明，产量随轮次持续增加。

　　本次研究将案例 H300P300 的时间从 10950 天延长到 32850 天（约 90 年），创建了案例 H300P300ext。结果显示，采出程度不断增加，如图 5.10 所示，产油速率随时间的增加而减小（见图 5.11）。因此，若需确定一个实际项目的最佳轮次数，还需要对其进行经济分析。

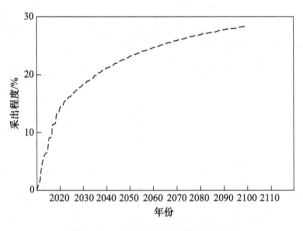

图 5.10　采出程度与时间的关系

（案例 H300P300ext）

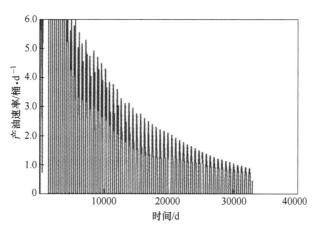

图 5.11 产油速率与时间的关系
（案例 H300P300ext）

5.4.4 注气吞吐时机

Sanchez-Rivera 等人（2015）的模拟数据表明，过早地从一次采油转向首次注气吞吐将对采收率造成效益影响，但这一过程开始得太晚，则有可能降低净现值。根据 Sheng（2015d）的模拟结果，长达若干年的一次采油能够提升后续气驱和注气吞吐生产的采收率。Meng 和 Sheng（2016a）提出，在凝析油藏实施注气吞吐时，应当在注气阶段结束，且气体速率为开始阶段的 10%时，进行注气作业。同时该研究还建议，当初始产油速率降低到一定水平时，例如初始产油量的 10%，就应该开始第一个注气吞吐轮次，文献中没有给出具体标准。

6 气驱与注气吞吐的对比

摘　要：本章将讨论页岩和致密油藏中的气驱作业，并将气驱与对应的注气吞吐作业进行对比，同时介绍了几个现场项目，并从参考文献中进行了引用，用于简要描述气驱的可行性。

关键词：可行性；现场项目；气驱；注气吞吐

6.1　引言

在常规油藏中，气驱往往比注气吞吐更为常用。然而，在页岩或致密油藏中，由于储层的超低渗透率，以及由此在基质中形成的明显压降，很难用气体将原油从注入井驱替至生产井。如果页岩或致密油藏具备天然裂缝网络，或者具备能够连通注入井和生产井的水力裂缝，将极容易发生气窜，从而导致波及系数非常低（Sheng 和 Chen，2014）。为了避免这些问题，最好采用注气吞吐。无论如何，气驱仍然是一种重要的提高采收率方法，特别是在渗透率高于页岩储层的致密储层中。本章将讨论应用于页岩和致密油藏的气驱，并将其与注气吞吐进行比较。文中介绍了多个现场项目。

6.2　气驱研究成果

Yu 和 Sheng（2016a）使用 Eagle Ford 露头岩心进行了氮气驱试验，其中岩心直径为3.81cm（1.5in），长度为 5.08cm（2in）。研究采用了美国 NER 公司开发的 AutoLab 1000仪器，估算岩心孔隙度约为 5%，渗透率约为 70nD（然而，如果采用稳态达西方程和本书提供的数据进行计算，岩心 GF_6 的气体渗透率约为 0.5nD，岩芯 GF_7 的气体渗透率则约为 5nD。上述这些数据表明，如果采用不同的方法，可能会得到不同的渗透率）。岩心中的油是黏度为 8.5mPa·s 的脱气原油。实验装置如图 6.1 所示。其中在出口安装了精度为 0.02 SCCM 的气体质量流量计（SmartTrak 100），以监测气体流速。在实验过程中，采用精度为 0.0001g 的分析天平测量净重（W_{dry}）、油饱和质量（W_{sat}），以及每次注水结束时岩心柱的质量（W_{end}）。可通过以下公式计算采收率（RF）：

$$RF = \frac{W_{sat} - W_{end}}{W_{sat} - W_{dry}} \tag{6.1}$$

当岩心完全饱和时，岩心柱的含油量约为 2.5g，当注水试验结束时，岩心中可开采的油量小于 1g。在试验过程中，采出的原油量小于 1g。由于开采得到的原油量过少，因此无法采用带刻度的收集器或天平对其进行测定，因为部分采出的原油可能附着在油管上。因此，只能测量每次试验结束时原油的质量，并通过上述方程式计算 RF。然而，在计算过程中，需要考虑不同时间得到的采收率。为了实现这一目标，研究过程中采用同一岩心进行了多次试验，其中驱替时间各不相同。所有试验均在 21.67℃（71°F）的室温条件、

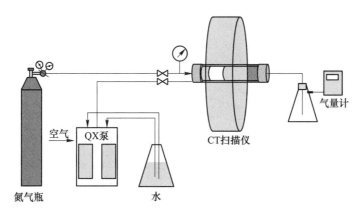

图 6.1　气驱试验的装置示意图

相同的注入（进口）压力及相同的出口压力（大气压力）下进行。

　　图 6.2 显示了在不同流动时间和不同注入压力下岩心 GF_6 的采收率。结果表明，在早期阶段，采收率几乎随时间的增加呈线性增加；在随后的时间里，采收率随着时间的推移而逐渐降低。Yu 等人（2016b）将这一试验的规模扩展到了 32 项试验，其中包括更长的驱替时间和更多的岩心。这些试验结果能够与模拟模型的结果相拟合。图 6.3 显示了一个示例，其中实验结果明确表明，通过气驱采油是可行的。图 6.4 显示了试验岩心 GF_4 在不同时间条件下的气体饱和度曲线，结果表明，在约 0.625 天时，气体发生气窜。在气窜发生的时期，5 天内原油采收率约为总采收率的一半。通过交叉核对图 6.3 的采收率，可以发现，0.625 天后采收率曲线的上升趋势有所下降。换言之，发生气窜后，原油开采将变得更加困难。

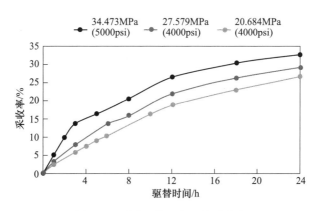

图 6.2　不同驱替压力下的采收率

　　早期实验数据表明，早期原油采收率对注入压力非常敏感。然而，基于 GF_6 岩心实验的模型的扩展模拟结果表明，当注入压力分别为 6.895MPa（1000psi）、20.684MPa（3000psi）和 34.473MPa（5000psi）时，最终 RF 分别为 80.5%、82% 和 85%，且达到最终 RF 的对应时间分别约为 60 天、140 天和 220 天。当注入压力从 6.895MPa（1000psi）增加到 34.473MPa（5000psi）时，在较小的岩心尺度的实验中，采

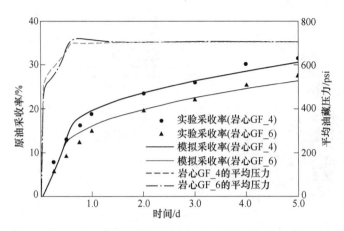

图 6.3 在 6.895MPa（1000psi）的注入压力下，采用两个岩心进行两次驱替试验
（实验与模拟）得到的原油采收率
（1psi＝0.006895MPa）

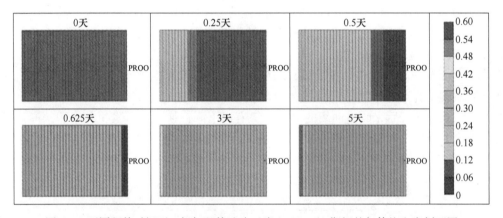

图 6.4 不同驱替时间下，氮气驱替试验（岩心 GF_4）期间的气体饱和度剖面图

用不现实的长驱替时间，采收率增加 4.5%。采用高注入压力的优势在于，在相同的时间间隔内，能够以较高的注入量或成本提高原油采收率。因此，应根据经济效益优化采油工艺。

Zhu 等人（2015）提出从裂缝注入气体，并从另一相邻裂缝开采流体，其中注入裂缝和生产裂缝在同一水平井中交错。他们称之为裂缝间气驱方案。这一方案可以降低页岩和致密地层中对高压力梯度的需求，或克服压力梯度最小阈值（Wang 和 Sheng，2017a；2017b）。模拟结果表明，注入压力是一个重要的作业参数，压力越高，采收率越高；地层非均质性能够降低采收率；减小水力裂缝间距会增加早期采收率，因为压力梯度随之增大，但这将会导致后期采收率的降低；较高的机械分散度会略微降低最终采收率。上述这些结果均是可以预期的。主要问题是，当采用两套交错裂缝进行注采时，水平井完井的技术难度和经济效益。但这种井下工具的设计方案仍是可行的（Sharma 等，2013；MacPhail 等，2014）。

6.3 气驱与注气吞吐的对比

通过实验和模拟研究，研究人员发现在页岩和致密油藏中，注气吞吐是一种有效的 EOR 方法。然而，在常规油藏中，气驱却更为常用。一个非常重要的问题出现了：哪种方法才是首选方法？

Sheng（2015d）通过建模比较了上述两种方法。基本模型的尺寸与 Sheng 和 Chen（2014）使用的模型尺寸相同，如图 6.5 所示，其中基本模型中包括两个半裂缝。在驱替模式中，如图所示，一口注入井位于左侧半裂缝中，一口生产井位于右侧半裂缝中。在吞吐模式中，两口井位于两个半裂缝中，这两口井在注入期间为注入井，在回采期间为生产井。这种设置使得两种模式下的流动面积和井数相同。其中裂缝长度为 304.8m（1000ft），初始油藏压力为 44.298MPa（6425psi），渗透率为 100nD，孔隙度为 0.06，注入（吞）压力为 48.26MPa（7000psi），开采（吐）压力比泡点压力 16.53MPa（2398psi）高 17.23MPa（2500psi）。注入时间和回采时间合计 200 天。

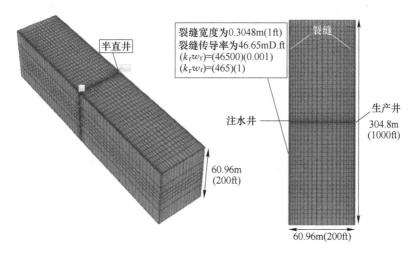

图 6.5 基本油藏模型的尺寸和井位

研究使用由 Computer Modeling Group（CMG）开发的黑油模拟器 IMEX。其中在混相模型中，采用了 Todd 和 Longstaff（1972）提出的混合参数 ω。通过参数 ω，可确定网格块内混相流体之间的混合程度。$\omega=0$ 代表非混相驱替，$\omega=1$ 代表完全混合。

利用上述模型，本次研究对驱替模式和吞吐模式进行了模拟。10 年后，一次采油的原油采收率为 5.75%，这一数据代表了典型的油田动态特征。经过 20 年的驱替和吞吐注入，与一次采油相比的采收率增值分别为 2.59% 和 16.69%。因此，注气吞吐的动态特征优于驱替。如果根据净现值进行判断，则吞吐注气的动态特征甚至高于驱油，因为在驱替模式下，需要很长时间才能将注入井附近累积的压力输送至生产井，以提高原油产量，而在吞吐模式下，第一次注气期后，可以立即进行采油。详情如下。

在气驱模式下，不同时间的含油饱和度和压力变化如图 6.6 和图 6.7 所示，相关内容分别来自 Sheng 和 Chen（2014）。在驱替期间，从注入井中排出原油，油藏压力升高。由于页岩和致密油藏具有超低渗透率，因此压力和流体的输送比常规油藏要困难得多。饱和

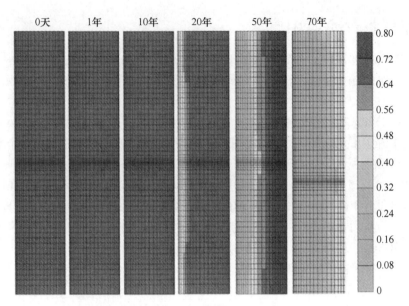

图 6.6 气驱模式下不同时间的含油饱和度图

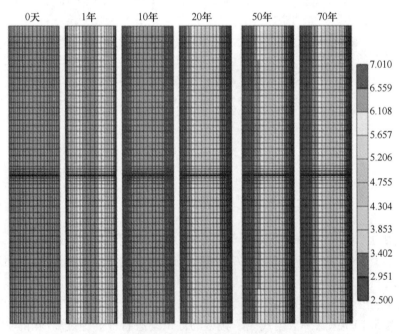

图 6.7 气驱模式下不同时间的油藏压力图

（单位 psi, 1psi = 6894. 757Pa）

度图显示，在前 50 年中，气体仅存在于注入井一侧，无法到达生产井一侧。在生产井附近，仅存在原油。在注入气体的情况下，注入井附近的原油黏度降低，但生产井附近未产生此类现象。压力图表明，气驱的持续期长达 60 年，一次采油开始 10 年后（即一次采油末期）至 70 年后，模型中部的压力约为 34.47MPa（5000psi）（注入井的压力为 48.26MPa（7000psi））。换言之，较高的注入压力无法传导至生产井附近的区域。

Sheng 和 Chen（2014）还比较了氮气驱和吞吐注气模式。Wan 等人（2014b）比较了 CO_2 驱和 CO_2 吞吐注入的采收率。这两项研究的结果均表明，吞吐模式的采收率高于驱替模式。

Yu 等人（2017）进行了试验，以对比气驱和注气吞吐。其中使用了 Eagle Ford 露头岩心和 Wolfcamp 组原油。表 6.1 列出了两个岩心柱的动态特征。气驱和吞吐实验装置分别与图 6.1 和图 2.4 所示的装置相似。在所有试验中，注入压力为 6.89MPa（1000psi），回采压力为大气压力。试验在 21.1℃（70℉）下进行，试验计划见表 6.2。请注意，每个岩心柱的气驱和吞吐的总试验时间相同；对于吞吐试验而言，将注入时间和闷井时间相加。

表 6.1　岩心柱动态特征

岩心编号	直径/mm	长度/mm	岩心干重/g	饱和孔隙度/%	平均渗透率/nD
CEF_1	38.5	50.9	152.099	4.4	85
CEF_2	38.1	101.8	249.697	13.1	400

表 6.2　试验计划

岩心编号	注气模式	试验编号	试验计划
CEF_1	驱替模式	1	驱替时间 48h
	吞吐模式	2	注入和闷井时间 0.5h，回采时间 1h（32 轮次）
		3	注入和闷井时间 2h，回采时间 1h（16 轮次）
		4	注入和闷井时间 5h，回采时间 1h（8 轮次）
CEF_2	驱替模式	5	驱替时间 72h
	吞吐模式	6	注入和闷井时间 1h，回采时间 3h（18 轮次）

图 6.8 显示了使用岩心 CEF_1 在 48h 内进行的试验 1~4 的采收率。在长达 48h 的驱替作业结束时，驱替试验的采收率为 17.9%。吞吐试验的采收率取决于注入时间和闷井时间。当注入时间和闷井时间较短时，在相同的总试验时间内，可以进行更多的轮次，同时

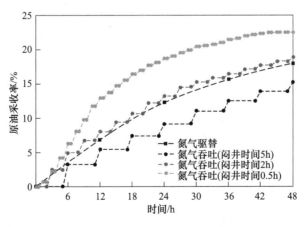

图 6.8　使用岩心 CEF_1 在 48h 内进行氮气驱替和吞吐注入的采收率

试验结束时的采收率较高。当时间为 0.5h，采收率最高（22.5%）。然而，Yu 等人（2017）观察到，当注入和闷井时间过短（例如几分钟）时，采出原油量几乎为零。研究认为，为了使压力（或能量）传导至岩心内部区域，同时将气体扩散到基质中，需要闷井时间，而这与前几章中给出的模拟结果不同。请注意，在本章讨论的实验中，已经将注入时间和闷井时间相加。如果闷井时间仅为几分钟，则注入的气体无法达到基质，且压力无法传导至岩心的内部区域。因此，原油采收率极低。当闷井时间为 2h，吞吐模式的采收率与驱替试验的结果基本一致。这些结果表明两个要点：（1）吞吐模式的动态特征受作业参数影响较大；（2）吞吐注气模式是否优于驱替模式，取决于是否对吞吐模式进行了优化。

本次研究采用 CEF_2 岩心，分别进行了两次氮气驱替和氮气吞吐注入试验（5 和 6），试验持续 72h。驱替试验和吞吐试验（注入和闷井时间合计 1h，回采时间为 3h）的采收率分别为 19.9% 和 24.1%。数据和对应的模拟结果如图 6.9 所示。在最初的 24h 内，两种注入模式的采收率相近。24h 后，驱替和吞吐试验之间的差异开始显现，并随着时间的推移而逐渐增大。在驱替试验中，由于气体在 24h 内发生气窜，因此产量迅速下降。大多数注入的气体都流经了已建立的通道，因此仅携带少量原油。相比之下，吞吐试验在之后的轮次中继续提供能量，保证了作业过程的效率。之后将两次试验的时间均延长至 15 天，其中采收率的差异从第二天开始增加，并在 6 天后趋于稳定（见图 6.10），因为吞吐试验的采收率在后期轮次中未发生太大变化。在这两次试验中，吞吐模式的动态特征比驱替模式高出约 11%。

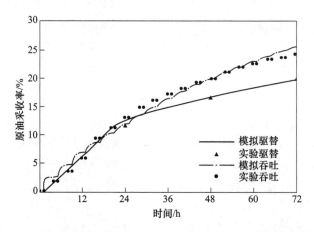

图 6.9　72h 内氮气驱替和氮气吞吐试验的采收率及模拟采收历史

其他研究人员也比较了气驱模式和吞吐注气模式。Shoaib 和 Hoffman（2009）在蒙大拿州 Richland 郡的 Elm Coulee 油田模拟了不同注入方案（连续注入模式或驱替模式与吞吐模式）下的 CO_2 注入。其中原油产自 Bakken 组。储层孔隙度为 7.5%，渗透率为 0.01 ~ 0.04mD，储层中的原油黏度约为 0.3mPa·s。在页岩地层中，包含天然裂缝，这些裂缝是在干酪根转化并生成和排出原油的过程中形成的。压力恢复试验表明，上部页岩区域的渗透率为 2.5mD。在吞吐模式下，一个轮次的周期为 9 个月（其中注入、闷井和生产周期各为 3 个月）。当注入量为 0.19PV 时，吞吐注入的采收率比一次采油提高了 2.5%。当注入量约为 0.2PV 时，驱替的采收率增量范围为 13% ~ 15%。研究发现，气驱的动态特征优于

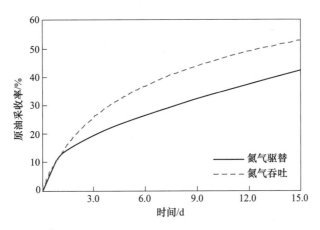

图 6.10 氮气驱和吞吐氮气注入的模拟采收率

吞吐注气，这可能基于相对较高的渗透率（2.5mD，来自恢复数据），因为注入的气体和被驱替的原油可以在驱替模式下流向生产井（Sheng 和 Chen，2014）。在这种情况下，可以通过优化注入、回采和闷井时间来提升吞吐注入的动态特征。例如，可以减少闷井时间，因为优化作业时间可以改变吞吐注气和气驱的动态特征（Sheng，2015b），这一观点已在本节前文进行了讨论。

Wang 等人（2010）评估了萨斯喀彻温地区 Bakken 组的 CO_2 驱潜力。在模拟模型中，孔隙度为 7.5%，上层三套层系和下层五套层系的渗透率分别为 2.5mD 和 0.04mD。储层中的原油黏度约为 0.3mPa·s。研究认为，连续注 CO_2 的动态特征高于吞吐注 CO_2。在连续注入模式下，包含 4 口注入井和 9 口生产井。在吞吐模式中，其中 2 口井进行了长达 10 年的吞吐注入，另一组（同样包含 2 口井）进行了长达 5 年的闷井，之后进行了长达 5 年的开采，其余 9 口井均处于连续开采模式中。以下三点能够帮助读者理解为何在这种情况下，连续注入的动态特征优于吞吐注入：（1）在吞吐模式下，并非所有油井都在该模式下运行；（2）5 年的闷井时间过长，因此对部分作业时间造成了浪费；（3）该模型的油藏并非超低渗透率油藏，因此从注入井注入的 CO_2 能够抵达生产井（Sheng 和 Chen，2014）。

Kurtoglu（2013）模拟了三点井网。其中三口水平井相互平行，在前 450 天内进行开采，并将中心井作为注 CO_2 井。研究过程中比较了吞吐注入和注 CO_2 驱的动态特征。在气驱模式中，中心井注入 CO_2 的时间为 450~1450 天。在吞吐模式下，中心井的注入时间为 60 天，闷井时间为 10 天，生产时间 120 天。在吞吐模式下，将该过程重复 6 个轮次，直至总时长达到 1450 天。模拟结果表明，驱替模式与一次采油期间相比的采收率增量高于吞吐模式。模型中的驱替效果可能较好，这是因为在该模型中，只有位于中心区域的井从一次采油变为吞吐注入或连续注入模式。在这种模式的设置下，侧井无法通过吞吐注入实现开采效益。但在两口侧井中，能够很好地反映连续注入作业的优势。另一个原因可能是闷井效益的部分损失，因为在该模型中，未考虑分子扩散率。第三个原因则可能是每口井长达 60 天的注入量是远远不够。然而，更重要的原因可能是，该模型的天然裂缝间距较小（0.69m（2.27ft）），基质渗透率约为 300nD，SRV 的有效渗透率为 31mD。这种高渗透率模型为气驱提供了可行性。

Yu 等人（2014a）对注 CO_2 以提高 Barnett 组储层干气采收率的试验进行了敏感性研究。研究发现，CO_2 驱能够很好地提高天然气采收率，但之所以采用注 CO_2 吞吐，并非因为大部分注入的 CO_2 在回采期迅速回流。在模拟模型中，进行了如下设置：一次采油期为5年，注入期为5年，闷井期为5年，然后进行长达15年的试井。显然，闷井期和随后的回采期过长。这种吞吐作业远远没有达到最佳效果。因此，就动态特征而言，吞吐模式无法与驱替模式相提并论。请注意，上述过程是一个开采干气（甲烷）的过程。

Schepers 等人（2009）模拟了肯塔基州东部泥盆系天然气页岩中的 CO_2 封存及其天然气采收率增量，其中考虑到，页岩中的有机质对 CO_2 的吸附能力高于天然气（甲烷）。研究比较了连续注 CO_2 和注 CO_2 吞吐。其中平均地层渗透率为18mD。在模拟模型中，包含1口注入井和3口生产井，井距为161874m^2（40acre）。未注入 CO_2 时，气体采收率为2.2%，而注入 CO_2 时，气体采收率为2.0%。研究发现，在回采期会采出大量 CO_2。吞吐作业的相关参数如下：注入期为5天、闷井期为1个月，生产期为3个月，共注入了300t CO_2。然而，在连续注气（驱替）模式下，天然气采收率为7.3%。这些结果表明，在没有注入任何 CO_2 的情况下，吞吐模式的动态特征低于气驱或一次采油。有几个因素可能造成这一结果：（1）在本次研究中，无法确定该井网中的4口井是否全部处于吞吐注入状态。如果所有油井均未进行吞吐注入，则无法将该模式直接与连续注入进行对比。（2）在注入期为5天的情况下，1个月的闷井时间过长，换言之，吞吐模式未经过优化。（3）300t（或长达5天的注入期）的 CO_2 注入量可能过小。（4）试验中的吞吐注入仅包含一个轮次。注气吞吐的优点之一是可以进行多轮次，即使是在后期轮次中，也可能提升天然气采收率。但对于气驱模式而言，一旦注入的气体发生气窜，则采收率增量将非常明显，或者提高采收率将需要很长时间。（5）对于气藏来说，18mD 的渗透率可能很高，因此，吞吐模式在高渗透率地层中可能不具备优势。

Meng 等人（2017）也进行了实验，以比较两种模式的凝析液采收率。他们发现，在相同的作业时间内，吞吐模式的采收率高于气驱。

从上述讨论中可以得出结论，如果吞吐注气作业的设计较好（经过优化），则在页岩和致密油藏中，吞吐注气的采收率应高于气驱。换句话说，为了使吞吐模式的采收率高于驱替模式，需要优化吞吐作业方案（如注入、回采和闷井时间）。

6.4　气驱的现场应用

本节介绍了4个气驱现场案例。

6.4.1　萨斯喀彻温省 Viewfield Bakken 油田的气驱（Schmidt 和 Sekar，2014）

在本项目中，通过1口垂直于9口水平生产井（南北向）的中央水平注入井（东西向），进行非混相连续注气，如图 6.11 所示。该试点项目占地 5.18km^2（1280acre），井间距分别为 0.32km^3（80acre）和 0.64km^2（160acre）。这些井的井身长度大约为1609.344m（1mi），其中采用了多级水力压裂。在中心注入井中，形成了从端部到跟部的注入模式。从注入井至距离每口排水生产井最近的水力裂缝的距离几乎相同。当气体在生产井的端部发生气窜时，需堵塞端部，以减慢气体循环。注入的气体继续向下一部分移动。这种模式使得1口注入井能够作用于9口生产井。对于跟部靠近注入井的生产井，在紧靠跟部的端口采用了一种称为"加固衬管"技术的跨隔封隔器系统。其中设置了两个封隔器，一个在断裂口的上游，另一个在下游，两个封隔器之间的油管允许流体通过，同时仍然隔离了断裂口。在试验井中，已经证明了这项技术的有效性。试验区 Bakken 组的孔隙度和渗透率分别为 9%~10% 和 0.01~0.1mD，平均孔喉尺寸为 0.1~0.2μm，原油黏度为 2~3mPa·s，初始含水饱和度为 55%~59%，初始压力为 15.996MPa（2320psi），泡点为 6.826MPa（990psi）。

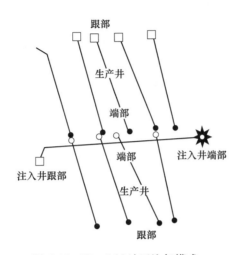

图 6.11 Viewfield 油田注气模式

（修改自 Schmidt 和 Sekar（2014）。创新型非常规提高采收率——提高轻质油采收率的非常规三次采油方法用于萨斯喀彻温省东南部非常规 Bakken 油藏，6 月 15~19 日在俄罗斯莫斯科举行的第 21 届世界石油大会上提交了该论文 WPC-21-1921）

该项目于 2011 年 12 月启动。作业初期，在 3.447MPa（500psi）的注入压力下，注入速率为 8493m³/d（300mcf/d）。当 2012 年 3 月增加压缩系数时，在 6.895MPa（1000psi）的注入压力下，注入速率增加至 28317m³/d（1MMcf/d）。随即，在两个井网中发生了气窜。到 2012 年 7 月，原油产量降至 53 桶/天。修井后，9 口生产井的采油量持续增加，总采油量高达 295 桶/天。井网的平均采收递减率从注气前的 20% 下降到注气后的 15%。该项目清楚地表明，减缓气窜使得气驱作业顺利开展。天然气换油率为 184.06~283.17m³/桶（6.5~10mcf/桶）。

该项目还证明，注入的贫气可以蒸发天然气液凝析液（NGL）组分。来自试验区 Bakken 组的原始溶解气体的 NGL 含量（C_2 ~ C_7）为 225 ~ 250 桶/MMcf（1MMcf = 28317m³）。注入气体的 NGL 为 138~145 桶/MMcf。单井数据显示，NGL 产量从 2.2 桶/天增加至 5.6 桶/天。该口井的原油产量增加了约 10%。

从这个试点测试中，能够得出以下几个要点：（1）注采比为 1:9 是该项目取得经济效益的关键因素。这一比例远低于水驱的典型比例（1:1）。这种做法降低了地面基础设施成本，增加了开采时间。（2）与注水相比，注气所需的资本投资较少，且注入的气体是一种对地层无损伤的流体。

6.4.2 北达科他州 Bakken 组气驱 （Hoffman 和 Evans, 2016）

2012~2013 年，在北达科他州 Bakken 组进行了一次水驱试验。然而，这一试验并未成功。因此，于 2014 年改为注气。其中水平注入井被 4 口水平生产井所包围。注入过程使用了采出的天然气。在 2014 年中期，以 45.3 m^3/d （1.6mcf/d）的速率注入气体 55 天，其中注入压力为 24.131MPa （3500psi）。在天然气注入后的几个月内，4 口生产井的产量均有所增加。靠近西部生产井的油井正在进行水力压裂，因此南部和西部油井的产量增加可能是由压裂冲击引起的。其他两口井（北部和东部）可能不会受到压裂作用的影响。注气 1 周后，东部生产井的天然气产量增加至 4530.72m^3/d （160mcf/d），即在该井中，约 10% 的注入天然气正在被采出。该井随后关闭了 1 个月。重新开井后，产气速率较高，产油速率在短时间内达到峰值，然后恢复至正常下降趋势。北部邻井的产油率增加了 3 倍，这可能是受到长距离压裂冲击的影响。在这种情况下，气驱作业能够提高原油产量。

6.4.3 大庆宋芳屯油田注 CO_2 （Jiang 等, 2008）

从 2003 年 3 月开始，在中国大庆宋芳屯油田芳 48 断块的扶杨油层进行了 CO_2 驱试验，其中地层孔隙度为 12%，渗透率为 0.79mD，油藏中的原油黏度为 6.6mPa·s。油田包括 1 口注入井和 5 口生产井。到 2004 年 8 月，在生产井中观察到了采收效益。到 2006 年底，共注入体积为 0.33PV 的 CO_2。其中没有对注入井进行压裂。CO_2 的注入能力约为吸水能力的 6.3 倍。试点井的动态特征较好。然而，研究观察到，生产井的 CO_2 波及不均匀。之后将试点范围扩大至 14 口注入井和 26 口生产井。于 2007 年 11 月开始注入 CO_2，2009 年 4 月开始采油。起初，CO_2 注入速率为 22t/d，原油开采率为 0.2t/d。当生产井对 CO_2 注入做出反应后，采油量增加至 0.6t/d。到 2014 年，采用气水交替注入。截至 2010 年 5 月，已注入 CO_2 5000t，采出原油 9000t。假设原油密度为 0.85，1tCO_2 约为 495.5m^3 （17.5mcf），则采出原油与注入 CO_2 的比例为 0.044，相当于原油 1522m^3/桶 （53.75mcf/桶）。这一注 CO_2 作业的动态特征较差，主要原因是砂地比低（小于 0.5），地层非均质性较强。

6.4.4 大庆榆树林油田注 CO_2 （Wang, 2015）

榆树林油田 101 井区扶杨油层注入区地层渗透率为 0.96mD。油藏原油黏度为 3.6mPa·s。在注入 CO_2 之前，油田处于水驱状态。注入模式为 5 点式，井距分别为 300m 和 500m，包含 7 口注入井和 17 口生产井。其中两口注入井于 2007 年 12 月开始作业，另外 5 口注入井于 2008 年 7 月开始作业。截至 2011 年 9 月，共注入了 1.06 万吨 CO_2，采出原油 5.53 万吨。产出的原油与注入的 CO_2 之比为 0.5 （原油吨数与 CO_2 吨数之比），相当于原油当量 133.9m^3/桶 （4.73mcf/桶）。以下几点值得注意：注 CO_2 比原油开采提前了半年。注 CO_2 能力是注水能力的 4 倍以上，使得注 CO_2 比注水过程更容易维持压力。开采过程中并未对这些井进行压裂。与同一油田注水井网的 12% 的原油采收率相比，注 CO_2 井网的预计原油采收率为 21%。之后将试验范围扩大至 70 口注水井和 140 口生产井。

6.4.5 气驱动态特征综述

表 6.3 简要总结了上述气驱项目，可通过该表对上述项目进行观察。

表 6.3 气驱动态特征

油田	注气组分	k/mD	$\mu_o/mPa \cdot s$	注入井数	生产井数	井距	生产动态 $/mcf \cdot 桶^{-1}$	参考文献
Viewfield 油田, Bakken 组, Saskatchewan	贫气	0.01~0.1	2~3	1	9	$0.32km^2$ (80acre), $0.64km^2$ (160acre)	采油率上升, 6.5~10	Schmidt 和 Sekar, 2014
North Dakota 油田, Bakken 组	天然气			1	4		采油率上升	Hoffman 和 Evans, 2016
大庆油田, 宋芳屯	CO_2	0.79		14	26	200~300m	53.75	Jiang 等, 2008
大庆油田, 扶杨油层	CO_2	0.96		7	17		4.73	Wang 2015

注：$1mcf = 28.317m^3$。

（1）在能够证明注气成功的 4 个项目中，有 3 个项目的原油采收率得到提升。

（2）地层渗透率小于 1mD，但远高于纳达西级。

（3）原油黏度低。

（4）试验表明不存在气体注入问题。有些案例则显示了气窜问题。

6.5 气驱的可行性

Joslin 等人（2017 年）使用建模方法研究了挥发性油藏中注水方法的可行性。研究发现，当基质渗透率低于 0.03mD 时，在原油价格为 40 美元/桶、天然气价格为 2.5 美元/ft^3（$1ft = 0.0283m^3$）的情况下，任何驱替方法，如氮气驱、CO_2 驱和水驱，经济效益均较差。就采收率增量而言，当基质渗透率为 0.03~0.1mD 时，氮气驱是最佳的选择。当基质渗透率高于 0.1mD 时，CO_2 驱是最佳的选择。就净现值（NPV）而言，当基质渗透率高于 0.1~0.3mD 时，氮气驱的收益较高，但 CO_2 驱的收益较低。当基质渗透率高于 0.3mD 时，氮气驱和 CO_2 驱的效益均高于一次采油。当基质渗透率大于 1mD 时，采用水驱作业才能盈利。

7 注 水

摘　要：本章介绍了相关实验和模拟研究的结果，以评估注水作业的提高采收率（EOR）潜力。在实验过程中，分别在吞吐模式和驱替模式中进行注水，并对二者的动态特征进行了比较，之后还对注水和注气方式进行了比较。本章最后对注水作业的现场动态特征进行了总结，同时还简要提及了其他注水方式。

关键词：现场生产动态；吞吐；水驱；注水；注水方式

7.1　引言

水驱是对常规油气藏进行油气采收的常用方法之一。在对页岩和致密油气藏进行水驱时，需要考虑的一个重要问题是地层的吸水能力。因此，在美国很少实施注水作业，但在中国的致密油藏常见注水作业。在本章中，首先介绍了用于评价注水方案提高采收率潜力的实验和模拟研究的结果。在实验过程中，分别通过吞吐模式和驱替模式进行注水，并对两者的动态特征进行了比较。最后，对注水作业的现场生产动态进行了总结，并简要提及了其他注水模式。

7.2　水驱

尽管在吸水性方面存在不足，但到目前为止，美国的页岩油藏现场案例中出现的问题并未如预期的那样严重（Hoffman 和 Evans，2016）。在中国，许多致密油藏也未出现有关吸水性的问题。

Song 和 Yang（2013）使用 Bakken 组岩心进行了水驱实验。实验显示，当实验温度为 200℃，压力为大气压力时，原油的黏度为 2.17mPa·s，岩心渗透率为 0.27mD，孔隙度为 0.23，初始含油饱和度为 0.55。当注水体积为 0.36 个孔隙体积时，水窜发生时原油采收率为 0.48。原油总采收率为 0.515，表明水窜发生后原油产量降低。

一种观点认为，作为驱动力的毛细管压力较高，因此水优先侵入体积较小的孔隙。然而，在体积较小的孔隙中，阻力也相对较大。因此，在大孔隙中，水的渗吸速率较高（Sheng，2017c）。这一原理解释如下。

基于泊肃叶（Poiseuille）定律，Washburn（1921）推导了一个方程，用于描述单个毛细管的渗吸速率。该速率方程可表述如下，其中不包括滑移系数和非毛细管驱动力：

$$\frac{\mathrm{d}l}{\mathrm{d}t} = \frac{\sigma\cos\theta}{4\mu_{\mathrm{w}}l}r \tag{7.1}$$

式中　l——渗吸距离；

t——渗吸时间；

σ ——界面张力；

μ_w ——润湿相的黏度；

θ ——接触角；

r ——毛细管半径。

从式（7.1）可以看到，进入较大孔隙的渗吸速度低于进入较小孔隙的渗吸速度。较小的毛细管半径与渗透率较低的油藏相对应，因为 r 与 $\sqrt{k/\varphi}$ 成正比。目前已知，在低渗透率岩石中，尽管毛细管压力较高，但其黏性力也很高。在这两种力的作用下，低渗透率岩石的渗吸速率实际上低于高渗透率岩石的渗吸速率。请注意，在上述情况中，并未考虑滑移流。当毛细管直径小于约 3nm 时，才能产生滑移流（Sharp 等，2001）。Koo 和 Kleinstreuer（2003）通过实验和理论研究证实了这一结果。因此，从实际意义上讲，当流体在页岩基质中通过纳米级孔隙进行流动时，连续统理论仍然适用。

上述理论与 Lin 等人（2016）的观察结果一致，如图 7.1 所示。该图还显示，当地层存在裂缝时，水能以更快的速度渗入邻近的基质中。此外还存在另一个重要机制，即被吸收的水增加了油藏压力和局部压力，从而提高了驱动能量。从渗吸的角度来看，水湿地层是首选。这一结论得到了 Huang 和 Xiang（2004）的实验数据的支持。此外，Sun 等人（2015）认为，通过烘干箱对岩心进行烘干后，岩心的渗吸速率较慢，因为早期吸水过程中产生了裂缝。他们认为，地层中存在微米级开度的裂缝，降低了毛细管压力，因此导致了渗吸速率的下降。正如前文所述，裂缝中的毛细管阻力较低，由此产生的渗吸速率应当更高。因此岩心中较低的渗吸速率可能由其他原因造成，例如，在早期渗吸后，岩心渗透率可能会降低。下文将对部分现场注水方案进行回顾。

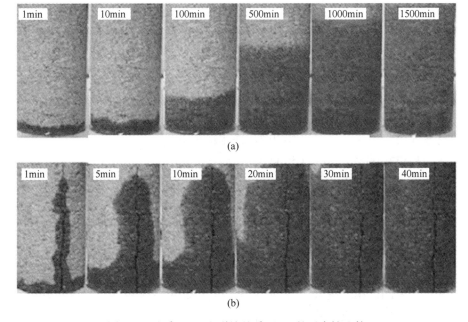

图 7.1　基质（a）和裂缝基质（b）的吸水性比较

（Lin 等，2016）

7.2.1　萨斯喀彻温省 Bakken 组和 Shaunavon 组下段水驱作业

自 2006 年以来，Crescent Point 能源公司已经在 Bakken 组和 Shaunavon 组下段油藏进行了水驱作业。在 2011 年之前，该公司已经批准了 Bakken 组的 5 个水驱模式和 Shaunavon 组下段的 3 个水驱模式。在试采过程中，Bakken 组的第一次试采的峰值采油率为 550 桶/天，其中共进行了 4 次开采，采油率从 50 桶/天升至 100 桶/天。而在第二个水驱模式下，增油率相对较小。截止到 2011 年，尚无法观察到其他水驱模式的采收效果。注水模式如下：水平注水井与水平生产井平行，井间距为数百米（Wood 和 Milne，2011）。之后，研究人员对目的层为 Shaunavon 组下段的 1 口注水井和 18 口生产井进行了模拟研究，并将试采数据和注水史进行拟合。当结束注水史拟合时，采收率为 1.4%，预测 50 年后采收率为 5.1%。模式区的孔隙度为 14%~18%，渗透率小于 1mD（Thomas 等，2014）。

7.2.2　北达科他州 Bakken 组的水驱作业

1994 年初，Meridian 原油公司在 McKenzie 郡 Bicentennial 油田的 NDIC 9660 井进行注水作业。在 50 天内，将约 13200 桶淡水注入一口水平井，该井的目的层为 Bakken 组上段页岩。之后将该井关闭了 2 个月。此后，在该井的剩余作业时间内，原油产量一直低于注水前的产量（Sorensen 和 Hamling，2016）。

之后在北达科他州的 Bakken 组进行了一次注水试采，其中 1 口水平注水井周围分布着 4 口水平生产井（见图 7.2）。东部和西部的探边井距离注水井 701.04m（2300ft），北部和南部的探边井分别距离注水井 274.32m（900ft）和 365.76m（1200ft）。在 2012 年中期的 8 个月中，注水速率约为 1350 桶/天。将注水井的井底压力增加至约 41.368MPa（6000psi），东部和西部生产井的产水率也相应增加。然而，增油率并未提高。在 2012 年底，停止注水约 6 个月，并于 2013 年再次注水，持续 8 个月。在第二次注水期间，注水速率下降，井底压力稳定在 37.921MPa（5500psi）。同样，增油率并未提高。其中注水量约为 $4.44×10^5$ 标准桶，但采收量仅为 $6.5×10^4$ 标准桶。之后将注水改为注气（Hoffman 和 Evans，2016）。在气驱作业一节中，本书已经对注气动态特征进行了回顾。这一水驱试采的失败似乎应归咎于较低的注水波及系数，因为采收水的体积远远小于注入水的体积（失水）。因此，无法使用这一案例概括页岩或致密层中的水驱动态特征。失败的另一个原因是井网布局问题，如图 7.2 所示。水平井的井网模式类似于直井的反五点井网模式。这一井网模式能否得到较高的波及系数，并将原油高效驱替至生产井中，目前仍未有定论。

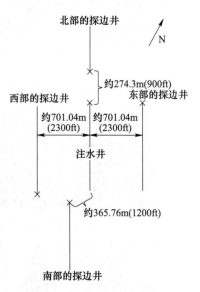

图 7.2　北达科他州一个目的层为 Bakken 组的井网布局
（Hoffman 和 Evans，2016）

7.2.3　蒙大拿州 Bakken 组注水作业

该试验于 2014 年进行,其中包括 1 口注水井和多口探边井。在最初的 3 个月里,该井的注水率为 1700 标准桶/天,之后距离较近的探边井发生水窜,因此注水率降至 1000 标准桶/天(Hoffman 和 Evans,2016)。近距离探边井(井距约 268.22m(880ft))的产水量大幅度增加,但这段时间的采油率并没有随之增加。一周后出现水窜。由于在某些层段出现水窜,最终关闭了注水井。在 2015 年初,将距离最近的探边井关闭了几个月。当将其重新打开时,采油率增加。这一试验结果表明,影响注水作业的一个重要问题是水窜。

7.2.4　萨斯喀彻温省 Viewfield 井区 Bakken 组水驱作业

该区地层为低渗透率层段,这一层段的采收经验和动态特征可能对页岩和致密地层的开发有所帮助。从 2006 年开始,应用多级压裂的水平注水井,对该层段进行长达 2~6 年的衰竭开采,之后进行水驱。作业过程中采用了线性驱替模式。在进行大规模注水之前,首先在多口试采井进行了试采。大多数水平注水井的长度为 1600m,水平注水井和相邻生产井的井距为 200m。在水驱作业后,迅速发生水窜,但第一年的采油率达到峰值,避免在早期出现负现金流。原油产量递减率从每年的 43%~45% 下降到 25%~38%。研究发现,水平注水井的经济效益高于垂直注水井(Karpov 等,2016)。

7.2.5　阿尔伯塔省 Pembina 井区 Cardium 组注水作业

到 2014 年 7 月,该井区共包含 1500 口多级压裂水平井,其中仅有 15 口井改为注水井。注水井与生产井的井距为 200~450m。在注水作业后,采油率并未出现明显增加(Karpov 等,2016)。

7.2.6　俄罗斯 Vinogradova 油田的注水作业

在该油田中,通过长度为 1000m 的多级压裂水平井进行开采,并通过垂井和斜井进行注水作业。注水井和生产井之间的井距约为 800m。可以观察到,垂井的注水效率较低(采油率没有明显增加,但产量递减率出现下降)。由此可见,水平注水井的开采效果更好,因此计划将其应用在未来的油田开发中(Karpov 等,2016)。

7.2.7　水驱动态特征总结

上述三个注水方案都是在 Bakken 组实施的。表 7.1 总结了这三个方案的动态特征。可以看出,一个重要的问题是波及系数较低。然而,在一些油田中,出现了直接窜流通道,但仍能达到较高的采收率(Baker 等,2016)。

表 7.1　水驱动态特征

油田	k/mD	动态特征	参考文献
Bakken 组 + Shaunavan 组下段	<1	采油率提高	Thomas 等,2014;Wood 和 Milne,2011

油田	k/mD	动态特征	参考文献
北达科他州 Bakken 组		采油率未提高，波及系数低	Hoffman 和 Evans，2016
蒙大拿州 Bakken 组		水窜	Hoffman 和 Evans，2016
萨斯喀彻温省 Viewfield 区 Bakken 组	约 1	水驱作业后迅速发生水窜，第一年达到采油率峰值，产量递减率下降	Karpov 等，2016
阿尔伯塔省 Pembina 地区 Cardium 组	0.1~5	采油率未提高	Karpov 等，2016
俄罗斯 Vinogradova 油田	0.87	采油率降低，垂向注水井的波及系数低	Karpov 等，2016

7.3　注水吞吐作业

Li（2015）总结了注水吞吐的多个有利条件：（1）水湿油藏；（2）液量控制较好（封闭、低渗透率油藏）；（3）天然裂缝密度高；（4）油藏能量不足（油藏压力较低）。Yu 和 Sheng（2017）进行了注水吞吐实验。实验装置如图 7.3 所示。首先使用 Quizix 泵（QX-6000）进行注水，通过蓄能器在容器中施加注入压力。之后将一个原油饱和岩心放置在容器中。容器内壁与岩心外边界之间有宽 1.0cm 的空间，这一环形空间代表油藏中基质周围的裂缝。之后通过三通阀施加注入和回采压力，在恒压输送模式下运行泵。随着溶液注入容器中，环空区的压力增加。一旦压力达到设定数值，三通阀和泵就会关闭。在到达设定的闷井时间后，三通阀打开，流体流出，容器的压力被放掉。之后在设定的注入时间内，将岩心放置在容器中。在每个轮次结束时，将岩心从容器中拉出，拭去岩心表面的液体，然后对岩心进行称重，并用 W_{exp} 记录岩心质量。这就结束了注水吞吐的一个轮次。之后将岩心放回容器中，进行下一个轮次。

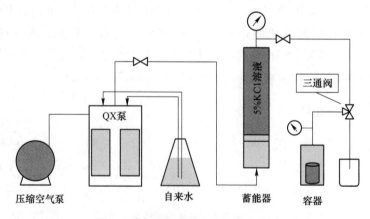

图 7.3　注水吞吐试验的装置示意图

在注水吞吐试验期间，可根据以下方法确定采收率（RF）。根据物料平衡原理，在每个轮次结束时，饱含原油和水的岩心的质量（W_{exp}）等于之前饱含原油的岩心的质量（W_{sat}）减去采收原油的质量（$V_p \cdot RF \cdot \rho_o$），并加上渗吸水的质量（$V_p \cdot RF \cdot \rho_w$）：

$$W_{exp} = W_{sat} - RF \cdot V_p \cdot \rho_o + RF \cdot V_p \cdot \rho_w \qquad (7.2)$$

上述方程中的孔隙体积 V_p 可以通过以下方程式进行计算：

$$V_p = \frac{W_{sat} - W_{dry}}{\rho_o} \qquad (7.3)$$

然后可以从上述方程中得出采收率，即产油量除以孔隙体积：

$$RF = \frac{(W_{exp} - W_{sat})\rho_o}{(W_{sat} - W_{dry})(\rho_w - \rho_o)} \qquad (7.4)$$

在注入期，水可能会进入油相，也可能通过油的逆流侵入岩心。水优先侵入大孔隙，之后侵入小孔隙，以驱替原油。在闷井期间，岩心外的压力可能仍然高于岩心内的压力，因此在早期阶段，水可能继续进入油相，当然，水也可能侵入岩心。在回采期，由于岩心内部和环空之间的压力差，以及水的渗吸作用，原油被驱替至岩心之外。一个重要的机制是，侵入和渗吸的水增加了油藏压力和局部压力，从而提升了驱动能量。从渗吸作用的角度看，水湿地层是首选。这一结论得到了 Huang 和 Xiang（2004）的实验数据的支持。

图 7.4 显示了闷井时间带来的影响。与气体不同，水不具备可压缩性，因此在注水过程中，容器中的压力很快达到了设定压力（6.895MPa（1000psi）），其中注入时间很短，而所需的闷井时间相对较长。在图 7.4 中，闷井时间实际上包括了注入时间，回采时间为 3h。当注入和闷井时间从 1h 增加至 12h 时，在 12 个轮次后，采出程度有了明显的提高，从 7.67% 增加到 14.04%。然而，当注入和闷井时间从 12h 增加至 24h 时，采出程度仅增加了不到 1%。这表明，进一步延长闷井时间，可能无法有效提高采出程度。由于实验装置中的压力累积速度非常快，因此需要进行闷井，从而将围岩压力转移至岩心内部。在油藏中，可能存在一个最佳闷井时间，而关于这一点，尚未开展相关研究。注入的流体可能会导致岩石性质发生变化，而在进行试验之前，不可能对岩心进行彻底清洁，从而将岩心恢复至初始状态。因此在此次实验中，从同一批岩心中选取了 4 个具有相似岩石性质的岩心，而非采用同一个岩心重复上述 4 个试验。

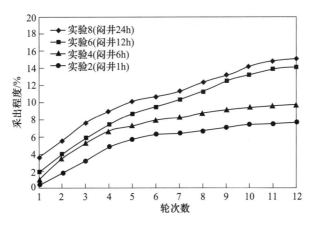

图 7.4 在不同的注入和闷井时间下，利用注水吞吐措施采收的采出程度

图 7.5 显示了注入（吞）压力对注水吞吐的影响，其中注入和闷井时间共计 12h，回

采时间为 3h。该图显示，注入压力对采出程度有明显影响。

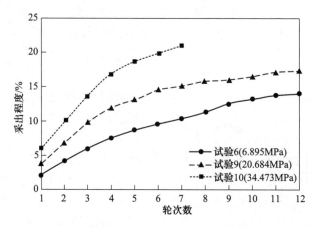

图 7.5　在不同的注入压力下，注水吞吐作业的采出程度

Altawati（2016）针对具有一定含水饱和度的岩心做了吞吐实验。他观察到，当岩心不含水时，流体采收率（定义为采出的油水总量除以初始油水总量）低于吞吐注入下的原油采收率。Shen 和 Chen（2014）的模拟结果显示，采用注水吞吐得到的原油采收率比采用一次采油得到的原油采收率仅高不到 2%。因此，注水吞吐作业的提高采收率潜力是有限的。以下是一些有关注水吞吐案例的介绍。

7.3.1　在北达科他州的 Bakken 组进行的注水吞吐

2012 年，研究人员在北达科他州的 Bakken 组进行了一次注水吞吐试验，其中注水时间刚刚超过 1 个月，闷井时间为 2 周，开采时间为 3~4 个月，注水率为 1200 桶/天。在试验过程中，未观察到注水过程存在问题，但原油采收率几乎没有增加（Hoffman 和 Evans，2016）。研究认为，在短短 1 个月的注入时间内，可能不足以注入最小气体量。

7.3.2　Parshall 油田的注水吞吐

EOG 在 Parshall 油田的 NDIC 17170 井进行了采出水回注试验，在试验过程中，于 2012 年春季开始注水，计划采用吞吐作业方案对该井进行作业，其中注水时间为 30 天，闷井时间为 10 天。2012 年 4 月注入了 10000 桶水，5 月注入了 29000 桶水。在试验过程中，并未观察到由注水作业带来的原油采收率增加（Sorensen 和 Hamling，2016）。

7.3.3　Parshall 油田先注水吞吐后注 CO_2 吞吐

在 EOG 运营的 Parshall 油田中，已经对 NDIC 16986 井进行了产水和现场注气测试，其中从 2012 年 4 月到 2014 年 2 月，在"水驱试验"中定期进行注水。在 2014 年 3 月该井恢复生产之前，注入了近 43.9 万桶水，但并未观察到原油采收率明显增加（Sorensen 和 Hamling，2016）。

从 2014 年 6 月开始，EOG 开始在地层中注入混有采出水的油田气体，其中利用采出水平衡裂缝系统中气体流动性带来的影响，如果有必要，则用少量气体构建系统压力。到

2014 年 8 月 20 日，总共注入了油田气体 $2.51×10^6 m^3$（88.729MMcf）。在两口探边井中，能够观察到流体开采速度的变化，这表明井与井之间能够快速产生连通。没有数据表明该试验获得了成功（Sorensen 和 Hamling，2016）。

7.3.4 注水吞吐动态特征总结

表 7.2 总结了上述三个注水吞吐项目的动态特征，在其中任何一个项目中，均未观察到原油产量的增加。这些结果与前文提出的研究结果一致，即注水作业的提高采收率潜力有限。

表 7.2 注水吞吐的动态特征

油田	注入时间/d	闷井时间/d	回采时间/d	动态特征	参考文献
北达科他州 Bakken 组	30	15	90~120	原油产量未增加或少量增加，未出现注入性问题	Hoffman 和 Evans，2016
Parshall 油田	30	10		原油产量未增加	Sorensen 和 Hamling，2016
Parshall 油田	首先注入 439000 桶水，并进行开采，之后进行气水交替试验			原油产量未增加	Sorensen 和 Hamling，2016

7.4 水驱与注水吞吐

Sheng（2015d）通过建模对比了注水和注水吞吐作业，其基本模拟模型与第 6.3 节所述的模型相似。在持续 10 年的一次采油后，原油采收率为 5.73%，这一数据能够代表典型的现场动态。在 20 年的驱油和吞吐注入后，与一次采油相比的增油率分别为 1.86% 和 2.40%（见表 7.3）。因此，注水吞吐作业的效果好于注水作业。Sheng 和 Chen（2014）的模拟结果表明，注水吞吐作业的原油采收率略低于水驱，因为在注水吞吐案例中，未进行优化。

表 7.3 与一次采油期间相比的注水、注气增油量 （%）

方案	注气	注水
持续 10 年的一次采油作业	5.73	5.73
持续 20 年的驱替作业	2.39	1.86
持续 20 年的吞吐作业	16.69	2.40

7.5 注水与注气

Sheng（2015d）还通过建模对比了水驱和气驱，结果见表 7.3。可以看出，无论采用吞吐模式还是注水模式，注气结果均优于注水。由于水的黏度远高于气体黏度（Fai Yengo 等，2014），同时页岩层的渗透率极低，因此注水井周边的压力无法传递至生产井。图

7.6 和图 7.7 分别显示了在持续 10 年的一次采油之后，当长达 60 年的气驱和水驱结束时，从注入井到生产井的压力分布情况。图 7.6 和图 7.7 表明，与水驱相比，通过气驱更容易将压力从注入井传递至生产井，这表明气驱的效率更高。

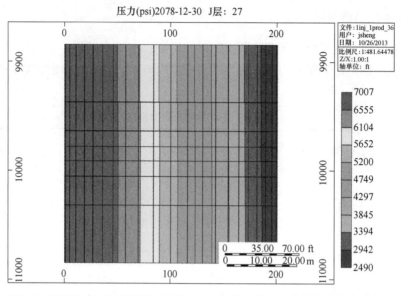

图 7.6　当长达 60 年的气驱作业结束时，从注入井到生产井的压力分布情况

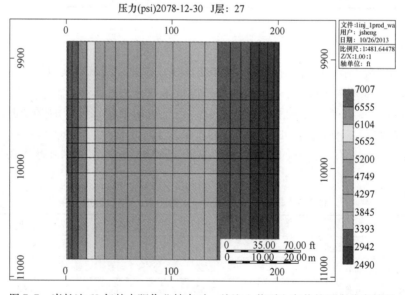

图 7.7　当长达 60 年的水驱作业结束时，从注入井到生产井的压力分布情况

Wang 等人（2010 年）模拟了萨斯喀彻温省 Bakken 组致密油藏（0.04~2.5mD）的注 CO_2 提高采收率潜力。他们的模拟结果表明，由于水驱的波及系数和压力传播效率远远低于 CO_2 驱，因此注 CO_2 的效率高于水驱。该结果与 Sheng 和 Chen（2014）、Joslin 等人（2017）及 Dong 和 Hoffman（2013）提出的北达科他州 Sanish 油田 Bakken 组实验结果

一致。Sheng 和 Cheng（2014）的模拟结果表明，与注水前的平均压力相比，注水期间的平均压力并未增加太多，因为高压仅存在于注入井周边。研究结果还表明，水驱的原油采收率低于气驱。Dong 和 Hofman（2013）的模拟结果表明，在 Sanish 油田 Bakken 组中，连续注 CO_2 的原油采收率比注水高 4 倍（致密地层的渗透率为 0.04mD）。Kurtoglu（2013）的模拟结果也表明，注 CO_2 的原油产量远高于水驱。然而，在建模工作中，未考虑水-岩相互作用。

上文比较了水驱模式下的注水和注气作业，Yu 和 Sheng（2017）则通过实验比较了吞吐模式。前文已经介绍了注水试验装置。在注气吞吐试验中，可用氮气代替 KCl 溶液（水）作为注入介质。可将氮气直接从气瓶引入容器，过程中无需使用蓄能器。

图 7.8 比较了在其他条件相同，而闷井时间不同的情况下，注水吞吐和注氮气吞吐的原油采收动态特征。从图中可以看出，注氮气吞吐的采出程度远高于注水吞吐。在相同的作业条件下，第一个轮次中两个 IOR 工艺的原油采收量相近。随着轮次的增加，原油采收量的差异逐渐增大。在 12 个轮次后，注水吞吐的采出程度比注气吞吐高 10%。

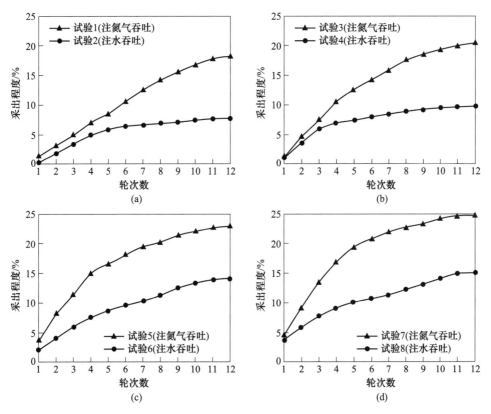

图 7.8　在不同的闷井时间下，注水吞吐和注氮气吞吐的原油采收动态特征比较
（a）闷井 1h，6.895MPa（1000psi）；（b）闷井 6h，6.895MPa（1000psi）；
（c）闷井 12h，6.895MPa（1000psi）；（d）闷井 24h，6.895MPa（1000psi）

Kong 等人（2016）的模拟结果表明，在 Cardium 致密油藏（渗透率为 0.2mD）中，CO_2 吞吐的动态特征远高于水驱。

Song 和 Yang（2013 年）比较了水驱和注 CO_2 吞吐的动态特征。在水驱的案例中，采用体积为 1.2 孔隙体积的水对渗透率为 0.27mD、初始含油饱和度为 0.55 的岩心进行驱替，直至不再产油，最终的原油采收率为 51.5%。在吞吐案例中，岩心的渗透率为 0.56mD，初始含油饱和度为 0.43，当温度为 20℃ 时，原油的黏度为 2.17MPa·s。在 7MPa 的恒定压力下，注入 CO_2 1h，闷井 6h，之后开采 1h，6 个轮次后，原油采收率为 42.8%。假设实验处于非混相条件下。根据原油采收率可以得出结论，即水驱的效果优于注 CO_2 吞吐。这一结论与 Sheng（2015d）的结论相反（见表 7.3）。基于以下原因，上述比较或结论可能是不正确的：（1）可以进行更多的吞吐轮次以采收更多的原油，但在注水过程中无法采收更多的原油；（2）吞吐作业可能未经优化，1h 的回采时间可能过短；（3）尽管应当根据净现值（NPV）进行更好的对比，但作业时间是最重要的参数，因此应当基于相同的作业时间进行比较。当处于近混相条件下（压力为 9.3MPa，最小混相压力为 9.7MPa），原油采收率提高至 63%。在混相条件下，注入压力为 14MPa 时，原油采收率为 61%，略低于近混相条件下的采收率。这一结果表明，没有必要使用高于最小混相压力的压力。

7.6 水气交替注入

为了克服气体的重力超覆和水的重力俯冲，或者同时结合水驱和气驱的优点，在常规油藏中通常广泛应用水气交替注入（WAG）。在页岩和致密油藏中，与重力有关的问题往往并不突出。但是 Yang 等人（2015）在实验室中评估了 CO_2 水交替注入的动态特征，其中岩心渗透率小于 0.5mD，在 20℃ 和常压条件下，原油的黏度为 2.17MPa·s。在研究过程中，可以观察到，当水与 CO_2 段塞大小的比值降低时，流体注入率增加，但由于波及系数的降低，原油采收率也随之下降。就段塞比值对原油采收率的影响而言，该结果与 Ghaderi 等人（2012）的模拟结果一致。在他们的模型中，油藏的水平渗透率为 0.61mD，垂直渗透率为 0.061mD，泡点的原油黏度为 0.63MPa·s。3 口水平井（2 口位于边缘的生产井和 1 口位于中间的注入井）的横向裂缝是交错分布的。这一裂缝配置有助于最大限度地扩大与地层的接触面积，并最大限度地扩大裂缝之间的间距，以延迟水窜、提高波及系数。研究结果表明，WAG 的动态特征优于连续注 CO_2，具有更高的水气比，从而能够得到更高的原油采收率。例如，在注入一个孔隙体积的气水后，当水气比为 0.5、1.0 和 2.0 时，原油采收率分别为 16.7%、19.8% 和 21.7%。CO_2 与原油接触，通过混相驱替降低了原油的残余饱和度，因此采用注 CO_2 的三采采收率应该当更高。在一个特定的油藏中，应当存在一个最佳水气比。他们的结果还表明，当水气比相同时，随着 WAG 轮次长度变短，可以获得更高的原油采收率。这是因为在固定的时间间隔内进行的轮次有所增加。这一结果与注气吞吐作业的结果一致。

7.7 注水吞吐和表面活性剂驱

通过注水，可以对衰竭的油藏增加油藏压力。Zhang 等人（2019 年）使用油田规模的模拟模型来证明注水和表面活性剂溶液驱的潜力。在模拟模型中，基质渗透率为 150nD，自然裂缝的间距为 0.1524m（0.5ft）。表面活性剂具有改变岩石润湿性的功能，使其具有水湿性，从而减少 IFT。首先将 2g/t 浓度的表面活性剂添加至第一个轮次中，而在接下来的两个轮次中，仅添加水。在每个轮次中，包含长达 6 个月的注入时间和 12 个月的开采时间。实验结果表明，包含 3 个轮次的注水作业使得原油采收率提高了 43%，而表面活性剂的注入使原油采收率提高了 1 倍。

7.8 中国的注水作业

中国的注水模式并非简单的吞吐注入或水驱，同时地层渗透率普遍较高（高于前几节所述案例中的情况），因此本节将讨论中国的注水案例。中国典型的致密油层分布在鄂尔多斯盆地（长 7、长 6、长 8）、准格尔盆地和松辽盆地。在致密油藏的典型开发技术中，通常采用多级压裂的长水平井，在一次采油后进行注水，并在泡点压力以上进行开采，同时采用其他能够降低开采成本的方法手段（Li 等，2015a，b）。有时会在一次采油之前进行注水。表 7.4 总结了不同的注水模式和它们的动态特征，并在下文分别进行讨论。接下来将进一步介绍其中部分模式。

表 7.4　中国各案例的注水动态特征

注水模式	油田	k/mD	μ_o/MPa·s	动态特征	参考文献
脉冲注水	安 83 井区，长 7 组	0.17	1.01	当处于关井状态时，P 迅速下降，f_w 未下降	Wang 等，2015a
异步注水	安 83 井区，长 7 组			q_o 上升，f_w 下降	Wang 等，2015a
注水吞吐 1	安 83 井区，长 7 组			q_o 上升	Lin 等，2016
注水吞吐 2	安 83 井区，长 7 组			井间干扰，动态性能低于注水吞吐 1	Lin 等，2016
注水吞吐 3	安 83 井区，长 7 组			在 6 口井中进行一个轮次，在 2 口井中进行两个轮次；未进行吞吐注入的邻井的动态性能优于进行了吞吐注入的井；第二轮次的动态性能低于第一轮次	Lin 等，2016
注水吞吐 4	长 6 组	0.54	4.67	大多数井的闷井时间为 7 天，少数井的闷井时间为 3 天；产油率增加；当闷井时间为 7 天时，动态性能较高；最佳井距为 300m	Wei，2016
注水吞吐 5	新疆吐哈油田	0.1~1		注水时间为 7 天（注水量为 2000m³），初始 q_o 从 0.9t/d 升至 5t/d，高效采收时间长达 9 个月，总增油量为 155t	Li，2015

7.8.1　脉冲注水

脉冲注水可在注入期的某些轮次内改变注水速度。在脉冲注水的过程中，注水井在一段时间内完全停止注水，但原油生产井继续保持流动。这一做法的目的是产生脉冲弹性能量，同时这是一个水驱的过程。脉冲注水的机理为：（1）在水的渗吸作用下，原油从低渗透区驱替出来；（2）在高速注入期间，高压促使水从高渗透区流向低渗透区，将原油驱替出去；（3）脉冲式压力脉冲增加了弹性能量。因此，适用于脉冲注水的地质条件是具有非均质性、水湿性且原油黏度较低的油藏，其常规注水时间短，通过采用脉冲注水作业，能够提高注水率（Guo 等，2004）。在一个典型的轮次内，包含 30 天注入期和 30 天关井期（Xie 等，2016）。下文是一个脉冲注水的现场案例。

安 83 井区长 7 组的孔隙度和渗透率分别为 8.9%和 0.17mD，其岩石呈弱水湿性至水湿性，地层水含盐度为 51g/L，地层水为 $CaCl_2$ 型。地层厚度较大，但发育多套隔层。原油的原位黏度为 1.01mPa·s，地表黏度为 6.5mPa·s，GOR 为 75.7m³/t。在开采过程中，对这一区域进行了脉冲注水。结果发现，停止注水后，油藏压力快速下降，含水率未发生明显降低。目前尚不清楚最佳轮次时间。一旦发生水窜，含水率将急剧上升（Wang 等，2015a）。

7.8.2 异步注水

异步注水是指当注水井打开时，将生产井关闭，反之亦然。当进行注水作业时，采用异步注水能够防止生产井发生水窜。当生产井关闭时，在高压差和毛细管压力的作用下，水从裂缝进入基质。在注水井和生产井的短暂关井期间，基质和裂缝之间的压力是平衡的。当生产井重新打开时，可将原油从基质驱替至裂缝。上述操作在安 83 井区的长 7 组进行。经过 5 个轮次的作业，安 18 井区的生产井的日产油率从 3.6t/d 增加至 5.4t/d，产水率从 100%下降到 37.2%（Wang 等，2015a）。研究人员同时也在一个变质岩油藏中应用了上述方法，在进行异步注水后，产油率从 21.8t/d 提升至 42.5t/d（Li，2011）。

7.8.3 注水吞吐

注水吞吐是指在同一口井内注水并开采流体。2014 年，在安 83 井区的长 7 组应用了两种不同的吞吐模式。在第一个区域（吞吐注入 1）中，对 4 口井进行了试井，其中一口吞吐井位于中间区域，而吞吐井两侧的两口井为连续生产井。在第二个区域（吞吐注入 2），3 个井均为吞吐井。

在注水吞吐 1 的过程中，每天的平均注水量为 109m³，累积注水量为 2177m³，压力升高至 4.7MPa。吞吐井本身的增油量为 419t，产量下降率从 17.9%下降至 10.8%。来自邻近的连续生产井的增油量为 2358t，产量递减率从 16.6%下降至 31%。这些数据表明，注水吞吐能够增加原油产量，同时两口连续生产井的增油量高于吞吐井本身。第二区域包含 4 口吞吐井，均受到井间干扰，因此动态特征不及第一区域（Lin 等，2016）。

2015 年前后，在安 83 井区部署了 8 口井，进行注水吞吐（在表 7.4 中将该区表示为注水吞吐 3）。在这 8 口井中，其中 6 口井进行了一个轮次，而另外 2 口井进行了两个轮次。通过注水作业，7 口井的采油量增加。吞吐井的增油量为 456t，而邻井的增油量为 1127t。在已进行一个注水轮次的 6 口井中，有 2 口井（即 AP53 井和安 120 井）并未出现压力增加，但邻井的增油量为 497t。其余 4 口井的注入压力提升至 7.25MPa，且原油产量增加。例如，AP83 井的注水量为 5100m³，闷井时间为 45 天，从 AP83 井注入的水抵达两口邻井，即 AP48 井和 AP84 井。截止到 2016 年 6 月，AP83 井的日增油量为 2.71t，累积增油量为 361t，而其邻井 AP48 井和 AP84 井的日增油量为 4.52t，累积增油量为 596t。2014 年，在原油产量较高的 AP20 井和 AP21 井上进行了第二轮次。与第一轮次相比，增油量较低。

前人也在中国鄂尔多斯盆地埋村附近的延长油田长 6 油藏进行了注水吞吐作业（Wei，

2016）（在表7.4中表示为吞吐注入4）。该油藏的平均孔隙度为8%，平均渗透率为0.54mD。当温度为50℃时，原油黏度为4.67mPa·s。地层岩石为弱水湿性，润湿指数为0.17，油藏压力为4.25MPa，泡点压力为1.12MPa。最初的油井日产量为0.74t，该速率下降得非常快，而水驱的波及系数和注入率都很低。因此，建议采用注水吞吐法。作业过程中，在水中加入了一些表面活性剂，但并未记录关于表面活性剂的具体内容。2015年11月，前人选择了G区块的9口井和Z区块的20口井开展作业。这些油井已经开采了10多年。到2016年3月，日平均产油率不足0.2t。原油经济日产量为0.3t。

在上述29口井中，大部分井的闷井时间为7天，其余为3天。试井结果显示，就增油量而言，闷井时间为7天的井优于闷井时间为3天的井。较长的闷井时间使得水的渗吸作用和压力从高渗透率区向低渗透率区传递。大部分油井的注水量为50m³，其余油井则为70m³。试验结果表明，注水量越大，增产效果越好。注水结束后，日增油量平均为0.1~0.4t。

前人在大庆头台油田也成功地进行了注水吞吐试验。该油藏的渗透率为1.25mD，吞吐周期为半年至一年（Tian等，2003）。2007年，前人在吐哈油田牛泉湖油藏的牛15-5井进行了注水试验。该地区的渗透率为0.42~7.84mD，闷井时间为108天。其中共进行了两个吞吐轮次，增油量为1816t（Yang等，2006；Tang和Li，2010）。

前人在中国新疆的吐哈油田进行了注水吞吐（在表7.4中表示为注水吞吐5）。吐哈油田是一个火成岩油藏，其孔隙度为8.4%~19.1%，渗透率为0.1~1mD，油藏初始压力为20.4MPa（2958psi），油藏温度为60.9~70.70℃。2014年7月18—24日，在Ma-55井进行注水作业。该井目前已进行了压裂。其中注入压力为30~38MPa（4350~5510psi），注入率为285m³/d。总注水量为2000m³。注水前的产油率为0.9t/d，产水率为16%。注水后，产油率为5t/d，产水率保持不变，这一数据截止到报告日（2015年8月），其增油量为155t（Li，2015）。

上述现场案例表明，注水吞吐效率通常较高。在上述多个案例中，注水、闷井和生产时间都有很大区别。前人甚至在常规油气藏中也进行过吞吐注水作业，例如Machang油田，其渗透率为90mD（Li等，2001）。同时在高渗透率岩心（110~180mD）中，也进行了一些实验工作（Huang Xiang，2004）。

8 流固耦合作用

摘 要：本章讨论了流-固（含黏土岩石）耦合作用研究结果，分析了围压、层理、天然裂缝、低 pH 值碳酸水、高 pH 值水和表面活性剂对流-固耦合作用对岩石渗透率的影响。本章还讨论了这些因素对岩石力学性质产生的影响及耦合作用产生的诱导裂缝。

关键词：围压；流-固耦合作用；力学性能；天然裂缝；渗透率变化；pH 值；诱导裂缝；表面活性剂

8.1 引言

本章所讨论的流-固耦合作用是指水溶液与含黏土矿物岩石之间的相互作用。开展页岩油和致密油油藏流-固耦合作用研究有三个原因：（1）大多数压裂液都是水溶液；（2）大多数化学药品均通过水溶液注入地层；（3）注水驱替仍然是最实用的提高采收率方法。在常规储层中，普遍认为水-岩相互作用发生膨胀会对地层造成损害，降低地层渗透率。然而，在页岩油藏中，流-固耦合作用的结果存在一些差异，一些学者认为流-固耦合作用同样会对地层造成损害。还有学者认为，流-固耦合作用，尤其是水与页岩的相互作用，会产生微裂缝或重新开启已有天然裂缝，因此地层可能未受到损害，反而接受了改造。本章主要讨论了水与含黏土岩石相互作用的相关研究成果。

8.2 微裂缝的形成与天然裂缝的开启

前人已经发表了很多关于流-固耦合作用的论文，其中普遍认为流-固耦合作用会造成地层损害（降低地层渗透率）。然而，有研究发现，如果不施加围压，页岩地层中的水可能有利于微裂缝的产生或现有微裂缝的开启（Dehghanpour 等，2013；Morsy 等，2013a~c，2014a~b，Morsy 和 Sheng，2014a）。

在无围压条件下，前人研究了水化膨胀作用对页岩微裂缝的影响，发现在页岩水化作用下，页岩发生碎裂或产生裂缝。从图 8.1 中可以看出，Mancos 页岩样品随着接触液体矿化度的变化，出现了不同程度的裂缝和破碎。浓度为 5% 和 10% 的 NaCl 水溶液中，岩样发生破碎，而当浓度大于 15% 时，样品裂纹较少。渗吸实验表明，随着矿化度的降低，采收率随之提高（Morsy 和 Sheng，2014a）。

图 8.2 中，将 Barnett 页岩样品浸泡在蒸馏水中，可明显观察到平行于层理方向的裂缝。裂缝的产生显著提高了实测渗透率，同时也提高了渗吸采收率。

从图 8.3 可以看出，将 Mancos 样品置于淡水中开始自吸，由于样品对淡水十分敏感，在水化作用下岩石发生了严重破坏；而 Barnett 样本在接触淡水（蒸馏水）时产生了一些裂缝；Marcellus 页岩也发育裂缝，虽然在图中看不清楚；Eagle Ford 样品对水的矿化度最

图 8.1 置于 5%、10% 和 15% NaCl 溶液中的 Mancos 岩石样品

图 8.2 Barnett 页岩经蒸馏水浸泡后可见平行于层理的清晰裂缝

(a)　　　　　　(b)　　　　　　(c)　　　　　　(d)

图 8.3 Mancos（a）、Barnett（b）、Marcellus（c）和 Eagle Ford（d）岩样水中的情况

不敏感，没有产生裂缝（Morsy 和 Sheng，2014a）。

　　Mancos、Barnett、Marcellus 和 Eagle Ford 样品浸泡在淡水中的采收率如图 8.4 所示，由于 Mancos 样品十分破碎，油能够更容易从页岩样品流出，因此 Mancos 样品的采收率最高（59%）。Eagle Ford 和 Barnett 的采收率分别为 20% 和 24%。将样品浸泡在蒸馏水中，随着时间的推移，Barnett 样品不断产生裂缝，从而采出更多的石油。虽然在 Eagle Ford 的样品中看不到裂缝，但采收率很高，可认为 Eagle Ford 样品具有较好的连通孔隙。Marcellus 样品的采收率最低，仅有 2%。以上可以看出，渗吸采收率与水化程度密切相关。水化作用越强，采收率越高。

　　其他研究人员也观察到了水化作用产生的微裂缝。Dehghanpour 等人（2012）观察发现，水不会对有机质页岩造成物理破坏。水对页岩样品产生的蚀变作用要远大于石

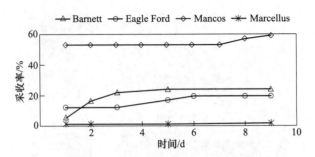

图 8.4   Barnett、Eagle Ford、Mancos 和 Marcellus 页岩样品淡水自吸过程采收率

油（Dehghanpour 等，2013）。Gomaz 和 He（2012）观测到沿层理发育的次生裂缝，在淡水中观测到的裂缝比饱和盐水中观测到的要多。Ji 和 Geehan（2013）在研究淡水浸泡和盐水饱和页岩样品时发现，页岩水化膨胀力会导致产生次生裂缝，从而提高页岩油气采收率。

实际上，一些研究者认为，岩石中矿物吸附的水会导致局部黏土膨胀，从而引起小裂缝和裂隙的开启（Hu 等，2013）。与传统水力压裂采用支撑剂相比，滑溜水压裂主要依赖于天然裂缝的重新开启，从而产生永久性的剪切膨胀，提高储层的渗透率（Zoback 等，2012；翁等，2015）。Sharma 和 Manchandra（2015）给出了诱导裂缝（无支撑剂支撑）存在的 5 个证据。虽然剪切诱导裂缝相对于支撑裂缝而言导流能力较低，但剪切裂缝的导流能力在提高页岩等超低渗透地层产能方面同样发挥了重要作用（Weng 等，2015；Jansen 等，2015）。

页岩吸水通常伴随着岩石黏土矿物晶体尺寸的变化，表现为岩石发生膨胀形成裂纹和裂缝。膨胀压力能破坏页岩的天然胶结作用，从而形成次生裂缝（Ji 和 Geehan，2013）。

一般来说，页岩储层通常具有层状层理，在直井中表现为大型圆盘状岩心，在斜井中表现为小型破碎岩心。除了主要层理面外，页岩还具有较小的弱层理面和天然裂缝网络（Abousleiman 等，2010），这些弱层理面往往易发育次生裂缝。

Xue 等人（2018）发现页岩样品水化后有机质和有机质孔隙没有发生变化，但有机质与无机矿物之间可能形成裂缝，无机矿物中可能发育或诱导发育微裂缝。页岩水化后，矿物颗粒间的黏结力变弱，非黏土矿物颗粒脱落形成无机孔隙，这些孔隙逐渐发育为非黏土矿物颗粒与黏土矿物颗粒之间的微裂缝。在他们的实验中，水化过程中未对页岩样品施加围压。

Yuan 等人（2018）对页岩水化过程的渗透率变化进行了测定，他们发现渗透率随浸泡时间的增加先减小后逐渐恢复，如图 8.5 所示。页岩渗透率的降低是由于黏土膨胀使得流体流动通道变窄，后期渗透率逐渐恢复，因为裂缝具有润湿性，向更亲水性方向发展，以及诱导微裂缝的扩展和连通。同样，水化过程中未对页岩样品施加围压。

Shen 等人（2017）测量了页岩样品吸水时的渗透率，实测渗透率为不同渗吸体积（不同含水饱和度）下的有效气体渗透率（非绝对渗透率）。图 8.6 为不同页岩样品渗透率随渗吸时间的变化。初期由于水锁，渗透性降低；之后在水化膨胀作用下发育了裂缝，渗透性增大；后期除样品 Y4 外，其他样品的渗透率再次下降，因为吸水量越大，水锁现象越严重。实验过程中，从渗吸腔室中取出样品，并快速测量样品的气体渗透率，然

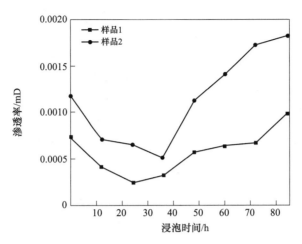

图 8.5　页岩渗透率随浸泡时间的变化

（Yuan 等，2018）

后将页岩样品放回渗吸腔室中继续渗吸，整个渗吸过程未对页岩样品施加围压。他们还用砂岩样品和火山岩样品做了类似的对比实验，结果显示，砂岩和火山岩样品的渗透率随吸水量的增加而不断降低。

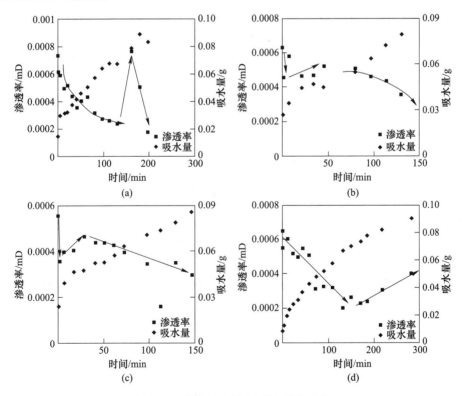

图 8.6　不同渗吸时间有效气体渗透率

（a）页岩样品 Y1；（b）页岩样品 Y2；（c）页岩样品 Y3；（d）页岩样品 Y4

（Shen 等，2017）

Santos 等人（1997a）研究了页岩的流-固耦合作用，发现这一反应主要取决于岩石样品的含水性，在没有围压的大气条件下，对于保存完好的页岩样品，耦合作用（岩心解体或微裂缝发育）不明显，但对于干燥的样品，这一作用十分明显。因此，他们得出的结论与最初的假设相反，即页岩失稳问题主要由力学失稳（泥浆密度）引起，而非岩石和泥浆之间的化学作用。Makhanov 等人（2014）观察到，黏土膨胀并不是产生微裂缝的唯一机制，尽管石油在黏土中没有吸附性，但部分微裂缝伴随着石油的渗吸作用而产生。这表明，即使岩石内部没有发生黏土膨胀，从而形成微裂缝，但一部分孔隙压力仍然是由于流体（水或油）渗吸或力学失稳形成的。

8.3　围压影响

上述报告的实验室结果均是在无围压条件下观察到的，根据文献报道和我们的研究结果可知，当含黏土岩石在无围压条件下与水接触时，可以产生微裂缝。但在水力压裂过程中，页岩储层基质在地层围压条件下与压裂液接触，页岩与压裂液的相互作用受地应力的影响。因此，必须把重点放在施加围压的条件下是否会形成微裂缝。

当水进入岩石颗粒内部结构时，膨胀力使得岩石颗粒无限破碎解体，随着围压的增加，膨胀压力也会相应增加。Behnsen 和 Faulkner（2011）、Duan 和 Yang（2014）、Faulkner 和 Rutter（2000）的研究成果表明，当施加各向同性围压时，含黏土岩石或蒙脱石样品在水中的渗透性显著降低。在各向同性压应力作用下，目前仍不清楚页岩渗吸水过程中能否能够产生诱导裂缝，从而提高渗透率。

Onaisi 等人（1993）研究了中心圆柱形井眼 Pierre 页岩样品与水基泥浆相互作用发生膨胀及膨胀后产生的裂缝。当泥浆的水活度大于页岩水活度时，井筒发生膨胀和较大形变产生裂缝，裂缝的形态取决于围压大小。当未对试样施加围压时，裂缝主要为径向裂缝，当施加围压时，则以环形裂缝为主，井眼周围可见发育良好的滑移线。当泥浆和页岩的水活度处于平衡状态时，几乎看不到井眼的变化，可将井眼形态等效于压裂后的页岩状态。

Santos 和 Da Fontoura（1997）还指出，只有当岩石内部水平衡遭到破坏，然后接触不同的流体，才会发生膨胀。Santos 等人（1997a）观察到，与保存完好的岩心相比，干燥页岩的岩心对水的反应更强烈，因此井眼失稳主要是由力学失稳（泥浆密度）而非化学反应引起的。

同样，Chenevert（1969）发现黏土矿物吸附水引起的膨胀压力可能非常高，这一作用主要是矿物表面吸附的第一层水发生结晶膨胀。据此，前人提出了页岩潜在膨胀压力的计算公式，该公式为页岩中水活度的函数。黏土片吸附水，在承压样品中形成较大的内应力，使得非承压样品发生膨胀（Chenevert，1970）。水吸附在带负电荷的黏土片表面，在矿物内部形成膨胀应力，从而使得未施加围压的页岩样品发生膨胀分解（Hensen 和 Smit，2002；Steiger，1982）。

Sun 等人（2015）进行了渗吸实验，除两个端面开放外，岩心其他部分均采用环氧树脂密封。他们观察到，在渗吸过程中产生了微裂缝，环氧树脂可以防止岩心因破裂而脱落。

Zhang 和 Sheng（2018）利用各向同性封闭岩心夹持器研究了各向同性应力条件下Mancos 页岩岩心渗吸对裂缝的影响，其中通过 CT 扫描得到页岩岩心轴向切片。该扫描过程采用了 NeuroLogica 公司生产的 NL3000 CereTom X 射线 CT 扫描仪。该 CT 扫描仪的最小识别切片体积为 0.1225mm³（切片厚度为 1mm），空间分辨率为 0.35mm×0.35mm，CT 扫描仪相对密度分辨率为 0.3%。为了提高图像的对比度，采用基于灰度-颜色变换和 Otsu 阈值分割（Otsu，1979）的自适应伪颜色增强方法（Li 等，2011）来生成彩色图像。

图 8.7 为 CT 扫描及自适应伪彩色增强后的二维横截面图像。图中 p_o 为注入流体压力或孔隙压力，i_{cp} 为各向同性围压。在这三组测试中，p_o 相同（0.03MPa），用红线将每条裂缝标识出来（扫二维码查看彩图）。图中所示的图像拍摄于进口表面（最左边的线）和红色垂直线之间（距离进口表面约 1.25mm）。这个位置除初始时间外，每次都要充分饱水。0.1MPa 围压（图 8.7（a））下，渗吸水 72h，最初的 11 条裂缝中，有两条裂缝扩展成横跨整个岩心的大型裂缝；2.0MPa 围压（图 8.7（b））下，渗吸水过程中出现 7 条裂缝，但实验结束时截面上只出现 1 条裂缝；20.0MPa 围压下（图 8.7（c）），在渗吸水过程中突然观察到 12 条明显裂缝，但在 72h 仅观察到 4 条新生成的小裂缝。

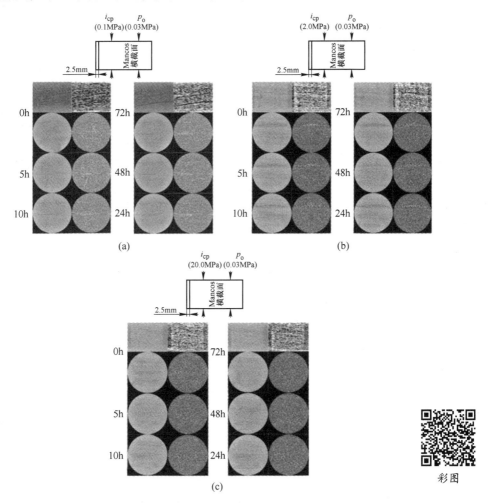

彩图

图 8.7 不同围压下 Mancos 页岩岩心 CT 图像（利用所有横截面图像重建 72h CT 切片图像）
(a) 0.1MPa 围压；(b) 2.0MPa 围压；(c) 20.0MPa 围压

从以上三组测试中可以得出以下结论：

（1）低围压条件下，初始渗吸过程产生更多裂缝。

（2）形成的裂缝可以发生闭合—再开启—闭合—再开启。换句话说，裂缝的开启或闭合是动态的，取决于水浓度变化率和应力条件（Zhang 和 Sheng，2017a；2017b；2017c；2018）。

（3）每次测试结束时，无论围压大小如何，只有很少的裂缝保持开启状态，这一点也被前人所观察到（Zhang 和 Sheng，2017a；2017c）。

Zhang 和 Sheng（2018）还测量了各向同性围压下页岩（Mancos）渗吸水过程中的应变变化。其中采用直径 38mm、长度 76mm 的圆柱形页岩样品开展了膨胀实验，测得了页岩膨胀应变。将宽 1.78mm、长 3.18mm 的应变片黏结在样品表面，测量轴向和横向应变。采用防水硅橡胶（即使在盐水中也是极好的电绝缘体）作为应变计和连接的保护涂层。所有测量均在室温下进行，室温基本保持恒定，并做好记录。然后将带有应变计的样品放入烧杯中，保证岩心顶端部完全浸泡在蒸馏水中。连续记录应变变化 2 天，直至应变值不再发生变化。使用图 8.8 所示的 Hoek 三轴仪施加围压，用 HCM-0032 压缩机器（Humboldt Mfg.，Elgin，Illinois）施加轴向载荷。

图 8.8 Hoek 三轴仪

水渗吸过程中，随着围压从零增大到 20.0MPa，径向和轴向膨胀应变如图 8.9 所示。水化膨胀应力作为体积应力引起塑性膨胀应变（Heidug 和 Wong，1996）。尽管水化诱导裂缝局部经历了一个动态的开启和闭合过程，但膨胀应变（岩心总膨胀程度）先显著增加后趋于稳定。随着围压的增加，膨胀应变随着压应力的增大而减小。显而易见，在没有围压的情况下，页岩岩心可以在渗吸水过程中发生膨胀，导致孔隙或渗透率增大。然而，在高围压下岩石发生膨胀，孔隙必然收缩。围压对流-固耦合作用有显著影响，与 Ewy 和 Stankovic（2010）的观察结果基本一致，围压可以有效防止次生膨胀的发生，其中存在一个阈值围压，在该阈值下，膨胀随围压的增大而减小。

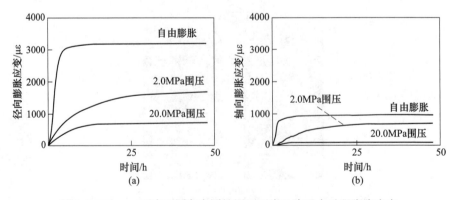

图 8.9 Mancos 页岩不同各向同性围压下岩心渗吸水过程膨胀应变
（a）径向膨胀应变；（b）轴向膨胀应变

Roshan 等人（2015）研究了各向同性围压条件下（通过水压保持）的裂缝形态。当页岩岩心浸泡在压力 6.895MPa（1000psi）的离子水中 40h 后，在岩心层理面上观察到了

裂缝，但裂缝形成所需的时间比没有围压时要长。请注意，在这样的水压限制下，岩心仍
然可以发生膨胀。

为了研究各向异性应力的影响，Liu 和 Sheng（2019）采用了一个各向异性岩心夹持
器。图 8.10 为 CT 扫描过程中使用各向异性岩心夹持器的示意图，图中第 7 部分控制岩心
径向围压，第 9 部分控制轴向围压。

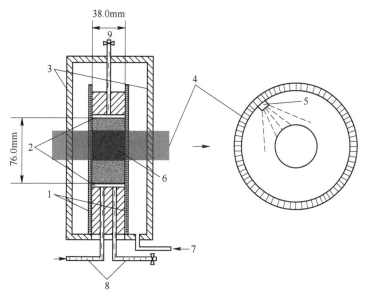

图 8.10 各向异性岩心夹持器及相关 CT 部件示意图

1—橡胶套；2—加载块；3—钢套；4—CT 扫描仪；5—X 射线源；6—页岩岩心；
7—施加径向围压用流体；8—注入页岩测试溶液；9—施加轴向围压用流体

为了使水能够快速接触岩心，在直径为 38m、长度为 51mm 的岩心上钻了一个直径
13mm、长度 15mm 的孔，如图 8.11 所示（Liu 和 Sheng，2019）。将岩心样品放入 FCH 铝
包三轴岩心夹持器中，流体可以通过钻孔和岩心端面流入岩心样品内。轴向压力可以与围
压不同。在 CT 图像中，较深的颜色代表孔隙和裂缝。

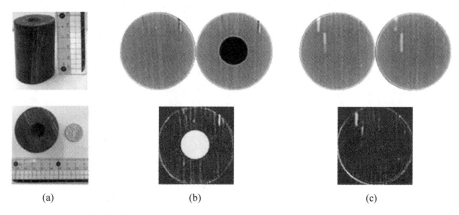

(a)   (b)   (c)

图 8.11 实验用岩心样品（a）及钻孔附近（b）和离钻孔较远（c）的图像

（岩心表面钻孔，孔深 15mm，直径 13mm）

首先用3个Eagle Ford岩心样品进行了长达48h的吸油实验；干燥后进行长达48h吸水实验，实验条件及吸水后的质量见表8.1。

表8.1 实验条件及渗吸后质量

实验	轴向压力/MPa	围压/MPa	孔隙压力/MPa	吸入液体	吸油后质量/g	吸水后质量/g
EF-1	3.4475（500psi）	3.4475（500psi）	0.6895（100psi）	油，水	127.686	124.91
EF-2	9.30825（1350psi）	3.4475（500psi）	0.6895（100psi）	油，水	133.49	135.263
EF-4	20.685（3000psi）	3.4475（500psi）	0.6895（100psi）	油，水	132.633	132.4
EF-7	20.685（3000psi）	20.685（3000psi）	0.6895（100psi）	水		126.45

图8.12为连续渗吸实验后的图像。所有图像均沿岩心中部平行于岩心轴，得到的图像是实验前后CT值的差值，实验EF-1为各向同性应力。在油和水的渗吸实验中均未发现裂缝。在实验EF-2中，在各向异性应力作用下，没有出现裂缝，造成这种现象的原因可能是由于应力差不够大，与EF-1相比，EF-2的暗点更多，表明孔隙空间更大。在实验EF-4中，两种应力差较大。在吸油实验中，可见一条闭合裂缝，但在实验过程中，该裂缝重新开启并发生扩展。在实验EF-7中，尽管轴向应力和围压最高，但两者大小相同，因此渗吸水结束时未见裂缝。以上实验结果表明：（1）与油相比，水更容易产生裂缝；（2）各向异性应力条件比各向同性应力条件更容易产生裂缝。

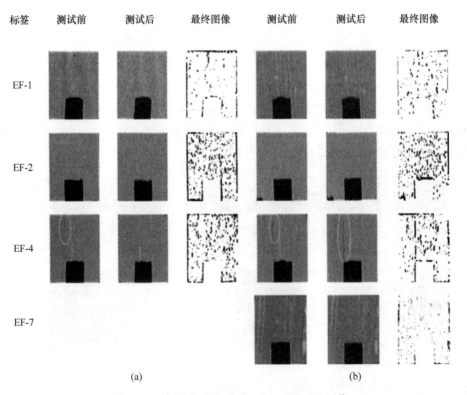

图8.12 渗吸油（a）和水（b）后的CT图像

8.4 层理影响

页岩中普遍存在层理，据观察，页岩更容易形成沿层理分布的裂缝（Moradian 等，2017；Liu 和 Sheng，2019）。平行于层理方向的流体渗吸速度高于垂直方向的流体渗吸速度（Ghanbari 和 Dehghanpour，2015），Guo 等人（2012）分析了从 2008 年到 2011 年初，22 个国家的 31 家公司在 Eagle Ford 页岩钻探的 200 多口页岩井的钻井表现，他们发现，水基泥浆和页岩的相互作用导致了页岩沿层理发生破裂和分层，还扩展了原生裂缝。

8.5 天然裂缝的影响

与传统的水力压裂支撑裂缝相比，水化作用形成的裂缝依赖于天然裂缝的活化，从而产生永久性的诱导剪切扩展，提高储层的渗透率（Chen 等，2000；Weng 等，2015）。页岩各向异性应力条件下，剪切破坏模式在水力压裂中占主导地位（Zoback 等，2012）。

在图 8.12 中，EF-4 岩心渗吸水后，原生裂缝发生扩展连接，形成长裂缝。Lei 等人（2017）也观察到，在拉伸破坏作用及周围其他小裂缝的连接作用下，新裂缝从天然裂缝的尖端开始扩展。

8.6 流-固耦合作用下渗透率的变化

微裂缝的形成可以提高裂缝附近的流动能力。如果能将裂缝沟通，形成网状结构，则能够大幅度提高渗透率。Zhang 等人（2017）及 Zhang 和 Sheng（2017c）使用 Autolab-1000 伺服液压操作系统（美国新英格兰研究公司）测量了各向同性压应力下页岩水化后的渗透率。测量原理主要基于脉冲衰减法，在上游施加较高压力，并记录下游压力。他们发现，使用高浓度 KCl 溶液时，获得的渗透率更高，说明水化或膨胀对地层造成了损害。

Zhou 等人（2016）测量了页岩渗吸水过程的气体渗透率，尽管他们认为，页岩基质渗透率和裂缝渗透率均发生降低，但渗透率的降低实际上是有效气体渗透率的降低。他们声称岩石膨胀造成渗透率降低，但没有数据支持。其中一个主要原因是水饱和度的增加阻碍了天然气流动。他们还发现，如果实验开始时存在一定的微裂缝，那么页岩的渗透率将会增加，因为在剪切和拉伸破坏情况下，渗吸水作用会重新开启这些微裂缝。

Behnsen 和 Faulkner（2011）分别用氩气和水测量了压实和有围压层状硅酸盐粉末的渗透率。对比发现，氩气的渗透性始终高于水（最高可达 1.8 个数量级）。他们将这种差异归因于所测矿物的亲水性和表面氢键特性，但未见有关裂缝方面的描述。同样，Moghadam 和 Chalaturnyk（2015）研究认为，测量到的气体渗透率高于液体渗透率。

在室温条件下，Duan 和 Yang（2014）利用氮气和蒸馏水对汶川地震破裂断层岩石的渗透率进行了测量，其中围压 20~180MPa。实验结果显示，水的渗透率比经克林肯伯格效应校正的气体渗透率小约半个数量级。他们将这种差异归因于水分子黏附在黏土颗粒表面及膨胀性黏土矿物遇水膨胀，从而导致有效孔隙减小。

Faulkner 和 Rutter（2000）也将渗透率的降低归因于矿物表面的水吸附，导致孔隙变小，渗透率的降低可能不是由黏土膨胀引起的。换句话说，未发生膨胀的矿物也可能具有较低的水渗透性。对于这种抑制流体流动的液体吸附机制，基质孔隙必须非常小，可能只有几纳米。Zhang 和 Sheng（2017a，2018）还观察到，岩心水化后，使用氮气测量的岩心渗透率比使用水测量的岩心渗透率高几倍，有的甚至达到 100 倍。然而，在他们最开始发表的一些论文中，他们将这种差异归因于黏土的膨胀，但事实并非如此，而是由于液体在小孔隙中吸附造成的。

Roshan 等人（2015）测量了一个已压裂岩心（分成两半）注水时的上游压力（下游为大气）。岩心的围压为 6.9MPa（1000psi）。向岩心中注入质量分数 10% 的 NaCl 溶液和去离子水，时长约 4h。图 8.13 显示了 10% NaCl 溶液和去离子水注入岩心时的上游压力。在注入 10% NaCl 溶液中，上游压力几乎保持不变，而注去离子水时，上游压力从 0.055MPa（8psi）降至近 0.048MPa（7psi），表明压裂岩心渗透率增加。实验中，岩心在轴向不受限。他们发现，由于水化作用，岩石颗粒已经从裂缝表面脱落（见图 8.14）。表面水化作用通过结晶膨胀增加黏土矿物内部的内力，导致黏土矿物或周围颗粒从裂缝表面脱落，随后被流经裂缝的水冲蚀。裂缝有效孔隙越大，渗透率越高。然而，颗粒脱离可能会堵塞孔隙，这取决于被剥离固体的质量和裂缝的网络结构。

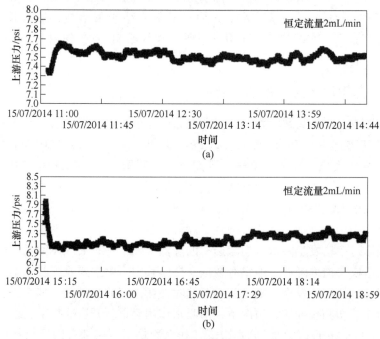

图 8.13 裂缝渗透率测试期间上游压力和时间关系

（a）采用 10%（质量分数）NaCl 溶液；（b）采用去离子水

（1psi = 6894.757Pa）

（Roshan 等，2015）

图 8.15 显示了注入 10% NaCl 溶液和去离子水时，用 LVDT 测量的岩心轴向位移。在 NaCl 溶液中试样略有收缩（见图 8.15（a）），而在去离子水中，试样轴向膨胀较大，为 0.03%（见图 8.15（b））。

水-页岩相互作用产生的微裂缝可以提高产量和采收率。Kurtoglue（2013）报告称，在所有的 Bailey 页岩岩心中，驱替出的原油量大于岩心吸收的水。实验用液为压裂液和 2% KCl 溶液，这意味着页岩的膨胀作用降低了孔隙体积，孔隙变小，渗透率降低。换句话说，膨胀作用降低了岩心的渗透率。报告还称，高渗透层状富黏土样品（样品 1~3）的

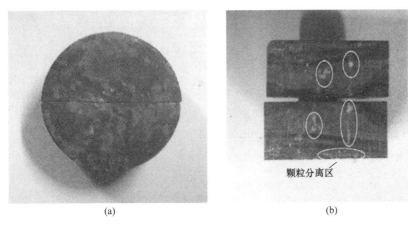

图 8.14 试样在注去离子水中的膨胀（a）及裂缝面上岩石颗粒崩解（b）（Roshan 等，2015）

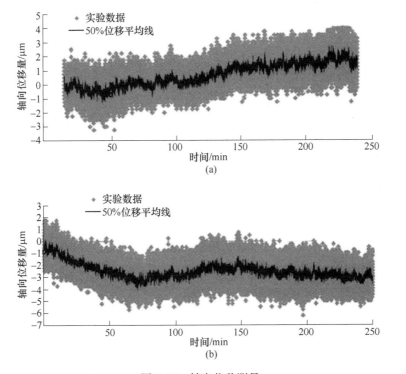

图 8.15 轴向位移测量

（10% NaCl 溶液中，页岩岩心轻微收缩（正位移），去离子水中，页岩岩心膨胀（负位移））

（Roshan 等，2015）

平均采收率为 50%~60%，低渗透富方解石样品（样品 4）的平均采收率为 23%。这些样品更偏向亲油，渗吸水作用发生在一些亲水孔隙中。此外，报告还称，低矿化度水比高矿化度水具有更高的渗吸水采收率，低矿化度水反应活性更高，导致岩石发生更大的膨胀。如果膨胀的程度足够大，可能形成更多的裂缝。但报告的数据并没有表明膨胀会产生裂缝或形成更高的渗透率。

黏土膨胀会降低基质渗透率和天然裂缝渗透率，而诱导裂缝的产生会增加渗透率。渗透率的增加或降低取决于两个影响因素之间的平衡关系，如图 8.16 所示（Singh，2016）。

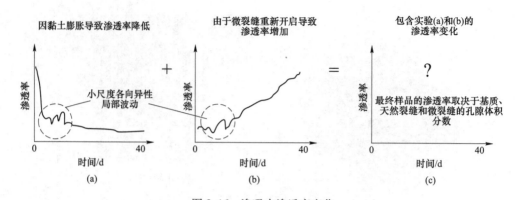

图 8.16   渗吸水渗透率变化

（a）基质和天然裂缝；（b）微裂缝；（c）整个岩石样品

8.7   岩石力学性质影响

渗吸水引起的水化膨胀会削弱页岩的力学强度（有的甚至超过 60%）（Wong，1998；Al-Bazali，2013；Cheng 等，2015），降低诱导剪切裂缝的导流能力（Pedlow 和 Sharma，2014；Jansen 等，2015）。

Zhang 和 Sheng（2018）使用如图 8.8 所示的实验设置，得出了一定的各向同性压力下，页岩渗吸水前后产生诱导剪切裂缝所需的应力差（$\sigma_1 - \sigma_2$）。在无围压和有围压（20MPa 和 2MPa）条件下，Mancos 岩心渗吸水后的应力差分别为 58.7MPa、40MPa 和 24.4MPa。当各向同性约束为零时（在大气条件下），则无应力差，如图 8.17 所示。数据表明，在高各向同性围压下，岩石在渗吸水状态下更难发生破裂。这些数据还表明，由于岩石已经吸水，可能更易开展再压裂。

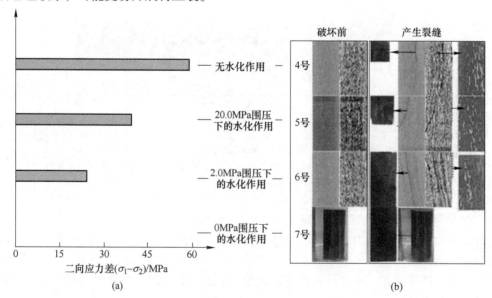

图 8.17   Mancos 页岩水化后产生剪切诱导裂缝所需的应力差

（$\sigma_1 - \sigma_2$）（a）及压裂前后的 CT 图像（b）

  Akrad 等人（2011）分别测量了页岩岩石浸泡在水溶液前后的强度（2% KCl 滑溜水和淡水）。从图 8.18 可以看出，2% KCl 滑溜水通过降低岩石的杨氏模量使其强度降低。通常将杨氏模量小于 30GPa 的岩石定义为软岩，大于 30GPa 的岩石定义为硬岩。相同实验条件下（148.89℃（300℉）处理 48h），Bakken 组中段岩心在 2% KCl 水和淡水的作用下，杨氏模量分别降低了 52.39% 和 51.97%；Bakken 组岩心在 2% KCl 水和淡水中，杨氏模量分别降低了 32.88% 和 40.61%。杨氏模量降低，裂缝导流能力降低（见图 8.19）。Morsy 等人（2013a）报道，5% NaCl 和 HCl 溶液也会削弱 Eagle Ford 页岩样品的强度。

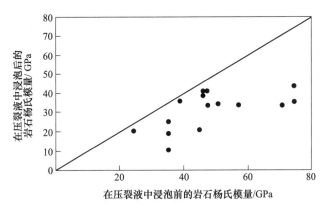

图 8.18 不同页岩杨氏模量变化

（x 轴为未浸泡在滑溜水中，室温条件；y 轴为浸泡在滑溜水中，温度 148.89℃（300℉），浸泡 48h）

（数据来源于 O. M . Akrad, J. L. Miskimins, M. Prasad, 2011，压裂液对页岩力学性质及支撑剂铺置的影响，

论文 SPE 146658 发表于美国科罗拉多州丹佛的 SPE 年度技术会议和展览，

10 月 30 日至 11 月 2 日。doi：10. 2118 / 146658-MS）

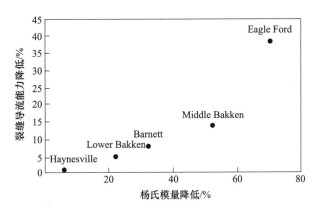

图 8.19 不同页岩岩心在 148.89℃（300℉）、2% KCl 滑溜水中浸泡 48h 后，

杨氏模量降低导致裂缝导流能力的降低

（数据来源于 O. M. Akrad, J. L. Miskimins, M. Prasad, 2011，压裂液对页岩力学性质及

支撑剂铺置的影响，论文 SPE 146658 发表于美国科罗拉多州丹佛的 SPE 年度技

术会议和展览，10 月 30 日至 11 月 2 日。doi：10. 2118 / 146658-MS）

  Abousleiman 等人（2010）发现，当岩石浸泡在低矿化度（5% $CaCl_2$）的油基泥浆中时，Woodford 组中段页岩强度也会降低。但当浸泡在高矿化度油基泥浆中时，页岩的极限

强度增加，这表明，可利用合适的化学流体增强页岩的强度。实验数据还表明，页岩强度随着与两种水基泥浆接触时间的延长而增加。一般来说，水会削弱页岩的强度。Younane Abousleiman（2019 年 2 月 20 日的个人通信）解释说，这些流体被乳化了（在水基泥浆中添加了不同的添加剂，旨在最大限度地减少水对页岩的侵入）。显然，这些混合物提高了页岩的强度，但尚不清楚详细的添加剂类型。

8.8　进一步讨论和总结

通过以上讨论可知，如果含黏土岩石不受围压限制，则可能产生微裂缝。各向异性应力条件下剪切破坏产生的微裂缝比各向同性条件下要多。随着水化条件的改变，裂缝的开启、闭合、再开启和再闭合是一个动态过程。

在微裂缝和渗透率方面，水-黏土岩相互作用的观点存在较大分歧。黏土是由硅-氧四面体或铝（或镁）-氧羟基八面体呈二维排列的细晶颗粒。黏土可分为五类：蒙脱石、伊利石、高岭石、绿泥石和凹凸棒石（Van Olphen，1977）。所有的天然黏土表面都具有亲水性，能够吸附水和一些离子。黏土在悬浮物中的水化作用使黏土颗粒之间产生排斥力。此外，地层中吸附在黏土上的水溶解了黏土上的盐类，使膨胀压力增大，导致颗粒团簇分散在水介质中。因此，当水接触膨胀性黏土时，岩石就会发生膨胀，但是否会产生微裂缝或重新开启现有天然裂缝仍未得到证实。Groisman 和 Kaplan（1994）在干燥实验中开展了底部摩擦力对产生裂缝的大小和裂缝模式影响因素研究，形成的裂缝如图 8.20 所示。在他们的实验结果中，岩石样品发生失水并收缩，导致岩石张力降低，形成裂缝。这种实验与渗吸水和岩石膨胀原理相反。根据他们的实验，岩石膨胀作用可能不会产生微裂缝。

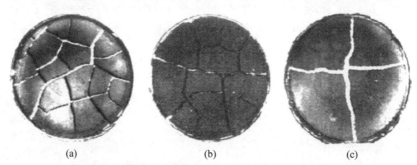

图 8.20　干燥过程产生的裂缝图片

（a）无涂层玻璃板；（b）底部涂有 2mm 油脂；（c）底部涂有 6mm 凡士林

（Groisman 和 Kaplan，1994）

如果之后将岩石与不同流体接触，破坏了岩石内部的初始水平衡，那么黏土矿物吸附水后会产生极高的膨胀压力（Chenevert，1969；Santos 等，1997b）。裂纹尖端环境中的液态水或一些反应物通过增强弱化反应促进裂纹扩展。对于石英-水系统，可能会发生以下反应式：

$$(—Si—O—Si—) + H_2O \longrightarrow (—Si—OH \cdot HO—Si—)$$

强硅氧键被弱得多的氢键取代（Scholz，1972；Martin，1972；Swain 等，1973 年；Atkinsou，1979；Atkinson 和 Meredith，1981）。这种现象在文献中被称为应力腐蚀（Atkinson，1982）。为了避免产生该问题，研究人员使用了基于柴油或矿物油的非水相流体（Mehtar 等，2010 年）。根据 Karfakis 和 Akram（1993）开展的所有岩石-化学溶液组合实验统计观察，可以看到岩石的断裂韧性明显下降，与干燥样品相比，裂缝开裂所需的断裂功也在下降。如果化学环境中含有可以与固相中的物质进行离子交换的物质，那么离子交换可能引起晶格应变，促进裂纹扩展。例如，将硅酸盐晶体中的 H^- 替换为 Na^+（Wiederhorn，1978）。其他研究（如：Dunning 等，1980）表明，表面活性剂降低了裂纹和裂缝之间的结合力，流体环境中的 zeta 电位和流体与岩石表面的化学作用，同样影响了微裂缝的扩展和生长。

一些固体含有溶解的化学杂质，如石英中的结合水，如果数量足够多，会导致页岩强度下降。在裂纹扩展过程中，这些化学杂质可能发生应力导向的裂纹尖端扩散，导致反应减弱，促进裂纹扩展（Schwart 和 Mukherjee，1974）。另外，Abousleiman 等人（2010）发现，把页岩浸泡在高矿化度油基泥浆中，页岩强度会增加，这也证实了可通过适当的流体化学来强化页岩（Hemphill，2008）。Bol 等人（1994）得出结论，如果浓度足够高，盐和某些有机溶剂可作为页岩不稳定性的有效抑制剂。Carminati 等人（1999）研究了阴离子对页岩稳定性的影响，Lu（1988）研究了聚合物钻井液对页岩稳定性的影响。

页岩的诱导裂缝取决于膨胀应力是否大于裂缝的闭合应力。由四面体（T）硅酸盐片围绕八面体（O）铝片形成的"T-O-T"分层形成的蒙脱石黏土层约有 1nm 厚。黏土膨胀到原来体积 20 倍（Park 等，2016），同时由于蒙脱石黏土上的水分吸附，存在较高的膨胀压力。页岩中蒙脱石黏土的含量是影响膨胀应力的主要因素。Wang 和 Rahman（2015）的漏失模型表明，水力压裂过程中进入页岩基质的总水通量受毛细管压力、渗透压和不同固体组分的水力压力控制，渗入量随黏土含量的增加和有机质含量的降低而增大。

根据 Wong（1998）、Zhang 等人（2016）、Al-Bazali 等人（2007）、Al-Bazali 等人（2013）的研究，渗吸水引起的水化膨胀会削弱页岩的力学强度（即水弱化效应）。因此，页岩水化可能增强页岩的剪切破坏，并影响裂缝的生成。

Fu 等人（2004）研究了温度升高时非均质性对裂缝的影响。他们观察到，当温度发生变化时，非均质性促进了裂缝的形成（见图 8.21）。不同介质的热膨胀行为差异很大，升高或降低温度会在两种相邻介质之间产生应变差。应变差可能产生导致内部产生剪切应力，促进裂缝的发育。页岩是典型的非均质、层状和接触黏土的矿物，与其他矿物的膨胀特性不同。基于 Schmitt 等人（1994）的实验室分析和 Wang 和 Rahman（2015）水漏失模型数值模拟结果，页岩微破坏模式为张拉裂缝模式。另一种破坏模式是不同固体物质界面间的滑动裂纹，如图 8.21 所示。压裂前页岩处于应力平衡状态，当水渗入页岩基质后，页岩内各个组分的孔隙都会产生额外压力。当前各组分的孔隙压力不同，因此各组分的有效应力也不同，这种差异会导致界面处发生滑移（剪切破坏），从而产生微裂纹或裂缝。Rahman 等人（2002）也指出，剪切应力扰动引起的两个粗糙界面的滑移能够大大增加储层的渗透率。从这个角度来看，渗吸水引起的膨胀可能产生微裂缝。

正如上文所述，实验室中页岩可以在无围压情况下产生裂缝。在富有机质页岩储层中，由于有机质可以提供驱替空间，而毛细管压力和黏土膨胀压力可能导致张应力超过抗拉强度，从而促使裂缝发育（Yang 等，2015），因此有可能产生渗吸水引起的张裂缝。他们进一步使用离散颗粒模型来解释不同边界条件下的破裂机制。在无围压的情况下，页岩基质会自由膨胀，出现无序的微观破坏（见图 8.22（a）），裂缝网络继续增长引起页岩发

图 8.21 相邻两种介质之间应力差异产生的内部剪切应力促进形成的裂缝
(Fu 等，2004)

生宏观失效。在受限条件下，有机质提供了驱替空间，但拉伸破坏产生裂缝会更小（见图 8.22（b））。在标准三轴试验中，有围压情况下，裂纹沿最大应力 S_1 方向扩展，形成整体破坏面（见图 8.22（c）），该特征与常规岩石差别很大。

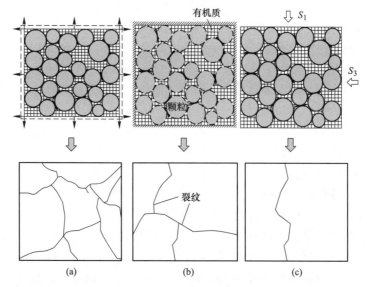

图 8.22 富有机质页岩不同边界条件下的张性裂缝
（a）无围压；（b）驱替限制；（c）应力约束，黑线表示拉伸失效，而虚线表示剪切失效
（Yang 等，2015）

即使形成了微裂缝，这些微裂缝也不一定能够形成网状缝。因此，岩石的渗透性是否得到提高仍是一个疑问。石油行业通常在压裂液中使用黏土稳定剂，典型的黏土稳定剂有胆碱亚氯酸盐（$(CH_3)_3NCH_2CH_2OHCl$）、KCl 和 TMAC（$(CH_3)_4N^+Cl^-$，缩写为 $Me_4N^+Cl^-$，四甲基氯化铵）。

8.9 低 pH 值碳酸水影响

通常认为页岩是由少量或没有酸溶解度的物质组成的，默认组分主要为黏土、细石英和有机物质。然而，实验室数据表明，大多数页岩在微观尺度上是非均质的，它们还含有一些酸溶性矿物质，例如 Caney 页岩中方解石含量较高（Grieser 等，2007）。

在水力压裂作业中，通常采用酸（HCl）作为前置液来降低井筒附近的岩石抗压强度，消除钻井和完井过程对地层的损害，并通过去除方解石来增强微裂缝的连通性（Fontaine 等，2008）。在页岩地层中，典型的注酸浓度为 0.08%~2.1%（McCurdy，2011）。Morsy 等人（2015）研究发现，将页岩样品浸泡在低浓度（2%）HCl 溶液中，其力学强度（单轴压缩试验杨氏模量和破裂压力）降低，孔隙度增大，自渗吸采收率随 HCl 浓度的增加而增加。

Grieser 等人（2007）的报告称，在 S. E. Oklahoma Woodford 组压裂作业中，采用交替注入前置酸液和砂段塞方式，当前置酸液到达射孔孔眼时，可观察到明显的压降，且气体速率增加。表 8.2 为 Woodford 页岩压裂作业的泵送程序，前置酸液采用 3% 浓度盐酸，总注入体积约为压裂液总体积的 1/3。

表 8.2 Woodford 组压裂作业泵注程序（Grieser 等，2007）

阶段	体积 /gal	液体	支撑剂浓度 /lbm·gal^{-1}	支撑剂类型
1. 酸液	4000	15%盐酸		
2. 前置液	26400	隔离液和顶替液		
3. 携砂液	5000	净化水	0.1	Premium Brown-30/70
4. 前置液	26400	隔离液和顶替液		
5. 携砂液	5000	净化水	0.15	Premium Brown-30/70
6. 前置液	26400	隔离液和顶替液		
7. 携砂液	5000	净化水	0.2	Premium Brown-30/70
8. 前置液	26400	隔离液和顶替液		
9. 携砂液	5000	净化水	0.25	Premium Brown-30/70
10. 前置液	26400	隔离液和顶替液		
11. 携砂液	14240	净化水	0.1	Premium Brown-30/70
12. 酸液	7120	28%盐酸稀释至3%		
13. 携砂液	14240	净化水	0.19	Premium Brown-30/70
14. 酸液	7120	28%盐酸稀释至3%		
15. 携砂液	14240	净化水	0.28	Premium Brown-30/70
16. 酸液	7120	28%盐酸稀释至3%		
17. 携砂液	14240	净化水	0.37	Premium Brown-30/70
18. 酸液	7120	28%盐酸稀释至3%		
19. 携砂液	14240	净化水	0.46	Premium Brown-30/70
20. 酸液	7120	28%盐酸稀释至3%		
21. 携砂液	14240	净化水	0.55	Premium Brown-30/70
22. 携砂液	14240	净化水	0.64	Premium Brown-30/70

续表 8.2

阶段	体积 /gal	液体	支撑剂浓度 /lbm·gal^{-1}	支撑剂类型
23. 携砂液	14240	净化水	0.73	Premium Brown-30/70
24. 携砂液	14240	净化水	0.82	Premium Brown-30/70
25. 携砂液	14240	净化水	0.9	Premium Brown-30/70
26. 顶替液	3655	隔离液和顶替液		

注：1gal=4.405L。

二氧化碳驱提高采收率是一种常用的提高采收率方法。由于储层中普遍含水，注入 CO_2 会产生碳酸水，碳酸水是一种低 pH 值溶液。Takahashi 和 Kovscek（2009）的实验表明，碳酸水和 HCl（低 pH 值）的自发逆向渗吸采收率结果相似（见图 8.23），图中还给出了中性 pH 值盐水和高 pH 值溶液（NaOH）的采收率。实验结果表明，在盐水中未发现采出油，说明岩心非水湿，高 pH 值溶液的采收率最高，可能是 NaOH 溶液与原油反应生成了一些表面活性剂。高 pH 值盐水界面张力较低，主要驱动力为毛细管压力，因此初始采收率也低。

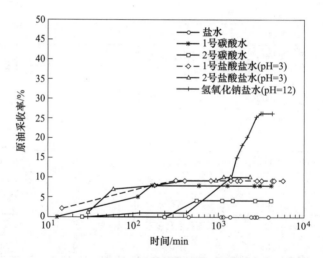

图 8.23　不同 pH 盐水自发逆流自渗吸采收率
（Takahashi 和 Kovscek，2009）

Takahashi 和 Kovscek（2009）也进行了强制驱替实验，实验结果显示中 pH 值盐水、低 pH 值碳酸水、高 pH 值盐水的最终采收率分别为 65%、70%~80% 和 95%，如图 8.24 所示，高 pH 值盐水由于较低的界面张力，所以采收率最高。

Moore 等人（2017）研究了 Bakken 组和 Marcellus 组裂缝性页岩样品浸泡在液态 CO_2 流体中的裂缝渗透率，围压为 20.68MPa（3000psi），孔隙压力为 13.79MPa（1000psi）。研究观察到，当岩心浸泡在液态 CO_2 中超过 300h 时，裂缝的渗透率降低至几分之一到几十分之一。研究得出结论：这些页岩样品的膨胀矿物含量不高，因此 CO_2 似乎并没有明显降低页岩的固有裂缝渗透率，只有存在膨胀性矿物才会降低基质和裂缝的渗透率。

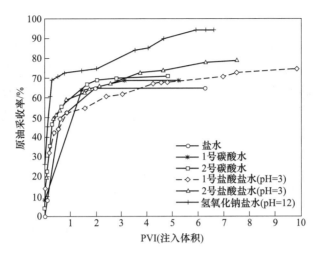

图 8.24 不同 pH 值盐水强制驱替的采收率
(Takahashi 和 Kovscek, 2009)

8.10 高 pH 值水影响

高 pH 值水一般为氢氧化钠和碳酸钠溶液，常用于常规的提高采收率项目。文献中给出了几种提高采收率的机制。

（1）高 pH 值溶液与原油发生原位反应生成表面活性剂，可以据此推测表面活性剂相关机理（Sheng，2011）。

（2）油的乳化包埋提高了高 pH 值溶液的波及效率（Johnson，1976）。

（3）油的乳化和雾卷吸提高了残余油的回收率（Johnson，1976）。

（4）润湿性由亲油转变为亲水或由亲水转变为亲油（Johnson，1976）。

（5）当碱性添加剂和表面活性剂同时注入时，它们的协同作用会降低表面活性剂的吸附，从而改善原位生成表面活性剂的微乳液相行为（Sheng，2011）。

（6）碱也会与钙、镁等二价体发生反应，形成沉淀并沉积在高渗透通道上，将随后的水转移到低渗透区域，从而保留更多的石油。

如前所述，在致密硅质岩油藏中，高 pH 值溶液的自渗吸和强制驱替采收率最高，这可能是由于界面张力较低，润湿性更加亲水的缘故。在本节中，重点研究碱性溶液与页岩或致密岩石的相互作用。

图 8.25 为 Barnett 页岩在不同 NaOH 浓度的碱性溶液中浸泡的结果。随着氢氧化钠浓度的增加，样品溶解度增加，破碎程度也随之增加。实验结果表明，不同碱性溶液水与页岩的反应程度不同。图 8.25（a）~（c）的自渗吸采收率分别为 17%、15% 和 20%（Morsy 和 Sheng，2013c）。其中图 8.25（c）的损坏程度和反应最大，采收率最高。

图 8.26 为不同溶液自渗吸采收率（Morsy 等，2016）。结果表明，30% KCl 溶液的采收率为 9.4%，高 pH 值（pH 值为 11.7~13）溶液的采收率为 31%~40%。采收率随 pH 值的变化趋势不明显，可能是由于 Mancos 岩心质量差异造成的。对于其他页岩岩心样品，未得出采收率与 pH 值之间的关系（Morsy 等，2016），同时还发现蒸馏水的采收率比碱性

(a)   (b)   (c)

图 8.25　浸泡的 Barnett 页岩样品

（a）0.1% NaOH 水溶液；（b）2% NaOH 水溶液；（c）2% NaOH 和 2% KCl 水溶液

溶液高 59%。观察还发现，浸泡在蒸馏水中的岩心比浸泡在高 pH 值溶液中的岩心更破碎。Morsy 等人（2016）怀疑，高 pH 值溶液的采收率较低可能是由高 pH 值溶液与岩石反应时发生的沉淀造成的，可以在 Barnett 岩心中看到该现象，但未在 Marcellus 岩心观察到。在 Morsy 等人（2016）的实验中可以观察到，碱性溶液将岩心润湿性变得更亲水，但水接触角仅降低了几度。Kim 等人（2009）引用了多篇论文，这些论文表明，提高水的 pH 值可以显著提高大型块状晶体和有机硅酸盐薄膜的裂纹扩展速度。

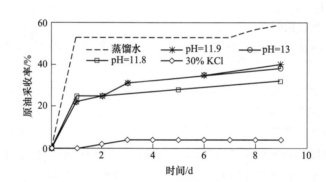

图 8.26　Mancos 样品在不同溶液中的自然采收率影响因素

8.11　注水冷却影响

当冷水注入页岩储层时，孔隙压力增加，导致有效应力降低；储层温度降低，使得基质收缩导致有效应力降低。该技术被称为地热储层热增产技术，Siratovich 等人（2011）对此开展实验，验证了温度引起的应力变化可在火山岩样品中产生裂缝。例如，将 148.89~343.3℃ 的样品浸没到 20℃ 水浴中产生了新裂缝。数值模拟研究也证实了温度引起的应力可以形成新裂缝，在热的裂缝性岩石中注入冷水会引起岩石热收缩，并在主裂缝附近产生张力。如果诱导应力超过了岩石的强度，次生裂缝可沿基质中的主裂缝开始扩展（也可能垂直于主裂缝）（Ghassemi，2012）。Groisman 和 Kaplan（1994）研究了干燥过程中裂缝的形成，在此过程中，样品失水并收缩，产生张力并形成裂缝，该过程与注水冷却存在相似之处。

Fakcharoenphol 等人（2013）采用 5 点模式模型来模拟冷却效果，本书沿用他们的结果来解释其机理。图 8.27（a）所示为天然裂缝闭合后的莫尔圆应力分布图，包括 0.690MPa（100psi）内聚力和 30°角的破坏包络线。在图中，最大应力减小量在注水口附近，也就是温度最高的地方。应力剖面与破坏包络线的交点表明闭合的天然裂缝可能被重新激活。图 8.27（b）对比了距注入口 60.96m（200ft）处孔隙压力诱导应力变化及温度诱导应力变化。孔隙压力增大，有效应力减小，莫尔圆左移。温度的降低使系统产生负应变或负张力，并且在垂直和水平方向上形成力学应变差异，形成了明显的剪切应力，莫尔圆移至左边。因此，孔隙压力增加和温度降低都促使莫尔圆向破坏包络线移动，二者协同作用导致岩石失稳。然而，在典型的注水情况下，温度下降比孔隙压力增加产生的影响更大，因为随着持续的注入和生产，压力通常会保持不变，但随着更多的冷水注入和热储流体的生产，温度会持续下降。

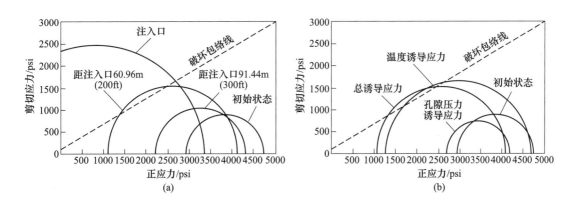

图 8.27　初始条件下，距注入点 60.96m（200ft）和 91.44m（300ft）处的有效应力曲线（a）及注入 1 年后距注入点 60.96m（200ft）处的温度和孔隙压力诱导应力曲线（b）

（1psi＝0.006895MPa）

（Fakcharoenphol 等，2013）

上面内容主要讨论了注水冷却概念，我们还想知道这种效应在典型的页岩和致密储层中是否显著，以及这种效应能增加多少原油产量。Fakcharoenphol 等人（2013）使用部分 Bakken 页岩模型开展注水影响研究，岩石破坏指标如图 8.28 所示，正值表示岩石的破坏潜力。从数字上来看，似乎没有广泛发育岩石破坏地点，这可能与高温下冷却储层需要注入大量的水有关。

Taghani 等人（2014）通过压裂液与储层流体的差异研究了现有微裂缝的活化。由于压裂液的滤失，孔隙压力增加和裂缝压力降低减少了有效应力的形成，冷却效应诱导岩石产生拉应力。综合来看，上述这些现象可能会开启已有天然微裂缝，增加裂缝的复杂性，而裂缝重新激活的效果取决于已有天然裂缝的数量。如果天然裂缝数量大，增加的可流动面积就大，产能或注入能力就会显著提高，储层压力的变化可能会使微裂缝闭合或重新开启，因此，这些微裂缝的有效性是动态变化的。

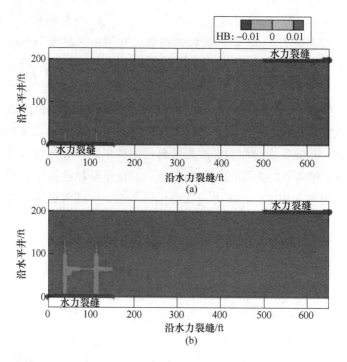

图 8.28 注冷水后 1 个月和 1 年岩石失稳情况

(a) 1 个月；(b) 1 年

(1ft=0.3048m)

(Fakcharoenphol 等人，2013)

8.12 诱导裂缝反应

Kelemen 等人（2017）申请了一项美国专利，证明流体在孔隙内发生了化学反应。当裂缝间距与孔隙尺寸接近时，孔隙中固体矿物结晶会产生压应力使岩石发生破裂。例如：（1）溶解的石灰（CaO 溶液形成 $Ca(OH)_2$）和二氧化碳（CO_2 溶液形成 HCO_3）沉淀形成方解石或文石（$CaCO_3$）；（2）溶解的方镁石（MgO）和二氧化碳沉淀形成菱镁矿（$MgCO_3$）；（3）Na_2O 和 HCl 沉淀形成盐（NaCl）；或 Na_2O 和 SO_4 沉淀形成一系列硫酸钠盐。有时也会发生脱水反应。岩层体积变化较大时也会在岩石面形成裂纹和裂缝。

Chen 等人（2017）的研究称，次氯酸钠（NaOCl）、过氧化氢（H_2O_2）、过氧二硫酸钠（$Na_2S_2O_8$）等氧化试剂已被广泛应用于去除有机物，H_2O_2 的有机物去除效率高且价格相对较低，是目前应用最广泛的氧化剂。采用 15% H_2O_2 溶液研究了富有机质页岩的氧化溶解及其对孔隙结构的影响。

Chen 等人（2017）首先测量了页岩样品和纯无机矿物颗粒的质量损失，从而测试它们的反应特征。图 8.29（a）为不同时间页岩样品和无机矿物的质量损失。其中粒度 $380\sim830\mu m$ 的破碎页岩样品，经过 24h 和 240h 后，质量损失分别为 9.7% 和 11.2%。在过氧化氢溶液中浸泡 24h 后，黄铁矿的质量损失为 7.13%，其他矿物的质量损失为 1.0%。

质量损失顺序为：黄铁矿≥绿泥石>伊利石≈方解石>白云石>长石（钾长石和钠长石）≥石英，如图 8.29（b）所示。在 60℃下干燥 48h，测量每次的质量。尽管黄铁矿的质量损失百分比远高于其他矿物，但其在整个页岩样品中的质量分数并不高。因此，从该图中得到的最有价值的是整个页岩样品在 24h 内质量损失 9.7% 的数据。对应于 9.7% 的质量损失，TOC 含量由未处理样品的 4% 下降到处理后的 0.6%，有机质去除率为 85%。与无机矿物相比，有机质的质量损失率要高得多。有机质一般被无机基质包围，有机质的去除表明无机基质中存在吸附过氧化氢的连通孔隙。因此，可以预测氧化溶解可以改善页岩基质的孔隙连通性。

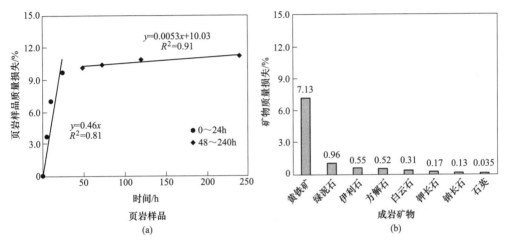

图 8.29　页岩样品（a）和 8 种成岩矿物（b）的质量损失 H_2O_2 氧化

(Chen 等，2017)

图 8.30 为页岩样品和 8 种成岩矿物的 pH 值随时间的变化，15% H_2O_2 的 pH 值为 5.76。在页岩样品氧化过程中，pH 值从 6.93 略微降低到 5.76；黄铁矿和绿泥石的氧化过程产生了大量酸，导致 pH 值从 5.76 分别迅速降低到 1.67 和 2.0；其他 6 种矿物的 pH 值从 5.76 略微增加到 7.50。从图中还可以看出，石英和白云石不能被氧化从而生成酸。然而，在另一个页岩样品的分析中，因为黄铁矿氧化生成了部分酸，白云石与酸反应使其被消耗（Chen 等，2017）。

由图 8.30 可知，在整个页岩样品中，黄铁矿和绿泥石的质量分数普遍较小，所以其反应强烈并不意味着对整个样品具有较大影响。实际上，在该案例中，整个样品的 pH 值仅从 6.93 略微降低到 5.76，说明影响不明显。

图 8.31 为样品 D 和 H 浸泡于去离子水和 15% H_2O_2 前后的照片，浸泡前未见裂缝。将样品 D 浸泡于去离子水后，发现两处诱导裂缝；将样品 H 浸泡于 H_2O_2 后，产生了多个平行于层理的诱导裂缝，说明页岩样品对 H_2O_2 的反应更强烈。无机矿物溶解和有机质含量使裂缝的开裂和扩展机制变得更加复杂，溶蚀作用减弱了页岩中黏土矿物的结构，降低了裂缝扩展阻碍，黏土矿物的膨胀应力更容易诱导产生溶蚀裂缝。这里需要强调的是，实验中均未对这些样品进行限制。

过氧化氢是强氧化剂，黄铁矿与其发生氧化反应如下（McKibben 和 Barnes，1986）：

$$FeS_2 + 7.5H_2O_2 \Longrightarrow Fe^{3+} + 2SO_4^{2-} + H^+ + 7H_2O \tag{8.1}$$

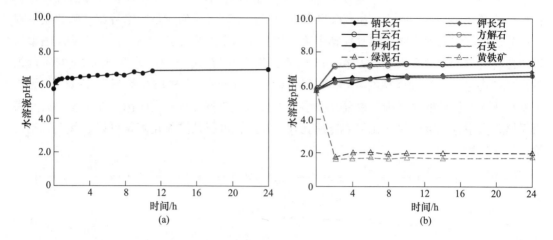

图 8.30 页岩样品 (a) 和 8 种成岩矿物 (b) 的 pH 值随时间变化

（Chen 等，2017）

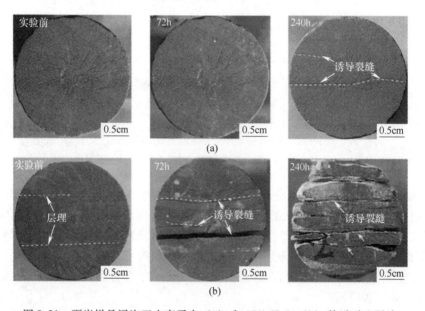

图 8.31 页岩样品浸泡于去离子水 (a) 和 15% H_2O_2 (b) 前后对比照片

在上述反应式中，Fe^{2+} 被氧化成了 Fe^{3+}，同时释放出了 H^+ 和 SO_4^{2-}，这一反应要比黄铁矿的风化作用强烈得多。黄铁矿与氧气和水的氧化反应一般用以下反应式来表示（Garrels 和 Thompson，1960；Singer 和 Stumm，1970）：

$$FeS_2 + 3.5O_2 + H_2O \Longrightarrow Fe^{2+} + 2SO_4^{2-} + 2H^+ \tag{8.2}$$

$$Fe^{2+} + 0.25O_2 + H^+ \Longrightarrow Fe^{3+} + 0.5H_2O \tag{8.3}$$

$$FeS_2 + 14Fe^{3+} + 8H_2O \Longrightarrow 15Fe^{2+} + 2SO_4^{2-} + 16H^+ \tag{8.4}$$

以上三个反应表明，在 FeS_2 氧化过程中，S^- 首先被氧化，然后 Fe^{2+} 被 O_2 氧化成 Fe^{3+}（Qiang Chen 个人访谈，2019 年 3 月 4 日）。

微裂缝也可能是由矿物结晶或矿物置换反应导致体积增大所形成的，Chen 等人（2018）使用 10% 硫酸（H_2SO_4）和 10% 过硫酸铵（$(NH_4)_2S_2O_8$）溶液与方解石（$CaCO_3$）、白云石（$CaMg(CO_3)_2$）和黄铁矿（FeS_2）矿物反应。页岩中的黄铁矿与过硫酸盐反应生成硫酸，氧化反应如下：

$$2FeS_2 + 15S_2O_8^{2-} + 16H_2O = 2Fe^{3+} + 34SO_4^{2-} + 32H^+ \qquad (8.5)$$

过硫酸铵是一种强氧化剂，在水力压裂中常用来于破胶剂。由此产生的硫酸是一种强酸，其溶液的 pH 值小于 2。之后酸与方解石和白云石反应沉淀石膏晶体：

$$CaCO_3 + 2H^+ + SO_4^{2-} + H_2O = CaSO_4 \cdot 2H_2O + CO_2 \uparrow \qquad (8.6)$$

$$CaMg(CO_3)_2 + 2H^+ + SO_4^{2-} + H_2O = CaSO_4 \cdot 2H_2O + MgSO_4 + 2CO_2 \uparrow \qquad (8.7)$$

上述反应（过程）称为交代反应（过程），其中方解石和白云石被酸溶解，产生一种新的交代矿物（石膏），沉淀在溶解的碳酸盐矿物表面。由于石膏的摩尔体积（74.4mL/mol）高于方解石（36.9mL/mol）和白云石（64.3mL/mol），局部置换反应会产生内部膨胀应力，导致周围页岩基质破裂。结晶压力引起的诱导反作用力分布在晶粒尺度上，结晶压力很容易超过 30MPa，足以引起页岩微压裂。

图 8.32 所示为无侧限压力柱状页岩样品浸泡于去离子水、H_2SO_4 溶液和 $(NH_4)_2S_2O_8$

图 8.32　无围压页岩诱导裂缝宏观观察

（a）浸泡去离子水 10 天前后；（b）浸泡 H_2SO_4 溶液 10 天前后；（c）浸泡 $(NH_4)_2S_2O_8$ 溶液

（Chen 等，2018）

溶液 10 天前后的诱导裂缝。接触去离子水的页岩样品很少出现裂缝，相比之下，当样品浸泡在化学溶液中时，可以看到许多裂缝。这些诱导裂缝平行于层理方向扩展，H_2SO_4 溶液和 $(NH_4)_2S_2O_8$ 溶液的裂缝形成时间分别为 3 天和 5 天，表明 H_2SO_4 溶液的反应速度比 $(NH_4)_2S_2O_8$ 溶液快。石膏主要沉积在诱导裂缝中，而非岩石样品表面，表明这些裂缝是由石膏体积增加引起的。

$(NH_4)_2S_2O_8$ 是一种强氧化剂，而稀硫酸溶液只是一种二元强酸，而非氧化剂，氧化反应可显著改变黑色页岩的有机组分和颜色。在 H_2SO_4 溶液和 $(NH_4)_2S_2O_8$ 溶液中，裂缝的生成过程十分相似，说明裂缝均是由式（8.5）~式（8.7）的反应形成的，实验时间尺度上不受有机组分的影响。

注意，式（8.5）中黄铁矿与过硫酸铵（$(NH_4)_2S_2O_8$）反应，生成 $H^+ + SO_4^{2-}$ 的酸性溶液。在无氧沉积环境下，页岩地层普遍含有黄铁矿。即使没有黄铁矿，含硫酸盐的酸性溶液，如 H_2SO_4，也可与碳酸盐矿物反应形成石膏沉淀，产生上述体积增大诱导裂缝，上述实验均是在没有围压情况下进行的。

8.13　表面活性剂的影响

通常在压裂液中添加表面活性剂来提高压裂液返排，增强渗吸水，并通过改变润湿性和降低 IFT 值等其他方法提高油气采收率。Kim 等人（2009）研究了表面活性剂对纳米多孔有机硅酸盐薄膜裂纹扩展速率的影响。他们发现，C_mE_n 表面活性剂可明显减缓裂纹的增长速度，而二聚表面活性剂则加速了裂纹增长。二聚表面活性剂通过降低裂缝表面的表面能来加快裂缝的生长速度。C_mE_n 表面活性剂为聚氧乙烯烷基醚 $CH_3(CH_2)_{m-1}(OCH_2CH_2)_nOH$，具有不同的疏水烷基尾长 m，以及亲水性环氧乙烷（EO）头长 n。表面活性剂溶液对裂纹扩展速率的抑制机理主要表现在表面活性剂分子对裂纹表面的桥接作用或表面活性剂溶液中形成的纳米气泡。他们的工作表明，表面活性剂可能会影响裂纹的扩展。

Adribigbe 和 Lane（2013）将 Mancos 页岩样品浸泡于水和表面活性剂溶液中，对其进行了无侧限压缩和巴西劈裂测试。在其单轴抗压强度试验和巴西劈裂试验中，浸泡于水中的页岩样品强度最低，当岩样浸泡在 0.1% DTAB（十二烷基三甲基溴化铵）和 0.1% SDBS（十二烷基苯磺酸钠）溶液中时，也观察到了类似反应。换句话说，与水相比，添加表面活性剂并没有明显改变岩石的强度。页岩在 4% KCl 溶液中的强度要高于在水或表面活性剂溶液中的强度。

9 润湿性改变提高采收率机制及其与界面张力的对比

摘　要： 表面活性剂主要有两个作用：降低界面张力和改变润湿性，其中改变润湿性作用在页岩和致密地层中更为重要。本章重点分析了表面活性剂改变润湿性相关观点，并对与润湿性改变相关的界面张力进行了简要讨论。主要内容包括润湿性改变和界面张力降低提高采收率机制、两种作用如何实现、界面张力降低与润湿性改变、用于改变润湿性的表面活性剂、润湿性测定和润湿角转换。

关键词： 润湿角变化；润湿角测定；作用实现；界面张力；润湿性变化；润湿角

9.1　引言

虽然类似注入表面活性剂等化学手段是提高常规油藏采收率的重要方法（Samanta 等，2012；Rai 等，2015；Mandal，2015），但在页岩和致密储层中，这些方法的效果非常有限。常规做法是将表面活性剂作为添加剂添加到压裂液或完井液中，以提高油气产量。添加表面活性剂能够使水-油界面张力降低，毛细管数增加，残余油饱和度降低，从而提高采收率。相关文献的研究领域大部分集中于界面张力降低机制。Sheng（2013b）明确解释了表面活性剂的两个作用：降低界面张力和改变润湿性，并通过模拟研究对这两个机制进行了量化。Chen 和 Mohanty（2015）随后对这两个作用进行了实验研究。随着润湿性（改变）在页岩和致密储层提高采收率中的作用越来越重要，近年来有越来越多的人从事润湿性（改变）机制方面的研究。本章重点讨论润湿性相关问题，并简要讨论了改变润湿性后的界面张力变化情况。主要研究内容包括润湿性改变和界面张力提高采收率机制、两种作用如何实现、界面张力降低与润湿性改变、用于改变润湿性的表面活性剂、润湿性测定和润湿角转换。

9.2　界面张力降低机制

为了理解界面张力（IFT）降低机制，本章首先回顾了毛细管数的概念。将无量纲毛细管数 N_C 定义为黏性力与毛细管力之比：

$$N_C = \frac{F_v}{F_c} = \frac{v\mu}{\sigma\cos\theta} \tag{9.1}$$

式中　F_v，F_c——流体黏性力和毛细管力；

　　　μ——驱替流体的黏度；

　　　v——驱替流体在孔隙中的流速；

　　　σ——驱替相和被驱替相之间的界面张力；

　　　θ——驱替液接触角。

对式（9.1）采用一致单位，将无量纲组无量纲化。例如 v 的单位为 m/s，μ 单位为

mPa·s，σ 为 mN/m 或 dyn/cm。

首先利用上述方程计算出常规油藏的水驱毛细管数，典型的注入速度为 0.3408md（$3.528×10^{-6}$m/s），水的黏度接近于 1mPa·s。假设油-水界面张力为 30mN/m，接触角为 0°。则对应的毛细管数为：

$$N_C = \frac{v\mu}{\sigma} = \frac{3.528 \times 10^{-6} \times 1}{30} \approx 10^{-7}$$

随着毛细管数的增加，残余油饱和度降低，采收率逐渐提高。毛细管数量与残余油饱和度的关系为毛细管驱替曲线（CDC），如图 9.1 中的实线和方形点所示。随着毛细管数的增加，残余水饱和度和残余微乳饱和度也随之降低，图 9.1 中给出了不同流体的毛细管驱替曲线。图中的离散数据点为实验数据，平滑曲线为拟合曲线。

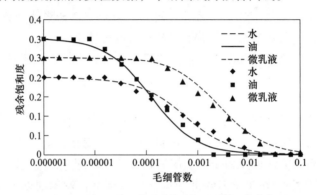

图 9.1 水、油和微乳液相的毛细管驱替曲线

从 CDC 曲线上可以看出，虽然毛细管数从 0.000001 增加到了 0.00001，但当毛细管数小于 0.00001 时，残余油饱和度几乎没有降低，这意味着想要降低残余饱和度，需要一个最小的毛细管数，在本案例中，将该数值定为 0.00001，即临界毛细管数（N_C）$_c$。当毛细管数大于 0.01 时，即使毛细管数增加，残余油饱和度也不会明显降低，该毛细管数称为最大毛细管数（N_C）$_{max}$。介于（N_C）$_c$ 和（N_C）$_{max}$ 之间的残余油饱和度计算公式如下：

$$S_{or} = S_{or}^{(N_C)_{max}} + \left(S_{or}^{(N_C)_c} - S_{or}^{(N_C)_{max}} \right) \frac{1}{1 + T_p N_C} \tag{9.2}$$

式中　T_p——用于拟合实验室测定值的参数；

下标 o——油相，相应也可以用 w 代表水相，me 代表微乳液相，p 代表其他相。

图 9.1 中原油的 CDC 曲线表明，当毛细管数增加到 0.0001 时，残余油饱和度由 0.3 降低到 0.2。也就是说，要使残余油饱和度降低 0.1，毛细管数需增加 1000 倍，即从 10^{-7} 增加到 10^{-4}。

根据定义，在不改变接触角的情况下，可以通过三种方式来增加毛细管数：在接触角无变化情况下增大 v 或 μ，或减小 σ。然而在实际油藏中将 v 或 μ 增大 1000 倍是不切实际的，众所周知，唯一可行的方法是添加表面活性剂，将油-水界面张力降低至 1/1000。

同样，通过添加表面活性剂不仅可以降低界面张力，也可以降低残余水和残余微乳液饱和度。

为了简化描述，图 9.2 给出了残余水和油饱和度降低时油和水的相对渗透率曲线变化示意图。当残余水饱和度（截留水饱和度）降低时，水和油的相对渗透率曲线（k_{rw}、k_{ro}）左移，同时也向上移动。同样，随着残余油饱和度的降低，水和油相对渗透率曲线（k_{rw}、k_{ro}）右移，同时也向上移动。结果表明，两条曲线覆盖的饱和度范围更广，相对渗透率有所增加，极端情况下，两条曲线可能会变成两条对角线。

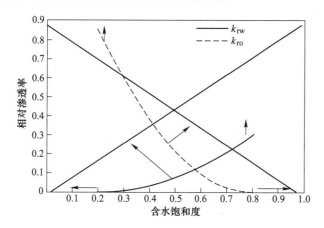

图 9.2 油/水相对渗透率曲线随残余水饱和度和含油饱和度降低的变化

为了建立与毛细管相关的相对渗透率曲线，假设水相的相对渗透率 k_{rw} 可以用以下公式表示：

$$k_{rw} = k_{rw}^e \bar{S}_w^{n_w} \tag{9.3}$$

$$\bar{S}_w = \frac{S_w - S_{wr}}{1 - S_{wr} - S_{or}} \tag{9.4}$$

式中 k_{rw}^e——水相在其最大饱和时的端点相对渗透率（上标 e 为端点）；

n_w——水相指数；

$\bar{S}_w$——归一化的饱和度。

上述方程适用于特定的毛细管数。不同毛细管数下，可以在最小和最大毛细管数之间使用线性插值。为了便于描述和理解，本书对水-油两相流进行了描述。

由以上描述可知，随着毛细管数的增加，残余油饱和度降低，任意 N_C 下水的端点相对渗透率降低，根据以下方程可得到 k_{rw}^{e,N_C} 的增加：

$$k_{rw}^{e,N_C} = k_{rw}^{e(N_C)_c} + \frac{S_{or}^{(N_C)_c} - S_{or}^{N_C}}{S_{or}^{(N_C)_c} - S_{or}^{(N_C)_{max}}} \left[k_{rw}^{e(N_C)_{max}} - k_{rw}^{e(N_C)_c} \right] \tag{9.5}$$

类似地，任意 N_C 处的水相指数 $n_w^{N_C}$ 为：

$$n_w^{N_C} = n_w^{(N_C)_c} + \frac{S_{or}^{(N_C)_c} - S_{or}^{N_C}}{S_{or}^{(N_C)_c} - S_{or}^{(N_C)_{max}}} \left[n_w^{(N_C)_{max}} - n_w^{(N_C)_c} \right] \tag{9.6}$$

在上式中，如果将下标 w 和 o 互换位置，则能够以上述类似形式表达油相参数。此外，三相流的相对渗透率也可以写成类似形式，具体表述见第 7 章 Sheng（2011）的研究成果。

综上所述，添加表面活性剂后，油-水界面张力大大降低，残余油饱和度降低，采收率提高。

9.3 润湿性改变影响采收率机制

在油-水-岩体系中，水-油毛细管力 p_{cwo} 为：

$$p_{cwo} = p_o - p_w = \frac{2\sigma_{wo}\cos\theta_w}{r} \tag{9.7}$$

式中 p_o，p_w——油相毛细管力和水相毛细管力；

r——孔隙半径；

σ_{wo}——水-油界面张力；

θ_w——水的接触角。

当岩石为亲水性时，θ_w 小于 $90°$，油相压力 p_o 大于水相压力 p_w，油从孔隙中流出，水被吸入孔隙，导致油和水发生逆向流动。在逆向流动的作用下，原油从岩石系统中驱出，这就是利用润湿性采油的基本原理。当岩石为亲油型时，θ_w 大于 $90°$，油相压力 p_o 小于水相压力 p_w，水不能吸入岩石，油不能从孔隙中流出。当岩石处于中等湿润状态时，部分油可能从孔隙中流出，不同润湿性的毛细管曲线示例如图 9.3 所示。

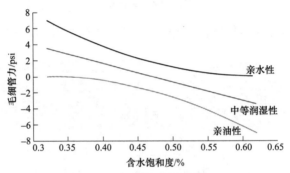

图 9.3 不同润湿性毛细管力曲线

（1psi = 0.006895MPa）

图 9.4 所示为润湿性对水和油的相对渗透率影响，从含水饱和度看，亲水条件下油的相对渗透率高于亲油条件下油的相对渗透率，水的相对渗透率则相反。因此，亲水体系比

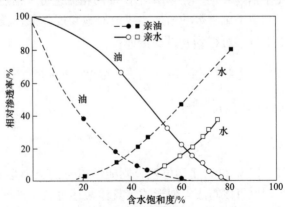

图 9.4 用庚烷和盐水在亲水和亲油合成刚玉岩心中测定稳态油-水的相对渗透率

（亲油型岩心用有机氯硅烷处理）

（Jennings，1957）

亲油体系更有利于采油，是润湿性影响采油的另一种机制。

从上述列出的机制来看，强亲水体系是采油的首选。然而，早期研究人员发现，最高水驱采收率发生在中等湿润条件下（Moore 和 Slobod，1956；von Engelhardt 和 Lubben，1957；Kennedy 等，1955；Loomis 和 Growell，1962；Morrow 和 McCaffery，1978），如图9.5 所示。

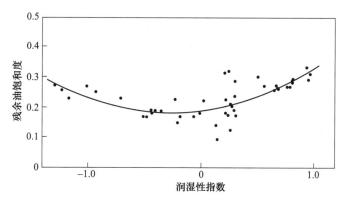

图 9.5　最终采收率与润湿性指数的关系
（Tiab 和 Donald，2004）

Alhammadi 等人（2017）对水驱性能的微观研究表明，在孔隙尺度上获得最佳采收率的岩石既非强亲水型也非强亲油型。在强亲水性孔隙中，小孔隙将油截留在孔隙内，在强亲油型孔隙中，石油被限制在流动缓慢的地层中，因此无法得到较高的采收率，Jadhunandan 和 Morrow（1995）的岩心尺度实验也得到了类似结果。一般来说，润湿性对油气采收率的影响取决于过程。例如，在正在枯竭的凝析油油藏中，人们可能认为气体的润湿性与最大产量无关。然而，氟碳表面活性剂可以改变岩石的润湿性，将其从液体润湿性变为有利的气体润湿性，能够降低圈闭在近井筒区域的凝析油饱和度，以缓解凝析油堵塞（Sharma 等，2018）。

9.4　润湿性改变与界面张力效应的数学处理

文献中对界面张力降低机制开展了详尽的讨论，但未对润湿性改变机制进行探讨。因此，本书特别列出一节专门介绍数学处理方法，本节主要介绍了四种模型：UTCHEM 模型、Adibhatla 等（2005）模型，另外还提出一个简单模型和一个 CMG 模型。

9.4.1　UTCHEM 模型

考虑到润湿性的变化，通常根据强润湿性和强非润湿性的相对渗透率和毛细管压力曲线，对混合润湿性的相对渗透率项和毛细管压力项进行修正（Delshad 等，2009）：

$$k_r = \omega k_r^{ww} + (1 - \omega) k_r^{ow} \tag{9.8}$$

$$p_c = \omega p_c^{ww} + (1 - \omega) p_c^{ow} \tag{9.9}$$

式中　上标 ww，ow——代表亲水性和亲油性；

$\quad\quad k_r$——相对渗透率；

$\quad\quad p_c$——毛细管力；

　　　　　　ω——描述润湿性影响的插值尺度因子，取决于表面活性剂的吸附。

$$\omega = \frac{\hat{C}_{surf}}{C_{surf} + \hat{C}_{surf}} \tag{9.10}$$

式中　$\hat{C}_{surf}$，C_{surf}——表面活性剂的吸附浓度和平衡浓度，上述方程假设吸附在岩石表面的表面活性剂增加了岩石的亲水性，如果表面活性剂增加了岩石的亲油性，则需要对这些方程进行相应修正，该模型应用于 UTCHEM 9.95版本（UT Austin，2009）。

　　毛细管力 p_{Cwo} 随界面张力和岩石性质的变化而变化：

$$p_{Cwo}^{ww} = C_{pc}\sqrt{\frac{\phi}{k}} \frac{\sigma_{wo}^{ww}\cos\theta^{ww}}{\sigma_{wo}^{ow}\cos\theta^{ow}}\left(1 - \frac{S_w - S_{wr}}{1 - S_{wr} - S_{or}}\right)^{E_{pc}} \tag{9.11}$$

式中　　　　ϕ——孔隙度；

　　　　　　k——渗透率；

　　　　　σ_{wo}——水-油界面张力；

　　　　　S——含水饱和度；

　下标 wr，or——残余水和残余油饱和度；

　　　　　　θ——接触角；

上标 ww，ow——表示亲水性和亲油性；

　　　　　E_{pc}——毛细管指数。

　　式（9.11）中 $C_{pc}\sqrt{\dfrac{\phi}{k}}$ 项还利用 Leverett-J 函数考虑了渗透率和孔隙度的影响（Leverett，1941）。界面张力效应根据式（9.2）~式（9.6）确定。

9.4.2　Adibhatla 等人（2005）的模型

　　Adibhatla 等人（2005）提出了另一种模型，该模型包括了润湿角对残余饱和度和截留数的影响。截留数是指包含重力效应的毛细管数，Sheng（2015a）对此进行了详细讨论。根据现有的截留数定义，一般不包括润湿性效应，但理论上可以将 $\cos\theta$ 项与界面张力 σ 结合，但前人文献尚未提出该模型或对其进行详细描述。

　　Adibhatla 等人（2005）的模型需要以下数据：两个润湿角和低截留数下的残余饱和度（S_{rj}^{low}）；截留数 N_{T0} 的相对渗透率曲线。两个润湿角分别为 θ_0 和 $\pi-\theta_0$，对应两个基相 b_1 和 b_2，原则上这两个润湿角是任意的，实际上，一个是强润湿的（润湿角接近零），另一个是强非润湿的（润湿角接近 π）。本书沿用了这些符号，一般来说，θ_0 可以用 θ_{b1} 代替，$\pi-\theta_0$ 可以用 θ_{b2} 代替。为了考虑润湿性对低截留数残余饱和度的影响，采用了以下简单的插值方法：

$$\frac{S_{rj}^{low} - S_{r,b1}^{low}}{\cos\theta - \cos\theta_0} = \frac{S_{r,b2}^{low} - S_{r,b1}^{low}}{\cos(\pi - \theta_0) - \cos\theta_0} \tag{9.12}$$

　　注意，油相和水相没有区别（使用的是虚相 j）。为了求取任意截留数下的 S_{rj}，还需要两个润湿角下的 S_{rj}^{high}。另外，Adibhatla 等人（2005）将截留参数 T_j 定义为润湿角的函数：

$$\frac{\ln T_j - \ln T_{b1}}{\cos\theta - \cos\theta_0} = \frac{\ln T_{b2} - \ln T_{b1}}{\cos(\pi - \theta_0) - \cos\theta_0} \tag{9.13}$$

利用新定义的 T_j，任意润湿角和任意截留数 N_T 下的残余饱和度计算方程如下：

$$S_{rj} = S_{rj}^{high} + \frac{S_{rj}^{low} - S_{rj}^{high}}{1 + T_j N_{Tj}} \tag{9.14}$$

式中　上标 low，high——代表低截留数和高截留数。

在利用上面的方程的过程中，仍需要假设 S_{rj}^{high} 为零。在实施上述步骤时，仍需考虑润湿性改变和界面张力降低（通过截留数）对残余饱和度的影响。

从上一节的讨论中可以发现，当共轭相的残余饱和度降低时，相的端点 k_{rj}^e 增大。因此，相位的端点 k_{rj}^e 可以根据其共轭相位的残余饱和度进行线性插值：

$$\frac{k_{rj}^{e,N_T} - k_{rj}^{e,high}}{k_{rj}^{e,high} - k_{rj}^{e,low}} = \frac{S_{j'r} - S_{j'r}^{high}}{S_{j'r}^{low} - S_{j'r}^{high}} \tag{9.15}$$

式中　下标 j'——相 j 的共轭相。

结合式（9.14）和式（9.15）可以得到：

$$\frac{k_{rj}^{e,N_T} - k_{rj}^{e,high}}{k_{rj}^{e,high} - k_{rj}^{e,low}} = \frac{1}{1 + T_{j'} N_{Tj'}} \tag{9.16}$$

如果截留数 N_{T0} 处的端点相对渗透率已知，根据式（9.16），可由式（9.17）求得任意截留数处的端点相对渗透率：

$$\frac{k_{rj}^{e,N_T} - k_{rj}^{e,high}}{k_{rj}^{e,N_{T0}} - k_{rj}^{e,high}} = \frac{1 + T_{j'} N_{T0j'}}{1 + T_{j'} N_{Tj'}} \tag{9.17}$$

式中　k_{rj}^{e,N_T}，$k_{rj}^{e,N_{T0}}$，$k_{rj}^{e,high}$——对应于 N_T，N_{T0} 及一个高截留数下的端点相对渗透率；

$T_{j'}$——相 j 的共轭相截留参数。

为了考虑润湿性对 N_{T0} 处端点相对渗透率的影响，可以得出式（9.18）：

$$k_{rj}^{e,N_{T0}} - k_{r,b1}^{e,N_{T0}} = \frac{\cos\theta - \cos\theta_0}{\cos(\pi - \theta_0) - \cos\theta_0}(k_{r,b2}^{e,N_{T0}} - k_{r,b1}^{e,N_{T0}}) \tag{9.18}$$

假设有一对基相，b1 相的接触角为 θ_0，b2 相的接触角为 $\pi - \theta_0$，在一定的截留数 N_{T0} 下测得了其相对渗透率曲线。结合上述两个方程，得到了截留数 N_T 和接触角 θ 的相对渗透率曲线：

$$k_{rj}^{e,N_T} = k_{rj}^{e,high} + \left[k_{r,b1}^{e,N_{T0}} + \frac{\cos\theta - \cos\theta_0}{\cos(\pi - \theta_0) - \cos\theta_0}(k_{r,b2}^{e,N_{T0}} - k_{r,b1}^{e,N_{T0}}) - k_{rj}^{e,high} \right] \frac{1 + T_{j'} N_{T0}}{1 + T_{j'} N_T} \tag{9.19}$$

同理，相对渗透率指数为：

$$n_j^{N_T} = n_j^{high} + \left[n_{b1}^{N_{T0}} + \frac{\cos\theta - \cos\theta_0}{\cos(\pi - \theta_0) - \cos\theta_0}(n_{b2}^{N_{T0}} - n_{b1}^{N_{T0}}) - n_{rj}^{high} \right] \frac{1 + T_{j'} N_{T0}}{1 + T_{j'} N_T} \tag{9.20}$$

再次假设相位 j 的端点值 k_{rj}^e 和指数 n_j 通过线性插值与共轭相位 j' 的残余饱和度相关。因为 T_j 已经考虑了润湿性影响，因此上述两个方程实际上重复计算了润湿性的影响。

在定义了端点相对渗透率和指数后，采用 Brooks-Corey 模型描述相对渗透率：

$$k_{rj} = k_{rj}^e \overline{S_j}^{n_j} \tag{9.21}$$

$$\overline{S_j} = \frac{S_j - S_{jr}}{1 - S_{jr} - S_{j'r}}$$ (9.22)

界面张力和接触角对毛细管力的影响如下：

$$p_{cjj'} = p_{c0jj'} \frac{\sigma_{jj'} \cos\theta}{\sigma_{0jj'} \cos\theta_0}$$ (9.23)

式中　　$p_{cjj'}$，$p_{c0jj'}$——毛细管压力；

　　　　$\sigma_{jj'}$，$\sigma_{0jj'}$——对应接触角 θ 和 θ_0 的界面张力。

9.4.3　一个简单的模型

上述 Adibhatla 等人（2005）提出的模型重复计算了润湿性的影响，且计算过程较为复杂。因此，本书提出了一个新的模型，该模型综合考虑了润湿性改变和界面张力降低（截留数）的影响，而润湿性和界面张力降低对端点相对渗透率和指数的影响均基于它们对残余饱和度的影响。

首先，采用简单插值法进行计算，其中只考虑润湿性对残余饱和度的影响（不考虑无界面张力或毛细管数影响）：

$$\frac{S_{rj}^{WA} - S_{r,b1}^{WA}}{\cos\theta - \cos\theta_{b1}} = \frac{S_{r,b2}^{WA} - S_{r,b1}^{WA}}{\cos\theta_{b2} - \cos\theta_{b1}}$$ (9.24)

式中　　上标 WA——仅考虑润湿性变化时的参数值；

　　　　下标 b1，b2——两种润湿情况，对应两个润湿角 θ_{b1} 和 θ_{b2}。

然后利用式（9.14）考虑界面张力或毛细管数（截留数）对残余饱和度的影响。

上述两种方法为每个润湿角生成一条常规（无润湿性影响）毛细管去饱和曲线（CDC），因此，可通过一系列 CDC 曲线反映润湿性带来的影响，每个 CDC 对应一个润湿角。在实际应用中，定义了每个阶段的两条 CDC 曲线，一种对应强亲水情况，另一种对应强亲油情况。

一旦根据润湿性变化和界面张力影响定义了残余饱和度，就可以直接根据残余饱和度估算出端点相对渗透率，如式（9.15）所示，指数的估算也类似。

9.4.4　CMG-STARS 模型

在实际工作中，上述数学模型可能不便于工程师使用及对模型进行编码。反之，商业型模拟器更为方便，因此本节给出了一个 CMG-STARS 模型。

在 CMG-STARS（Computer Modeling Group，2016）模型中，假设润湿性的变化程度由表面活性剂吸附数量决定。表面活性剂等温吸附线由 Langmuir 型等温线确定：

$$\Gamma_s = \frac{ax_{sw}}{1 + bx_{sw}}$$ (9.25)

式中　　Γ_s——吸附的表面活性剂；

　　　　a，b——拟合吸附实验得到的 Langmuir 型吸附等温线常数；

　　　　x_{sw}——表面活性剂在水溶液中的摩尔分数。

在式（9.25）中，假设吸附在岩石表面的表面活性剂数量远小于溶液中的表面活性剂。在建立模型时，用户直接输入吸附 Γ_s 与表面活性剂浓度 x_{sw} 表格，确定表面活性剂在完全亲水和完全亲油状态下的上界 Γ_s^U 和下界 Γ_s^L。在部分中等润湿性情况下，对 k_r 和 p_c 进行插值：

$$k_r = k_r^{\Gamma_s^L} + \frac{\Gamma_s - \Gamma_s^L}{\Gamma_s^U - \Gamma_s^L}(k_r^{\Gamma_s^U} - k_r^{\Gamma_s^L}) \tag{9.26}$$

$$p_c = p_c^{\Gamma_s^L} + \frac{\Gamma_s - \Gamma_s^L}{\Gamma_s^U - \Gamma_s^L}(p_c^{\Gamma_s^U} - p_c^{\Gamma_s^L}) \tag{9.27}$$

根据水-油界面张力对毛细管数进行定义，可计算残余饱和度和标定毛细管力，其中最简单的方法是输入界面张力和表面活性剂浓度。

为了将界面张力影响纳入 CMG-STARS 模型中，可根据 Huh（1979）方程计算界面张力 σ：

$$\sigma = \frac{C_H}{\left(\dfrac{V_{om}}{V_{sm}}\right)^2} \tag{9.28}$$

式中　V_{om}，V_{sm}——油和表面活性剂在微乳液相中的体积；
　　　　C_H——通过拟合 σ 和 V_{om}/V_{sm} 实验数据得到的经验常数。

计算过程中，需要将油和表面活性剂的体积转化为 CMG-STARS 模型要求的液-液 K 值。

定义组分 c 的 K 值如下：

$$K_c^{AB} = \frac{\text{组分 c 在 A 相中的摩尔分数}}{\text{组分 c 在 B 相中的摩尔分数}} \tag{9.29}$$

如果微乳液为 I 型（油包水微乳液），代表微乳液相实际上是溶解于油和表面活性剂的水相。

$$K_o^{WO} = \frac{x_o^W}{x_o^O} = x_o^W \tag{9.30}$$

$$K_w^{OW} = \frac{x_w^O}{x_w^W} = 0 \tag{9.31}$$

$$K_s^{OW} = \frac{x_s^O}{x_s^W} = 0 \tag{9.32}$$

式中　x_o^W——油在水相（微乳液相）中的摩尔分数；
　　　　x_o^O——油相中油的摩尔分数；
　　　　x_w^O——油相中水的摩尔分数；
　　　　x_w^W——水相中水的摩尔分数；
　　　　x_s^O——油相中表面活性剂的摩尔分数；
　　　　x_s^W——水相中表面活性剂的摩尔分数。

体积增溶率与摩尔分数的关系如下：

$$\frac{V_{om}}{V_{sm}} = \frac{x_o^W M_o/\rho_o}{x_s^W M_s/\rho_s} = \frac{K_o^{WO} M_o/\rho_o}{x_s^W M_s/\rho_s} \tag{9.33}$$

式中　M，ρ——相对分子质量和密度。

从实验数据中得到了增溶率与表面活性剂浓度的关系为 x_s^W，我们能够定义出 K_o^{WO} 和

x_s^W 的关系表。如果在油相中定义了Ⅱ型微乳液相，则可以通过另一个液-液 K 值来定义油相中溶解的水（现在变成油相）。

一旦计算出界面张力，就能够计算出毛细管数 N_c。然后定义一个插值参数 γ：

$$\gamma = \frac{N_C - (N_C)_c}{(N_C)_{max} - (N_C)_c} \tag{9.34}$$

在任意界面张力下，k_r 和 p_c 可由下列方程得到：

$$k_r = \gamma k_r^{(N_C)_{max}} + (1 - \gamma) k_r^{(N_C)_c} \tag{9.35}$$

$$p_c = \gamma p_c^{(N_C)_{max}} + (1 - \gamma) p_c^{(N_C)_c} \tag{9.36}$$

式（9.35）虽然看起来不一样，但其实是式（9.2）和式（9.5）的组合。

9.5 降低界面张力和改变润湿性

如前所述，改变润湿性和降低界面张力提高采收率机制不同。降低界面张力的基本机制是降低残余油和残余水饱和度，提高油和水的相对渗透率。当润湿性由亲油性向亲水性转变时，毛细管力由流动阻力转变为驱动力，使油流出岩心，水被吸入岩心（自吸）。然而，表面活性剂可能同时具有这两种作用，而且很难通过实验将这两种作用区分开。Sheng（2013b）使用 UTCHEM 9.95 版本（UT Austin，2009）模拟器来研究这两种机制。

Hirasaki 和 Zhang（2004）利用 Yates 油田的地层盐水、储层原油和白云岩地层岩心样品进行了自吸实验。首先对岩心进行油和原生水饱和，然后浸入渗吸腔室中。渗吸腔室填充了地层盐水或碱性表面活性剂溶液，盐水组成包括 5815mg/L NaCl、2942mg/L CaCl$_2$·H$_2$O、2032mg/L MgCl$_2$·H$_2$O、237mg/L Na$_2$SO$_4$、7mg/L Fe(NH$_4$)$_2$(SO$_4$)$_2$·6H$_2$O，所用碱为 0.3mol/L Na$_2$CO$_3$，表面活性剂为 0.025%CS-330(C$_{12}$-3EO-硫酸盐) 及 0.025% TDA-4PO(C$_{13}$-4PO-硫酸盐)。将岩心在 80℃ 环境下老化 24h。地层盐水中进行的自吸试验并没有将油驱出岩心，证明岩心为亲油型。碱性表面活性剂溶液的自吸试验持续 138 天，驱油率达到了 44%。

Delshad 等人（2009）使用三维模拟模型成功对 Hirasaki 和 Zhang(2004) 的实验进行了历史拟合。Sheng(2013b) 将他们的模型作为基础研究模型。模拟模型为均匀的笛卡尔网格，网格块数为 7×7×7，中间的 5×5×5 网格块代表岩心，其余网格块代表水溶

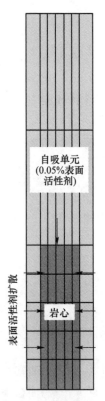

图 9.6 模拟网格和表面活性剂初始浓度

液或盐水渗吸腔室，如图 9.6 所示。在渗吸腔室中（图中浅灰色），表面活性剂初始浓度为 0.05%，孔隙度为 1.0，毛细管力为 0kPa，渗透率为 1000μm^2。基质岩心（深灰色）初始表面活性剂浓度为零，孔隙度为 0.24，渗透率为 0.122μm^2，初始含油饱和度为 0.68。相对渗透率和毛细管力根据式（9.8）~式（9.11）确定，Brooks 和 Corey（1966）模型中的参数见表 9.1。利用该模型，对 Hirasaki 和 Zhang（2004）在岩心 B 进行的碱性表面活性剂自吸试验进行了历史拟合，该历史拟合模型可用于量化下文不同情况下界面张力降低和润湿性改变机制。

表 9.1 基础模型中的相对渗透率和毛细管力参数

参数	初始亲油性（OW）		转换为亲水性（WW）	
	油	水	油	水
S_{or}	0.38	0.32	0.38	0.32
端点 k_r	0.59	0.23	0.59	0.23
k_r 指数	3.3	2.9	2	2
$C_{pc}/psi \cdot D^{0.5}$	5	—	5	—
接触角/(°)	180	—	0	—
E_{pc}	2	—	2	—

9.5.1 改变润湿性和降低界面张力综合效果

图 9.7 给出了不同情形下的原油采收率，"OW+IFT" 代表亲油情况，润湿性未发生变化，ω 为 0；"WW+IFT" 为亲水情况，ω 为 1；"IW+IFT" 为中等润湿情况，ω 为 0.5，ω 值见表 9.2。所有情况下的界面张力均为 0.0088mN/m。从图中可以看出，原油采收率高低为：WW+IFT>IW+IFT>OW+IFT，表明改变润湿性可提高采收率。

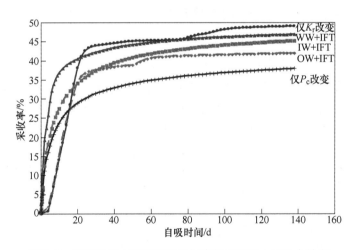

图 9.7 自吸过程中改变润湿性与降低界面张力的联合效应

表 9.2 不同情况下的 ω 值

情况	k_r 的 ω 值	p_c 的 ω 值
OW+IFT	0	0
WW+IFT	1	1
IW+IFT	0.5	0.5
仅 p_c 变化	0	0.5
仅 k_r 变化	0.5	0

如前所述，改变润湿性会导致 p_c 和 k_r 的变化。为了量化 p_c 和 k_r 效果，对另外两种情况进行了对比。一种是"仅 p_c 改变"，即把亲油 p_c 换成中等润湿 p_c，但假设 k_r 不发生改变。相应地，p_c 的插值参数 ω 为 0.5，k_r 的插值参数 ω 为 0。对比"OW+IFT"和"仅 p_c 改变"，只有将 p_c 从亲油 p_c 变为中等润湿 p_c 时，早期采收率才会高，但最终采收率低于亲油条件下的采收率。结果表明，毛细管自吸只能在早期阶段提高采收率。另一种情况是"仅 k_r 改变"，即把亲油 k_r 换成中等润湿 k_r，同时假设 p_c 不发生改变。相应地，ω 的插值参数 p_c 为 0，ω 的插值参数 k_r 为 0.5。当亲油 k_r 变为中等润湿 k_r 时，k_r 只发生部分改变，由于 p_c 不变，因此采收率几乎不变，但最终采收率高于降低界面张力的亲油条件的采收率。这些结果表明，相对渗透率在采油后期起主导作用。

有人可能会问，为什么有 p_c 情况下"仅 p_c 改变"的采油率比没有 p_c 情况下"OW+IFT"的采收率还要低。如图 9.3 所示，水的饱和度越高，毛细管力越低。因此，毛细管力在后期变为流动阻力，从而减少了油的流动。在"WW+IFT"情形下，当早期块体润湿性从亲油性变为亲水性时，正向毛细管力及有效（增加）k_r 必定产生积极作用，从图中可以看出，早期的采收率比"仅 k_r 改变"的情况要高。后期，相对较高的水饱和度可能导致"WW+IFT"的 k_r 比"仅 k_r 改变"的更低。此外，由于界面张力极低，毛细管效应最小，因此采收率取决于 k_r 的大小。

9.5.2 润湿性改变和界面张力降低的相对重要性

表面活性剂的吸附可能导致润湿性改变，吸附得越多，润湿性改变越明显。注入一定量的表面活性剂后，表面活性剂吸附越多，用于降低界面张力的表面活性剂就越少。图 9.8 展示了利用前述模型研究吸附对采收率的影响。主要包括三种情况：一次碱吸附、两倍碱吸附和一半碱吸附。结果表明，吸附量越大，采收率越低。由于吸附量增加，界面张力降低效应比润湿性变化的增强更为显著。这里假定表面活性剂是润湿性改变的机制，说明界面张力比润湿性改变的影响更显著，从这个模型中可以得出具体的观察结果，也适用于后文的讨论。然而，要使这种观察或结论成立，岩心渗透率必须足够高，以便原油可在重力驱动下发生运移，而毛细管力并非主要驱动力。因此，这一结论可能不适用于超低渗地层。

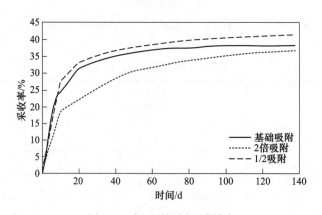

图 9.8 表面活性剂吸附效应

实际上，Zhang 等人（2018）在 Wolfcamp 和 Eagle Ford 岩心收集了 35 个表面活性剂溶液吸入实验数据，他们将原油采收率与接触角、界面张力和毛细管力进行了对比，如图 9.9 所示。结果表明，原油采收率与接触角的相关性要优于与界面张力的相关性，接触角越小，采收率越高；但采收率与界面张力没有相关性，说明表面活性剂溶液的润湿性改变效应比界面张力的降低效应更为重要。

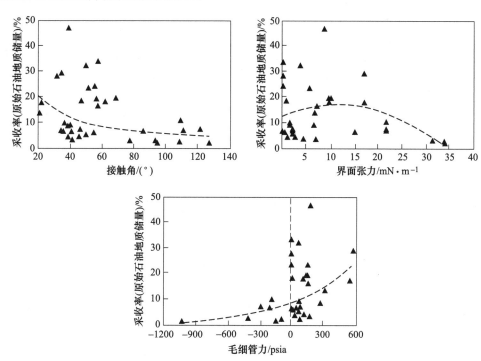

图 9.9 Wolfcamp 和 Eagle Ford 岩心的采收率与接触角、界面张力和毛细管力关系
（以下 URTeC 论文：F. Zhang, I. W. R Saputra, I. A. Adel, D. S. Schechter（2018 年 8 月 9 日）。完井液中添加表面活性剂导致润湿性改变比例：最佳性能表面活性剂选择，非常规资源技术会议，http：//doi. org/10. 15530/URTEC-2018-2889308。转载时需得非常规资源技术会议的许可，如需进一步使用，需获得该会议的许可）
（1psia=6. 8948kPa）
（Zhang 等，2018）

9.5.3 润湿性变或不变时界面张力对自然采收率的影响

如前所述，改变润湿性的主要机制是改变毛细管力，毛细管力与界面张力成正比。因此，降低界面张力实际上减轻了润湿性改变带来的影响，从而降低了产油量或采收率，如图 9.10 所示。在图中，将增量采收率的定义为：在相同界面张力下，润湿性改变采收率减去润湿性无改变采收率。因此，增量采收率仅代表润湿性改变机制导致的采收率变化。界面张力越低，润湿性改变导致的采收率越低。

从图 9.11 中可以看出，在润湿性未发生变化的情况下，较高的界面张力确实提高了采收率，该结果与理论结果一致，同样证实了所用模型中的准确机制。表面活性剂可以降低界面张力并改变润湿性，降低界面张力可以提高采收率，但也减轻了润湿性改变机制，最终产生的影响取决于消极和积极影响二者之间的平衡。

Xie 等人（2005）对比了非离子聚氧乙烯醇（POA）和阳离子（CAC）的自吸速率，

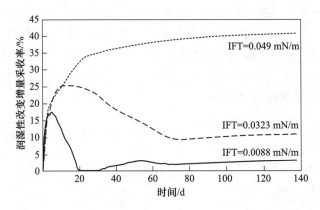

图 9.10 不同界面张力值下润湿性变化对自吸采油的影响

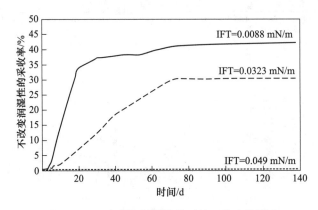

图 9.11 不改变润湿性情况下界面张力的影响

POA 溶液的界面张力（5.7mN/m）是 CAC 溶液（0.3mN/m）的 19 倍。因此，POA 的额外采收率比 CAC 高，采收速度也比 CAC 快，Austad 和 Milter（1997）也得出了同样的观察结论。因为高界面张力无法降低残余油饱和度（无法增加相对渗透率），为了利用润湿性变化，界面张力不应太低，但也不能太高，降低界面张力和改变润湿性可能存在一个最佳组合。理论上，界面张力之所以能够影响产油量，是因为它决定了毛细管力（驱动力）的大小和毛细管数，而毛细管数决定了残余油饱和度（即采收率），所以影响了最终采收率。

Chen 和 Mohanty（2015）通过模拟研究了改变润湿性和降低界面张力对自吸采油的协同作用。根据图 9.12 所示的模拟结果，他们得出结论是：当润湿性改变时，低界面张力对自吸采收率的影响不明显，当润湿性改变与采收率无关时，保持低界面张力非常重要。然而，不管是否存在润湿性改变，低界面张力都非常重要。如图所示，当界面张力为 0.003mN/m 时，无论是否发生润湿性改变，采收率均约为 70%。在图 9.12（a）中，虽然包括了润湿性改变，但随着界面张力的增大，采收率降低，说明润湿性改变对界面张力的促进作用或辅助作用并不明显，该情况下界面张力值可能不高。图 9.12（b）中，由于润湿性没有发生改变，唯一的影响来自界面张力，界面张力越高，采收率下降越明显。从图 9.12 中可以看出，只要界面张力较低（如图中界面张力为 0.003mN/m 时所示），采收率始终较高，与润湿性是否改变无关。从图 9.12（a）中还可以看出，当界面张力较低时，润湿性改变的影响不再那么重要。注意，实验中采用岩心的渗透率均超过 100mD。

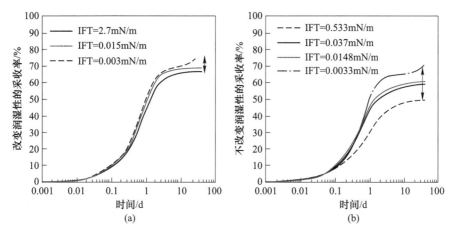

图 9.12　界面张力对采收率的影响
（a）改变润湿性；（b）不改变润湿性
（Chen 和 Mohanty，2015）

更有可能的是，阴离子表面活性剂降低界面张力，而阳离子表面活性剂改变润湿性。Chen 和 Mohanty（2015）在使用表面活性剂研究志留系白云岩岩心自吸采油过程中，对阳离子表面活性剂和阴离子表面活性剂进行了组合，实验数据如图 9.13 所示，表 9.3 列出了这些表面活性剂的相关性质。由图 9.13（a）可知，0.2%阳离子表面活性剂 BTC 8358 自吸采收率为 31.6%。在 0.2% BTC 8358 中加入 0.02%的阴离子表面活性剂 A092，采收率从 10%提高到 41.6%。从图 9.13（b）可以看出，0.1%的阳离子表面活性剂 BTC 8358 和 0.5%的阴离子表面活性剂 AS-3 的组合采收率为 46%，比 1%的阴离子表面活性剂（33%）提高了 13 个百分点。他们声称，采收率的增加是由于阳离子和阴离子表面活性剂的协同作用。阴离子和阳离子表面活性剂结合的另一个好处是减少了阴离子表面活性剂在带正电的碳酸盐岩表面的吸附。然而这里需要注意的是，相反电荷的表面活性剂混合物可能更倾向于发生沉淀。

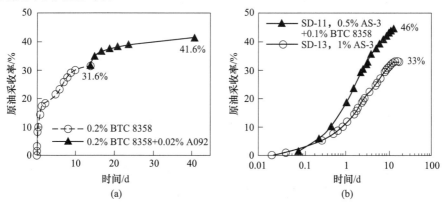

图 9.13　润湿性改变和界面张力降低协同作用
（Chen 和 Mohanty，2015）

表 9.3 表面活性剂性能

表面活性剂	类型	界面张力/mN·m^{-1}	润湿性改变
BTC 8358	阳离子型	3	亲油型变为亲水型
A092	阴离子型	0.03	无
AS-3	阴离子型	0.05	无

虽然 Chen 和 Mohanty（2015）给出了各个表面活性剂性能数据，但没能提供混合表面活性剂溶液的性能数据。混合表面活性剂溶液可能与单个表面活性剂溶液性能有很大不同。为了解确认这些表面活性剂的实际作用机制或协同作用，应测定出混合表面活性剂溶液的性能，以便更清楚地了解混合表面活性剂溶液在提高自然采收率方面的性能。

为了在自吸过程中提高采收率，必须满足混合表面活性剂溶液至少两种特性：（1）将润湿性转变为水润湿性；（2）界面张力处于中值（不能过低或过高）。这些特性将确保表面活性剂溶液能够进入多孔介质并驱油，同时该溶液还具有良好的流动特性，如提高相对渗透率等。

9.6 与页岩和致密地层相关的特殊表面活性剂提高采收率机制

本节对一些与润湿性改变相关的表面活性剂提高采收率机制进行了综述。

9.6.1 阴离子表面活性剂双分子层机制

双分子层的形成机制如图 9.14 所示，阴离子 EO-表面活性剂通过与吸附的原油组分的疏水作用吸附到白垩岩正表面，形成 Chen 和 Mohanty（2015）所说的单分子层。表面活性剂的水溶性头基、EO-基团和阴离子磺酸基可在有机涂层表面与油之间形成小水区，将接触角降低到 90°以下。不能把双分子层的形成看作是白垩岩的永久润湿性变化，事实上，由于表面活性剂和疏水表面之间的疏水键很弱，该过程可能是完全可逆的（Standnes 和 Austad，2000）。

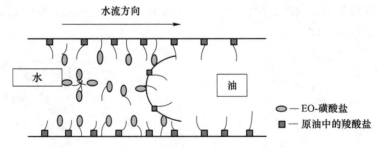

图 9.14 EO-磺酸盐的双分子层机制
(Stadnes 和 Austad, 2000)

为了使阴离子表面活性剂在硬盐水条件下发挥作用，需要添加二价阳离子清除剂，如 EDTA·4Na 和 NaPA，以去除二价阳离子，如 Mg^{2+} 和 Ca^{2+}（Chen 和 Mohanty，2014；2015）。在没有二价阳离子介入的情况下，单体来源于阴离子表面活性剂胶束。在有二价阳离子存在的情况下，二价离子将与胶束结合（Talens 等，1998），与表面活性剂形成沉淀，在两个表面活性剂离子之间起夹带作用，从而产生与二聚表面活性剂相同的性质。顺便说一下，钙和表面活性剂胶束之间的离子键不会改变胶束诱导界面张力降低，因为胶束仍然能够溶解石油（Chen 和 Mohanty，2015），二价离子确实降低了最佳矿化度。

9.6.2 阴离子表面活性剂对有机组分胶束的增溶作用

在表面活性剂溶液的自吸过程中，阴离子表面活性剂（Sasol 的 Alf-38 和 Alf-69（丙氧基硫酸盐- 8po））降低了界面张力，重力超过了毛细管力，表面活性剂溶液侵入岩石表面之间的空隙，留下了一层薄油膜。表面活性剂缓慢溶解油膜，导致润湿性向亲水性转变。润湿性改变的时间尺度比界面张力引起油水弯液面运动的时间尺度要长得多。

9.6.3 离子对机制

当表面活性剂的头基和原油的极性化合物具有相反电荷时，在静电相互作用下形成离子对。这些离子对剥离了吸附的油膜，产生更多的亲水表面（Feng 和 Xu，2015）。在碳酸盐岩储层中，羧酸的负离子与阳离子表面活性剂阳极形成离子对，羧酸被离子对带走。

Austad 及其同事（Standnes 和 Austad，2000；Austad 和 Standnes，2003）认为，阳离子表面活性剂与原油吸附的有机羧酸盐形成离子对，使其稳定进入原油中，从而能够将有机羧酸盐从碳酸盐岩表面解吸出来，使岩石表面变得更亲水。离子对的形成机制如图 9.15 所示。由于静电力的作用，阳离子单体会与原油吸附的阴离子物质发生作用。油、水、岩界面上的部分吸附物质会通过阳离子表面活性剂与带负电荷的吸附物质形成离子对而发生解吸，大多为羧基。本书称这种离子对复合物"阴阳离子表面活性剂"，并认为其是一个稳定的单元。除了静电相互作用外，离子对在疏水作用下十分稳定。离子对不溶于水相，但可溶于油相或胶束中。因此，水会渗透到孔隙系统中，油会通过连通的高含油饱和度孔隙从岩心排出，形成所谓的逆流动模式。因此，一旦被吸附的有机质从岩石表面释放出来，白垩岩就变得更亲水。由于润湿性改变步骤缓慢且是主导机制，阳离子表面活性剂改变后的水湿锋移动缓慢（Kumar 等，2008）。

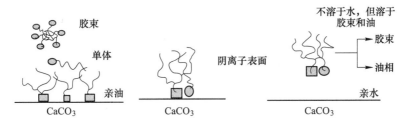

■—羧酸基团，—COO⁻；□—其他极性组分；●—阳离子氨基团，—N⁺(CH₃)₃

图 9.15　离子对将润湿性由亲油向亲水转变的机制

（Austad 和 Standnes，2003）

当带正电荷的有机质吸附到硅质表面时，它会与带负电荷的阴离子表面活性剂头基相互作用形成离子对，然后将润湿性从亲油性转变为亲水性（Alvarez 和 Schechter，2017）。他们报告称，阴离子表面活性剂比带正电荷的表面活性剂更好地改变了带负电荷的硅质岩心的润湿性，因为阴离子表面活性剂与带正电荷的油分子相互作用，大部分碳基化合物吸附在硅质岩石表面，形成离子对。岩石表面的油膜以离子对胶束的形式发生脱附，并由于

它们的疏水性被输送到孔隙中的分散油相中。Liu
等人（2019）还观察到，在阴离子表面活性剂溶
液中，有机质和油膜从岩石表面脱落。下面是离
子对机制的一个例子，如图 9.16 所示。Salehi 等
人（2008）发现通过形成离子对改变润湿性比通
过表面活性剂吸附更有效。

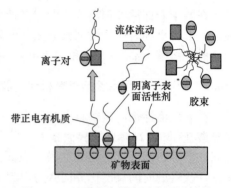

图 9.16　硅质岩中阴离子表面活性剂
离子对机制示意图

9.6.4　表面活性剂吸附机制

　　当阴离子表面活性剂溶液置于碳酸盐地层中
时，表面活性剂的带电疏水头基通过静电作用吸
附在未被抗衡离子占据的表面（带正电荷）。如
果表面活性剂的吸附很稀疏，那么吸附的表面活性剂分子之间的相互作用可以忽略不
计（Atkin 等，2003；Paria 和 Khilar，2004），岩石表面将变得更加亲油，如图 9.17 所示。
然而，如果碳酸盐岩表面原本被带负电荷油组分强烈占据，阴离子表面活性剂分子通过竞
争吸附在岩石表面，那么油组分占据岩石表面较少，导致弱亲油性。

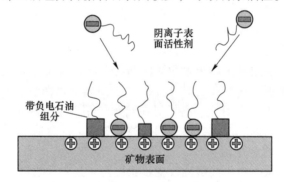

图 9.17　碳酸盐岩中阴离子表面活性剂润湿性改变示意图

　　类似地，对于阳离子表面活性剂，带正电头基通过静电作用吸附到带负电的硅质矿物
表面，可能会导致矿物表面变得更亲油，如图 9.18 所示（Liu 等，2019）。Bi 等人
（2004）认为，此过程代表了阳离子表面活性剂浓度较低时，表面活性剂首次吸附形成单
分子层的过程。当表面活性剂浓度高时，发生第二次吸附，形成双分子层，表面活性剂的
亲水部分暴露在水相中，因此岩石变得更亲水。

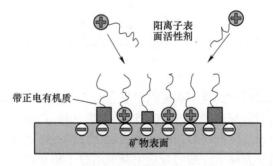

图 9.18　硅质岩石中阳离子表面活性剂润湿性改变示意图

如果矿物硅质表面原本就被带负电荷的油组分密集占据，而阳离子表面活性剂分子通过竞争吸附吸附到岩石表面，带正电荷油组分占据岩石表面较少，可能导致弱亲油性。

9.6.5 非离子表面活性剂单分子层吸附

非离子型表面活性剂在岩石表面（碳酸盐岩或硅质岩）通过疏水作用进行物理吸附，而非静电或化学吸附，在亲油性表面形成表面活性剂单分子层。亲油性可以变为弱亲油性或中等润湿性，如图 9.19（a）所示。由于疏水作用较少，故该过程可逆（Salehi 等，2008；Standnes 等，2002）。当加入表面活性剂时，由于表面张力梯度或 Gibbs-Marangoni 效应，表面活性剂分子倾向于扩散到孤立油滴和水之间的界面（Sheng，2013d）。表面活性剂分子取代了附着在岩石表面的油，孤立的油滴逐渐缓慢卷起，最终脱离岩石表面，如图 9.19（b）所示。

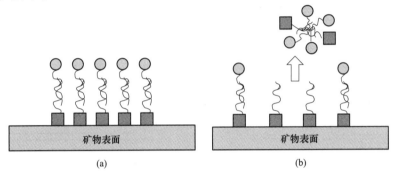

(a)　　　　　　　　　　(b)

图 9.19　润湿性改变的单分子层机制示意图

9.6.6 界面张力降低对润湿性改变的影响

Liu 等人（2019）发现，在阴离子表面活性剂溶液中，界面张力越低，页岩表面的润湿性越具有亲水性。这是因为润湿角和界面张力都随着表面活性剂浓度的增加而减小，如图 9.20 和图 9.21 所示。而在非离子表面活性剂中，在界面张力较低的情况下，润湿性几乎没有变化。随着 σ_{ow} 的减少，油膜的脱附并没有显著增加附着功 W，如图 9.22 所示，计算公式如下：

$$W = (\sigma_{ow} + \sigma_{ws})A - \sigma_{os}A \qquad (9.37)$$

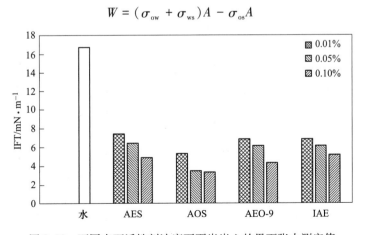

图 9.20　不同表面活性剂浓度下页岩岩心的界面张力测定值

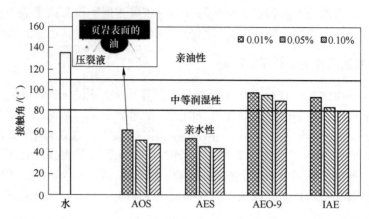

图 9.21 不同浓度的表面活性剂浸泡页岩岩心 48h 后的岩心接触角变化

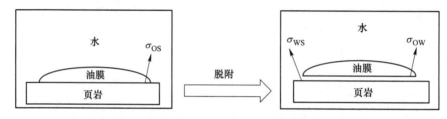

图 9.22 油膜剥离过程示意图

因此，界面张力的降低有利于油膜或有机质从岩石表面脱附，在非离子表面活性剂溶液中，油膜或有机质没有静电力，所以没有剥离。页岩改变润湿性的过程主要基于吸附而非离子对的剥离。因此，降低界面张力对润湿性改变的影响小于阴离子表面活性剂。

9.7 改变润湿性的表面活性剂选择

在大量表面活性剂驱油文献中，将多个表面活性剂用于降低界面张力，但很少讨论表面活性剂对润湿性的改变。这些表面活性剂可以是非离子表面活性剂（Standnes 等，2002；Vijapurapu 和 Rao，2004；Xie 等，2005），阳离子表面活性剂（Austad 等，1998；Standnes 等，2002）和阴离子表面活性剂（Sharma 和 Mohanty，2013；Seethepalli 等，2004年；Chen 和 Mohanty，2013）。非离子型氟化聚合物表面活性剂常用于处理凝析气藏，通过改变气藏的润湿性，使之适应更多的气润湿条件，从而降低凝析气损失（Li 和 Firoozabadi，2000；Kumar 等，2006 年；Sharma 等，2018 年）。乙氧基硫酸盐类能够将碳酸盐岩表面从亲油性转换为亲水性，但它们的高温稳定性较差（例如 60℃）。Hirasaki 和 Zhang（2004）在室温下的研究表明，在碳酸盐岩岩心中加入 Na_2CO_3 时，乙氧基和丙氧基硫酸盐具有良好的自吸采油性能。磺酸盐和羧酸盐热稳定性较好，但通常它们在改变润湿性方面很差（Chen 和 Mohanty，2015）。Sharma 和 Mohanty（2013）测试了乙氧基磺酸盐在 100℃硬盐水中的润湿性变化，他们发现在 90℃情况下，水接触角开始低。Chen 和 Mohanty（2013，2014）发现，二价清除剂（如 EDTA·4Na、聚丙烯腈钠（NaPA））能够隔离硬盐水中的二价离子，然后释放出阴离子表面活性剂，在固-液界面发生反应，将碳酸盐的润湿性从亲油性转变为亲水性。一般来说，阴离子表面活性剂比阳离子表面活性剂便宜。研究发现了一种能有效地改变亲油性方解石表面的润湿性的季胺类表面活性剂 BTC 8358（n-烷基二甲基苄基氯化铵）。将两种 Guerbet 烷氧基硫酸盐和一种内烯烃磺酸盐（IOS）进行组合，该组合在矿化度低于最佳矿化度时表现为一种强润湿性调节剂。阳离子表面活性剂 BTC 8358 和阴离子表面活性剂 Enordet A092（C_{16}，C_{17}支链 IOS 降低 IFT）的混合物也具有较高的自吸采收率（Chen 和 Mohanty，2015）。

　　Liu 等人（2019）比较了阴离子表面活性剂和非离子表面活性剂改变润湿性的能力，图 9.23 显示了这些表面活性剂溶液中的 ζ 电位。结果表明，表面活性剂浓度相同的情况下，ζ 电位的绝对值随表面活性剂浓度的增加而增大。阴离子表面活性剂（AES）和 $C_{14\sim16}$ α-烯烃磺酸钠（AOS）的增幅远大于非离子表面活性剂。在相同浓度下，阴离子表面活性剂溶液的 ζ 电位（绝对值）高于非离子表面活性剂溶液（乙醇乙氧基酯（AEO-9）和同分异构体乙醇乙氧基酯（IAE））。在 0.01%、0.05% 和 0.1%（质量分数）浓度下，非离子表面活性剂溶液的 ζ 电位绝对值均小于 20mV，与水的 ζ 电位接近。

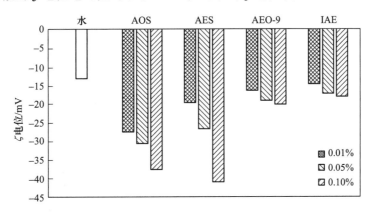

图 9.23　不同表面活性剂浓度下页岩岩心的 ζ 电位

　　以上数据表明，ζ 电位越高，岩心的亲水性越好，所以阴离子表面活性剂在改变润湿性方面要优于非离子表面活性剂，从表面活性剂溶液中浸泡 48h 后测得的触角（见图 9.21）及不同表面活性剂溶液自吸 48h 后从岩心中流出的原油（见图 9.24）均证实了上述观点。然而，阴离子表面活性剂形成离子对改变润湿性需要一定的时间，表面活性剂吸附机制可使接触角立即降低。AOE 和 AES 阴离子表面活性剂的润湿性随时间的变化如图 9.25 所示。表面活性剂改变润湿性的有效性取决于岩石类型。Chen 和 Mohanty（2014）报道了 Adibhatla 和 Mohanty（2008）开展的相关工作，软盐水中 α-烯烃磺酸盐（AOS）或烷基芳基磺酸盐的性质不会改变碳酸盐岩的润湿性，但在 Adibhatla 和 Mohanty（2008）的原作中未发现这些数据。

　　非离子表面活性剂具有优异的溶解性、高化学稳定性和高硬盐水耐受性，但它们的浊点很低。Chen 和 Mohanty（2014）测试了一种名为乙氧基化脂肪胺的表面活性剂，AkzoNobel 称其为 Ethomeen。在中性到高 pH 值时，Ethomeen 是一种三胺，具有乙氧基（EO）基团。在酸性盐水中，其可被质子化，成为阳离子表面活性剂。EO 基团通常能在高温下增强表面活性剂的亲水性。试验表明，Ethomeen T/25 是改变劣质白云岩润湿性

图 9.24 在不同浓度的表面活性剂溶液中浸泡 48h 后,页岩岩心见油

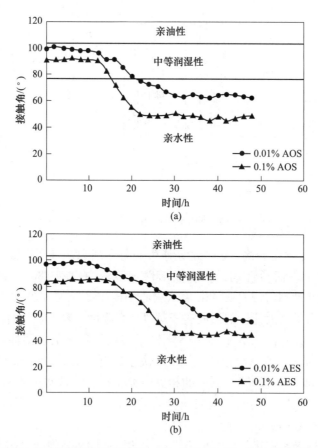

图 9.25 阴离子表面活性剂 AOS (a) 和 AES (b) 接触角随时间变化

的优良备选材料。

岩石类型可能影响表面活性剂的选择,Feng 和 Xu (2015) 的研究表明,对于总酸度 (TAN) 较高的页岩油碳酸盐岩,阳离子表面活性剂要优于阴离子表面活性剂,对于总

碱度（TBN）较高的页岩油砂岩，阴离子表面活性剂则要优于阳离子表面活性剂。

Alvarez 等人（2018）认为，阳离子表面活性剂比阴离子表面活性剂更能将 Wolfcamp 和 Eagle Ford 岩石的碳酸盐表面的亲油性改变为亲水性，这是由于其带正电荷头基与带负电荷油化合物（主要是酸化合物）之间发生静电相互作用，附着在 Wolfcamp 和 Eagle Ford 岩石中带正电荷的碳酸盐表面。附着在岩石表面的油分子被剥离，并运移至油相中，从而将岩石润湿性变为弱亲油性。表 9.4 给出了不同岩心使用不同表面活性剂的界面张力降低和润湿性变化的数据。当使用阴离子、非离子和阳离子表面活性剂时，碳酸盐岩岩心（Wolfcamp 和 Eagle Ford）的采收率最高（分别为 47.3% 和 9.0%），阳离子表面活性剂溶液的最终接触角最小（分别为 38.1° 和 34.3°）。图 9.26~图 9.28 分别显示了表面活性剂溶液的接触角、ζ 电位和界面张力测量值。需要注意的是，阳离子溶液的 ζ 电位绝对值低于阴离子溶液和阴离子/非离子溶液，结果与接触角不一致（如果一致，其绝对值应该更高，参见其他学者的研究（Liu 和 Sheng，2019））。阳离子溶液的界面张力高于阴离子和阴离子/非离子溶液，最终的毛细管力也最高，且阳离子溶液具有较高的采收率。低润湿角和中等界面张力使得毛细管正压力较高，有利于原油的自吸采出。

表 9.4 不同岩心不同表面活性剂界面张力降低和润湿性变化

岩心	表面活性剂	表面活性剂成分	界面张力/mN·m^{-1}	最终接触角/(°)	最终毛细管力p_c/psi	采收率/%
Wolfcamp 碳酸盐岩岩心（石英 13%，黏土 15%，方解石 46%，白云石 19%，长石 4%，黄铁矿 3%）（Alvarez 等，2018）						
1	阴离子型 1	甲基醇，专有磺酸盐	0.4	45.6	16	24.3
2	阴离子/非离子型	甲基醇，磺化 A，磺化 B，乙氧基醇	0.9	47.4	35	18.9
3	阴离子型 2	异丙醇柑橘萜类，专有	3.9	48.7	149	32.6
4	阳离子型	异丙醇、乙氧基醇、季氨化合物、柑橘萜类	8.9	38.1	406	47.3
5	水		21.8	89.9	2	7.6
Eagle ford 碳酸盐岩岩心（石英 17%，黏土 35%，方解石 40%，白云石 1%，长石 3%，黄铁矿 4%）（Alvarez 等，2018）						
6	阴离子型 1	甲基醇，专有磺酸盐	0.7	47.2	20	6.5
7	阴离子/非离子型	甲基醇，磺化 A，磺化 B，乙氧基醇	1.2	53.4	30	4.5
8	阴离子型 2	异丙醇柑橘萜类，专有	2.3	48.3	63	5.8
9	阳离子型	异丙醇、乙氧基醇、季氨化合物、柑橘萜类	6.9	34.3	236	9.0
10	水		34.4	89.5	12	2.1
Wolfcamp 硅质岩心（石英 40%，黏土 40%，方解石 4%，白云石 2%，长石 7%，黄铁矿 7%）（Alvarez 和 Schechter，2017）						
	非离子型	支链醇氧烷基化物	9.8	32	—	
3	非离子/阳离子型	乙氧基异癸醇，季铵化合物，季铵盐	9.8	62.6	327	18.4
4	非离子/阳离子型	乙氧基异癸醇，季铵化合物，季铵盐	9.8	56.6	391	19.7

续表9.4

岩心	表面活性剂	表面活性剂成分	界面张力 /mN·m⁻¹	最终接触角 /(°)	最终毛细管力 p_c/psi	采收率 /%
1	阴离子型	甲基醇，专有磺酸盐	0.4	57.4	16	33.9
2	阴离子型	甲基醇，专有磺酸盐	0.4	32.4	24	28.5
	非离子/阴离子型	甲基醇，专有乙氧基，专有磺酸盐	4	46	—	—
5	水		21.8	110.9	−564.0	7.1
6	水		21.8	108.7	−507.0	10.5

注：1psi=6894.757Pa。

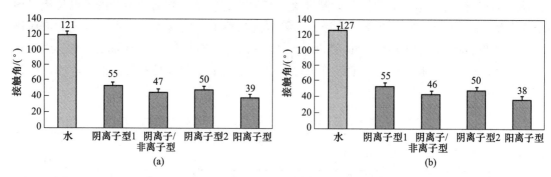

图9.26　Wolfcamp W-1 井碳酸盐岩岩心（a）和 Eagle Ford EF-1 井碳酸盐岩岩心（b）
用不同表面活性剂溶液（浓度 2g/t）时的接触角

（Alvarez 等，2018）

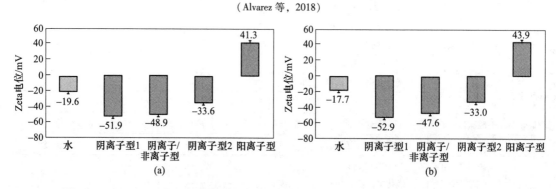

图9.27　Wolfcamp W-1 井碳酸盐岩岩心（a）和 Eagle Ford EF-1 井碳酸盐岩岩心（b）
用不同表面活性剂溶液（浓度 2g/t）时的 ζ 电位

（Alvarez 等，2018）

　　然而，当阴离子表面活性剂溶液的最终接触角较小（57.4°和32.4°）时，Wolfcamp 硅质岩心的自吸采收率较高（表9.4中分别为33.9%和28.5%），接触角单独测量值如图9.29所示。同理，在上述碳酸盐岩岩心中，硅质岩心中阴离子溶液的ζ电位绝对值低于非离子/阳离子溶液，如图9.30所示，结果与它们的接触角值不一致。非离子/阳离子溶液的界面张力比阴离子溶液高，最终毛细管力也要大得多，但非离子/阳离子溶液的采收率较低。这表明，较低的润湿角比较高的界面张力更有利于采油。一般来说，阴离子表面活性剂的界面张力比非离子或阳离子表面活性剂低。

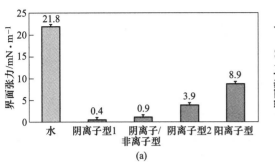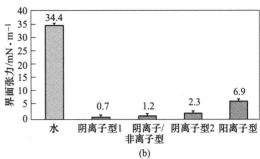

图 9.28　Wolfcamp W-1 井碳酸盐岩岩心（a）和 Eagle Ford EF-1 井碳酸盐岩岩心（b）
用不同表面活性剂溶液（浓度 2g/t）时的界面张力

（Alvarez 等，2018）

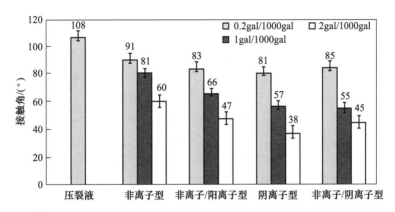

图 9.29　相同井深 Wolfcamp 硅质岩心表面活性剂溶液接触角

（1gal=4.405L）

（Alvarez 和 Schechter，2017）

图 9.30　不同浓度表面活性剂溶液在 Wolfcamp 硅质岩心上的 ζ 电位

（1gal=4.405L）

（Alvarez 和 Schechter，2017）

　　表 9.5 对上述讨论进行了总结。在凝析气藏中，氟碳表面活性剂可将润湿性变为弱亲水或高亲气型，第 4 章已经对此进行了讨论。

表 9.5　表面活性剂选择指南

项目	砂岩	碳酸盐岩
岩石表面电荷	−	+
吸附油化合物	弱酸性，如烷基化喹诺酮类吡啶类	弱碱性，如有机羧酸
首选表面活性剂	阴离子型	阳离子型

9.8　润湿性的测定

润湿性改变对于页岩和致密储层非常重要，因此必须准确测定岩石的润湿性。在讨论确定页岩或致密岩心润湿性方法前，首先回顾一下测定常规岩心润湿性中所采用的方法。

9.8.1　常用方法

首先需明确中等润湿性、部分润湿性及混合润湿性相关术语。Anderson（1986，1987）将该接触角（通过水相测量）为 60°~75° 至 105°~120° 的体系定义为中性润湿，低于 60°~75° 为亲水型，高于 105°~120° 为亲油型，说明中性润湿与中等润湿表达的是相同的意思。严格意义上说，中性润湿，接触角应该接近 90°（Dandekar，2013）。部分润湿性是指体系部分孔隙为亲水型，剩余部分为亲油型。Jerauld 和 Rathmell（1997）指出，当同一孔隙中同时存在亲油和亲水区域时，即为部分润湿性。Salathiel 于 1973 年提出了混合润湿性，它是一种特殊的部分润湿性，即亲油表面通过大孔隙形成了连续路径，混合润湿性的应用范围广泛，实际上是指部分润湿性。在现代的一些文献报道中，混合润湿性比部分润湿性更常用。

确定润湿性的典型方法有接触角测定法、Amott 法（通常称为 Amotte-Harvey 法）、美国矿务局（USBM）法及 Amott-USBM 联合法。接触角测定法受到岩石润湿性非均质性和表面粗糙度的影响。Amott 方法（Amott，1959）或 Amott-Harvey 方法（Boneau 和 Clampitt，1977）可用于测定岩心的整体或平均润湿性。虽然公式各不相同，但其原理相同：润湿流体比非润湿流体更易被吸入岩心。Amott-Harvey 方法中，自吸结束后，继续进行强制渗吸。Amott 方法和 Amott-harvey 方法的共同问题是页岩或致密岩心的自吸过程非常缓慢，测试时间较长，限制了这种方法在页岩和致密岩心中的应用。

美国矿务局（USBM）方法（Donaldson 等，1969）将岩心样品在充水离心管中旋转，经过一系列不同旋转速率的旋转后，样品达到残余油饱和度（S_{or}），然后将其放入充油管中进行另一系列的测定。该方法包括两个阶段：第一阶段为强制自吸，第二阶段为强制排水，离心力代表毛细管力。当强制自吸过程中的毛细管力低于抽油过程中的毛细管力时，岩心的亲水性更强，反之亦然。目前市面上可用的离心机仪器的离心力不足以置换出页岩或致密岩心中的流体。因此，该方法不适用于页岩或非常致密的岩心。

在 USBM 的测试中，没有测量到自吸现象，自吸主要发生在低压初始离心过程。因此，首选 Amott-USBM 综合方法（Sharma 和 Wunderlich，1987；Anderson，1986）。试验中，自吸主要发生在 Amott 腔室，而强制自吸发生在高速离心机中，过程中采用了与 USBM 试验相同的多个旋转速率。

9.8.2　毛细管上升法和薄膜吸水法

毛细管中等润湿相高度 h 计算如下：

$$h = \frac{p_c}{\Delta\rho g} \tag{9.38}$$

毛细管力计算公式为：

$$p_c = \frac{2\sigma\cos\theta}{r} \tag{9.39}$$

式中　$\Delta\rho$——润湿流体和非润湿流体之间的密度差；

　　　σ——界面张力；

　　　θ——接触角；

　　　r——毛细管半径；

　　　g——重力常数。

接触角由上述方程计算而得（Siebold 等，1997），薄层吸水法也基于同样原理。该方法中将覆盖有岩石颗粒的玻片垂直浸入液体中，并用摄像机测定液体上升高度（Van Oss 等，1992）。

9.8.3　自吸方法

对于页岩和致密岩石，一般通过测量水和油的接触角和自吸体积来测定其润湿性。该方法的原理是，如果一种岩石比另一种岩石更亲水，则其中水的渗吸体积会更高（Zhou 等，2000）。如果岩石渗吸的水比油多，那么岩石就更亲水。同样，亲水角（接触角）越小，亲水程度越高。润湿角的测定必须在液-液体系中而不是液-气体系中，下文会对此进行讨论。Lan 等人（2015a）定义了水的润湿性指数（WI_w）与油的润湿性指数（WI_o）：

$$WI_w = \frac{V_{w1}}{V_{w1} + V_{o2}} \tag{9.40}$$

$$WI_o = \frac{V_{o2}}{V_{w1} + V_{o2}} \tag{9.41}$$

式中　V_{w1}——吸入干岩心柱 1 中的归一化水体积；

　　　V_{o2}——吸入干岩心柱 2 中的归一化油体积，岩心柱 1 和岩心柱 2 相同。

归一化体积计算方法是将水和油的最终平衡体积分别除以它们的堵塞孔隙体积。这些归一化的 V_{w1} 和 V_{o2} 实际上是渗吸饱和度 S_{w1} 和 S_{o2}。实验中，将岩心柱垂直放置，岩心柱底面与渗吸的水或油接触。在实验中，水的重力和油的重力是不同的。严格地说，应当水平放置岩心柱。

文献表明，当用水和油的渗吸来评价润湿性时，渗吸体积越高，渗吸速率越快。该结论并非完全正确，在对比渗吸速率时，还需要考虑流体黏度和水-油表面张力差异。因此，建议开展逆流渗吸实验，对其中一个岩心柱初始油饱和，然后测定吸水量（饱和度），另一个岩心柱则初始水饱和，然后测定其吸油体积（饱和度）。润湿性指数定义如下：

$$WI_w = \frac{S_{w1}}{S_{w1} + S_{o2}} \tag{9.42}$$

$$WI_o = \frac{S_{o2}}{S_{w1} + S_{o2}}$$

(9.43)

岩心柱必须水平放置，特别是当界面张力较低时，因为重力相对更为重要。

9.8.4 孔隙空间成像法

得益于显微断层摄影技术的最新技术进展，研究人员能够在储层条件下对岩石中的流体分布进行无损成像。Andrew 等人（2014）利用显微断层摄影技术（微 CT 成像）在储层条件下测得了碳酸盐岩-scCO$_2$ 体系的有效接触角，如图 9.31 所示。在垂直于接触线的平面上对微 CT 数据重新取样，并通过追踪与固体表面和 scCO$_2$ 界面相切的矢量来手动测定接触角。尽管该技术需要详细成像和一系列复杂的实验方法，但可以对储层条件下的多相流体结构进行成像。可在不同位置拍摄这些图像，并进行统计分析。目前，研究人员已经将这种直接测定方法与微 CT 扫描、高分辨率 SEM 图像和成像相结合，来测定接触角，判断岩石表面的化学成分，从而成功地预测了流体构型和多相性质（ Idowu 等，2015 ）。然而，纳米孔系统中存在分辨率问题，因此，Kumar 等人（2008）使用原子力显微镜研究了表面活性剂对润湿性的影响。

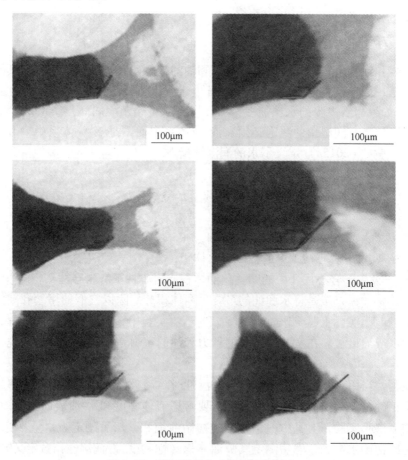

图 9.31 岩石样品中直接测定接触角

（Andrew 等，2014）

Akbarabadi 等人（2017）利用纳米 CT 直接研究超致密储层岩样纳米孔隙内流体的占有率，并研究了自吸和孔隙尺度的润湿性。

9.8.5 核磁共振法

核磁共振法（NMR）是一种快速、无损的润湿性研究方法，其中核磁共振发生在核系统中。在多孔介质中，核磁共振信号振幅与含氢流体中的氢原子数成正比。因此，该技术可用于研究多孔介质中烃类和水的分布。偶极矩时间演化过程中存在两种核磁共振弛豫：纵向弛豫（T_1）和横向弛豫（T_2）。T_2 谱比 T_1 谱的应用更广泛，T_2 谱测量时间更短，但可提供与 T_1 谱相同的孔隙信息。固-液界面上的分子运动低于整个液体中的分子（Brown 和 Fatt，1956）。固体表面减缓了分子的自旋，因此需要更长的弛豫时间来适应新磁场。弛豫速率反映在横向弛豫时间 T_2 上，弛豫速率 v 越大，T_2 越长（v 与 $\exp(-t/T_2)$ 成正比）。这一影响的大小取决于被液体覆盖的固体面积，与固体相对于液体的润湿性特性有关。固体表面的润湿性可以减少弛豫时间，亲油性固体面弛豫时间小于亲水性的面弛豫时间。换句话说，如果岩石更亲水，则 T_2 更小。

孔隙介质中横向弛豫时间 T_2、分散液体横向弛豫时间 $T_{2,\text{bulk}}$、孔隙比表面积 A、表面相对密度 ρ 及孔隙体积的关系为（Looyestijn 和 Hofman，2006）：

$$\frac{1}{T_2} = \frac{1}{T_{2,\text{bulk}}} + \rho \frac{A}{V} \tag{9.44}$$

式（9.44）中可加入流体扩散效应 $DGT_E\gamma/12$（其中，D 为流体扩散系数，cm^2/s；G 为磁梯度；T_E 为测量序列回波间距，ms；γ 为回转磁比）。在核磁共振仪磁场相对均匀、磁梯度极小的实验条件下，可以忽略扩散弛豫。在致密多孔介质中，因为体弛豫 $T_{2,\text{bulk}}$ 时间比面弛豫时间更长，所以通常不考虑体弛豫时间。因此，测得的 T_2 谱弛豫时间主要由面弛豫决定。孔隙越小，面积与体积的比越大，T_2 越短。大孔隙中流体的 T_2 值较高，因为可在更多的岩心中显示核磁共振效应，而小孔隙中流体的 T_2 值较低。T_2 弛豫时间与样品比表面积成反比（Appel，2004）。换句话说，孔隙半径 r 与 T_2 成正比（Zhao 等，2015）：

$$T_2 = C_r \tag{9.45}$$

式中 C——转换常数。

式（9.46）和式（9.47）分别适用于覆盖固体 A_o 和 A_w 不同区域的油水体系：

$$\frac{1}{T_{2,w}} = \frac{1}{T_{2,\text{bulk},w}} + \rho_w \frac{A_w}{VS_w} \tag{9.46}$$

$$\frac{1}{T_{2,o}} = \frac{1}{T_{2,\text{bulk},o}} + \rho_o \frac{A_o}{VS_o} \tag{9.47}$$

式中 下标 w，o——水和油；

S——饱和度。

研究认为，固体亲水性越高，水在固体表面的覆盖区域越大。因此，润湿指数 I_w 可定义为：

$$I_w = \frac{\text{亲水表面积} - \text{亲油表面积}}{\text{总表面积}} \tag{9.48}$$

Looyestijn 和 Hofman（2006）发现，可采用 NMR 法定量化润湿性指数 I_w 与 USBM 指数，结果具有较好的一致性，如图 9.32 所示。

Liu 和 Sheng（2019）利用核磁共振技术研究了表面活性剂对润湿性改变的影响，其中岩心初始被石油饱和，重水自吸入岩心。重水没有核磁共振信号，原油有一定的信号强度，因此，随着重水吸水量的增加，核磁共振信号振幅减小。图 9.33 为 0.01% 和 0.1% 两种表面活性剂浓度下，不同表面活性剂的重水和重质油在不同自吸时间时的核磁共振振幅。可以得出以下几点结论。首先，从

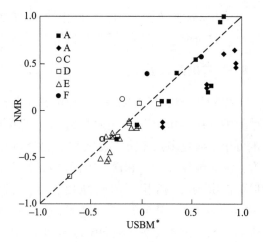

图 9.32　NMR 润湿性指数与 USBM 指数对比
（Looyestijn 和 Hofman，2006）

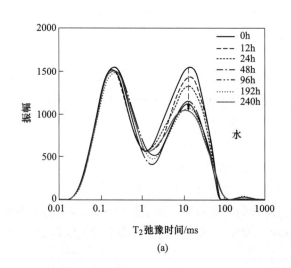

(a)

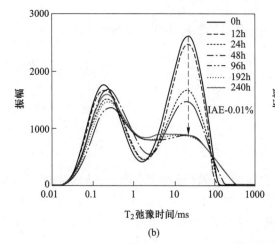

(b)

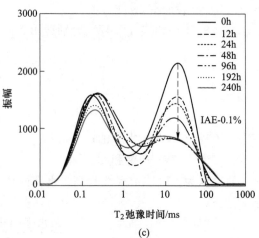

(c)

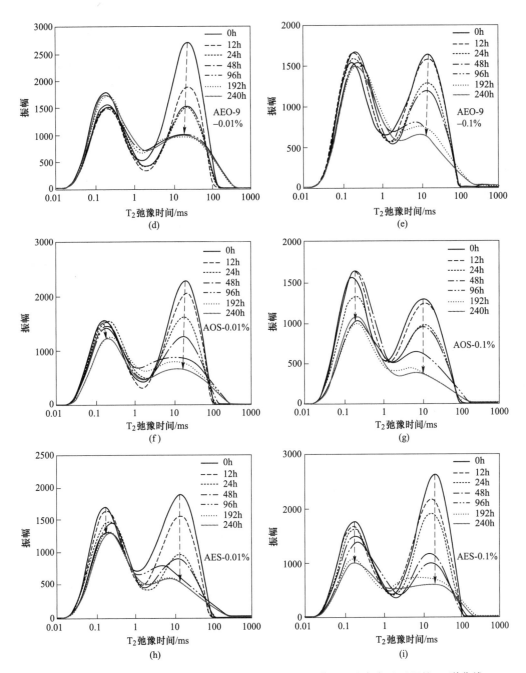

图 9.33 不同表面活性剂 0.01% 和 0.1% 浓度下，重质油和重水自吸过程的 T_2 谱曲线

图中可以看出，岩心存在两个 T_2 峰，第一个表示小半径孔隙，第二个表示大半径孔隙。图 9.33（a）表明重水几乎无法自吸进入小孔隙，随着更多重质油进入大孔隙，产生了更多的核磁共振信号，表明置换出了更多的油，T_2 振幅随时间变化逐渐减小。图 9.33（b）和图 9.33（c）分别显示了含 0.01% 和 0.1% 浓度表面活性剂 IAE 的重水吸入岩心时的 T_2 振幅。由于表面活性剂可以将润湿性由亲油型转变为亲水型，因此可将重水吸入小孔隙中（如图 9.33（b）（c）左峰所示）。上述这些观察结论同样适用于除 AEO-9 之外的其他

表面活性剂溶液，观察发现 0.1% 浓度 AEO-9 表面活性剂溶液的右峰低于 0.01% 浓度 AEO-9 表面活性剂溶液的右峰，造成这种现象的原因可能是岩心本身的差异。

通过对阴离子表面活性剂溶液和非离子表面活性剂溶液的 T_2 谱图比较发现，阴离子表面活性剂对小孔隙采收率的提高程度大于非离子表面活性剂，这是由于阴离子表面活性剂对小孔隙润湿性的影响更大。

9.8.6 Zeta 电位测定法

参照图 9.34，当粒子被液体包围时，会在粒子周围形成两个层。一层是由于粒子表面存在电荷，离子被吸引到粒子表面附近形成的固定层。另一层由库仑力吸引到表面电荷的离子组成的扩散层，对第一层形成电屏蔽。因为离子可以在电吸引和热运动作用下自由移动，所以扩散层与粒子之间的连接很松散。在这两层之间，存在一个滑动平面，该平面将移动流体和附着在粒子上的流体分开，ζ 电位是滑动平面上的电动电位。

岩石-盐水界面的表面电荷决定了 ζ 电位的大小。当 ζ 电位绝对值较大时，岩石-盐水界面与盐水-油界面之间的斥力更强，使水膜更稳定，油膜更容易从岩石表面剥离，从而使岩石表面更具亲水性。

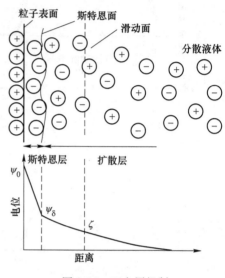

图 9.34 双电层机制

9.8.7 润湿性测定方法讨论

如图 9.35 所示，油-水-固体系平衡时的界面张力 σ 与润湿性指数 $\cos\theta_{ws}$、$\cos\theta_{os}$ 的关系如下：

$$\cos\theta_{ws} = \frac{\sigma_{os} - \sigma_{ws}}{\sigma_{wo}} \quad (9.49)$$

$$\cos\theta_{os} = \frac{\sigma_{ws} - \sigma_{os}}{\sigma_{wo}} \quad (9.50)$$

式中 下标 s、w 和 o——固相、水相和油相。

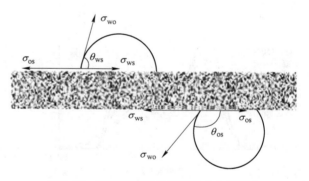

图 9.35 平衡状态下的界面张力和润湿角

根据式（9.49）和式（9.50），$\cos\theta_{ws} = -\cos\theta_{os}$。因此油的接触角 $\theta_{os} = \pi - \theta_{ws}$。对于亲水性岩石，亲水角小于 90°，亲油角大于 90°。因此，可得出了结论 1：在水-油-固体系（液-液-固体系）中，可用岩心的亲水角或亲油角来确定其润湿性。

在气-液-固体系中，可得出以下两个方程式：

$$\cos\theta_{wsa} = \frac{\sigma_{as} - \sigma_{ws}}{\sigma_{wa}} \quad (9.51)$$

$$\cos\theta_{osa} = \frac{\sigma_{as} - \sigma_{os}}{\sigma_{oa}} \quad (9.52)$$

这两个方程中，用 a 分别代替 o 和 w，下标 a 代表空气。一般来说，岩石的液体润湿性高于气体润湿性。因此，$\cos\theta_{wsa}$ 和 $\cos\theta_{osa}$ 均为正值。由前两个方程，可以得到：

$$\cos\theta_{wsa} - \cos\theta_{osa} = \frac{\sigma_{as} - \sigma_{ws}}{\sigma_{wa}} - \frac{\sigma_{as} - \sigma_{os}}{\sigma_{oa}} = \frac{\sigma_{as}(\sigma_{oa} - \sigma_{wa}) - \sigma_{ws}\sigma_{oa} + \sigma_{wa}\sigma_{os}}{\sigma_{wa}\sigma_{oa}}$$

$$= \frac{\sigma_{as}(\sigma_{oa} - \sigma_{wa}) - \sigma_{ws}(\sigma_{oa} - \sigma_{wa}) + \sigma_{wa}(\sigma_{os} - \sigma_{ws})}{\sigma_{wa}\sigma_{oa}}$$

$$= \frac{(\sigma_{oa} - \sigma_{wa})(\sigma_{as} - \sigma_{ws}) + \sigma_{wa}(\sigma_{os} - \sigma_{ws})}{\sigma_{wa}\sigma_{oa}}$$

$$(9.53)$$

之后开始考虑亲水性岩石，参见式（9.49），因为余弦项必须为正，所以亲水性岩石的 $\sigma_{os} > \sigma_{ws}$，因此式（9.53）的分子式上面第二项为正。同样，在分子式第一项中，岩石更倾向于亲水性而非空气润湿性，因此 $\sigma_{as} > \sigma_{ws}$；通常 $\sigma_{oa} < \sigma_{wa}$，所以第一项为负，故分子式存在一个正值，一个负值。因此 $\cos\theta_{wsa} - \cos\theta_{osa}$ 可能为正也可能为负。那么亲水性岩石中测得的 θ_{wsa} 不一定小于 θ_{osa}，也就意味着，即使 θ_{wsa} 大于 θ_{osa}，岩石仍然可能是亲水型。因此，得出了结论 2：在气-水-固体系（气-液体系）中，不能用亲水角来确定润湿性，同样，在气-油-固体系（气-液体系）中，不能用亲油角来确定润湿性。

人们通常可能会认为，如果吸入干岩心的水的体积大于油，那么岩石具有亲水性。根据 Washburn（1921）的方程，流体进入半径为 r 的毛细管的吸入速度为：

$$\frac{dl}{dt} = \frac{\left(\Delta\Phi + \dfrac{2\sigma\cos\theta}{r}\right)r^2}{8\mu l}$$

$$(9.54)$$

式中 l——自吸距离；

       Φ——电位；

       t——自吸时间；

       σ——界面张力；

       μ——相的黏度；

       θ——接触角。

在自吸过程中，$\Delta\Phi$ 为 0。对上述方程积分，可得到吸入体积方程：

$$V^2 = \frac{\pi\sigma\cos\theta r^5}{2\mu}t$$

$$(9.55)$$

则自吸水体积与自吸油体积之比为：

$$\frac{V_w}{V_o} = \sqrt{\frac{\sigma_{wa}\cos\theta_{wa}\mu_o}{\sigma_{oa}\cos\theta_{oa}\mu_w}}$$

$$(9.56)$$

如果 $V_w > V_o$、$\sigma_{wa}\mu_o\cos\theta_{wa} > \sigma_{oa}\mu_w\cos\theta_{oa}$，由于 $\sigma_{wa} > \sigma_{oa}$、$\mu_o > \mu_w$，所以 $\cos\theta_{wa}$ 无需远大于 $\cos\theta_{oa}$。因此，岩石也未必是亲水型。如果 $V_w < V_o$、$\sigma_{wa}\mu_o\cos\theta_{wa} < \sigma_{oa}\mu_w\cos\theta_{oa}$，由于 $\sigma_{wa} > \sigma_{oa}$、$\mu_o > \mu_w$，因此 $\cos\theta_{wa}$ 必须小于 $\cos\theta_{oa}$，岩石为亲油型。

如果 $\sigma_{wa} > \sigma_{oa}$，且 $\mu_o > \mu_w$，那么可以得出结论 3：如果吸入干岩心的水的体积小于吸入同一干岩心（气-液体系）油的体积，则岩石为亲油型；如果吸进干岩心水的体积大于吸进同一干岩心（气-液体系）油的体积，岩石也不一定为亲水型（不能通过比较自吸体积来确定岩石是否亲水）。

结论 2 和 3 可以用来解释 Lan 等人（2015b）得到的 Montney 和 Horn River 页岩样品的润湿性反常数据。Montney 页岩干岩心的亲水角为 45°，亲油角为 0°（见表 9.6），表明其为亲油型。水的润湿性指数为 0.26~0.42（<0.5），表明其为亲油型。如图 9.36 所示。同时，Montney 岩心的吸水体积小于吸油体积，表明为亲油型。上述数据一致表明，Montney 岩心是亲油的。

表 9.6 根据在气-液-固体系测量的水和油接触角估算油-水-固体系中的水和油接触角

参考文献	样品 ID	θ_{wa} /(°)	θ_{oa} /(°)	σ_{wa} /mN·m^{-1}	σ_{oa} /mN·m^{-1}	σ_{wo} /mN·m^{-1}	θ_{os} /(°)	θ_{ws} /(°)	备注
Roshan 等（2016）	New South Wales 二氧化碳储气库	25	3	73.7	19.7	51.1	157.2	22.8	$\sigma_{wa}>\sigma_{oa}$，$\theta_{ws}<\theta_{os}$，亲水型
Roshan 等（2016）	Evergreen 样品_ DI，Surat 盆地，澳大利亚	26	0	72	30	48	136.3	43.7	亲水型
	Evergreen 样品_5%NaCl	30	0	72	30	48	132.6	47.4	亲水型
	Evergreen 样品_10%NaCl	48	0	76	30	48	115.8	64.2	亲水型
Yassin 等（2017）	Duvemay MIN1，加拿大	103	0	47.8	23.3	35	13.4	166.6	假设 $\sigma_{wo}=35$，$-1\leqslant\cos\theta\leqslant1$，亲油型
	Duvemay MIN2	66	0	47.8	23.3	20	78.9	101.1	假设 $\sigma_{wo}=20$，亲油型
	Duvemay WAH1	78	0	62.5	23.5	20	58.3	121.7	假设 $\sigma_{wo}=20$，亲油型
	Duvemay WAH2	80	0	62.5	23.5	20	50.8	129.2	假设 $\sigma_{wo}=20$，亲油型
	Duvemay FER1	90	0	51.9	23.2	25	21.9	158.1	假设 $\sigma_{wo}=35$，$-1\leqslant\cos\theta\leqslant1$，亲油型
	Duvemay FER2	74	0	51.9	23.2	20	63.6	116.4	假设 $\sigma_{wo}=20$，亲油型
	Duvemay SAX1	74	0	46.5	22.3	20	61.7	118.3	假设 $\sigma_{wo}=20$，亲油型
	Duvemay CEC1	82	0	51.9	23.2	20	37.0	143.0	假设 $\sigma_{wo}=20$，亲油型
	Duvemay CEC2	65	0	51.9	23.2	20	86.4	93.6	假设 $\sigma_{wo}=20$，亲油型
Dehghanpour 等（2012）	Horn River FS，加拿大	27	0	72	30	35	167.4	12.6	假设 $\sigma_{wo}=35$，$-1\leqslant\cos\theta\leqslant1$，亲水型
	Horn River Muskwa	38	0	72	30	35	139.8	40.2	假设 $\sigma_{wo}=35$，$-1\leqslant\cos\theta\leqslant1$，亲水型
	Horn River Muskwa	45	0	72	30	25	146.8	33.2	假设 $\sigma_{wo}=25$，亲水型
	Horn River Otter Park	46	0	72	30	25	143.2	36.8	假设 $\sigma_{wo}=25$，亲水型
	Horn River Otter Park	50	0	72	30	25	130.6	49.4	假设 $\sigma_{wo}=25$，亲水型
Lan 等（2015b）	Montney，加拿大	45	0						$WI_w=0.26~0.42$，亲油型
	Horn River Muskwa	58	0	73.6	20.7	20	156.2	23.8	假设 $\sigma_{wo}=25$，亲水型；$WI_w=0.67$，亲水型

续表9.6

参考文献	样品 ID	θ_{wa} /(°)	θ_{oa} /(°)	σ_{wa} /mN·m^{-1}	σ_{oa} /mN·m^{-1}	σ_{wo} /mN·m^{-1}	θ_{os} /(°)	θ_{ws} /(°)	备注
Lan 等 (2015b)	Horn River Otter Park	73	0	73.6	20.7	20	92.3	87.7	假设 $\sigma_{wo}=25$，中等润湿性；$WI_w=0.77$，亲水型
	Horn River Evie	37	0	73.6	20.7	40	162.2	17.8	假设 $\sigma_{wo}=40$，$-1\leqslant\cos\theta\leqslant1$，亲水型；$WI_w=0.68$，亲水型
Liang 等 (2016)	下志留统龙马溪组，中国	33	0	72	28	35	157.1	22.9	假设 $\sigma_{wo}=35$（报告为 14.5），$-1\leqslant\cos\theta\leqslant1$，亲水型
	下志留统龙马溪组，中国	37	0	72	28	35	148.4	31.6	假设 $\sigma_{wo}=35$（报告为 11.7），$-1\leqslant\cos\theta\leqslant1$，亲水型
	下志留统龙马溪组，中国	33	0	72	28	35	159.2	20.8	假设 $\sigma_{wo}=35$（报告为 11.6），$-1\leqslant\cos\theta\leqslant1$，亲水型
Liang 等 (2015)	下志留统龙马溪组，中国	11	0	72	28	48	152.9	27.1	假设 $\sigma_{wo}=48$，$-1\leqslant\cos\theta\leqslant1$，亲水型
	下志留统龙马溪组，中国	13	0	72	28	48	151.8	28.2	假设 $\sigma_{wo}=48$，$-1\leqslant\cos\theta\leqslant1$，亲水型
	下志留统龙马溪组，中国	20	0	72	28	48	145.3	34.7	假设 $\sigma_{wo}=48$，$-1\leqslant\cos\theta\leqslant1$，亲水型
	下志留统龙马溪组，中国	20	0	72	28	48	146.1	33.9	假设 $\sigma_{wo}=48$，$-1\leqslant\cos\theta\leqslant1$，亲水型
	下志留统龙马溪组，中国	36	0	72	28	48	128.6	51.4	假设 $\sigma_{wo}=48$，$-1\leqslant\cos\theta\leqslant1$，亲水型
	下志留统龙马溪组，中国	39	0	72	28	48	126.0	54.0	假设 $\sigma_{wo}=48$，$-1\leqslant\cos\theta\leqslant1$，亲水型
Ksiezniak 等 (2015)	Baltic 盆地，波兰	85	44	72	28.4	25	55.5	124.5	亲油型，与作者主张一致
Engelder 等 (2014)	Haynesville	51	10	72	31	25	127.1	52.9	假设 $\sigma_{wo}=25$，亲水型
Teklu 等 (2015)	Three forks						146.2	33.8	油-地层水润湿角，直接测量，亲水型
Peng 和 Xiao	Eagle Ford	82	46	72	50.8	40	52.2	127.8	假设 $\sigma_{wo}=40$，$-1\leqslant\cos\theta\leqslant1$，亲油型
	Barnett	90	41	72	50.8	40	18.7	161.3	假设 $\sigma_{wo}=48$，$-1\leqslant\cos\theta\leqslant1$，亲油型
Mirchi 等 (2014)	A 页岩					20.3	107.4	72.6	每周一次亲水型

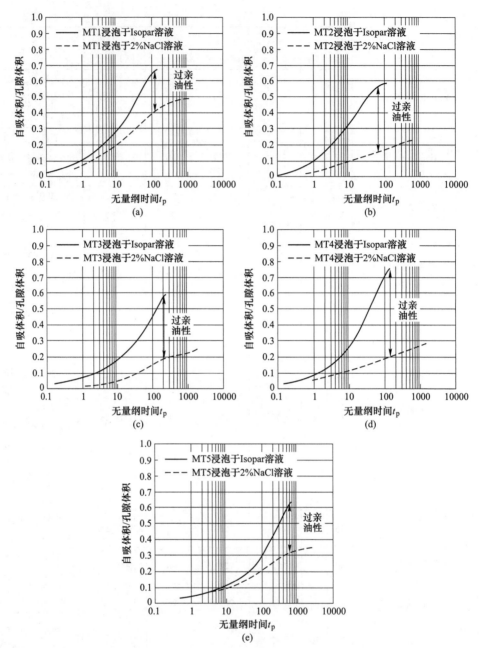

图 9.36　完整 Montney 样品归一化的吸油和盐水体积与无因次时间关系

（Lan 等，2015b）

（a）MT1；（b）MT2；（c）MT3；（d）MT4；（e）MT5

　　Horn River 页岩样品的水接触角为 37°～73°（低于 90°），油接触角为 0°（见表 9.6），表明该样品为亲油型。但是水润湿性指数为 0.67～0.77（>0.5），表明该样品为亲水型。根据结论 2 可知，不能用润湿角确定润湿性。实际上，根据估算的水-油-固体系的润湿角，这些页岩样品很可能为亲水型（见表 9.6）。Horn River 样品的吸水体积大于吸油体积，如图 9.37 所示，表明为亲水型。根据结论 3，页岩样品不一定是亲水的。因此，如果不采用结论 2 和结论 3，他们的数据就不能一致确定样品润湿性。同时，Lan 等人（2015b）假设较高的自吸体积是由于自吸引起的微裂缝、弱疏水孔隙连接或渗透势造成的。

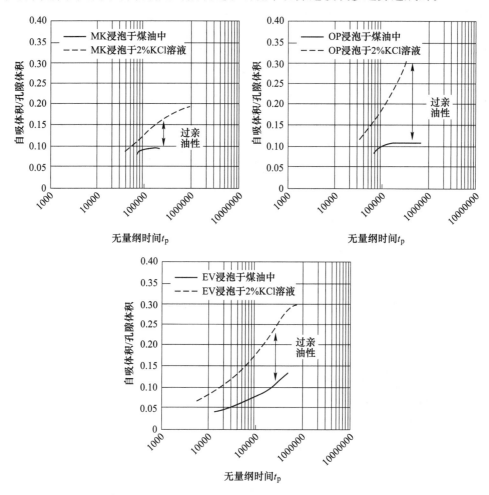

图 9.37　完整 Horn River 样品归一化自吸油和盐水体积与无因次时间关系
（Lan 等，2015b）

　　Liang 等人（2016）对中国下龙马溪组页岩样品进行了类似的观察。在高温和常温条件下，水的接触角为 12°~37°，而油的接触角为 0°，表明样品为亲油型。实际上，根据估算的水-油-固体系的润湿角，这些页岩样品很可能为亲水型（见表 9.6）。但由于其自吸水体积大于自吸油体积，常规上可能将其误认为是亲水型。实际上，根据结论 3，该样品不一定是亲水型。

　　Javaheri 等人（2017）做了四种不同类型的实验：（1）在气-液平面体系上测定液体接触角（气-液接触角）；（2）在水-油平面体系上测定水接触角或在油-水平面体系上测定油接触角（液-液接触角）；（3）液体在干岩石样品中的自吸（初始被空气饱和）；（4）自吸水进入油饱和样品（Amott 型自吸体系）。他们发现空气-油的接触角度很小（见图 9.38（a））。根据结论 2 可知，这种润湿角不能决定亲油性。他们还观察到，通过自吸进入干燥岩石样品的原油体积更高（见图 9.39）。根据结论 3，它应该是亲油的。如果不使用结论2和3，人们认为可以将其确定为亲油性，正如 Yassin 等人（2017）对 Duvernay 岩心的研究结果。由图9.40可知，同一批岩石的盐水接触角较大，表现为亲油型；图9.39展示了 Amott 型自吸试验中采出的油，表明为亲水型。他们还对亲水性进行了解释，因为在 Amott 型自吸试验中，盐水能够吸入油饱和岩石样品中。这一解释可能不完全正确，因为原油也可能被吸入盐水饱和岩石样品中。但他们没有做这种自吸试验。根据结论2，不能用水润湿角来确定润湿性。在另一项研究中，Dehghanpour 等人（2012）在 Horn River 盆地的岩心样品中观察到吸水性高于吸油性。根据结论3，不能确定是否亲水。

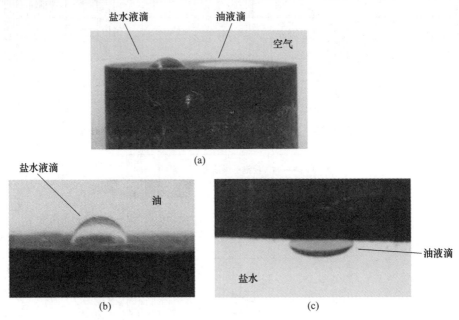

图 9.38 空气-液接触角（a）、油相中的盐水接触角（b）和盐水相中的油接触角（c）
（Javaheri 等，2017）

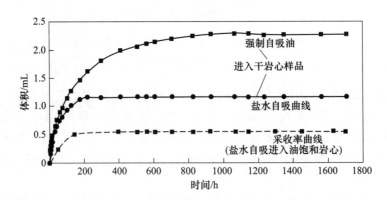

图 9.39 干岩石样品中油和水的自吸体积及 Amott 型自吸试验中采出的油
（Javaheri 等，2017）

Habibi 等人（2016）报告了 Montney 样品的类似结果或观察现象。在干燥、油或水饱和 Montney 样品中，接触角显示出亲油性；自吸进干燥（新鲜）样品中的油或水体积也显示为亲油性；自吸水采收率约为25%~45%，自吸原油采收率可忽略不计，表现为亲水性。

可以看到，在不使用结论2和结论3的情况下，同一岩石采用不同方法得出了不同的润湿性结论。

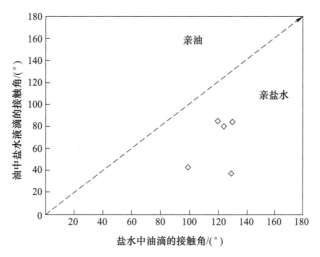

图 9.40　液-液体系中的油和盐水接触角

（Javaheri 等，2017）

在初始油饱和岩石中，考虑了原油黏度的影响，自吸水体积与 $t\sqrt{\dfrac{k}{\varphi}}\dfrac{\sigma_{wo}\cos\theta_{wsi}}{\sqrt{\mu_o\mu_w}L_c^2}$ 成正比（其中 L_c 为特征长度）（Ma 等，1997）。在初始水饱和岩心中，自吸油体积与 $t\sqrt{\dfrac{k}{\varphi}}\dfrac{\sigma_{wo}\cos\theta_{osi}}{\sqrt{\mu_o\mu_w}L_c^2}$ 成正比。自吸的水体积与油体积比为：

$$\frac{V_{wsi}}{V_{osi}}=\frac{\cos\theta_{wsi}}{\cos\theta_{osi}} \tag{9.57}$$

式中　θ_{wsi}，θ_{osi}——自吸过程中的亲水角和亲油角。

如果 $V_{wsi}>V_{osi}$，$\cos\theta_{wsi}>\cos\theta_{osi}$，且 $\theta_{wsi}<\theta_{osi}$，岩心更趋于亲水性，反之亦然。由此，可以得出结论4：如果岩心初始为油或水饱和，则可以通过比较水和油的自吸体积大小来确定岩石的润湿性，水的自吸体积越大，岩石越有可能为亲水型。

在强制自吸过程中，自吸进初始油饱和岩心中的水的体积为：

$$V_{w,FI}^2=\frac{\pi^2\left(\Delta\Phi_w+\dfrac{2\sigma_{wo}\cos\theta_{ws}}{r}\right)r^6}{4\mu_w}t_{w,FI} \tag{9.58}$$

自吸进初始水饱和岩心中的油的体积为：

$$V_{o,FI}^2=\frac{\pi^2\left(\Delta\Phi_o+\dfrac{2\sigma_{wo}\cos\theta_{os}}{r}\right)r^6}{4\mu_o}t_{o,FI} \tag{9.59}$$

强制自吸体积占总自吸体积百分比 $\delta_{w,SI}$ 为：

$$\delta_{w, SI} = \frac{V_{w, SI}}{V_{w, SI} + V_{w, FI}} = \frac{\sqrt{\dfrac{2\sigma_{wo}\cos\theta_{ws}}{r}t_{w, SI}}}{\sqrt{\dfrac{2\sigma_{wo}\cos\theta_{ws}}{r}t_{w, SI}} + \sqrt{\left(\Delta\Phi_w + \dfrac{2\sigma_{wo}\cos\theta_{ws}}{r}\right)t_{w, FI}}}$$

$$= \frac{1}{1 + \sqrt{\left(1 + \dfrac{\Delta\Phi_w}{p_{cw}}\right)\dfrac{t_{w, FI}}{t_{w, SI}}}} \tag{9.60}$$

强制自吸体积占总自吸体积百分比 $\delta_{o,SI}$ 为：

$$\delta_{o, SI} = \frac{V_{o, SI}}{V_{o, SI} + V_{o, FI}} = \frac{\sqrt{\dfrac{2\sigma_{wo}\cos\theta_{os}}{r}t_{o, SI}}}{\sqrt{\dfrac{2\sigma_{wo}\cos\theta_{os}}{r}t_{o, SI}} + \sqrt{\left(\Delta\Phi_o + \dfrac{2\sigma_{wo}\cos\theta_{os}}{r}\right)t_{o, FI}}}$$

$$= \frac{1}{1 + \sqrt{\left(1 + \dfrac{\Delta\Phi_o}{p_{co}}\right)\dfrac{t_{o, FI}}{t_{o, SI}}}} \tag{9.61}$$

式中 p_{cw}, p_{co}——自吸水或油时的水-油毛细管力；

Φ_w, Φ_o——水势和油势。

在 Amott-Harvey 方法中，$\delta_{w,SI}$ 和 $\delta_{o,SI}$ 的差即为润湿性。

在页岩和致密岩心中，自吸时间和强制自吸时间都很长，如果还使用 Amott-Harvey 方法显得不切实际。

最近，Siddiqui 等人（2018）提出了关于润湿性的三个关键问题：

（1）哪一种接触角测量能够代表储层的原位润湿性，空气-水-岩石、空气-油-岩石，还是油-水-岩石？

（2）如果油-水-岩石接触角的测定值代表了实际储层的润湿性，若其在自吸试验中表现得不一样，那么测定结果还可靠吗？

（3）静电力和化学力对页岩中水和油的自吸体积有很大的影响，对岩石表面接触角的控制作用十分明显。为什么自吸体积测量与接触角测量得到的润湿性不同？

上文的结论 1 和结论 2 已经回答了上述问题（1）。简单地说，在气-液-固体系中，润湿性不能由接触角来确定，而必须在液-液-固体系中确定。

结论 3 回答了上述问题（2）。利用两个相同的干岩心自吸的水的体积和油的体积不能确定岩心的润湿性。

结论 3 和结论 4 回答了上述问题（3）。在水-油-固（液-液-固）体系中，两种测量方法一致。然而，如果使用空气-油-固体系和空气-水-固（气-液-固体系）两种体系，这两种测量方法可能会产生不同的润湿性。

9.9 润湿角转换

上一节解释了为什么在气-液-固体系中不能用润湿角来确定岩石润湿性；但是，根据上文的结论 1，可以通过比较水和油的润湿角来确定水-油-固体系的润湿性。从逻辑上讲，如果可以将气-液-固体系中的润湿角转化为相应的水-油-固体系中的润湿角，则可以利用润湿角来确定润湿性。

从式（9.51）和式（9.52）可得

$$\sigma_{ws} = \sigma_{as} - \sigma_{wa}\cos\theta_{wsa} \tag{9.62}$$

$$\sigma_{os} = \sigma_{as} - \sigma_{oa}\cos\theta_{osa} \tag{9.63}$$

参见图 9.35 可得

$$\cos\theta_{ws} = \frac{\sigma_{os} - \sigma_{ws}}{\sigma_{wo}} = \frac{\sigma_{wa}\cos\theta_{wsa} - \sigma_{oa}\cos\theta_{osa}}{\sigma_{wo}} \tag{9.64}$$

然后根据干岩心的水和油的润湿角，通过以下公式计算油、水的润湿角：

$$\theta_{ws} = \cos^{-1}\left(\frac{\sigma_{os} - \sigma_{ws}}{\sigma_{wo}}\right) = \cos^{-1}\left(\frac{\sigma_{wa}\cos\theta_{wsa} - \sigma_{oa}\cos\theta_{osa}}{\sigma_{wo}}\right) \tag{9.65}$$

$$\theta_{os} = \cos^{-1}\left(\frac{\sigma_{ws} - \sigma_{os}}{\sigma_{wo}}\right) = \cos^{-1}\left(\frac{\sigma_{oa}\cos\theta_{osa} - \sigma_{wa}\cos\theta_{wsa}}{\sigma_{wo}}\right) \tag{9.66}$$

干岩心的润湿角更容易测得，但它们不能直接用于测定润湿性。相反，可利用上述方程估算水-油-固体系中水和油的润湿角，表9.6 总结了一些估算得出的润湿角。

在表 9.6 中，如果参考文献没有给出油-水界面张力 σ_{wo}，则使用界面张力典型值 20～30mN/m。当使用这些典型值时，在某些情况下，$\cos\theta$ 在-1～1 范围之外，所以有时可以采用其他值。使用非典型 σ_{wo} 值时，需进行敏感性分析，以确保这些值不会改变每个页岩样品的润湿性结论。

从表 9.6 中还可以看出，水和油的接触角都小于90°（除两个亲水角），油的接触角小于水的接触角（大多数情况下为零）。根据直觉，这些页岩可能被认为具有亲油性。但从表中可以看出，估算得出的水润湿角小于90°，表明样品具有亲水性，似乎更多的页岩样品是亲水的。本书作者还发现，当界面张力较低时，液滴逐渐坍塌到岩石中，或者液滴变得越来越小。当观察到这种情况时，人们可能会认为页岩样品是亲油性的，实际上，它们可能不是。

通过转换润湿角，可以得到一些润湿性的反常数据，例如，Lan 等人（2015b）观察到致密粉砂岩样品表现为吸油量远大于吸水量，表明岩石为强亲油型，但水接触角大于37°（如果是亲油型，接触角应该大于90°）。他们认为造成这种现象的主要原因是由于油吸附到了有机材料（主要为固体沥青）上。然而，从表 9.6 的估算结果可以看出，样品可能为亲水型。Liang 等人（2016）对中国下龙马溪组页岩样品也开展了类似观察，在高温和常温下，水润湿角为 12°～37°，但表 9.6 的估算结果表明，该样品可能为亲水型。

9.10 页岩和致密地层润湿性的其他信息

总的来说，页岩为混合润湿性（可能是亲油和亲水），类似于传统砂岩。它可能不像人们认为的那样主要为亲油型。沥青组分的吸附控制着常规油藏的润湿性（Kumar 等，2008）。页岩润湿性取决于总有机碳（TOC）（Odusina 等，2011）。由于不同类型的岩石具有不同的润湿性，导致岩石具有混合润湿性，无机页岩更趋向于亲水型，而有机质部分更趋于亲油型。

从测得的接触角和 ζ 电位结果来看，Wolfcamp 岩心和 Eagle Ford 岩心均显示为中等润湿-亲油型（Alvarez 等，2018），但这些岩心均经历了 4 周或 6 个月的老化。当 Eagle Ford 页岩岩心在盐水中老化 1 天，或在 80℃ 油中老化 7 天后，也表现出了亲油性（接触角 179°）（Mohanty 等，2017）。然而，正如前面讨论的那样，该数据可能存在误判。

一些研究人员指出，不能通过测量接触角来确定岩石的润湿性，因为测量的接触角与自吸实验结果不一致（Xu 和 Dehghanpour，2014；Ghanbari 和 Dehghanpour，2015），这种不一致可以通过本章前面的讨论来解释。

几位学者（Odusina 等，2011；Dehghanpour 等，2013；Makhanov 等，2014）观察到自吸到页岩中的水要多于油。他们将这种现象归因于黏土对水分子的吸附，因为水的吸附会在页岩中产生微裂缝，从而增加样品的渗透性，这些微裂缝一般是在无侧限压力实验条件下产生的。在有侧限压力条件下，可能不会产生微裂缝，也可能产生了微裂缝，但在之后的反应过程中发生闭合（Zhang 和 Sheng，2017a，b；Zhang 等，2017）。观察还发现，与自吸油过程相比，自吸水过程产生的微裂缝更多（Makhanov，2013）。在无侧限压力条件下，产生的微裂缝越多，自吸水速率越快。当然，这可能是由岩石的亲水性引起的。Singh（2016）回顾了一些液滴大小对实验结果影响的理论，他表示，在确定润湿性时必须考虑液滴大小的影响。Marmur（1988）提出，当水滴半径 r_w 满足以下条件时，水能够被吸入亲油部分：

$$r_w < \frac{-r_c}{\cos\theta} \tag{9.67}$$

式中　r_c——毛细管半径；

　　　θ——宏观接触角。

一些研究人员（Habibi 等，2016；Yassin 等，2017）发现，油能够在空气中的页岩表面发生扩散，表明页岩具有亲油性。然而，对于同样的岩石样品，他们发现在存在空气的情况下，水的接触角可能是锐角，这表明岩石为亲水型，但实际的润湿性可能恰恰相反。

10 自 发 渗 吸

摘　要： 在页岩和致密储层中，渗吸作用特别是水的渗吸在压裂和提高油气采收率中起着非常重要的作用。本章首先回顾了自发渗吸（简称自吸）和模型粗化的基本原理，讨论了影响自吸的主要因素。影响自吸的主要因素包括：渗透率和孔隙度、初始润湿性、润湿性变化、界面张力扩散、重力、黏度比及初始含水量。本章还对逆向自吸与顺向自吸进行比较，最后讨论了不同类型表面活性剂对自吸作用的影响。

关键词： 顺向自吸；逆向自吸；扩散；重力；初始润湿性；自发渗吸（自吸）；表面活性剂；模型粗化；黏度比

10.1 引言

自吸是指润湿相自吸进入岩石（基质）的过程，在自吸过程中，某种流体在毛细管力作用下取代了多孔介质中的另一种流体。在页岩和致密储层中，渗吸作用特别是水的渗吸在压裂和提高油气采收率方面起着非常重要的作用。本章首先回顾了渗吸和模型粗化理论的基本原理，讨论了影响渗吸的主要因素。影响自吸的因素主要包括：渗透率和孔隙度、初始润湿性、润湿性变化、界面张力扩散、重力、黏度比及初始含水量。本章还对逆向自吸与顺向自吸进行比较，最后讨论了不同表面活性剂对自吸作用的影响。

10.2 自吸理论方程讨论

McWhorter 和 Sunada（1990）推导了一般逆向渗吸两相流达西方程。Schmid 和 Geiger（2013）证实了对于黏性主导流，该方程的解可以看作是 Buckleye Leverett（1942）推导方程解的毛细管模拟物。他们导出了一个通用的标度组，它可以表示许多以前定义的具有不同标度常数的标度组。除了达西模型所需的，不需做出任何假设来推导这样的标度组，也无须引入任何拟合参数。Schmid 和 Geiger（2013）也表明，与润湿相的锋面移动相比，润湿相的总体积更能表征自吸作用。Cai 和 Yu（2012）综述了许多渗吸方程，这里列出了一些，以便之后讨论。其中一些方程可用于表征粗化模型中渗吸采收率和无量纲时间 t_D 的关系，其中包含了从实验室尺度到矿场尺度。

10.2.1 Washburn 方程

基于泊肃叶定律，Washburn（1921）推导出了用于描述单根毛细管渗吸速度的方程。在不考虑滑移系数情况下，该速度方程可改写为：

$$\frac{\mathrm{d}l}{\mathrm{d}t} = \frac{\left(\Delta\Phi + \dfrac{2\sigma\cos\theta}{r}\right)r^2}{8\mu l}$$

式中 l——渗吸距离；

t——渗吸时间；

Φ——电位；

σ——界面张力；

μ——润湿相的黏度；

θ——接触角；

r——毛细管半径。

对于自吸而言，Φ 值为 0，上述方程可变为：

$$\frac{\mathrm{d}l}{\mathrm{d}t} = \frac{\sigma\cos\theta r}{4\mu l} \tag{10.1}$$

在单位时间内，自吸速度乘以 πr^2 即为渗吸体积。对方程进行积分，可得到渗吸体积随时间变化的方程：

$$V^2 = \frac{\pi^2\sigma\cos\theta r^5}{2\mu}t \tag{10.2}$$

式（10.2）表明，润湿相的渗吸体积与渗吸时间平方根呈线性关系。然而，早在 1920 年，Cude 和 Hulett（1920）就观察到渗吸体积曲线在渗吸后期会变得平坦，这是因为在多孔介质中，孔隙半径不同，根据式（10.1），渗吸速度与孔隙半径成正比；流体先进入较大的孔隙，之后进入较小的孔隙；因此，渗吸速度在后期会变慢。另一个可能导致后期渗吸速度减缓的事实是，岩心内部压力的增加，这种压力的增加对渗吸来说是一种阻力。如 Shen 等人（2016）所解释的那样，曲线后期的平坦部分并非表示扩散作用或由扩散引起。

同样由式（10.1）可知，较小孔隙的渗吸速度低于较大孔隙的渗吸速度。随着渗吸时间的延长（l 变长），渗吸速度随之变低，Tagavifar 等人（2019）的模拟结果也证明了这一事实。Yang 等人（2016）的实验数据表明，低孔隙度、低渗透率岩心的渗吸速度较低，他们的渗吸速度实验结果低于理论（式（10.1））的预测值，孔隙度和渗透率越低，实验速度越低。

真实实验数据 $\log V$ 和 $\log t$ 的关系曲线斜率并非 0.5，Hu 等人（2012）认为曲线斜率变化代表孔隙连通性变化。Cai 和 Yu（2011）认为斜率变化是由孔隙弯曲度引起的。Yang 等人（2016）认为斜率反映了孔隙分布和孔隙连通性，早期斜率反映了大孔隙（>50nm），中后期斜率反映了中、微孔隙，如图 10.1 所示。

类型 B 在早期呈线性，表明渗透率较高，孔隙连通性较好，大孔隙发育，孔径分布呈单峰型。类型 S 在早期存在一个弧形尾部，表明早期渗吸阶段的 $n_i > 0.5$，孔隙连通性较好，大孔、中孔发育，孔径分布呈双峰型。类型 A 呈弧形和凸形，表明早期渗吸指数较低（$n_i < 0.5$），孔隙连通性较差，后期渗吸指数（n_L）在 0.1 以上，表明中微孔发育良好，孔隙分布较窄。类型 M 具有复杂的多孔隙特征，初始渗吸速度变低，说明微裂缝嵌入岩石基质中，微裂缝连通性良好，而基质孔隙连通较差，大孔、中孔、微孔发育，孔径分布呈多峰型。根据国际纯粹与应用化学联合会（IUPAC）的孔隙分类（Ross 和 Bustin，2009），这里所说的大孔直径为 50nm，中孔直径在 2~50nm 之间，微孔直径为 2nm。

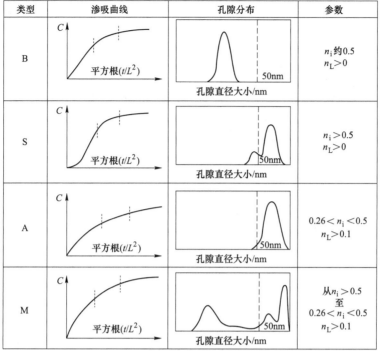

图 10.1　致密气岩石渗吸特征

（Yang 等，2016）

n_i—早期（初始）渗吸指数；n_L—后期渗吸指数

（大孔径孔位于轴的左侧）

10.2.2　Handy 法

Handy（1960）假设水的自吸过程为活塞式，由此推导出水的渗吸体积 V_w 随渗吸时间 t 平方根增大的方程：

$$V_w^2 = \frac{2p_c k_w \varphi A^2 S_w}{\mu_w} t \tag{10.3}$$

式中　p_c——前缘水饱和度 S_{wf} 时的水-空气毛细管力；

　　　S_w——根据 Handy 推导，为渗吸前缘后的平均含水饱和度；

　　　k_w——S_w 下水的有效渗透率；

　　　φ——孔隙度；

　　　A——流体流动截面面积；

　　　μ_w——水的黏度。

假定水以活塞式驱替空气，该过程没有重力作用，只有毛细管力才能克服渗吸带内的黏滞力。随着吸水量的增加，含水饱和度 S_w 增大，k_w 增大，但 p_c 随 S_w 呈指数递减。Handy 通过大量的岩心实验数据，证实了上述线性关系。Makhanov（2013）的实验数据也证实了上述关系，但部分渗吸数据表明，渗吸速度在渗吸后期有所放缓。

10.2.3　Mattax 和 Kyte 法

需要将实验室标度的渗吸采收率向矿场尺度转化，根据 Rapoport（1955）的尺度研究工作，Mattax 和 Kyte（1962）验证了自吸行为（最终采收率）是由无量纲时间 t_D 决定的：

$$t_D = t \sqrt{\frac{k}{\varphi}} \frac{\sigma}{\mu_w L_c^2} \tag{10.4}$$

式中　L_c——区块的特征线性尺寸。

上述方程未考虑重力、基质形状、润湿性、相对渗透率函数、边界条件、流体黏度比或初始流体分布。

Ma 等人（1997）基于 Mattax 和 Kyte（1962）方程考虑了黏度比，将 μ_w 替换为 $\sqrt{\mu_w \mu_{nw}}$：

$$t_D = t \sqrt{\frac{k}{\varphi}} \frac{\sigma}{(\mu_w \mu_{nw})^{0.5} L_c^2} \tag{10.5}$$

Gupta 和 Civan（1994）在 Ma 等人的方程中引入了润湿性效应，用 σ 乘以 $\cos\theta$ 得到以下方程：

$$t_D = t \sqrt{\frac{k}{\varphi}} \frac{\sigma\cos\theta}{(\mu_w \mu_{nw})^{0.5} L_c^2} \tag{10.6}$$

式中　θ——接触角。

Zhang 等人（2018）通过分析实验数据发现，渗吸采收率的大小不取决于界面张力 σ，而是与孔隙度成反比。将上述无量纲时间进一步修正如下：

$$t_D = t \sqrt{\frac{k}{\varphi}} \frac{abs(\log\sigma)\cos\theta}{(\mu_w \mu_{nw})^{0.5} L_c^2} \varphi^2 \tag{10.7}$$

10.2.4　Li 和 Horne 法

研究渗吸的目的是研究渗吸采油。Li 和 Horne（2006）推导了一个几乎涉及所有参数的自吸方程，其中包括重力、初始流体饱和度、毛细管压力、润湿相和非润湿相的相对渗透率。方程如下：

$$t_D = -R^* - \ln(1 - R^*) \tag{10.8}$$

$$R^* = cV_w \tag{10.9}$$

$$V_w = \frac{Ax\varphi(\bar{S}_{wf} - S_{wi})}{V_p} \tag{10.10}$$

$$t_D = c^2 \frac{M_e p_c (\bar{S}_{wf} - S_{wi})}{\varphi L_c^2} t \tag{10.11}$$

$$c = \frac{b_0}{a_0} \tag{10.12}$$

$$a_0 = \frac{A M_e (\bar{S}_{wf} - S_{wi})}{L} p_c \tag{10.13}$$

$$b_0 = A M_e \Delta\rho g \tag{10.14}$$

$$\Delta\rho = \rho_w - \rho_{nw}, p_c = p_{nw} - p_w$$

式中　t_D——无量纲时间；

R^*——归一化采油量；

V_w——渗吸润湿相的孔隙体积；

V_p——孔隙体积；

A——岩心垂直于流动方向的横截面积；

x——前缘移动距离；

φ——孔隙度；

$\overline{S}_{wf}$——渗吸前缘后的润湿相平均饱和度；

S_{wi}——岩石样品初始饱和度；

L_c——等同长度岩心的特征长度；

M_e，p_c——前缘润湿相饱和度 S_{wf} 处的有效流动性和毛细管力；

c——重力与毛细管力之比。

顺向流的有效性定义为：

$$M_e = \frac{M_w M_{nw}}{M_{nw} - M_w} \tag{10.15}$$

逆向流的有效性定义为：

$$M_e = \frac{M_w M_{nw}}{M_{nw} + M_w} \tag{10.16}$$

式中　下标 w，nw——润湿相和非润湿相。

流动性 M 定义为 k/μ（其中，k 为渗透率，μ 为黏度）。

需要强调上述方程的几个条件，对于顺向流，假设润湿相速度等于非润湿相速度：

$$v_w = v_{nw} \tag{10.17}$$

对于逆向流，这两种速度的关系如下：

$$v_w = - v_{nw} \tag{10.18}$$

而且这些流体是不可压缩和不可混溶的，另一个条件是：

$$\frac{\partial p_c}{\partial x} = \frac{p_c}{x} \tag{10.19}$$

上述方程都是假设在活塞式自吸（Handy，1960）基础上，讨论影响自吸的各种因素。

10.3　渗透率和孔隙度的影响

利用模拟数据、实验数据和理论分析讨论了渗透率和孔隙度对渗吸的影响。

10.3.1　模拟结果

在第9.5节中，比较了降低界面张力和润湿性机制的改变，其中引入了一个砂岩基础模型。模型基质岩心的孔隙度为 0.24，渗透率为 $0.122\mu m^2$。模型最初为亲油型，水不能发生渗吸，加入表面活性剂溶液后，水能够渗吸入岩心中。为了研究特低渗特低孔效应，将砂岩基础模型转化为页岩基础模型，模型的孔隙度为 0.1，水平渗透率为 300nD（约 $3 \times 10^{-19}m^2$）。最大压力增加了 412 倍，从渗透率 122mD、孔隙度 0.24 时的最大压力 0.048MPa（7psi）增加到渗透率 300nD、孔隙度 0.1 时的最大压力 19.905MPa（2887psi），根据式（9.11）和渗透率、孔隙度计算出的尺度为 $\left(\dfrac{\sqrt{(k/\varphi)_{\text{high}}}}{\sqrt{(k/\varphi)_{\text{low}}}}=\dfrac{\sqrt{122e-3/0.24}}{\sqrt{3e-7/0.1}}\right)=$
412。砂岩基础模型和页岩基础模型的渗吸采收率 RF 如图 10.2 所示。有人可能会认为，页岩基础模型具有高毛细管力，能够迅速将水驱入岩心以置换石油。然而，超过 200 万天后，渗吸油的采收率仅为 26.8%，说明吸油过程非常缓慢。为了找出这些原因，将 122mD 渗透率模型（见图 10.3）与 300nD 渗透率模型（见图 10.4）加入表面活性剂溶液，对表面活性剂溶液饱和度剖面图进行了对比。在表面活性剂溶液中渗吸 20 天后，饱和度剖面位于模型的中间层。在 122mD 和 300nD 模型中，中部块体的表面活性剂溶液饱和度分别为 0.47 和 0.32。这意味着当渗透率较低时，尽管毛细管力高出 412 倍，但表面活性剂无法快速扩散到低渗透岩石中，就像在高渗透岩石中那样。毛细管力越大，渗吸力越大，渗吸速度也越快。然而，还存在另一种黏滞力，需要同时考虑这两种力。

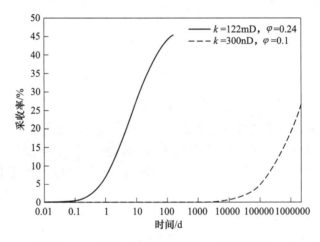

图 10.2 渗透率和孔隙度对渗吸采收率影响

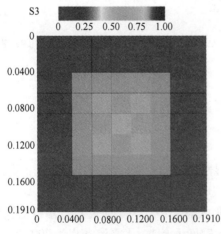

图 10.3 表面活性剂溶液渗吸 20 天后的
饱和度（渗透率 122mD，孔隙度 0.24）

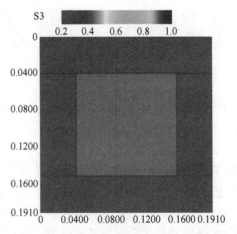

图 10.4 表面活性剂溶液渗吸 20 天后的
饱和度（渗透率 300nD，孔隙度 0.1）

10.3.2 理论分析

由式（10.1）可知，较小孔隙的渗吸速度低于较大孔隙的渗吸速度。r 与 $\sqrt{k/\varphi}$ 成正比，所以孔隙半径越小的岩心渗透率越低。虽然页岩岩心的毛细管力较大，但其黏滞力也较大，在两种力的共同作用下，低渗透岩石的渗吸速度低于高渗透岩石的渗吸速度。

注意，式（10.1）忽略了滑流。要考虑滑流，毛细管直径需要小于约 3nm（Sharp 等，2001）。Koo 和 Kleinstreuer（2003）的实验和理论研究也证实了这一点。因此，连续介质理论在实际应用中仍然适用于页岩基质中流体的纳米孔流动。

由以上讨论可知，低渗透岩石的渗吸速度应为高渗透岩石的 1/412。渗吸 138 天后，高渗透岩石的采收率为 45.2%，所以低渗透岩石的采收率在 412×138 = 56856 天时接近高渗透岩石的采收率（45.2%）。然而，模拟数据表明，超过 200 万天后，采收率仅为 26.8%。为什么？除了毛细管力和黏滞力外，肯定还存在其他力或其他原因。下面将讨论其他可能存在的原因。

第一，式（10.1）描述了润湿相（水）渗吸进入充满空气的毛细管的过程，其中忽略空气阻力，认为水能够"自由"渗吸进空气毛细管中。在水-油体系中，必须考虑油的阻力。此外，水和油均具有轻微可压缩性。水进入岩石的过程中，油必须同时逆向流出岩石。这些因素使得油-水-岩体系中水的渗吸速度低于式（10.1）预测的速度。

第二，在亲油体系中，表面活性剂必须进入体系内，才能改变润湿性。表面活性剂具有吸附作用，其在低渗透岩石中的吸附量要高于高渗透岩石的吸附量。表面活性剂的吸附作用会导致表面活性剂的输送受阻（Sheng，2011），低渗透岩石的表面活性剂输送迟滞性高于高渗透岩石。因此，表面活性剂溶液的渗吸速度将低于式（10.1）预测的渗吸速度。

第三，表面活性剂通过扩散和分散作用进入亲油体系。在弯曲孔隙系统中，扩散系数与孔隙度成正比（Sheng，2011）。因此，低孔（低渗透）岩石中的扩散程度低于高渗透岩石，扩散系数与流体速度成正比（Sheng，2011）。故低渗透岩石的扩散性低于高渗透岩石，低渗透岩石中的扩散和分散均低于高渗透岩石。因此，表面活性剂在低渗透岩石中的渗吸速度要低于其在高渗透岩石中的渗吸速度。

第四，根据标度理论，如果将渗吸时间按 $\sqrt{k}$ 或 $\sqrt{k/\varphi}$ 来标度，那么在高渗地层和低渗地层中，渗吸采收率应该是相同的（Schmid 和 Geiger，2013）。但模拟结果并没有证实这一点，这是由于在表面活性剂改变润湿性之前，水无法通过渗吸进入亲油地层。润湿性的改变受表面活性剂的扩散和分散控制，而在致密地层中，表面活性剂的扩散和分散非常缓慢。因此，这种入侵非常缓慢，无法通过 $\sqrt{k}$ 或 $\sqrt{k/\varphi}$ 来标度的。

10.3.3 实验观察

本节列举了不同渗透性岩石的渗吸实验数据。Dutta 等人（2014）对 5~7mD 和 100mD 岩心水的渗吸曲线进行了可视化。他们观察到，低渗透岩心的渗吸速度低于高渗透岩心的渗吸速度。Yang 等人（2016）也做了同样的观察，他们的实验渗吸速度低于理论预测速度；根据理论预测，累积渗吸体积随渗吸时间平方根的增大而增大（Handy，1960）；孔隙度和渗透率越低，实验渗吸速度越慢，理论渗吸速度也越慢。

Yang 等人（2016）利用核磁共振（NMR）对不同尺寸孔隙的渗吸特性进行了研究。根据核磁共振理论，横向弛豫（T_2）与多孔介质（岩心）的面积体积比（S/V）成反比，多孔介质中的体弛豫和扩散弛豫可以忽略不计。因此，孔隙越小，S/V 越大，T_2 越小。Yang 等人的实验数据表明，随着渗吸水量的增加，T_2 变小，说明渗吸水进入岩心后。先进入较大孔隙，后进入较小孔隙，这与 Washburn（1921）方程计算结果一致，也与 Mirzaei 和 DiCarlo（2013）的研究结果一致。大孔隙的渗吸量高于小孔隙的渗吸量，这是因为尽管小孔隙的毛细管力大，但其摩阻也大。该研究课题组早期的一篇论文（Meng 等，2015）表明，T_2 随着渗吸时间的延长而增大，该数据与毛细管力自吸理论（Washburn，1921）不一致，因此渗吸作用可能还受到其他未知因素的影响。此外，Wang 等人（2015b）在实验室中观察到，随着岩心渗透率的增加，或随着原油黏度的降低，渗吸采油率也会增加。

10.4　初始润湿性及润湿性改变的影响

在上文讨论的页岩基础模型中，岩石初始为亲油型。如果在水溶液中不添加表面活性剂，岩石仍然是亲油的，油-水逆向流动无法采出油。上一节阐述了润湿性改变是一个非常缓慢的过程，特别是在页岩或致密储层中。有些储层初始为亲水型。表 10.1 为从页岩储层开采石油的速度和产量，由表 10.1 可知，初始亲水型页岩渗吸水 138 天后，其采收率为 38%。为了进行对比，表中还列出了常规岩石渗吸水 138 天后的采收率，为 42.6%。对于常规岩石和页岩，如果它们初始为亲油型，且未添加表面活性剂来改变润湿性，那么采收率为零。这些结果表明，初始润湿性非常重要，这与 Bourbiaux 和 Kalaydjian（1990）的实验数据一致；如果岩石初始为亲水型，则常规岩石和页岩的渗吸采收率相近。回顾上节内容，当岩石最初为亲油型时，采收率差异性较大，如图 10.2 所示。

表 10.1　不同初始润湿性渗吸 138 天后的采收率

参　数		常规岩石	页岩
渗透率/mD		120	3.3×10^{-4}
孔隙度		0.24	0.1
采收率/%	初始亲油型岩石（不加表面活性剂）	0.0	0.0
	初始亲水型岩石（不加表面活性剂）	42.6	38
	初始亲油型变为中等润湿型（界面张力为 0.008mN/m）	45.0	0.01
	初始亲油型变为亲水型（界面张力为 0.008mN/m）	46.9	13.0
	初始亲油型变为中等润湿型（界面张力为 20mN/m）	41.2	5.0
	初始亲油型变为亲水型（界面张力为 20mN/m）	44.9	41.1

为了进一步解释本章的观点，图 10.5 绘制了两种情况下的采收率随时间的变化曲线：最初为亲水岩石和亲油岩石，亲油型岩石在表面活性剂的作用下逐渐转变为亲水岩石。结果表明：前者的采收率很快达到 42.6%，而后者由于表面活性剂渗吸改变润湿性需要一定的时间，采收非常慢，采收率达到 42.2% 需要 100 万天。

表 10.1 还显示，如果表面活性剂将亲油型逐渐改变为完全亲水型时，页岩的采收率可达到 13%，常规岩石为 46.9%。前者的采收率要低得多，主要是因为表面活性剂溶液需

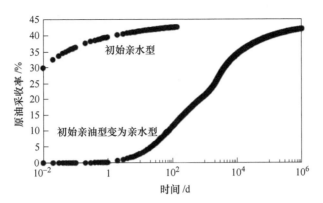

图 10.5 岩石初始亲水与加入表面活性剂缓慢将岩石初始亲油变亲水的采收率曲线对比

要缓慢地渗吸到岩石中，从而改变其润湿性。换句话说，如果页岩或致密储层最初是亲油的，那么使用表面活性剂来改变润湿性并不是一种有效方法。注意油-水界面张力非常低（0.008mN/m）。

阳离子和非离子表面活性剂通常只能改变润湿性，不能降低界面张力（Sheng，2013a）。在这种情况下，可将水-油界面张力保持在20mN/m，表面活性剂可将其润湿性改变为中等亲水和完全亲水。两种表面活性剂的模拟结果也如表10.1所示，当岩石由亲油性变为中等润湿性，界面张力为0.008mN/m时，页岩岩心采收率为0.01%，当界面张力为20mN/m时，岩心采收率为5%。当岩石由亲油型变为完全亲水型时，界面张力为0.008mN/m时，页岩采收率为13%，当界面张力为20mN/m时，页岩采收率为41.1%。结果表明，当岩石的润湿性发生改变时，页岩的界面张力也较高。为了更清晰地表示这种结论，图10.6对比了界面张力0.008mN/m时渗吸100万天和界面张力为20mN/m时渗吸138天的采收率，通过表面活性剂，可将页岩润湿性从初始亲油型变为亲水型，该结果与之前的研究结果一致（Sheng，2013b）。Kathel和Mohanty（2013）的实验数据还表明，致密（10μD）亲油砂岩或混合润湿砂岩岩心的采收率随着渗吸的高界面张力而增加。

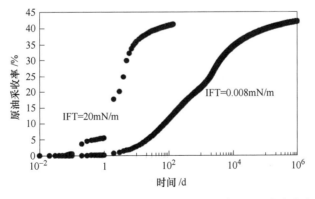

图 10.6 在表面活性剂作用下，页岩润湿性由初始亲油型变为亲水型时，
不同界面张力下的采收率对比曲线

一般来说，阳离子和非离子表面活性剂可保持较高的界面张力，从而改变润湿性。特别是，阳离子表面活性剂可以与原油吸附的有机羧酸盐形成离子对，使其稳定在原油中，从而使岩石表面变成亲水型（Tabatabal 等，1993；Stadnes 和 Austad，2000；Austad 和 Standnes，2003 年；Xie 等，2005）。一般情况下，这种表面活性剂溶液与油之间的界面张力并不低（>0.1mN/m）（Adibhatla 和 Mohanty，2008）。

然而，对于常规岩石，从表 10.1 可以看出，当润湿性从亲油型变为中等亲水或完全亲水时，界面张力为 20mN/m 时的采收率低于界面张力为 0.008mN/m 时的采收率。

10.5　界面张力的影响

由上节可知，界面张力（IFT）在渗吸和润湿性改变中起着重要作用，本节进一步讨论其在自吸过程中的作用。

10.5.1　理论和实验分析

毛细管力 p_c 计算如下：

$$p_c = \frac{2\sigma\cos\theta}{r} \tag{10.20}$$

式中　θ——接触角；

　　　r——孔隙半径；

　　　σ——润湿相和非润湿相之间的界面张力。

σ 越高，p_c 越高，渗吸作用越强，渗吸速度越快，对应非润湿相（如果岩石是水湿的，则为油）的采收率越高，Mattax 和 Kyte（1962）通过实验验证了这一观点。

Cuiec 等人（1994）报道了不同界面张力下的平均采收率和时间的关系曲线，从图 10.7 可以看出，早期平均采收率很高。这与 Sheng（2013b）的模拟结果一致，后者的模拟结果表明，高毛细管力下的润湿性改变在渗吸早期有效，但后期采收率要低于那些低界面张力实验结果，主要是由于低界面张力时，重力分异起重要作用且延续时间较长。这也说明在低渗透的多孔介质中，重力效应要比毛细效应慢，这与 Schechter 等人（1991）对低渗透样品的研究结果一致。Austad 和 Milter（1997）对白垩岩进行渗吸试验，实验时采

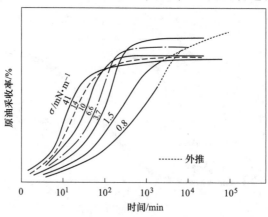

图 10.7　不同界面张力下的平均采收率曲线

（Cuiec 等，1994）

（Mantes 白垩岩，三元共轭相体系：n-C_6/EtOH/盐水，Mantes 白垩岩，温度为 20℃）

用表面活性剂降低了油-水界面张力，渗吸速度低于水的渗吸速度。

Cuiec 等人（1994）的研究成果也表明，使用高界面张力流体体系后，继续使用低界面张力流体体系，可提高原油采收率。他们解释，造成这种现象的原因是接触角滞后和残余油体不足，因而产生了毛细管力阈值。高界面张力体系有时会引起阈值升高，导致残余油体停止运动，无法进一步采油。注意，在 Cuiec 等人的实验中，低界面张力（0.8mN/m 和 1.5mN/m）可能不足以引起毛细管数量的显著增加或残余油饱和度的显著降低。换句话说，毛细管的去饱和作用不是采收率提高的主因。

Wang 等人（2015b）研究发现，渗吸油采收率随着界面张力的降低而增加，但随着界面张力的进一步降低而开始下降，如图 10.8 所示。他们给出的解释是，界面张力增加使乳化油滴增大，从而增加了重力分异驱油阻力，其中存在一个最佳界面张力值，使渗吸采收率最高。在他们的论文中，未见岩心渗透率及其他实验细节，比如使用了哪种表面活性剂。他们的结论可能不是普遍成立的，从图中可以看到，有一个数据点偏离了其他数据点线程。

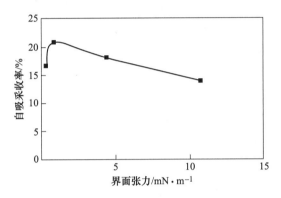

图 10.8 鄂尔多斯盆地岩心渗吸采油与界面张力的关系
（Wang 等，2015b）

10.5.2 模拟分析

一些表面活性剂，如阴离子表面活性剂可以降低水-油界面张力，但可能不会改变岩石的润湿性（Sheng，2013a），表 10.2 显示了这种类型表面活性剂降低界面张力的效果，页岩基础模拟模型已在上文提及。对于常规岩石，当界面张力高于 0.049mN/m 时，如果不通过表面活性剂将亲油性改变为亲水性，则不能通过渗吸作用采油。模型中的毛细管数为 10^{-9}，该低毛细管数不能降低残余饱和度或增加油水相对渗透率。此外，这种中等界面张力使负毛细管力过大，因此原油无法从亲油岩石中流出。

表 10.2 不同界面张力（无润湿性改变）的采收率

参数		常规岩石	页岩
渗透率/mD		120	3.3×10^{-4}
孔隙度		0.24	0.1
采收率/%	界面张力 20mN/m（初始亲油型岩石）	0	0
	界面张力 0.049mN/m	0	0
	界面张力 0.0323mN/m	20	0
	界面张力 0.008mN/m	42	0

对于初始亲油型页岩来说，由于岩石渗透率非常低，无论界面张力值是多少，都无法采出原油，此外，常规岩石也存在上述原因，这是一个很重要的发现，意味着通过传统表面活性剂降低界面张力的机制在页岩或致密储层自吸过程中的效果不好。应该提到的是，在这些模拟模型中，假设残余饱和度（油、水表面活性剂阶段）都为零，油、水和表面活性剂的最大相对渗透率为1，当毛细管数较高时，也假定其相对渗透率为1。这些参数值代表了表面活性剂在降低界面张力方面所能提供的最佳效益，换句话说，尽管模型充分利用了界面张力降低机制，但仍然无法从页岩采出原油。上述讨论表明，润湿性改变是页岩储层自吸采油的基础。

10.6 扩散作用的影响

在页岩基础模型中，有效分子扩散系数为 $7 \times 10^{-11} \mathrm{m}^2/\mathrm{s}$（$6.5 \times 10^{-5} \mathrm{ft}^2/\mathrm{d}$），该数值与典型表面活性剂扩散系数 $10^{-11} \sim 10^{-10} \mathrm{m}^2/\mathrm{s}$ 的数量级一致（Lindman 等，1980；Cazabat 等，1980；Chou 和 Shah，1980；Weinheimeret 等，1981）。扩散系数为 0.1、1、10 及 100 乘以 $7 \times 10^{-11} \mathrm{m}^2/\mathrm{s}$ 时的采收率模拟结果见表 10.3。假设表面活性剂将岩石的亲油性变为中等润湿性（$\omega = 0.5$），再假设表面活性剂使界面张力降低到 $0.008 \mathrm{mN/m}$，不管采用何种扩散系数，在渗吸 138 天后，都很难采出原油。大约 22% 的原油都在渗吸 130 万天后采出，表明扩散过程非常缓慢。把扩散系数减小或增大 10 倍，甚至增大 100 倍，采收率相差约 0.1%～0.2%，说明采收率对扩散系数不敏感。换句话说，扩散不能作为提高采收率的主导机制。

表 10.3 不同扩散系数的采收率

扩散系数	渗吸 138 天	渗吸 130 万天
界面张力为 0.008mN/m，基础扩散系数 $D = 7 \times 10^{-11} \mathrm{m}^2/\mathrm{s}$		
$0.1D$	0.01%	21.8%
D	0.01%	21.9%
$10D$	0.01%	22.0%
$100D$	0.01%	22.1%
界面张力为 20mN/m		
$0.1D$	4.7%	—
D	4.9%	—
$10D$	5.03%	—
$100D$	5.04%	—

当界面张力为 20mN/m 时，自吸 138 天的采收率约为 5%，远高于界面张力 0.008mN/m 时的采收率。本节讨论表明，高界面张力下需要毛细管力来帮助扩散发挥作用。当界面张力较低时，毛细管力作为驱动力来说非常低，导致扩散较慢。

10.7 重力的影响

当岩石渗透率较高时，重力和毛细管力共同决定了渗吸流体在岩石中的分布。在初始亲油型岩石中，当润湿性被表面活性剂溶液改变时，随着界面张力的降低，渗吸速度和采收率均增加。一些实验（如 Schechter 等，1991）和数值模拟研究已经证实了这点，如图 10.9（Sheng，2013b）所示。从图中可以看出，当界面张力为 0.049mN/m 时，由于岩心初始为亲油型，因此很难通过渗吸水采油，毛细管力对表面活性剂溶液渗吸驱油又起到了阻力作用。当界面张力降低（0.0323mN/m 或 0.0088mN/m）时，重力克服了毛细管阻力，将油驱出。从图 10.10 中可以看出，当油水密度差（1g/cm³）较大时，重力效应导致的采收率增量较大。增量采收率是指油密度等于水密度时超出的采收量。

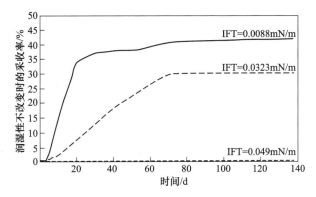

图 10.9 界面张力对表面活性剂溶液渗吸采收率的影响

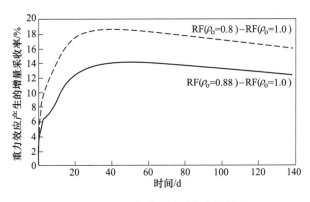

图 10.10 重力对增量采收率的影响

（Sheng，2013b）

当重力主导渗吸时，Cuiec 等人（1994）提出了一个标度或归一化的时间，定义为实际渗吸时间除以参考时间 t_g：

$$t_g = \frac{L_c \mu_o}{k(\Delta\rho)g} \tag{10.21}$$

式中 t_g——黏滞力和重力的比值；

μ_o——油的黏度；

k——渗透率；

L_c——特征长度；

$\Delta\rho$——水和油的密度差。

利用归一化时间绘制不同标度（不同 L_c）模拟模型的采收率曲线时，采收率曲线相互重叠，如图 10.11（Sheng，2013b）所示，表明重力是渗吸过程的主导机制。

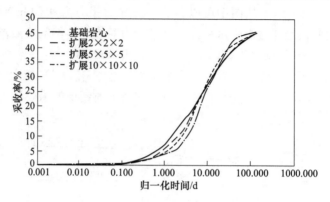

图 10.11 采收率与标度或归一化时间的关系

（Sheng，2013b）

在实际应用中，毛细管力和重力共同作用于渗吸过程。为了定义这两种力的相对重要性，本书定义了 Bond 数：

$$N_B = \frac{k(\Delta\rho)g}{\sigma} \tag{10.22}$$

Bond 数越高，重力越大。Morrow 和 Songkran（1981）的研究数据表明，随着 Bond 数的增加（倾角越大），束缚油饱和度越低（采收率越高）（见图 10.12）。通过低界面张力、高渗透率和高流体密度差，可获得更高的 Bond 数。在超低界面张力下，流体以重力分异流动为主，两相流同时发生。Bourbiaux 和 Kalaydjian（1990）的相对渗透率数据表明，毛细管主导流体流动的顺向相对渗透率高于逆向相对渗透率。对于 Bond 数的中间值（0.5～5，根据 Schechter 等（1994）），重力的作用足够强，足以使流体产生相当大的分异，此时毛细管力也足够强。Schechter 等人（1994）的实验数据表明，重力和界面张力联合作用导致非润湿相的采收速度高于重力主导或毛细管力主导流动所观察到的速度。上述讨论适用于常规油藏。

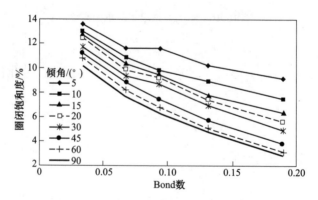

图 10.12 Bond 数对圈闭残余油饱和度的影响

（数据来自 N. R. Morrow，B Songkran，1981，黏滞力和浮力对多孔介质中非润湿相束缚的影响；

D. O. Shah，提高采收率表面现象研究，Plenum Press，387～411）

在页岩基础模型中，通过改变油的密度来研究重力的影响。基础模型中油和水密度为 0.88g/cm³ 和 1.0g/cm³，分别研究了低界面张力 0.008mN/m 和高界面张力 20mN/m 两种情形。由表 10.4 可知，当界面张力为 0.008mN/m 时，油密度为 0.88g/cm³ 或 1.0 g/cm³ 时，渗吸 138 天后无法采出油；渗吸 133 万天后，重力增量采收率约为 8.7%。界面张力为 20mN/m 时，当油密度为 0.88g/cm³ 或 1.0g/cm³ 时，渗吸 138 天后的采收率为 5%，渗吸 133 万天后的增量采收率为 5.5%。从这些数据中可以看出，在实际作业过程中，重力对提高采收率并不能起到重要作用。要实现重力效应对提高采收率的作用需要很长的时间（在小型页岩岩心中，需要数百万天）。

表 10.4　重力对采收率影响

参数	渗吸 138 天	渗吸 130 万天
界面张力为 0.008mN/m		
油密度 0.88 的采收率/%	0.01	22
油密度 1.0 的采收率/%	0.01	13.3
界面张力为 20mN/m		
油密度 0.88 的采收率/%	5.0	33.5
油密度 1.0 的采收率/%	5.0	28

采用小型页岩岩心相关参数，当界面张力为 0.008mN/m 时，计算出的 Bond 数为 4.41×10^{-11}：

$$N_B = \frac{\Delta \rho g k}{\sigma} = \frac{120 \times 9.8 \times 3 \times 10^{-19}}{8 \times 10^{-6}} = 4.41 \times 10^{-11}$$

当界面张力为 20mN/m 时，计算结果为 1.764×10^{-14}。这些数据表明，在页岩储层中，重力对流体流动的作用没有毛细管力大。当页岩和致密地层的透率过低时，重力无法克服流动阻力（黏滞力），驱油过程中需要较高的界面张力和亲水性才能产生较高的毛细管驱动力。在这种情况下，重力不是主导因素，界面张力越高，自吸采收率越高。

10.8　黏度的影响

一般采用润湿相黏度 μ_w，忽略非润湿相黏度的影响。Ma 等人（1997）通过使用 $\sqrt{\mu_w \mu_{nw}}$ 来研究非润湿相（油）黏度 μ_{nw} 的影响。然而，许多实验研究（Behbahani 和 Blunt，2005；Fischer 和 Morrow，2006；Fischer 等，2006）和数值结果（Behbahani 和 Blunt，2005）表明，不应将这种处理方法作为普遍做法。Wang 等人（2015b）在实验室中观察发现，随着原油黏度的降低，自吸采收率也会更高。Makhanov 等人（2014）发现，尽管黄原胶溶液的黏度较高，但其渗吸速度较快。这说明吸水性主要通过黏土颗粒对水分子的优先吸附来控制，高黏溶液只能部分降低渗吸速度。

10.9　初始含水量的影响

当初始水饱和度 S_{wi} 高于原生（固定）水饱和度 S_{wc} 时，毛细管力降低，水（润湿）相流动性增大，在不同方向上影响渗吸作用。到目前为止，大多数实验都是在 S_{wc} 或 S_{wi} 为零时进行的。

10.10 逆向渗吸和顺向渗吸

亲水型岩心初始含油饱和度高时，岩心外部与渗吸腔室壁之间的空间充满了水。渗吸腔室内的水相压力和油相压力相同，由于毛细管力为正，因此岩心内部的油相压力较高，油能够从岩心内部向外流出。同时，岩心外的水会流向内部。因此，毛细管力产生逆向渗吸。在实验室中，可以看到原油从岩心柱的各个面流出。

在上述体系中，如果在水中添加化学物质（以表面活性剂为例），使水-油界面张力降低，水-油毛细管力也将明显降低，重力可以克服毛细管力。之后水会把油从岩心底部推出来。油和水将以相同的垂直方向从岩心顶部流出，通常称这种流动为顺向流。

对于任何一对润湿和非润湿相，自吸过程中均可发生如上所述的逆流和顺流，比如在气-液系统中。观察发现，早期阶段原油来自岩心的所有面，后期仅来自岩心的顶面（Schechter 等，1994；Chen 和 Mohanty，2015）。也就是说，毛细管力在早期起主导作用，而在后期，起主导作用的是重力。重力作用始终存在，渗吸距离越长，渗吸压力梯度越小，渗吸前缘的毛细管力保持不变，所以早期的毛细管力要大于后期。如图 10.13 所示，Sheng（2013b）的模拟工作证实了毛细管力在渗吸早期起重要作用的事实。观察两条采收率曲线（OW+IFT 和 WW+IFT）可知，OW+IFT 曲线代表当润湿性为亲油性且水-油界面张力较低时的自吸采收率；WW+IFT 曲线代表当润湿性由亲油性变为亲水性，且水-油界面张力较低时的采收率。可以看出，在早期（少于 5 天），WW + IFT 的采收率远远高于 OW + IFT 的采收率，但在后期，这两条曲线上升趋势相似，在晚期，这两条曲线几乎平行。两种曲线的不同之处在于 WW + IFT 还存在一定的额外润湿性改变，使得毛细管力在早期就能够发挥作用，从而提高采收率。换句话说，毛细管力在早期起主导作用。在这些模拟案例中，界面张力很低，仅为 0.0088mN/m。当界面张力较低时，毛细管数变大，相对渗透率提高，重力可以发挥其作用进行采油。注意，模型的渗透率为 122mD。

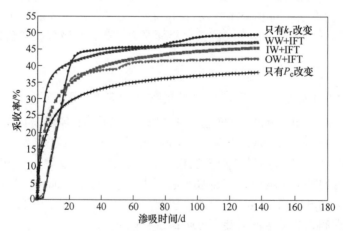

图 10.13 自吸过程中润湿性改变与 IFT 降低的联合效应

10.11 不同表面活性剂的表现

Alvarez 等人（2014）及 Alvarez 和 Schechter（2017）在页岩储层进行了 CT 监测的自吸实验，比较了阴离子表面活性剂和非离子表面活性剂的效果。结果表明，自吸过程中，阴离子表面活性剂在润湿性改变和采收率提高方面效果更好。

　　Liu 等人（2019）比较了阴离子表面活性剂和非离子表面活性剂的润湿性改变能力。他们发现，阴离子表面活性剂（AES）和 $C_{14\sim16}$ 烯烃磺酸钠（AOS）比非离子表面活性剂（AEO-9）和同分异构体醇乙氧基酯（IAE）更能够明显改变岩心的润湿性，使其更倾向于亲水性。这些阴离子和非离子表面活性剂能够将界面张力降低到图 10.14 所示的同等水平。由于阴离子表面活性剂具有更强的润湿性改变能力，因此其渗吸采收率更高，如图 10.15 所示。图中还显示，随着界面张力的明显降低，阴离子表面活性剂溶液的渗吸速度也随着表面活性剂浓度的降低而降低。

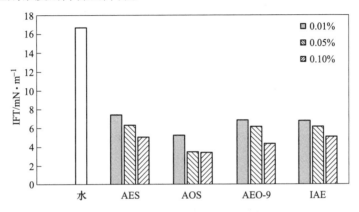

图 10.14　测定不同表面活性剂溶液中的水-油界面张力值

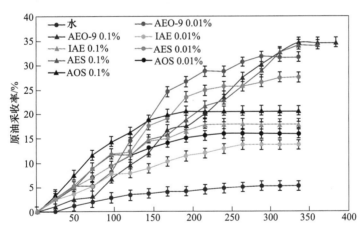

图 10.15　阴离子和非离子表面活性剂溶液渗吸采收率

　　4 种表面活性剂溶液与重水自吸前后的 NMR T_2 谱曲线如图 10.16 所示，渗吸时间为 10 天。岩心最初被油饱和，重水渗吸入岩心。重水没有核磁共振信号，但原油有一定的信号强度，因此，随着重水渗吸量的增加，核磁共振信号幅度逐渐减小。从图中可以看出，大部分重水在 T_2 时渗吸进岩心的时间超过 2.5ms。由于 T_2 与孔径成正比（Zhao 等，2015），用 T_2 曲线校准实测孔径分布发现 $T_2 = 0.05 r_p$（r_p 单位为 nm）。根据这一关系，并基于国际纯粹与应用化学联合会（IUPAC）孔隙分类（Ross 和 Bustin，2009），孔隙类型与 T_2 的关系见表 10.5。从图和表中可以看出，重水和表面活性剂溶液主要进入大孔隙，阴离子表面活性剂溶液可以进入比非离子表面活性剂溶液更小的孔隙。

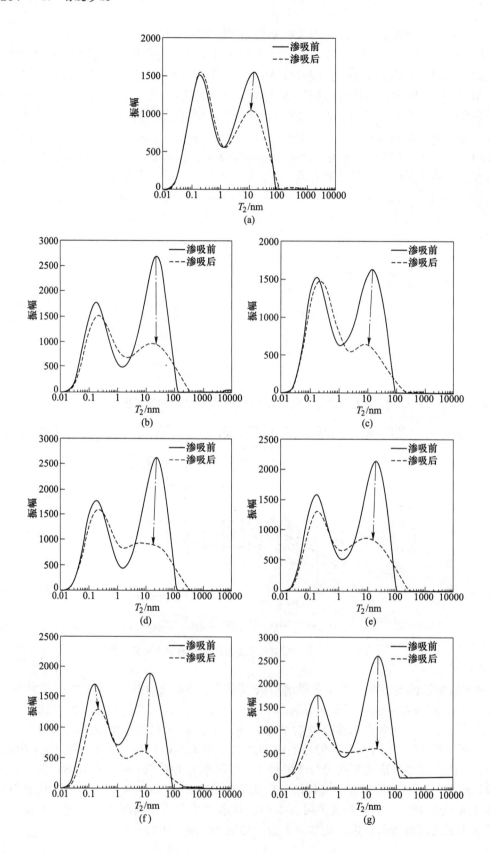

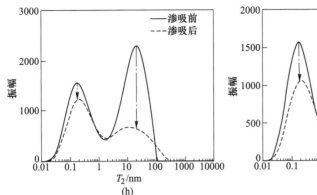

图 10.16 初始饱和岩心在重水和 4 种表面活性剂溶液中自吸前后的 T_2 谱曲线

（a）重水；（b）AEO-9 0.01%；（c）AEO-9 0.1%；（d）IAE 0.01%；

（e）IAE 0.1%；（f）AES 0.01%；（g）AES 0.1%；（h）AOS 0.01%；（i）AOS 0.1%

表 10.5 T_2 与孔径大小、IUPAC 孔径分类的关系

T_2 弛豫时间/ms	孔隙半径 r/nm	孔隙类型
$0.01 \leqslant T_2 \leqslant 0.1$	$r_p < 2$	微孔
$0.1 \leqslant T_2 \leqslant 2.5$	$2 < r_p \leqslant 50$	中孔
$T_2 > 2.5$	$r_p > 50$	中孔

　　Nguyen 等人（2014）对 Bakken 页岩储层岩心和 Eagle Ford 页岩露头进行了自吸实验。实验结果表明：非离子表面活性剂性能最佳，阴离子表面活性剂次之，阳离子表面活性剂（牛脂胺聚氧乙烯醚）最差。实际使用的是储层盐水，向其添加碱偏硼酸钠（$NaBO_2 \cdot 4H_2O$）生成脂肪酸盐（原位生成的表面活性剂），使脂肪酸盐与合成表面活性剂产生协同作用，碱降低了表面活性剂的吸附。Sheng（2011）对碱-表面活性剂的驱油机理进行了讨论。碱也可能改变岩石的润湿性（Johnson，1976）。Nguyen 等人（2014）发现，对于与 Bakken 原油（树脂含量高）一起老化的 Bakken 岩心，阴离子表面活性剂和两性表面活性剂会降低其原油采收率，而阳离子表面活性剂牛脂胺会提高其原油采收率。他们怀疑碱的增加可能会改变阴离子和两性表面活性剂的最佳矿化度。之后，他们给出了另一项实验数据，表明碱的添加降低了阳离子表面活性剂溶液的原油采收率。他们解释说，脂肪酸盐和阳离子表面活性剂具有相反的电荷，产生了更疏水的混合物，并对润湿性或界面张力产生了不利影响。向 30% TDS 盐水（总溶解盐）中加入碱后，随着阳离子表面活性剂渗吸过程的进行，观察到了碱沉淀现象。实验数据表明，含碱的非离子表面活性剂提高采收率效果最好。由于脂肪酸盐与非离子表面活性剂之间的作用主要是烃类尾部的疏水基相互作用，而不像脂肪酸盐与阳离子表面活性剂相反头基之间的相互作用，故未观察到碱性沉淀。

　　然而，Nguyen 等人（2014）观察到，经过 Bakken 组原油老化的 Eagle Ford 岩心，阳离子表面活性剂（浓度为 0.2%，无碱添加剂）的采收率最高（渗吸 600h 后的采收率为27%），阳离子表面活性剂将岩石由亲油性变为亲水性。Eagle Ford 岩心的主要成分以碳酸盐岩为主（47%），阳离子与碳酸盐岩心之间的作用更好，与 Alvarez 等人（2018）的研究结果一致，正如本书最后一章所讨论。

11 强制渗吸

摘　要： 本章讨论了压力梯度作用下的渗吸作用，有时也称为强制渗吸作用，该作用主要发生在注水和闷井阶段。本章采用数值模拟方法分析了裂缝性页岩和致密岩石的强制渗吸特性，分析了渗透率和孔隙度、润湿性变化、界面张力、毛细管压力和压力梯度对裂缝性页岩和致密岩石体系的影响，最后对实验结果进行了讨论，并介绍了表面活性剂提高采收率现场试验情况。

关键词： 强制渗吸；裂缝性储层；界面张力；压力梯度；表面活性剂驱油；润湿性改变

11.1　引言

在提高采收率方面，对于注水驱油的研究少于注气驱油的相关研究，可能是因为注水驱油的效果低于注气（Sheng 和 Chen，2014；Yu 和 Sheng，2017）。为了提高注水驱油效果，人们采取了许多措施，比如添加表面活性剂或其他化学物质。注水后，水可能在毛细作用或压力作用下进入岩石，通常称毛细管渗吸为自发渗吸，在第 10 章中已对此进行了讨论。本章讨论了压力梯度下的渗吸作用，有时也称为强制渗吸，主要发生在注水和闷井阶段。本章采用数值模拟方法分析了裂缝性页岩和致密岩石的强制渗吸特性，分析了渗透率和孔隙度、润湿性变化、界面张力、毛细管压力和压力梯度对裂缝性页岩和致密岩石体系的影响。最后对实验结果进行了讨论，并介绍了表面活性剂提高采收率现场试验情况。

11.2　页岩基础模型介绍

与自发渗吸相比，强制渗吸在页岩和致密储层中的作用要小得多。为了研究强制渗吸对提高采收率的影响，需开展大量的数值模拟工作。为了便于讨论，首先提出了一个基础模拟模型。

在 Najafabadi 等人（2008）的实验中，采用水、碱水和碱性表面活性剂溶液依次对基质和裂缝体系进行注水。将 9 个 Texas cream 岩心（1in×1in×1in，1in＝2.54cm）组合在一起，形成以相邻块间孔隙为裂缝的裂缝体系，模型网格如图 11.1 所示，模型中有 2 条平行于流动方向的裂缝，4 条垂直于流动方向的裂缝。裂缝宽度约为 1mm（0.003281ft），模型网格参数见表 11.1。初始含水饱和度为 0.14，油黏度为 10.5mPa·s。

表 11.1　模拟模型网格参数

参数	基质	裂缝
网格数	31×11×3	
x 方向网格大小/ft	0.02778	0.003281
孔隙度	0.298	1
渗透率/mD	34	2000

注：1ft=0.3048m。

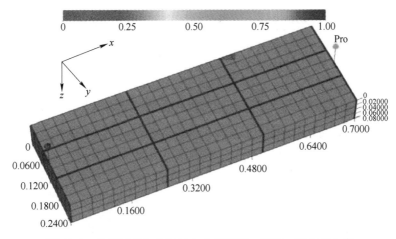

图 11.1　模型网格包括初始含水饱和度、裂缝、注入和生产

估算的岩心孔隙体积为 120mL，实验注入方案为：注入 0.71 孔隙体积（PV）水 + 4.8%NaCl，注入 1.6PV 碱水（0.71 ~ 2.4PV）+ 1% 偏硼酸钠 +3.8% 氯化钠，然后注入 0.97PV（2.4 ~ 3.37PV）碱性表面活性剂溶液 + 1.5% PetroStep S-1 和 0.5% PetroStep S-2+2% 仲丁醇作为助溶剂，1% 偏硼酸钠，3.8% NaCl。实验时的注入速率为 0.002ft³/d，压力梯度为 0.8psi/ft（1ft = 0.3048m，1psi = 0.006895MPa），更详细的实验情况见 Najafabadi 等人（2008）的研究。

Delshad 等人（2009）利用 UTCHEM 模型（2009 年的 9.95 版本）对实验结果开展了历史拟合。负压力是基质中束缚大量原油的原因。当基质的润湿性变为亲水性后，毛细管压力变为正值，如图 11.2 所示。如果表面活性剂浓度高于注入的临界胶束浓度，或碱浓度高于零，岩石润湿性就会发生改变。众所周知，相对渗透率取决于岩石的润湿性，当岩石润湿性发生变化时，相对渗透率曲线也会发生变化。初始润湿性和润湿性改变时的相对渗透率和毛细管力数值见表 11.2，相对渗透率曲线如图 11.3 和图 11.4 所示。Brooks 和 Corey（1966）采用 Corey 型方程对相对渗透率曲线进行描述，关于毛细管力的参数将在下文进行描述。

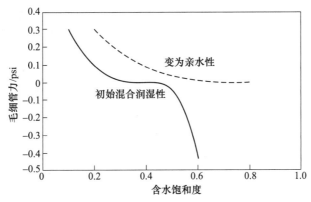

图 11.2　初始混合润湿和变为亲水性时的毛细管力曲线

（1psi = 6894.757Pa）

表 11.2 基质和裂缝初始混合润湿性及改变亲水性的相对渗透率和毛细管力的模型参数 $(N_C)_c$

参 数	初始润湿性		润湿性改变	
	基质	裂缝	基质	裂缝
残余水饱和度	0.1	0.05	0.2	0.1
残余油饱和度	0.4	0.35	0.2	0.05
水的末端相对渗透率	0.3	0.4	0.2	0.3
油的末端相对渗透率	0.4	0.6	0.7	1
水相对渗透率指数	2	1.5	2.5	2
油相对渗透率指数	3	1.8	2	1.5
润湿性	混合润湿性	混合润湿性	亲水性	亲水性
末端毛细管正压力/psi·D$^{1/2}$	0.10133	0	0.10133	0
末端毛细管负压力/psi·D$^{1/2}$	−0.14524	0	N/A	N/A
毛细管力指数	3	0	3	0
毛细管力为 0 时的含水饱和度	0.41	0	N/A	N/A

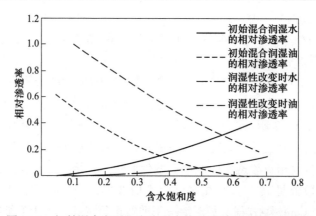

图 11.3 初始混合润湿和变为亲水性时基质相对渗透率曲线

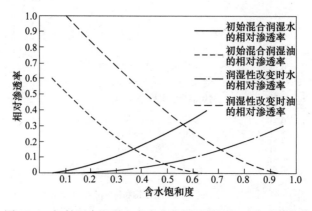

图 11.4 初始混合润湿和变为亲水性时裂缝相对渗透率曲线

注入表面活性剂过程中，水/微乳液和油/微乳液的界面张力均降低，界面张力大小为矿化度的函数，如图 11.5 所示。基础模型中，最佳矿化度 0.96meq/mL 时的界面张力接近 0.001mN/m。当界面张力降低时，残余饱和度降低，相对渗透率增加，可用毛细管去饱和曲线（CDC）来描述该机理，如式（9.2）（针对油相）。基础模型中所采用的基质块中水、油、微乳液相的 CDC 参数见表 11.3。

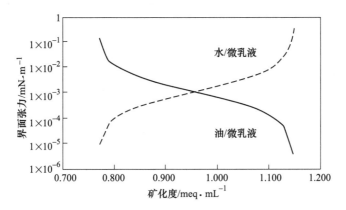

图 11.5　基础模型中界面张力随矿化度的变化

表 11.3　毛细管去饱和曲线基质基础模型参数

相	T_p	$(N_C)_c$ 处的 S_{pr}	$(N_C)_{max}$ 处的 S_{pr}	末端$(N_C)_c$ 处的 k_r	末端$(N_C)_{max}$ 处的 k_r	$(N_C)_c$ 处的 k_r 指数	$(N_C)_{max}$ 处的 k_r 指数
水	30000	0.1	0	0.3	1	2	1
油	1868	0.4	0	0.4	1	3	1
微乳液	342	0.1	0	0.3	1	2	1

注意，模拟中需要两组相对渗透率曲线，一组用于描述表 11.2 中的润湿性改变的影响，另一组用于描述表 11.3 中的基质毛细管数的影响。裂缝基础模型$(N_C)_c$处使用的毛细管去饱和曲线参数见表 11.2，裂缝$(N_C)_{max}$处的参数与表 11.3 的基质参数相同，基质与裂缝采用表 11.3 中相同的 T_p 值。

模型沿 y 方向对称，为了节省模拟时间，将模型沿 y 方向分成两半。因此，模型包括 x 方向 1in(1in=2.54cm) 基质（1/3 模型 x 方向）及 y 方向的一条裂缝（模型 y 方向的一半），最终的模型尺寸为 1in×1.5in×1in，网格为 11×6×3。注入速率改为实验时的 1/6，即 0.00033ft^3/d(1ft=0.3048m)。基于该缩小化的模型，将基础模型中的渗透率和孔隙度值替换为页岩特征参数（渗透率 300nD(约 $3×10^{-19}$m^2），孔隙度为 0.1）。

一般来说，表面活性剂可以改变岩石润湿性，降低界面张力。由于在注入表面活性剂的过程中同时注入了碱，故假设模型的表面活性剂降低了界面张力，碱改变了润湿性。润湿性变化程度受插值换算系数 ω_{kr} 和 ω_{pc} 控制，ω_{kr} 表示相对渗透率变化，ω_{pc} 表示毛细管力变化：

$$k_r = \omega_{kr} k_r^{ww} + (1 - \omega_{kr}) k_r^{mw} \qquad (11.1)$$

$$p_C = \omega_{pc} p_C^{ww} + (1 - \omega_{pc}) p_C^{mw} \qquad (11.2)$$

上标 ww 和 mw 表示亲水性和初始混合润湿条件，毛细管力 p_c 与界面张力、孔隙度及渗透率的标度如下：

$$p_{cjj'}^{ww} = C_{pc} \sqrt{\frac{\varphi}{k}} \frac{\sigma_{jj'}^{ww}}{\sigma_{jj'}^{ow}} \left(1 - \frac{S_j - S_{jr}}{1 - \sum_{j=1}^{3} S_{jr}} \right)^{E_{pc}} j' \quad (j = 1,2,3) \qquad (11.3)$$

式中 $C_{pc}\sqrt{\dfrac{\varphi}{k}}$ ——利用 Leverett-J 函数（1941）考虑了渗透率和孔隙度的影响；

φ ——孔隙度；

k ——渗透率；

σ ——界面张力；

S ——亲水情况下的饱和度。

下标 j，j' ——相，相 1，2，3 分别代表水相、油相及微乳液相；

S_{jr} ——j 相的残余饱和度；

C_{pc} ——表 11.2 的末端毛细管力。

假设实验所用砂岩和页岩的 C_{pc} 值相同，则页岩的最大毛细管力为 $0.3 \dfrac{\sqrt{(k/\varphi)_{high}}}{\sqrt{(k/\varphi)_{low}}} =$

$0.3 \dfrac{\sqrt{34/0.298}}{\sqrt{3e-4/0.1}} = 58.5 \mathrm{psi}(1\mathrm{psi} = 6894.757\mathrm{Pa})$。对于页岩来说，如此低的压力与实际不符。本次研究将这一毛细管力暂且留在基础模型中，稍后再来讨论它。之后，将页岩与砂岩的表现进行对比，研究毛细管力和压力梯度的影响。

11.3 页岩和砂岩的对比

本次研究对比了页岩和砂岩在采收率、含油饱和度及含油量方面差异，图 11.6 分别给出了砂岩仅注水、仅注表面活性剂溶液、仅注碱水及按序注入的采收率。结果表明，仅

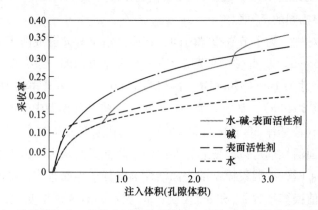

图 11.6 砂岩仅注水、仅注表面活性剂溶液、仅注碱水及按序注入的采收率

注水的采收率最低（和预期的一样），仅注表面活性剂溶液和仅注碱水的采收率次之。值得注意的是，水、碱水、表面活性剂溶液按序注入的采收率最高（图中水-碱-表面活性剂曲线），甚至高于碱水、表面活性剂溶液按序注入的采收率。同样值得注意的是，仅注碱水的采收率要高于仅注表面活性剂溶液的采收率，这样的结果不可能是普遍现象，因为碱水的影响不可能那么大（Sheng，2011；2015c）。具体条件是：碱水浓度为1%，表面活性剂溶液浓度2%；碱水将岩石的初始混合润湿性变为中等润湿（ω_{kr}和ω_{pc}都为0.5）；表面活性剂溶液使油-微乳液的界面张力由最初的20mN/m（油-水）降至10^{-3}mN/m左右。可通过注入碱水或注入表面活性剂溶液来改变润湿性（Sheng，2012；2013a），这些结果也表明，改变润湿性可能比降低界面张力更重要。

页岩仅注水、仅注表面活性剂溶液、仅注碱水及按序注入的采收率如图11.7所示。由于页岩为亲油型，因此仅注水不能采出原油，一旦无用的侵入水导致被侵入基质的含水饱和度升高，毛细管力将变为负值（见图11.2），原油将很难从岩石中流出。仅注入表面活性剂溶液时，界面张力降低，相对渗透率增加。高渗透性裂缝使得注入的表面活性剂溶液穿透生产井，绕过了基质中的油，导致采收率非常低（约0.01），注入0.4天后，很难采出油。从图11.8（a）和（b）可以看出，注入第0.4天和第9天时基质中的含油饱和度几乎没有变化，特别在右侧生产井附近，裂缝中的含油饱和度为零。

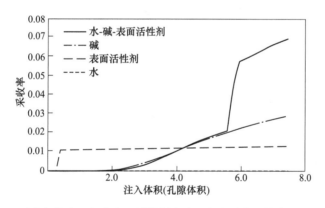

图11.7　页岩仅注水、仅注表面活性剂溶液、仅注碱水及按序注入的采收率

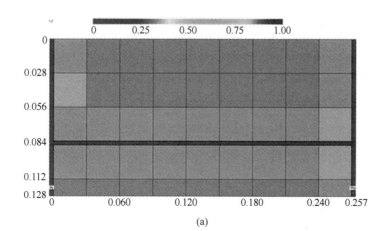

(a)

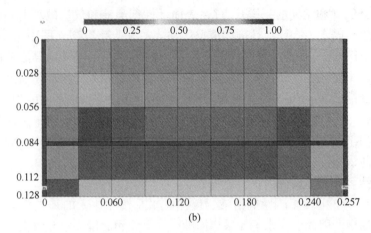

图 11.8　仅注入表面活性剂溶液情况下（页岩）的含油饱和度
（a）0.4 天；（b）9 天

　　图 11.9（a）和（b）对比了砂岩模型中仅注入表面活性剂溶液时 0.4 天和 9 天的含油饱和度。图中可以看出，基质中的饱和度发生明显变化，特别是在生产井附近。砂岩的渗透率不低，部分表面活性剂溶液可以进入基质，而非仅仅突破裂缝。

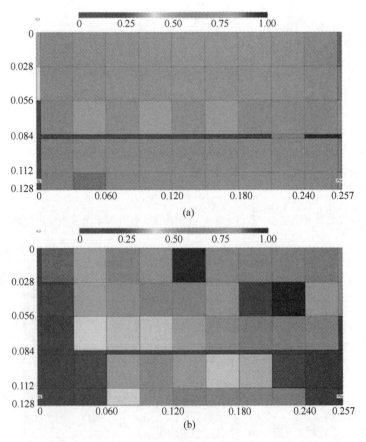

图 11.9　仅注入表面活性剂溶液情况下（砂岩）的含油饱和度
（a）0.4 天；（b）9 天

为了进一步对比，在仅注入碱的情况下，0.4 天和 9 天的页岩含油饱和度如图 11.10（a）和（b）所示。从图中可以看出，从第 0.4 天到第 9 天，基质含油饱和度变化十分明显。值得注意的是，裂缝两侧第 9 天的含油饱和度分布较为均匀，说明碱性溶液均匀渗吸进基质。裂缝附近含油饱和度降低，说明碱性溶液与油发生逆向流动。因为渗吸需要一定的时间才能有效置换出油，因此与图 11.9 仅注入表面活性剂溶液相比，仅注入碱的产油时间较晚。模型模拟结果表明，改变岩石的润湿性比降低界面张力更有效。

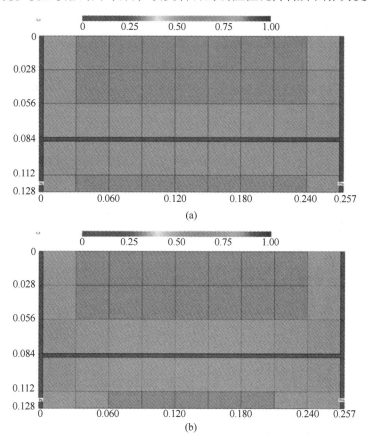

图 11.10　仅注入碱情况下（页岩）的含油饱和度
（a）0.4 天；（b）9 天

图 11.11 给出了页岩仅注水、仅注表面活性剂溶液、仅注碱水及按序注入情况下的含油量。在整个注水过程中，仅注水的含油量几乎为零。仅注入表面活性剂溶液时，含油量仅在较短时间保持高值（图中刻度之外，最大为 0.1），其余时间的含油量几乎为零。仅注碱水的含油量为 0.005，按序注入时的含油量与仅注入碱的含油量相似，但按序注入过程中，出现了一个短峰值（图中刻度之外，最大为 0.12）。从图中可以看出，注入流体通过裂缝突破了生产井，导致只能驱替出少量的原油。

图 11.12 给出了对砂岩仅注水、仅注表面活性剂溶液、仅注碱水及按序注入情况下的含油量，图中可以看出，尽管无法保持高含油量，但在各流体注入前期均存在一个含油量峰值。砂岩与页岩的动态对比可知，早期可以将部分原油从砂岩中开采出来，但对于页岩

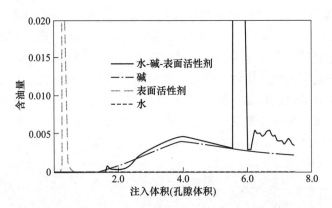

图 11.11 页岩仅注水、仅注表面活性剂溶液、仅注碱水及按序注入情况下的含油量

来说则很难。一个众所周知的难题是裂缝性储层中发生的窜流，通过对模拟结果的分析可以看出，在页岩储层中，这一问题更为严重。类似问题的报道也存在于 Viewfield Bakken 油田气驱采油、Saskatchewan（Schmidt 和 Sekar，2014）、Parshall 油田注 CO_2 吞吐采油（Sorensen 和 Hamling，2016）及 Montana 地区 Bakken 组注水驱油过程中（Hoffman 和 Evans，2016）。

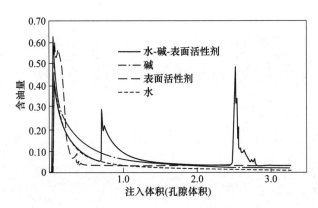

图 11.12 砂岩仅注水、仅注表面活性剂溶液、仅注碱水及按序注入情况下的含油量

在上述讨论中，将模拟时间限制在 9 天以内，这与 Najafabadi 等人（2008）的实验时间一致。到第 9 天，砂岩和页岩总注入孔隙体积分别为 3.25 和 7.44。9 天时间似乎很短，但对于一个油田项目来说，这一时间段内的孔隙体积注入量是非常庞大的。因此，如果没有另外提及，后续的模拟时间均默认控制在 9 天以内。

11.4 相对渗透率和毛细管力变化的对比

在基础模拟模型（砂岩和页岩）中，注入碱水会改变岩石的相对渗透率和毛细管压力。那么哪一种改变对采收率的影响更大呢？针对该疑问，研究人员建立了两个砂岩模型。第一个模型假设只有 k_r（相对渗透率）发生改变，根据式（11.1）和式（11.2）可知，$\omega_{kr}=0.5$，$\omega_{pc}=0$，另一个模型假设只有 p_c（毛细管力）发生改变，即 $\omega_{kr}=0$，$\omega_{pc}=0$，采收率模拟结果见表 11.4，前者采收率（0.333）比后者（0.195）高 71%。另外研究人员也针对页岩建立了两种模型，其采收率也如表11.4所示。当仅有 p_c 发生改变时，模型无法产油，当仅有 k_r 发生改变时，模型采收率为0.043。砂岩和页岩模型均显示，改变 k_r 对提高采收率更有效，该结果与自吸结果一致（Sheng，2013b）。

表11.4 注碱水时相对渗透率和毛细管力变化对采收率影响（初始混合润湿）

条　　件	砂岩	页岩
只有 k_r 改变，$\omega_{kr}=0.5$，$\omega_{pc}=0$	0.333	0.043
只有 p_c 改变，$\omega_{kr}=0$，$\omega_{pc}=0$	0.195	0.000

11.5　毛细管力的影响

前一节表明，由于润湿性变化引起的毛细管力变化不如 k_r 变化那么有效，回看图11.2，最大压力为 $0.002 \sim 0.003$ MPa（$0.3 \sim 0.43$psi）。利用式（11.3）估算了页岩的最大毛细管压力为 $0.403 \sim 0.578$ MPa（$58.5 \sim 83.9$psi）。有人可能认为，该实验采用的毛细管力太低而无效。当毛细管力增大100倍时，砂岩模型和页岩模型的采收率对毛细管力大小均不敏感。这也清楚地说明了裂缝中的流动主要受黏性流控制，在本章后面内容中将会清楚地看到，裂缝中流体流动所需的压力梯度极小，以至于流体可能会绕过基质。

上述模型的模拟时间均为9天，也可能由于模拟时间太短而导致看不到毛细管作用。为了验证这一猜测，将模拟时间延长到90天，90天结束时的采收率结果见表11.5。对表中数据分析可知，砂岩模型低毛细管力情形下的采收率（0.404）要高于高毛细管力情形下的采收率（0.326），但页岩模型的采收率结果并没有显示出这样差异，说明毛细管驱动在致密地层中更为重要。

表11.5　初始混合润湿岩心毛细管力对采收率影响（模拟时间90天）

砂岩	采收率	网格块（6 3 2）中的碱浓度/%
最大 p_c 为 $0.3 \sim 0.43$psi	0.404	0.496
最大 p_c 为 $30 \sim 43$psi	0.326	0.429
页岩	采收率	网格块（6 3 2）中的碱浓度/%
最大 p_c 为 $58.5 \sim 83.9$psi	0.100	0.189
最大 p_c 为 $5850 \sim 8390$psi	0.228	0.361

注：1psi＝6894.757Pa。

为了解释砂岩模型的模拟结果，对比分析了模拟时间90天高、低毛细管力下的碱水浓度分布，如图11.13和图11.14所示，总体来说高 p_c 情形下的碱水浓度要高于低 p_c 情形。例如，低 p_c 和高 p_c 情形下，模型中间网格块（6 3 2）的碱水浓度分别为0.496%和0.429%（见表11.5）。在这些模型中，岩石的初始润湿性为混合润湿，而最终改变后的润湿性也并非完全亲水型。参照图11.2，开始时碱溶液饱和度较低，毛细管力为正（驱动力）；当饱和度较高时，毛细管力变为负（阻力）。而当 p_c 较高时，虽然初始驱动力较高，但后期的阻力也较高，因此，高 p_c 可能并非一种优势。

页岩模型的碱水浓度分布（模拟时间90天）如图11.15和图11.16所示，高 p_c 条件下，碱水浓度要高于低 p_c 情形。对比砂岩模型，页岩模型在高 p_c 情形下具有两个优势。

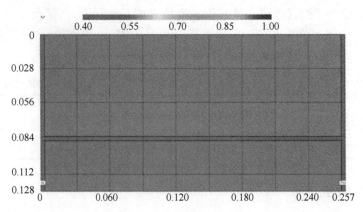

图 11.13 低 p_c 砂岩模型中间层碱水浓度分布图（模拟时间 90 天）

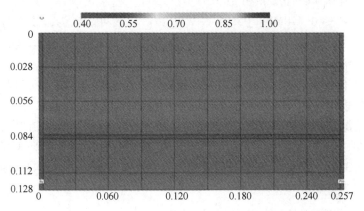

图 11.14 高 p_c 砂岩模型中间层碱水浓度分布图（模拟时间 90 天）

一是流体渗吸距离更短，因此毛细管压力梯度相对更高。另一个优势是毛细管力越高，毛细管压力梯度会将更多碱溶液驱入基质中。

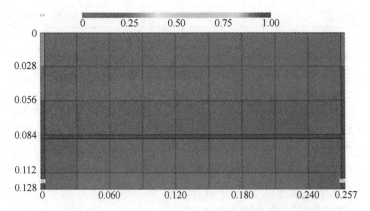

图 11.15 低 p_c 页岩模型中间层碱浓度分布图（模拟时间 90 天）

需要注意的是，模型中小型岩心的模拟注入时间为 90 天，如果将该小模型的尺度放大至油田模型，那么注入时间将过长，从而失去了可行性。长期以来，毛细管力具有自发

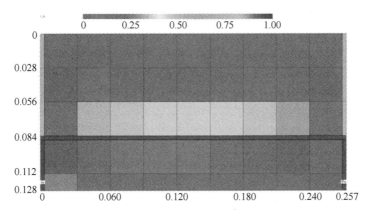

图 11.16 高 p_c 页岩模型中间层碱浓度分布图（模拟时间 90 天）

渗吸的机理，该结果可能不适用于油田规模的强制渗吸（驱油），因此，本章进一步研究了毛细管压力对小尺度模型的影响（模拟注入时间 9 天）。

之后进一步检查岩石初始润湿性为亲油时毛细管力对采收率的敏感程度，模型详细参数和模拟结果见表 11.6。在这些模型中，去掉了相对渗透率改变功能模块。当毛细管力（初始润湿性的压力和改变润湿性后的压力）增加 10 倍和 100 倍时，采收率分别从 0.067 下降到 0.025 和 0.001，由此可知，采收率对毛细管力大小十分敏感。对于页岩模型来说，由于初始亲油性岩心的毛细管阻力较高，碱性溶液无法进入基质，因此无论毛细管力大小如何，最终的采收率都为零。

表 11.6 初始亲油性岩心毛细管力对采收率影响（模拟时间 9 天）

末端毛细管力/psi·$D^{1/2}$		采收率	
初始润湿性	润湿性改变后	砂岩	页岩
−0.1452	0.1033	0.067	0.0
−1.452	**1.033**	**0.025**	**0.0**
−14.52	10.33	0.001	0.0
−1.452	**0.1033**	**0.0246**	**0.0**
−1.452	**10.33**	**0.0246**	**0.0**

由砂岩模型可知，当岩石的初始润湿性由混合润湿性变为亲油性时，采收率由 0.195（见表 11.4）变为 0.067（见表 11.6），说明初始润湿性非常重要，这与 Bourbiaux 和 Kalaydjian（1990）的自吸实验数据一致。

假设这些模拟中最大正毛细管力和负毛细管力的变化幅度相同，现保持初始亲油性岩石的毛细管力不变，末端毛细管力值为−1.452 psi·$D^{1/2}$，润湿性改变后，末端毛细管力变为 0.1033，1.033 和 10.33 psi·$D^{1/2}$（在表 11.6 中用粗体表示）。对于砂岩模型，采收率的变化不明显（接近 0.025），而页岩模型的采收率始终为零。这些结果也证实，如果岩石初始为亲油型，那么润湿性改变后的毛细管力绝对值与采收率大小关系不大（不敏感）。这是因为当岩石为亲油型时，一种化学物质扩散到岩石并改变其润湿性的过程非常缓慢，随后的高毛细管力亲水性导致其不能发挥作用。p_c 与界面张力成正比，如果 p_c 值不重要，则在岩石润湿性由亲油性转变过程中界面张力也不重要。

11.6 压力梯度（注入速率）的影响

砂岩模型和页岩模型不同注入速率（压力梯度）下的注碱水采收率见表11.7，将注入井网格块（$I=1$）的压力减去生产井网格块（$I=11$）的压力，然后除以这些网格块中间层（$K=2$）的距离，即可得到压力梯度。在模型中，注入井和生产井通过裂缝直接连接的，因此井间的压力梯度为裂缝中的压力梯度$(dp/dl)_f$。由于压力梯度随时间的变化而变化，因此表11.7及后续各表的压力梯度值均为注入过程中的平均压力梯度。结果表明，随着注入速度或压力梯度$(dp/dl)_f$的增加，砂岩和页岩模型的采收率均较高。高压力梯度提供了高驱动力，可将注入的碱性溶液驱入基质中，从而提高采收率。Parra等人（2016）在实验室通过注表面活性剂溶液得到了相同结果。

表11.7 注碱水时与压力梯度对采收率的影响

注入速率/ft³·d⁻¹	砂 岩		页 岩	
	$(dp/dl)_f$/psi·ft⁻¹	采收率	$(dp/dl)_f$/psi·ft⁻¹	采收率
0.00011	0.117700	0.262	0.074297465	0.0145
0.00033	0.266507	0.328	0.214008893	0.0300
0.001	0.657965	0.424	0.624348985	0.0368
0.0033	1.857369	0.521	2.004676737	0.0406

注：1ft=0.3048m，1psi=6894.757Pa。

之后观察注入表面活性剂溶液的情况，其中砂岩模型和页岩模型不同注入速率（压力梯度）下的采收率见表11.8。从砂岩模型中可以清楚地看到，随着注入速度或压力梯度的增加，采收率也会增加。如果去掉第一对（非常低注入速率）和最后一对（非常高注入速率）数据，采收率与压力梯度的关系如图11.17所示，可以观察到，二者近乎呈线性关系。页岩模型的采收率很低，最高仅为0.0261。当注入速率较低时，随着压力梯度的增大，采收率增加，而在较高注入速率范围内，随着压力梯度的增大，采收率甚至会降低，目前尚未明确采收率与压力梯度的关系，可能与采收率过低造成的数值模拟误差有关。上述结果还表明，即使施加高压力梯度，超低界面张力表面活性剂溶液也无法进入超低渗基质，如果注入井和生产井之间存在高渗透裂缝，表面活性剂溶液与原油之间的超低界面张力将对采油产生消极影响。

表11.8 注表面活性剂溶液压力梯度对采收率的影响

注入速率/ft³·d⁻¹	砂 岩		页 岩	
	$(dp/dl)_f$/psi·ft⁻¹	采收率	$(dp/dl)_f$/psi·ft⁻¹	采收率
0.0000033	0.012295868	0.040	0.001733818	0.0000
0.00000165	0.044261351	0.126	0.012411145	0.0055
0.000033	0.061503113	0.166	0.02336886	0.0261
0.00011	0.115751967	0.198	0.049332963	0.0201
0.00033	0.260944796	0.267	0.132130724	0.0132

注入速率/ft³·d⁻¹	砂 岩		页 岩	
	$(dp/dl)_f$/psi·ft⁻¹	采收率	$(dp/dl)_f$/psi·ft⁻¹	采收率
0.001	0.693085916	0.619	0.389119313	0.0107
0.0033	1.427742839	0.971	1.271664234	0.0096
0.033	8.71952236	1.000	12.67878541	0.0097

注：1ft = 0.3048m，1psi = 6894.757Pa。

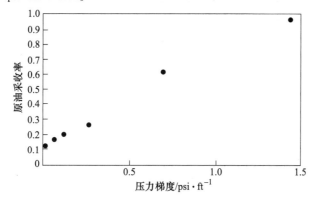

图 11.17 注表面活性剂溶液驱油（砂岩模型）压力梯度和采收率的关系
（1psi = 6894.757Pa，1ft = 0.3048m）

为了对比，图 11.18 绘制了页岩和砂岩模型中碱驱油的采收率与压力梯度的关系，图中可以看出两者的线性相关性较弱，说明两者的关系较表面活性剂驱油更为复杂，除压力梯度效应外，润湿性改变也起着重要作用。

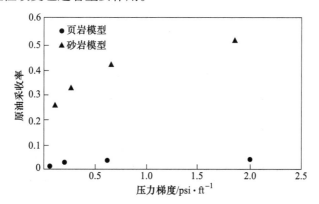

图 11.18 页岩和砂岩模型碱驱油采收率与压力梯度的关系
（1psi = 6894.757Pa，1ft = 0.3048m）

在上述页岩模型中，裂缝的渗透率为 2000mD，裂缝和基质之间的渗透率比非常高，注入流体可通过裂缝发生窜流，导致注入流体中添加的表面活性剂或任何化学物质无法发挥作用。为了验证这一影响，在表面活性剂驱油和碱驱油页岩模型中，均降低了裂缝的渗透率。表 11.9 显示，当裂缝渗透率降低至 2mD 时，表面活性剂驱油的压力梯度增加到 0.926MPa/ft（134.281psi/ft，1ft = 0.3048m），实际水驱油时这种压力梯度过高。即便如此，驱油 9 天的采收率仅从 0.0132 提高到了 0.0178，但绝对采收率的提高并不明显，从表中同样可以看出，碱驱油存在类似现象。Parra 等人（2016）提出通过提高微乳液黏度来增加裂缝到基质的横向压力梯度，从而提高裂缝性油藏的采收率，该想法在这里的页岩模型中得到了验证。基础情况下，注入水的黏度为 1mPa·s，当黏度增加到 10mPa·s 和 100mPa·s 时，压力梯度分别增加到 1.274 和 12.681，但绝对采收率的提高并不明显，见表 11.9。

表 11.9　改变裂缝渗透率和注入水黏度时压裂梯度对采收率的影响

裂缝渗透率/mD	表面活性剂溶液		碱　　水	
	$(\mathrm{d}p/\mathrm{d}l)_f$/psi·ft^{-1}	采收率	$(\mathrm{d}p/\mathrm{d}l)_f$/psi·ft^{-1}	采收率
2000	0.132	0.0132	0.214	0.0300
20	13.209	0.0135	21.683	0.0263
2	134.281	0.0178	215.826	0.0284
注入水黏度/mPa·s	$(\mathrm{d}p/\mathrm{d}l)$/psi·ft^{-1}	采收率		
1	0.132	0.0132		
10	1.274	0.0143		
100	12.681	0.0105		

注：1ft = 0.3048m，1psi = 6894.757Pa。

Parra 等人（2016）通过实验证明，当微乳液黏度增加时，会产生更高的压力梯度，从而提高采收率，实验中基质的渗透率为 100~320mD。现在采用本次研究的模拟模型验证他们的观察结果，这样也可以验证本次研究的模拟模型是否能够预测化学驱油的实际效果。将页岩基础模型的基质渗透率提高到 100mD，使得水黏度从基础模型的 1mPa·s 提高到 10mPa·s，模拟结果见表 11.10。当水黏度从 1mPa·s 增加到 10mPa·s 时，压力梯度从 0.145psi/ft 增加到 0.675psi/ft，采收率从 0.766 增加到 0.999，采收率提高十分明显，这也验证了 Parra 等人的实验观察和我们的模型模拟结果。为了验证提高压力梯度是否可以提高致密油油藏的采收率，还另外运行了两个模型。这两个模型中，基质渗透率为 0.1mD，水的黏度从 1mPa·s 增至 10mPa·s，计算结果见表 11.10。当水的黏度从 1mPa·s 增加到 10mPa·s 时，压力梯度从 0.146 psi/ft 增加到 1.284psi/ft，但采收率几乎没有变化。

表 11.10　改变裂缝渗透率和注入水黏度（仅表面活性剂驱油）时压裂梯度对采收率的影响

基质渗透率/mD	注入水黏度/cP	$(\mathrm{d}p/\mathrm{d}l)_f$/psi·ft^{-1}	$(\mathrm{d}p/\mathrm{d}l)_{fm}$/psi·ft^{-1}	采收率
0.0003	1	0.132	-1.920	0.0132
100	1	0.145	0.000	0.766
100	10	0.675	-0.048	0.999
0.1	1	0.146	-0.384	0.060
0.1	10	1.284	-0.048	0.056

注：1ft = 0.3048m，1psi = 6894.757Pa。

作为对比，不同注入情况下注入中期（4.4 天）裂缝块（6 4 2）到基质块（6 3 2）

微乳液相的压力梯度 $(\mathrm{d}p/\mathrm{d}l)_{\mathrm{fm}}$ 见表 11.10。表中数据表明，对于基质渗透率为 0.0003mD 的页岩基础模型，裂缝块到基质块的压力梯度为 -1.920 psi/ft（负值），说明裂缝中的微乳液相无法进入基质。当基质渗透率为 100mD，注入水黏度为 1mPa·s 时，裂缝块到基质块的压力梯度为零，当注入水黏度为 10mPa·s 时，压力梯度为 -0.048psi/ft（接近于零）。与渗透率 0.0003mD 情况下的压力梯度相比，这些压力梯度（绝对值）要小得多。对于基质渗透率为 0.1mD、注入水黏度为 1mPa·s 的致密岩石模型，$(\mathrm{d}p/\mathrm{d}l)_{\mathrm{fm}}$ 为 -0.384psi/ft，裂缝中的压力梯度 $(\mathrm{d}p/\mathrm{d}l)_{\mathrm{f}}$ 为 0.146psi/ft，裂缝块内的流体无法进到基质块中。致密岩石模型中，注入水的黏度为 10mPa·s，虽然 $(\mathrm{d}p/\mathrm{d}l)_{\mathrm{fm}}$ 等于 -0.048psi/ft（接近于零），$(\mathrm{d}p/\mathrm{d}l)_{\mathrm{f}}$ 为 1.284psi/ft（非常高）。因此，注入的表面活性剂溶液通过裂缝发生窜流。

根据上述讨论，我们可以看出，在裂缝性页岩或致密储层中，提高化学驱油的压力梯度可能是无效的。

11.7 强制渗吸实验研究

Tu 和 Sheng（2019）做了一些强制渗吸实验，实验装置包括改进的 Amott 腔室、高压蓄能器和 Quizix 泵（见图 11.19）。自吸实验通常采用传统的 Amott 腔室，然而，Amott 腔室不能承受压力，一般不高于 0.034MPa（5psi）。在实际油藏注入表面活性剂时，注入压力会高于基质内部压力。换句话说，该渗吸为注入和闷井阶段的强制渗吸。为了反映这一现实，对 Amott 腔室进行了改进，如图 11.19 所示。带有通信端口的底部盖可以平衡 Amott 腔室内部和外部的压力，将整个 Amott 腔室浸入充有指定流体的蓄能器上部，通过 Quizix 泵向蓄能器底部注入水，即可实现任意目标压力。可通过压力表记录蓄能器顶部空间的平衡压力，该装置的优点是在 Amott 腔室内部进行增压吸油，从岩心流出来的油可在 Amott 腔室的颈部刻度上读出。

对表 11.11 所列的每个岩心样品，共进行了 8 轮次增压（包括闷井）吞吐试验，每个测试均有 12h 的注入（闷井）和采油期。闷井压力控制在 20.68MPa（3000psi），腔室压力最终衰竭至大气压。岩心最初为亲油型（接触角约 150°），被表面活性剂改变为 35°~40°。请注意，在注入和闷井期间，由于压力可以迅速增加，注入阶段和闷井阶段实际上都是闷井阶段。

表 11.11 加压闷井及衰竭采油测试实验条件

岩心编号	测试溶液	闷井时间 /h	注入压力 /MPa	衰竭时间 /h	生产压力 /MPa
EF-1	盐水（5%KCl），界面张力为 18mN/m	12	20.685 (3000psi)	12	0.101 (14.7psi)
EF-2	高界面张力表面活性剂溶液（3mN/m）				
EF-3	中等界面张力表面活性剂溶液（0.4mN/m）				
EF-4	低界面张力表面活性剂溶液（0.02mN/m）				

不同表面活性剂溶液和盐水的吞吐采油采收率如图 11.20 所示，界面张力越高，采收率越高，该趋势与自吸趋势一致。值得注意的是，中等界面张力时最后两个高采收率点是

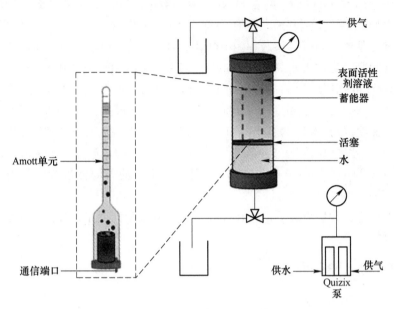

图 11.19 改进的高压 Amott 装置

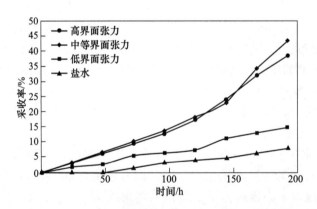

图 11.20 不同界面张力及不同润湿性变化溶液的吞吐采收率

由岩心裂缝造成的，说明自吸作用在注入和闷井期间非常重要。当在一张图中同时显示压力、采收率模拟数据与连续压力、采收率数据时，这种现象变得更加明显。例如，图11.21 给出了高界面张力情形下的压力和采收率数据。单看一个轮次的吞吐，高压步骤（20.684MPa（3000psi））表示注入和闷井阶段，而低压步骤（0MPa）表示衰竭采油期。通过仔细观察一个周期内的采油数据，我们可以看到，注入和闷井期间从岩心中流出的油要高于采油期（衰竭采油）。如图 11.22（实验数据）所示，将注入和闷井期的产油量相加与采油阶段产油量做对比，上述现象会变得更加清晰。该图中，注入和闷井时间不同，但衰竭采油时间相同（12h），共有 8 个轮次。有趣的是，注入和闷井 3h 时的采收率甚至高于 8 轮次衰竭采油 12h 时的采收率。衰竭采油过程中，由于压力直接衰竭，因此压力很低（实际大气压下），这时的渗吸实际上是自发渗吸。上述数据表明，加压渗吸十分重要，换句话说，压力有助于渗吸。

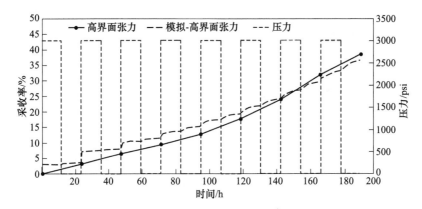

图 11.21 高界面张力溶液吞吐阶段压力和采收率
（1psi = 6894.757Pa）

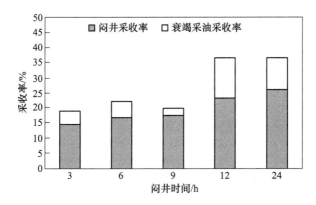

图 11.22 不同注入、闷井时间与 12h 衰竭采油的采收率对比（高界面张力情形）

针对上述盐水、低界面张力和高界面张力表面活性剂溶液，本次研究分别进行了自吸、强制渗吸及循环注入（注入、闷井及采油）实验，图 11.23 为盐水测试结果。由于岩心是亲油的，因此在自吸和强制渗吸过程中，基本上没有原油从岩心中流出，在这种循环注入过程中，通过衰竭作用带出一部分油。对于三种低界面张力表面活性剂溶液，强制渗

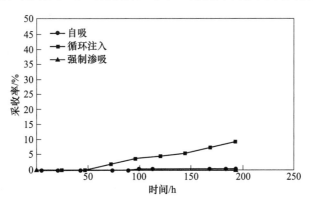

图 11.23 盐水自吸、强制渗吸及循环注入的采收率

吸的采收率要高于自吸采收率，如图 11.24 和图 11.25 所示，循环注入获得的采收率最高，这是因为通过岩心压力衰竭作用，额外产生了一部分油。这些结果还表明，高界面张力溶液中，强制渗吸的采收率高于低界面张力溶液。

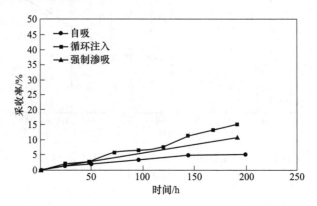

图 11.24 低界面张力表面活性剂溶液自吸、强制渗吸及循环注入的采收率

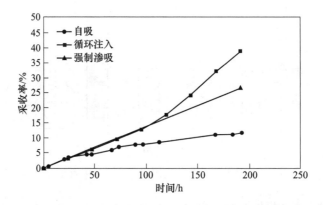

图 11.25 高界面张力表面活性剂溶液自吸、强制渗吸及循环注入的采收率

11.8 表面活性剂提高采收率现场试验

压裂液中加入表面活性剂不一定只是为了提高采收率，还有很多其他原因，目前在现场测试中，尚未直接通过添加表面活性剂来提高采收率。

众所周知，表面活性剂能够改变岩石的润湿性及强化水的渗吸。对于常规亲油裂缝性碳酸盐岩储层来说，许多实验室研究均使用表面活性剂来促进自吸作用，例如 Chen 等人（2001）、Olson 等人（1990）及 Hirasaki 和 Zhang（2004）。目前已经在得克萨斯州的 Yates 油田（Yang 和 Wadleigh，2000）、巴林的 Mauddud 碳酸盐岩（Zubari 和 Sivakumar，2003）、怀俄明州的 Cottonwood Creek 油田（Xie 等，2005；Weiss 等，2006）和印度尼西亚 Semoga 油田的 Baturaja 地层（Rilian 等，2010）等油田和地区开展了表面活性剂增产试验（注入、闷井及冲洗），现场结果显示，表面活性剂的增产效果良好（Sheng，2013a）。

油页岩的相关文献表明，油页岩最有可能为亲油型（Phillips 等，2009；Wang 等，2011）。这种亲油性使得水相很难渗透到基质中将油置换出来。表面活性剂可以改变岩石的润湿性，将岩石从亲油型变为亲水型或混合润湿型（Sheng，2012）。因此，大多数与表面活性剂相关的页岩油储层提高采收率研究都集中在润湿性变化和水渗吸方面（如 Shuler 等，2011；Wang 等，2011；Ferno 等，2012；Xu 和 Fu，2012；Morsy 和 Sheng，2014b）。由于自吸过程非常缓慢，因此这些研究通常使用非常薄的薄片或小岩心（Sheng，2013b）。实际操作过程中，如果基质太大，自吸速度十分缓慢，导致获得的采收率将不具经济性，自吸率与特征长度成反比，有可能是线性关系，也有可能是平方关系（Mattax 和 Kyte，1962；Cuiec 等，1994；Kazemi 等，1992 年；Li 和 Horne，2006；Ma 等，1997；Babadagli，2001）。为了解决这一问题，需要像压裂作业一样，实施强制渗吸，加快渗吸过程。由此可见，再压裂可提高页岩储层的采收率（Vincent，2011）。注表面活性剂溶液吞吐可促进再压裂效率，提高采收率。页岩储层中，吞吐采油的效果好于表面活性剂驱油效果。虽然目前尚未见到关于现场吞吐案例报告，但本次研究已经对 Bakken 组表面活性剂驱油进行了研究。

通过测井、取心、压力测试和流体示踪等详细的表征程序，本次研究建立了油藏模型，以评价 Bakken 组中段表面活性剂驱油提高采收率的潜力。研究基于历史拟合实验标定参数（如表面活性剂吸附参数）建立了储层模型，模拟区域渗透率为 $100nD \sim 10\mu D$，模型由一对水平井组成，每口井的半缝重叠范围约 60%，但相互之间没有连接。模型只包含了每口井一半的裂缝，半缝长为 365.76m(1200ft)，缝高为 91.44m(300ft)。该模型预测 12.5 年的产油量将超过 12.5 年的一次采油量。一系列的经济敏感性研究表明，注入表面活性剂不仅具有提高采收率的潜力，而且具有一定经济潜力。Dawson 等人（2015）的论文中并未报道该模型的详细数据。

12 压裂液返排

摘　要： 本章对页岩储层的压裂液返排、生产动态及相关实验结果进行了总结，提出了低返排机理，并讨论了关井、岩石初始润湿性、侵入深度和表面活性剂对压裂液返排的影响。最后，给出了一些处理返排的解决方法。

关键词： 延迟；返排；侵入；侵入深度；渗透率恢复；关井；表面活性剂；水锁

12.1　引言

油气井经水力压裂后，可立即投产，也可过一段时间后再投产。通常采用以下几个术语来描述延迟生产的时间：焖井、关井、静止和延迟。严格地说，关井或静止是指两个流动阶段之间的时间间隔，而延迟是指第一个流动阶段之前的时间。本章的研究尝试明确使用"关井"和"延迟"这两个不同术语。有时还将关井称为第一次关井，即从压裂增产结束到第一次压裂液开始返排。第一次返排后的关井被称为第二次关井或随后的关井，是作业过程中的有意或无意事件。

一般情况下，压裂作业时泵送阶段的压裂液具有良好的流体稳定性，压裂结束后，要使压裂液尽快完全破胶，从而实现快速排液，最大限度地减少破胶液对地层导流能力的伤害。通常认为，如果关井时间过长，可能对裂缝导流能力造成伤害。对于多段压裂作业，最好在每段压裂结束后就进行压裂液的返排和采收，如果等到最后一段压裂作业结束后再进行返排，那么将导致前几段压裂的关井时间过长。此外，在海上和地理位置偏远的井中，通常需要使用钻机进行完井作业。因此，压裂井完井时间耗时长，将增加整体作业成本。完成最后一段压裂后，压裂液完成返排，可快速移开钻机，从而显著降低作业成本。同时还需要明确长时间关井是否对后续的油气生产有所影响。因此，开展关井时间效应研究十分重要。

如果在开始返排之前出现长达 2h 的延迟，似乎不会对增产效果产生明显影响。有确凿证据表明，在返排过程中进行关井，特别是在气窜之前，将会对地层产生伤害。在返排过程中，延迟启动返排的危害要小于返排中途关井，所以在油气突破前后，都不应该关井。如果通过保持较低的返排速率，而不是通过关井来推迟油气生产的突破，似乎能取得更好的增产效果（Crafton，1998）。

在低渗透地层中通常以较低浓度泵入大量支撑剂，这就需要过量的压裂液来输送支撑剂，而这也延长了裂缝闭合时间，使得压裂结束后，还可以将支撑剂从井筒输送到裂缝中。在这种情况下，为了恢复井筒附近支撑剂充填层的导流能力，必须采用早期返排程序，利用端部脱砂模式，强行使支撑剂在井筒附近形成砂桥（Barree 和 Mukherjee，1995）。Ely 等人（1990）、Coulter 和 Wells 等人（1972）及 Cleary 等人（1994）建议，在压裂后期增加支撑剂浓度或者降低前置液体积，从而大大加快该过程（Cleary 等，1994）。

压裂液返排是水力压裂中最具争议的问题之一。在油气生产过程中，残留压裂液可能会堵塞油气的流动通道，因此压裂液返排率越高，油气采收率就越高。然而真实情况并非总是如此，在一些低渗透油藏中，具有相对较好的渗透率和流动能力高产井的压裂液返排量往往非常低（Malone 和 Ely，2007）。

本章对页岩储层的返排、生产动态及实验结果进行了总结，提出了低返排机理。讨论了关井、岩石初始润湿性、侵入深度及表面活性剂对返排的影响。最后，总结了一些处理返排问题解决方案。

12.2　压裂液返排现场观察及试验结果

本节主要对一些压裂液返排及与返排相关生产动态的参考文献进行总结。

12.2.1　低返排率

页岩储层改造中最常用的压裂液为滑溜水，滑溜水具有低成本、易形成复杂裂缝网络及对储层伤害小等特点（Waltman 等，2005；Palisch 等，2010；Cuss 等，2015）。水力压裂作业过程中，注入地层中的压裂液量达数千桶。然而，现场生产数据表明，在排液阶段，只有一小部分压裂液能返排。大多数气井的返排量小于总压裂液注入量的 50%（King，2012；Vengosh 等，2014；Singh，2016），有些甚至不到 5%（Nicot 和 Scanlon，2012）。在美国所有页岩储层中，压裂液平均返排率仅为 6%~10%（Vandecasteele 等，2015；Mantell，2013）。

12.2.2　返排率与油气生产

关于返排对油气生产的影响，目前还没有统一的认识或结论。某些情况下，返排率越高，天然气产量越高，但在某些情况下，天然气产量较高，返排率却很低。Yan 等人（2015）使用致密岩石（$2~18\mu D$），Chakraborty 和 Karpyn（2015）使用页岩岩心（$10~200nD$）开展相关实验研究，实验结果表明，黏土膨胀会导致岩心渗透率降低，水通过毛细管再分布进入页岩基质会对岩石造成伤害。Ibrahim 和 Nasr-El-Din（2018）在致密砂岩（0.23mD）和 Marcellus 页岩（3nD）中开展了类似实验，得出了相似结果。

Ghabnari 等人（2013）对比了 Muskwa 钻探的油井返排 72h 后的返排率和累积产量之间的关系，如图 12.1 所示。之所以选择 72h 后的累积产水量，是因为大部分压裂液都是在前 72h 内返排出来的（Asadi 等，2008）。总的来说，产气和压裂液返排之间没有明显的相关性。Ghabnari 等人（2013）将这些井分为两组，一组为返排率低、产气量高的井；另一组为返排率高、产气量低的井。他们针对两组井的实验结果提出了两种不同的裂缝系统，如图 12.2（a）和（b）所示。在复杂裂缝系统中，压裂改造结束后，大型原生裂缝被支撑剂和压裂液填满，而小而复杂的次生裂缝仅填充了压裂液。在关井过程中，压裂液进入复杂裂缝系统，气体以逆流方式流入大型裂缝。返排过程中，随着小裂缝的闭合，水被困在地层中，从而导致低返排、高产气量。在简单裂缝体系中，水的接触面较少，从而减少了水与气之间的逆流。在返排过程中，水能够快速流出，之后小裂缝闭合，导致产水速率加快，被束缚在岩石基质内的气体增多，从而降低了天然气产量。

Tangirala 和 Sheng（2019a）使用 Lab-on-a-Chip 方法研究了亲水性地层水力压裂后的

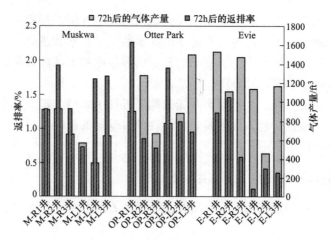

图 12.1 三口页岩气井返排 72h 后返排率和累积产量对比

（Ghabnari 等，2013）

（1ft＝0.3048m）

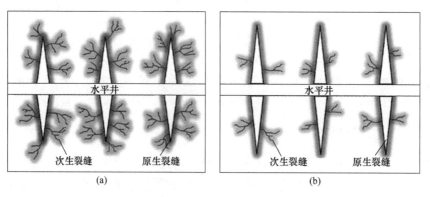

(a)　　　　　　　　　　　(b)

图 12.2 复杂裂缝系统（a）和简单裂缝系统（b）示意图

（Ghabnari 等，2013）

返排和产油情况，其中采用化学气相沉积的方法刻蚀硼硅玻璃芯片，形成一个均匀孔道的多孔介质网络（20mm×10mm 轨迹），芯片尺寸为 45mm×15mm。该芯片由荷兰 Micronit Microtechnologies B. V. 公司制造。每个孔道的宽度和高度分别为 50μm 和 20μm，孔道网络的孔隙度为 0.6，两个末端节点分别为 A 端和 B 端（见图 12.3）。与入口相连的宽孔道将

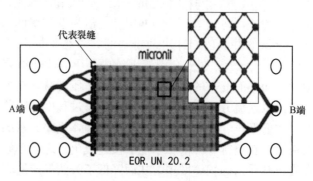

图 12.3 均匀多孔网络微芯片

注入流体均匀地分布到孔道网络中，芯片的这一部分代表了裂缝。

将芯片封装在一个流控连接的 PRO 芯片支架中，该支架固定在荧光成像倒置显微镜（Olympus CKX-53）的机械台上。如图 12.4 所示，通过一台空压机泵送流体，并使用压力调节器控制压力，压力流量控制器 MFCS-EZ 购自 Fluigent 公司。流体流速可采用 Fluigent 公司的 Flow Rate Platform（FRP）测量，测量范围为 $0 \sim 7\mu L/min$，流体流过芯片前，利用 IDEX 公司提供的 2mm 内联式聚醚醚酮（PEEK）过滤器对其进行过滤。

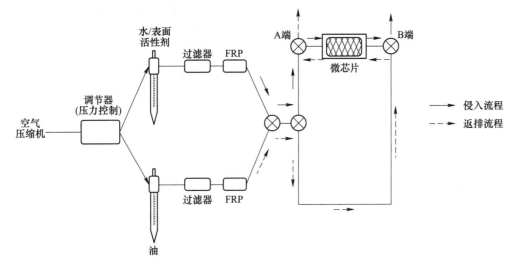

图 12.4 实验流程图

实验用矿物油 Soltrol-130 的黏度为 2.37mPa·s，油水之间的界面张力为（32.92±0.27）mN/m。将 ChemEOR 公司提供的两种非离子表面活性剂 CELB 217-123-8(Surf-A) 和 CELB 217-123-2(Surf-B) 分别稀释至 0.05%和 0.2%(质量分数)。Surf-A 和 Surf-B 掺油后的界面张力分别为（1.64±0.15）mN/m 和（3.35±0.34）mN/m，这些水溶液没有改变孔道网络的初始水润湿性。从 Sigma-Aldrich 公司购买的荧光素染料只能溶于水相，可用于区分水相和油相，侵入过程和返排过程如图 12.4 中箭头表示。

实验开始时，对代表多孔介质的微芯片进行油饱和。在侵入过程中（图 12.4 中实心箭头），通过 A 端阀门以 8000Pa 的恒定压力注入水或表面活性剂溶液，B 端阀门处于打开状态，A 端和 B 端都有双向阀。注入设计孔隙体积（PV）的水溶液后，关闭 A 端和 B 端阀门，拍摄饱和度图像，然后关闭 A 端阀门，打开 B 端阀门，从 B 端泵实验用油，该过程代表一个返排过程。注入约 10PV 实验用油后，流量趋于稳定。在此过程中，一些水溶液留在裂缝网络中，形成水锁或对地层产生一定伤害。当压差为 8000Pa 时，流量变化可能代表地层伤害得到缓解。当流量稳定时，该流量等于通过 B 端油的流量。该流程最后关闭阀门，然后拍摄图像照片。注入和返排循环结束后，用去离子水冲洗芯片，然后用异丙醇和空气干燥方式来清除流动孔道中残留的所有流体，保证芯片能够重复使用，从而开展更多的实验（如注入不同体积或注入不同溶液）。关于实验细节和如何处理图像图片，参见 Tangirala 和 Sheng（2019a）。

图 12.5 为注入去离子水、表面活性剂 Surf-A 溶液和 Surf-B 溶液返排时的产油量。返

排率计算方法为：侵入结束时的含水饱和度减去返排结束时的残余水饱和度，然后除以侵入结束时的含水饱。通过 A 端以恒定的注入压力注入实验用油，B 端稳定的返排率即为产油量。对于去离子水，产油速率随返排率的增加而降低；对于 Surf-A，有 3 个点的产油速率均随返排率的增加而降低，但最后一个点的产油速率并没有延续这一趋势；在 Surf-B 中，看不出任何趋势。换句话说，实验数据并没有表明高返排率会导致高产油速率。上述实验的不足之处在于，实验中保持了恒压注油速率，采用的是最终流量稳定时的产油速率。而在实际作业中，很难维持远离裂缝的恒定压力，产油速率会不断下降。

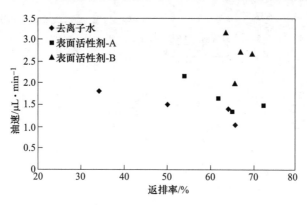

图 12.5 不同压裂液的产油量与返排率

12.3 返排机理的提出

导致采收率低的原因有很多，包括注入过程（裂缝宽度增大）和生产过程（裂缝宽度减小）天然裂缝宽度变化导致的额外圈闭水及毛细管作用引起的页岩自吸水。通常情况下，页岩盆地的地层盐水含量很高（如 15%）。典型的压裂液为低矿化度水，多数情况下其矿化度为 0.1%。显著的矿化度差异将会导致巨大的化学势差，从而产生较大的渗透压，将天然裂缝中的滤液驱入页岩基质块中。目前的研究工作表明，以下机制是造成低返排现象的主要原因。

12.3.1 亚束缚初始含水饱和度

一些气藏和许多强亲油性油藏的初始水饱和度异常低，通常低于束缚水饱和度。这种异常低的初始含水饱和度称为亚束缚初始含水饱和度，本书称之为干层。Michigan Reef 一些气藏的初始含水饱和度甚至接近于零（Katz 和 Lundy，1982）。如果油气藏最初 100% 水饱和，那么后来的油气涌入不能将水饱和度降低至束缚水饱和度以下，因为在饱和度达到这么低水平之前，水是无法发生运移的。在这种情况下，如果水饱和度低于束缚水饱和度，那么后期的压裂水就会滞留在地层中，无法返排。针对此现象，研究人员提出了多种假说来解释亚束缚水饱和度。

12.3.1.1 气化（气藏）

已知随着温度的升高，会蒸发更多的水，如图 12.6 所示。如果气藏的初始压力和温度都很低，后期由于构造或地热活动而升高，地层中更多的水将会蒸发。当气体迁移时，蒸发的水就会被带走。因此，当初始含水饱和度处于束缚水平，含水饱和度会低于束缚水含水饱和度。

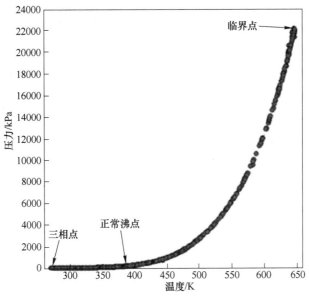

图 12.6　水和压力、温度的关系

12.3.1.2　地质挤压和成岩作用

在地质沉积作用下，油气藏覆盖层厚度的增加使储层压缩程度增大，导致初始含水饱和度低于初始束缚水饱和度。储层成岩作用可以形成高比表面积的黏土和其他自生物质，这些自生物质所含的水可能远远高于原来的束缚水饱和度。在这些情况下，如果没有额外的水流入储层，储层的含水饱和度将保持在亚束缚水饱和度。

12.3.1.3　水化作用

许多黏土和储层矿物（如酸酐）可能与水反应形成水化杂岩，该过程会从孔隙空间中清除一部分水。

12.3.2　毛细管自吸

在钻井、压裂和完井过程中，由于井筒压力高于地层压力，井筒中的流体会漏失到地层中。一般情况下，井筒流体为水相，地层始终具有一定的水润湿性，水相将通过井筒渗入地层中。在返排过程中，压降可能低于毛细管力，特别是在页岩和致密地层中，那么一些水溶液就无法返排。这种毛细管吸胀机制得到了许多作者的支持（如 Settari 等，2002；Cheng，2012；Dehghanpour 等，2012；Pagels 等，2012；Dehghanpour 等，2013）。Liang 等人（2017a）开展了返排实验，从岩心的另一端注入戊烷，试图将注入的水驱替出来，如图 12.7 所示，得到一组典型实验数据。当恒定流量较低时，岩心整体含水饱和度没有发生降低，但岩心两端压差减小，说明水在毛细管力作用下从入口侧吸入至岩心中，水锁现象得到缓解。在该流动系统中，使用了去离子水和戊烷。压降的后期平稳阶段表明，毛细管力对水的进一步再分配并没有提高基质中戊烷的渗透率。换句话说，如果流速很低或不使用一些补救化学药品，压裂液对地层造成的伤害或水锁可能是永久性的。

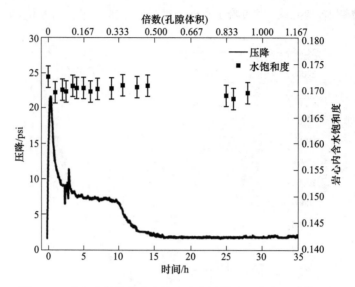

图 12.7 岩心内部整体含水饱和度和返排过程中岩心压降变化

（1psi = 0.006895MPa）

（Liang 等，2017a）

在压裂液中加入 20% 甲醇，水与戊烷之间的界面张力（IFT）从 50mN/m 降至 23mN/m。由于界面张力的降低，毛细管力降低，导致岩心深部的自吸速率降低。在图 12.8 中，甲醇溶液的第一个压降平稳阶段持续的时间几乎是水的两倍，与两种界面张力的比值相同。Liang 等人（2017a）的 CT 扫描数值表明，第一个平稳阶段的持续时间代表了从裂缝面到岩心深部的自吸期。尽管自吸速率较慢，但加入甲醇后，更多的水被戊烷注入置换后返排，如图 12.9 所示。戊烷对水的这种置换作用需要更高的压降，如图 12.8 所示。

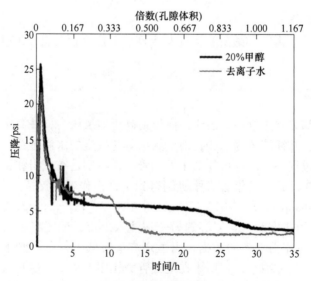

图 12.8 甲醇和水返排时通过岩心的压降对比

（1psi = 0.006895MPa）

（Liang 等，2017a）

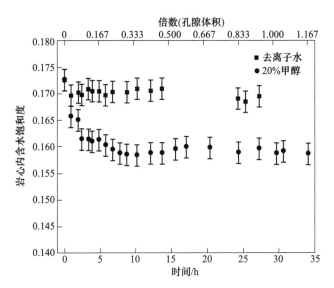

图 12.9 甲醇和水返排时岩心内整体含水饱和度对比
(Liang 等，2017a)

Bostrom 等人（2014）在储层条件下测定了 Marcellus 和 Duvernay 岩心暴露在盐水和压裂液前后的渗透率变化。他们定量测定了岩石内部形成的水锁效应，认为水锁效应和时间关系很大。测定结果显示，接触水后，岩心渗透率急剧下降，初期下降幅度在 70% 左右。在接下来的几天里，圈闭水开始消散，大多数样品的渗透率都出现了微小持续回升。但在各个测试的岩心中，回升的程度各不相同。

12.3.3 压裂液滞留

在压降过程中，孔隙压力减小，净侧限压力增大，导致部分孔隙或裂缝闭合，压裂液被束缚在地层中（Bertoncello 等，2014；Ezulike 等，2016），流度比和重力分离可能是不完全排水的主要因素（Parmar 等，2013；2014）。在亲油性地层中，水能够被间断束缚（Bertoncello 等，2014）。

12.3.4 渗透

本节主要介绍页岩渗透及其机理，并讨论了渗透对于页岩地层的意义。

12.3.4.1 页岩渗透

渗透是溶剂分子（如水）通过半透膜从较低溶质浓度区域向较高溶质浓度区域的自发运动现象，在渗透作用下，两边的溶质浓度趋于相等。半透膜能渗透溶剂，但不能渗透溶质，渗透过程如图 12.10 所示。在页岩地层中，黏土矿物起到半渗透膜的作用，渗透压 p 可以由 Marine 和 Fritz（1981）描述。

$$\pi = \frac{RT}{V}\ln\left(\frac{a_{\mathrm{I}}}{a_{\mathrm{II}}}\right) \tag{12.1}$$

式中　a_{I}，a_{II}——盐水的低水活度和高水活度，淡水的水活度为 1.0；

　　　R——气体常数，$R = 0.082$，$\mathrm{mPa \cdot L/(K \cdot mol)}$；

T——温度，K；

V——摩尔体积，L/(g·mol)。

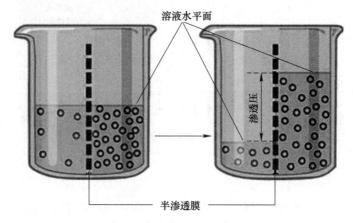

图 12.10　渗透过程示意图

12.3.4.2　页岩渗透机理

为了了解页岩的渗透机理，需要引入双电层的概念，双电层（EDL）原理图如图 12.11 所示。双电层的长度通常在几纳米（Johnston 和 Tombacz，2002）到几十纳米（Tchistiakov，2000）之间变化。对于稀溶液，已经证明（van Olphen，1963），一价阳离子的双电层长度约为 100nm，二价阳离子的双电层长度约为 50nm。因此，双电层的厚度很可能会超过页岩的孔隙尺寸。

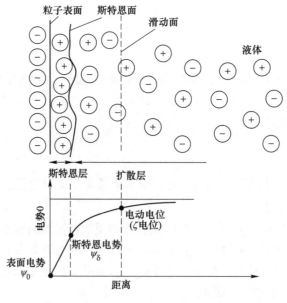

图 12.11　双电层示意图

对于带负电荷的页岩表面，表面电势为负，其绝对值随着离固体表面距离的增加而增加。当该距离在溶液处或扩散层外时，电动势为零。在扩散层内时，净电荷为负。因此，扩散层将对阴离子施加电斥力，对阳离子施加引力。因此，带电粒子无法通过扩散层，对于具有这种孔隙的页岩来说，固体表面之间的空隙比双电层大，双电层会相互重叠。因此，带电粒子无法通过孔隙，但是中性带电的水分子可以通过孔隙中心。

溶质浓度的巨大差异或富黏土地层的存在可能不足以产生渗透压，导致实验过程中很少能观察到渗透压的存在。在溶质浓度差别很大的两个地层之间必定存在一个渗透率极低的阻渗层，这一阻渗层必须规模足够大，且能够发挥作用。如果两个地层或地层基质之间存在导水裂缝，由于对于溶剂（水）而言，可将裂缝作为低阻力流动通道，类似于电路短路，因此可能不会形成渗透压。此外，要想在地层或地层单元中形成渗透压，必须进行水力隔离，避免发生渗漏。在真实页岩地层中，孔隙尺寸范围变化较大，溶剂中的某些溶质能通过，而其余的则不能。因此，页岩不能作为理想的半渗透层。本书采用膜效率来描述渗透的有效性，将其定义为跨越膜的实际压力增加值除以理论渗透压。文献资料表明，膜效率一般很低（根据 Neuzil 和 Provost（2009）对公共实验数据的回顾，这种膜效率一般低于5%）。当 Fakcharoenphol 等人（2014）使用 TOUGHREACT 模拟器历史拟合实验数据时，他们使用的膜效率为5%。当孔隙度为0.1时，理论渗透压可能超过30MPa，当孔隙度为0.2时，理论渗透压可能超过10MPa（Neuzil 和 Provost，2009）。然而，根据 Neuzil 和 Provost（2009）公布的实验数据，当孔隙度为0.206时，实验室和原位测定的平均渗透压为0.128MPa，造成理论和实际渗透压之间的差异的原因可能是下列因素中的一个或多个。

（1）孔径分布范围很广，形成的膜为非理想半透膜，只允许溶剂中的某些溶质通过（Fakcharoenphol 等，2014）。Ghanbari 和 Dehghanpour（2015）观察到，平行于层理的渗透率较高，吸水性高于半透水黏土层，因此降低了渗透压发展的有利条件。

（2）渗透理论中的一些假设在现实中可能不成立（Neuzil 和 Provost，2009）。

（3）发生渗透的条件一般很难达到（Neuzil 和 Provost，2009）。

（4）测试中形成的膜是有效的，但在更大尺度空间上无效（Neuzil 和 Provost，2009）。

在美国东部的三叠纪 Dunbarton 盆地页岩和法国巴黎盆地东部的泥岩（Gueutin 等，2007）可观察到异常高压现象（Marine，1974；Marine 和 Fritz，1981）。造成异常高压现象的原因可能为构造变形、压实作用、成岩作用和加热作用。除渗透压概念外，似乎很难解释这些异常高压。

12.3.4.3 渗透现象的意义

渗透压会将压裂液等低矿化度的水驱入高矿化度的页岩中，从而置换页岩地层中的油气。Fakcharoenphol 等人（2014）模拟了裂缝与3.048m(10ft) 亲油基质之间的渗透效应，其中基质渗透率为1mD。经过30年的自吸，渗透压达到0.276MPa(40psi)，20年后，原油开始从基质流向裂缝，40年后，基质的采收率达到35%，膜效率为5%。需要注意的是，他们模型的最大渗透压是上文提及的 Neuzil 和 Provost(2009) 实验平均压力（0.128MPa(18.9psi)）的两倍多，但远远低于毛细管压力。为了使原油从基质中流出，他们对图12.12所示的亲油基质几乎未施加毛细管压力。由此看来，渗透压对页岩或致密地层原油采收率的影响值得怀疑。然而，在另一篇论文（Fakcharoenphol 等，2016）中，模拟结果表明，与毛细管效应相比，渗透效应对提高产气量和降低产水量的作用更加明显。

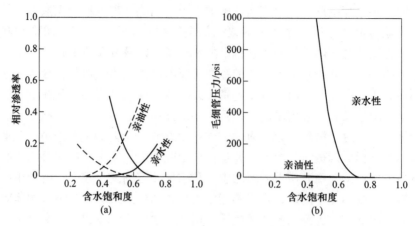

图 12.12 Fakcharoenphol 等人 (2014) 的模型

（a）相对渗透率；（b）毛细管压力

（1psi=6894.757Pa）

部分页岩地层具有亲油性，由于原油分子与带负电的黏土表面之间的 Ca^{2+}/Na^+ 桥接，当低矿化度水侵入高矿化度带时，Ca^{2+}/Na^+ 从岩石表面脱离，地层可能变得更具亲水性，导致原油的相对渗透率增加，残余油饱和度降低（Kurtoglu，2013）。Sheng（2014）总结了更多可能存在的低矿化度水驱机理。

由于渗透作用，一些水保存在页岩或致密地层的高矿化度区域，这可以解释为何压裂液返排较少。然而，正如上文关于 Fakcharoenphol 等人 (2014) 工作的讨论结果，只有当页岩基质对水相流体的亲和力高于烃类时，才可能存在渗透机制。对于亲油性页岩基质，必须使用几乎为零的毛细管力，而这一点缺少可行性，也就是说，页岩需具有亲水性或混合润湿性。

12.3.5 蒸发作用

当气相流经被挥发性液相所占据的多孔介质时，由于体积膨胀，即使气体已饱和，也会发生蒸发，该过程称之为流经干燥。该工艺在天然气生产、纸张对流干燥、催化剂和膜等自然和工业应用中具有重要意义，石油相关文献中的关于这方面的论文主要讨论了气井附近的水汽化问题。

另一种与流经干燥有关的干燥类型称为越过干燥，在这种类型的干燥中，传质速率受挥发性物种在孔隙空间内的扩散所控制，其中压降可忽略不计，气体流量恒定。然而，在流经干燥过程中，气体由于压降而流经多孔介质，其传质作用受气体对流控制（Mahadevan，2005）。

由此可知，当气体不饱和时，水会产生汽化，直到达到系统压力、温度和矿化度下水在气体中的溶解度。图 12.13 显示了 121℃ 时甲烷-NaCl 盐水体系非水相中，水溶解度与压力和矿化度的关系。图中符号代表测得的数据，实线代表 PR EOS（Peng 和 Robinson，1976）计算所得的数据。从图中可以看出，随着压力的降低，烃类相中水的摩尔分数开始增大。在油气生产过程中，当储层压力降低时，会有更多的水汽化进入烃相。因此，随着天然气的开采，井筒附近的水锁现象将得到缓解。本章使用 PR EOS 数据来解释气体膨胀（压力降低）时的水分汽化现象，同时还可以结合拉乌尔定律和道尔顿定律来解释这一现象。

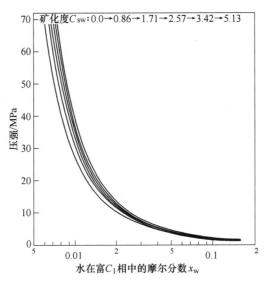

图 12.13　121℃ 时甲烷-NaCl 盐水体系非水相的水溶解度
(Søreide 和 Whitson，1992)

拉乌尔定律指出，水组分 w 的蒸气压分压 p_w 为：

$$p_w = x_w p_w^* \tag{12.2}$$

式中　p_w^*——纯水的蒸气压；

　　　x_w——水溶液中水组分的摩尔分数。

道尔顿定律指出气相中的水蒸气压分压为：

$$p_w = \gamma_w p_g \tag{12.3}$$

式中　p_g——水蒸气和烃类气体混合物的气相压力；

　　　γ_w——气体混合物中水的摩尔分数。

结合这两个定律，能够得到：

$$p_w = x_w p_w^* = \gamma_w p_g \tag{12.4}$$

当气相压力 p_g 降低时，水溶液中水的摩尔分数 x_w 变化不大，在一定温度下，纯水的蒸气压 p_w^* 也不变，因此 γ_w 和 p_g 的乘积几乎无变化。所以当 p_g 降低时，必须增加 γ_w。因此，水必须随着气相压力的降低而发生汽化。

然而，当更多的水被汽化时，水相中的盐浓度会增加，x_w 会减少，导致水的蒸发减少（Morin 和 Montel，1995）。水被汽化的多少取决于压降竞争效应和矿化度升高效应。在实际的气体流动或原油开采问题中，压降的竞争效应应该更为重要，当盐开始沉淀时，矿化度就会变成一个常数。随着压力的下降，水被蒸发乃至消失。

在页岩储层压裂过程中，部分情况下，产出的水要比泵入地层的压裂液少，水的汽化也是导致这种现象的原因之一。然而，从图 12.13 可以看出，在较大的压力区间内，气相中水蒸气的摩尔分数在 0.01 附近变化。也就是说，即使压力变化明显，气相中的摩尔分数仍然很小。如果气体一开始就被水饱和，那么由于压降引起的水汽化作用就不会如此明显。

Mahadevan 和 Sharma（2005）开展了岩心驱替实验，比较了驱替和蒸发去除的液体体积。图 12.14 显示了通过驱替和蒸发从 Texas Cream 灰岩岩心中移除的液体（盐水）。当驱替气体体积达到 1000 孔隙体积（N_{PVg}）时，蒸发开始去除盐水。图 12.15 显示了对 Berea 砂岩岩心进行驱替和蒸发后提取到的甲醇。当驱替气体体积达到 $60N_{PVg}$ 时，蒸发作用开始去除盐水。在这种情况下，岩石渗透性高，实验采用的是挥发性甲醇，二者均有利于蒸发（Mahadevan 和 Sharma，2005）。可以预测，在页岩和致密储层中，蒸发发挥作用需要较长的时间。

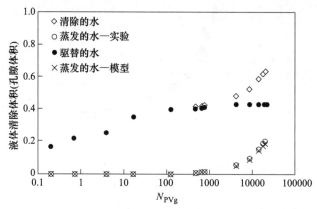

图 12.14　Texas Cream 灰岩岩心置换和蒸发去除的液体（盐水）
（Mahadevan 和 Sharma，2005）
（$p_{mean} = 303kPa$，$k = 7.2mD$，岩心长 15.3cm）

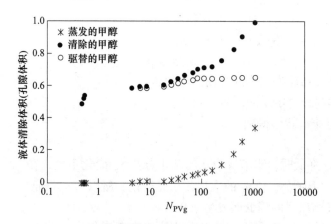

图 12.15　Berea 砂岩岩心驱替和蒸发除去的液体（甲醇）
（Mahadevan 和 Sharma，2005）
（$p_{mean} = 111kPa$，$k = 327mD$，岩心长 7.6cm）

12.3.6　狱渗区

大量油田实例表明，高含水饱和度、低渗透油藏的束缚水饱和度是固定不变的，气体和水在中等含水饱和度范围内均无法发生流动（Shanley 等，2004）。学者们将该饱和度范围称为狱渗区。Ojha 等人（2017）利用氮气吸脱附实验数据估算了页岩岩心的相对渗透率。数据显示，当含水饱和度超过 50% 时，水将无法再次移动。基于这些事实，可以假设，在压裂作业过程中，压裂液自身的高压力和高饱和度迫使压裂液（水）通过自吸作用进入地层深部。在返排过程中，压力和饱和度均发生了降低，尤其是饱和度，很容易降低至束缚水饱和度以下，当饱和度达该水平时，水就无法再返排了。

12.4 关井时间对返排的影响

从上文的讨论可知，虽然返排与关井密切相关，但是关于关井对返排的影响存在两种不同的观点。第一种观点认为，裂缝-基质界面附近的裂缝滤液（水）会耗散进入深部地层，减轻水锁；另一种观点认为，耗散进入深部地层的裂缝滤液的过程中，会阻碍气体流出，立即返排则会减轻水锁。现场观测结果与研究结论存在很多分歧。

Cheng（2012）介绍了 Marcellus 页岩气井的生产动态，如图 12.16 所示。该水平井经过多段压裂改造，改造后进行了短暂返排，然后关井半年。重新开井时，产气量明显增加，而产水速率却大大低于关井前，虽然数值模拟结果显示，产气量和产水速率的变化趋势基本一致，但前后两种情况的累积产气量基本相同。与未延长关井时间的作业相比，延长关井时间 3 个月或 6 个月的累积产水量模拟结果更低。但是，如果考虑提高生产速率，在延长关井的情况下，折现产气量会更低。

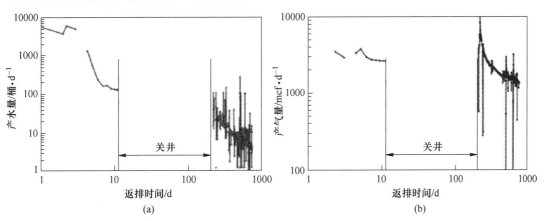

图 12.16 Marcellus 页岩现场生产数据

（Cheng，2012）

（a）产水；（b）产气

（1mcf = 28.317m³）

Yaich 等人（2015）评价了闷井对 Marcellus 页岩气井产能的影响，结果显示，在 4 个调查区中，闷井对其中的 3 个区起到了积极作用，在长达 30 天的时间内，平均产气量可能是返排结束时的数倍。闷井时间越长，效果越好，但油井生产动态的改善大多发生在闷井后的前 100 天内。研究利用压降对产气量进行了归一化处理。在实施闷井的井中可观察到产水量降低，评价过程未考虑闷井造成的时间损失。

Fakcharoenphol 等人（2016）模拟了关井时间对返排的影响，不同关井时间的产气量和累计产气量如图 12.17 所示。他们使用的是 TOUGH-REACT 模拟软件（Xu 等，2012），采用三重孔隙模型来模拟流体在裂缝、有机孔隙和无机孔隙中的流动。关井期间，裂缝附近的页岩基质吸收滤液，降低了裂缝内部的含水饱和度。随着关井时间的延长，初始产气量也会增加，但这种效果不会持续太久。大约 1 个月后，不同关井时间的产气量几乎重合为同一条曲线（见图 12.17（a））；累计产气量曲线基本重合（见图 12.17（b）），说明关井时间对累计产气量没有影响。如图 12.18 所示，由于水已经渗透到地层深处，很难从地层中流出，因此随着关井时间的延长，产水量（速率和累积量）都会降低。由此可见，水可能会堵塞地层深处的气体流动通道并导致页岩膨胀，因此水可能会对天然气生产造成长期影响，此时未考虑生产时间损失。如果考虑关井时间，关井时间对产气的影响会更大，但是产水延迟可能会使能量留在储层内部。

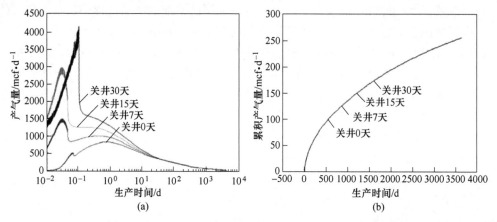

图 12.17　关井 0 天、7 天、15 天和 30 天的产气量（a）和累积产气量（b）
（Fakcharoenphol 等，2016）（1mcf = 28.317m³）

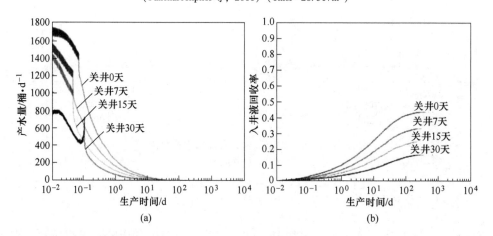

图 12.18　关井 0 天、7 天、15 天和 30 天的产水速率（a）和累积产水速率（b）
（Fakcharoenphol 等，2016）

　　Fakcharoenphol 等人（2016）还对岩石渗透性和润湿性等其他参数的影响进行了敏感性分析。所有结果均表明，影响均出现在 100 天以内的早期返排阶段。这意味着，这些影响可能不会对天然气产量的提高造成大的影响。

　　Bertoncello 等人（2014）模拟了相同产气量下第一次返排（或称为首次压裂增产后直

接关井）前分别关井 1 天、7 天和 14 天时的井底压力（BHP），如图 12.19 所示。结果表明，保持井内产气量为 226536m³/d（8000mcf/d）的前提下，关井 1 天所需的井底压力约为 34.475MPa（5000psi），而关井 14 天所需的井底压力为 15.858MPa（2300psi）。这些数据表明，返排越早（返排前关井时间越短），储层能量保持越好，此时，给定产气量对应的井底压力越高（生产压差越小）。

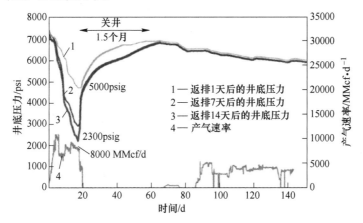

图 12.19　模拟相同产气量下返排前分别关井 1 天、7 天和 14 天所对应的井底压力
（改自 A. Bertoncello, J. Wallace, C. Blyton, M. M. Honarpour, S. Kabir, 2014,
非常规油藏自吸和水锁：返排和早期生产过程中的井管理启示；论文发表于 2 月 25 日
举行的 SPE/EAGE 欧洲非常规资源会议和展览。doi：10.2118/167698-pa）
（1psi=6894.757Pa，1MMcf=28317m³）

图 12.20 显示了采取第二次关井和未关井时的井底压力，关井时间为 1.5 个月，第一次返排 20 天后，该井的产气量历史与前一张图相同，表明关井时所需的井底压力比未关井时要高。也就是说，关井更容易创造产气体量史，表明关井后裂缝-基质界面附近的水锁得到缓解，气体渗透率更高，图 12.21 展示了这两种情况下裂缝附近单元的含水饱和度和 k_{rg}。但关井后，远离裂缝基质区域的含水饱和度可能较高，导致气体渗透率降低。他们

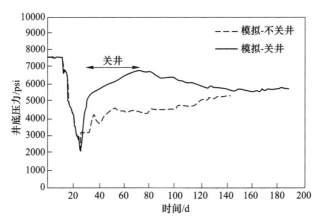

图 12.20　油气井产气量和前一张图相同时模拟第二次关井和不关井井底压力
（Bertoncello 等，2014）
（1psi=6894.757Pa）

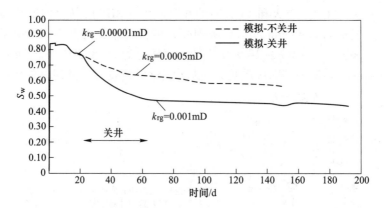

图 12.21　裂缝附近基质块的含水饱和度和有效气体渗透率随时间变化

（Bertoncello 等，2014）

没有给出关井对气井长期生产动态的影响，如果对气井的长期采收率进行分析，特别是考虑到关井时间造成的生产损失，可能会得出不同的结论。

Bertoncello 等人（2014）进一步对关井时间效应进行了模拟分析，初始返排时间为 4 天，随后关井 1 天或 300 天，最后对 90 天的产气量进行了对比，得出的结论是关井 300 天的产量比关井 1 天的产量高 20%。他们得出的结论是，压裂增产结束后，在延长关井时间之前，越早排液，越有利于天然气生产。

假设平均产量恒定，如果使用 10% 的折现率，计算出的未关井情况下的天然气产量净现值比关井时高 42%。得出上述结果主要基于如下假设：油气井以恒定的生产速率生产，累积产气量在持续生产时间内线性分配。如果生产速率不是恒定的，例如，生产速率呈指数递减，最终这种差异将高于 42%。这是因为不关井的情况下，返排早期会产生更多的气体。

Liang 等人（2017b）对不同关井时间进行了返排实验。所有实验中，流速均为 0.1mL/min，平均初始水饱和度为 0.2，岩心渗透率为 8.5mD。测定的压降如图 12.22 所示，压降越大，渗透率越低。从图中可以看出，关井时间越长，早期压降越低，说明关井消除了水锁，恢复了较高的渗透率。然而，当这些数据以图 12.23 中的实际生产时间（包括关井时间）表示时，可以看到，在相同的生产时间内，关井时间越长，压降越高。该数字清楚地表明关井耗费了作业（生产）时间。这些数字均表明后期的压力下降趋势非常相似。

Wijaya 和 Shen（2019b）考虑了渗透率的应力敏感性，在模拟一段半翼裂缝和少量天然裂缝时，研究分析了关井对解除页岩油油藏水锁的影响。通过对 Bakken 组中段页岩油油藏（Kurtoglu 和 Kazemi，2012）现场生产数据进行拟合，进一步验证了模型的有效性。表 12.1 列出了基本模型中使用的参数。采用的是指数型渗透率应力敏感（SDP）模型（Raghavan 和 Chin，2002）：

$$k = k_0 \mathrm{e}^{-\beta(\sigma_{\mathrm{eff}} - \sigma_{\mathrm{effo}})} \tag{12.5}$$

式中　k——渗透率，mD；

　　　k_0——初始条件下的渗透率，mD；

　　　σ_{eff}——有效应力，psi，1psi = 6894.757Pa；

σ_{effo}——初始条件下的有效应力，psi；

β——应力敏感指数。

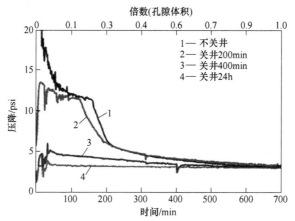

图 12.22　返排过程通过岩心的压降

（Liang 等，2017b）

（1psi = 6894.757Pa）

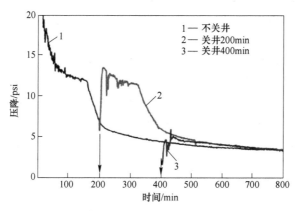

图 12.23　关井和返排期间通过岩心的压降

（修改自 Liang 等，2017b）

（1psi = 6894.757Pa）

图 12.24 显示了注入和生产阶段基质、天然裂缝（NF）和水力裂缝（HF）渗透率随孔隙压力变化情况，天然裂缝间距为 0.6096m(2ft)。

表 12.1　输入参数，基质、天然裂缝（NF）及水力裂缝（HF）历史拟合

参　　　数	数据	参　　　数	数据
储层深度/m	2438	天然裂缝半长/m	4.88
储层厚度/m	15.24	水力裂缝导流能力/mD·m	76.2
基质孔隙度	0.056	水力裂缝孔隙度	0.6
基质渗透率/nD	300	水力裂缝半长/ft	215
天然裂缝导流能力/D·ft	6.5	储层初始压力/MPa	53.78
天然裂缝孔隙度	0.8	基质初始含水饱和度	0.4

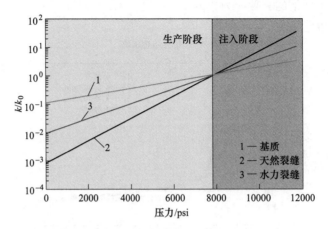

图 12.24 注入和生产阶段基质、天然裂缝（NF）和
水力裂缝（HF）渗透率随孔隙压力的变化
（1psi＝6894.757Pa）

设定井底注入压力为 82.736MPa（12000psi），用以模拟水力压裂，注入一定量的压裂液后，关井一段时间然后开始返排，在返排和生产过程中，保持 13.789MPa（2000psi）的井底压力。

为研究关井对石油产量的影响，选择了四种关井时间：0 天（立即返排）、30 天、60 天和 300 天。从图 12.25 可以看出，关井时间越长，初始产油量越高，这与大多数现场观测结果一致，表明使用了正确的模型。然而，该研究也发现，关井并不影响最终的产油量。指数型渗透率应力敏感模型（SDP）对累计产油量的影响如图 12.26 所示，图中可以看出，当基质渗透率、天然裂缝渗透率和水力渗透率不受孔隙压力影响时，总产油量提高了 28%。

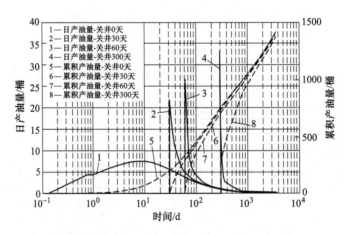

图 12.25 关井对产油量和累计产油量的影响

有学者认为水会在裂缝-基质界面发生耗散，从而缓解水锁。图 12.27 显示了立即返排（s0）和关井 300 天（s300）两种情况下的两个位置（距离水力裂缝 5.08cm（2in）和 20.32cm（8in））的含水饱和度 S_w 变化。首先查看关井 300 天的含水饱和度（两条虚线）。

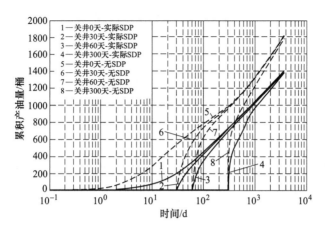

图 12.26 SDP 对累积产油量的影响

在距离水力裂缝 5.08cm(2in) 的位置，由于水力裂缝中的水移动到该部位，S_w 持续增加至第 50 天。然后由于水向基质深部耗散，含水饱和度开始下降至关井第 300 天，300 天后开始返排，由于早期耗散的水发生回流，含水饱和度又开始上升。在距水力裂缝 20.32cm(8in) 的位置，由于水的耗散，含水饱和度（曲线 4）在关井的前 10 天略有下降（<0.02），紧接着由于靠近水力裂缝的水耗散到该位置，含水饱和度再次上升至第 150 天。第 150~300 天时间段，由于水向基质深部耗散，含水饱和度也随之下降。第 300 天时开始返排，含水饱和度突然在短时间内发生下降，然后由于基质深部的水回流而再次增大。与人们的看法相反，关井 300 天，此期间水力裂缝-基质界面附近的含水饱和度实际上是增加的。

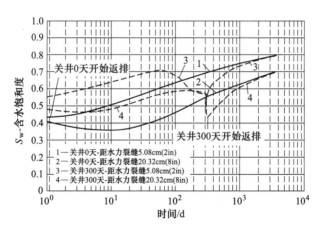

图 12.27 立即返排（s0）和关井 300 天（s300）两种情况下，两个位置
（距离水力裂缝 5.08cm(2in) 和 20.32cm(8in)）的水饱和度

之后观察立即返排 s0（两条实线）情况下的含水饱和度变化，可以发现由于早期滤失的水开始回流导致距离水力裂缝 5.08cm(2in) 处的含水饱和度（曲线 1）持续增加。这里存在一个有意思的现象，在第 0~110 天内，s0（曲线 1）的含水饱和度低于关井 300 天（曲线 3）。距水力裂缝 20.32cm(8in) 位置的含水饱和度（曲线 2）在前 10 天发生下

降，之后又开始上升。从 0~300 天，s0 情况下该位置的含水饱和度（曲线 2）低于 s300 情况下的含水饱和度（曲线 4）。

此外，关井 300 天（曲线 3 和 4）后，开始返排前的含水饱和度约为 0.575，远高于第 1 天就开始返排（实线）时的含水饱和度（0.425）。

以上表明，水的耗散是一个非常缓慢且低效的过程。相反，直接返排是一种将水快速排出的过程，可以缓解水力裂缝-基质界面附近的水锁，如图 12.28 所示。总之，关井时间越短，返排量越大。

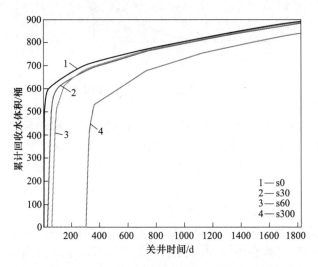

图 12.28　关井对注入压裂液（滤失压裂液）返排的影响

迄今为止，已知关井可以减少返排液量，进而降低水处理成本。关井作业在很长一段时间内不会对累积产油量产生显著影响（此处未给出数据），但在生产后期，产油量会降低井的产油总量。问题的关键在于，减少返排液量所降低的成本能否弥补后期石油生产总量降低的损失。

利用上述基本模型数据对 10 年净现值进行评价，计算公式如下：

$$NPV = \sum_{i=1}^{10} \frac{V_{o,i} \text{ 油价} - V_{w,i} \text{ 水处理成本}}{(1 + \text{折现率})^i} \tag{12.6}$$

式中　NPV——净现值，美元；

　　　$V_{o,i}$——第 i 年产油量，桶；

　　　$V_{w,i}$——第 i 年回收返排液量，桶。

油价取 70 美元/桶，贴现率为 10%，水处理成本为 7 美元/桶（Yaich 等，2015）。假定其他成本不受关井时间的影响，图 12.29 显示了不同关井时间的 10 年 NPV。每个场景的净现值均利用 s0 情况（立即返排）的净现值进行标准化。图中可以看出，立即返排的 NPV 最高（标准化 $NPV=1$），关井时间越长，净现值越低。

图 12.30 为基质渗透率和注入压裂液量对净现值的影响。压裂液注入量范围为 92870 桶（最小）、106950 桶（平均）和 122950 桶（最大）。当渗透率降至 20nD 时，与不关井相比，关井 30 天和关井 60 天增加的 NPV 几乎可以忽略不计。当渗透率为 300nD（基础模型）和 1800nD 时，直接返排的净现值最高。

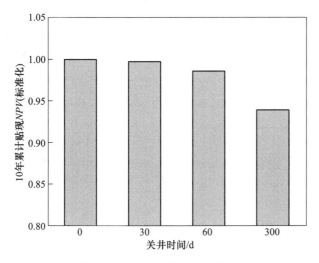

图 12.29　关井对 10 年净现值（贴现率 10%）的影响

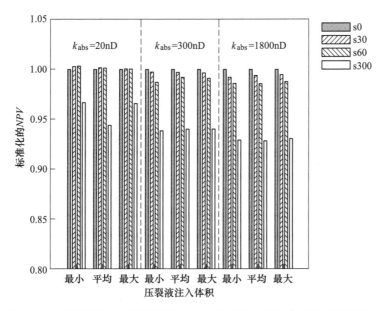

图 12.30　不同关井时间压裂液注入量和基质绝对渗透率对净现值的影响

Wijaya 和 Sheng（2019b）还对比了不同油价和不同水处理成本下立即返排的 *NPV*。从图 12.31 和图 12.32 可以看出，在不同油价和水处理成本的范围内，直接返排的效果最好。

早些时候，Wijaya 和 Sheng（2019a）研究了在解除水锁时，干缩对关井效益的影响。干缩是指岩石的初始含水饱和度低于束缚水饱和度的一种状态，通常称为亚束缚水。他们建立了模型来模拟 Liang 等人（2017c）的实验，在实验开始阶段，对岩心进行油饱和，然后实施注水驱替，从而模拟侵入过程。过一段时间后，用油（正戊烷）以恒定的流量进行驱替，达到稳态流动；在驱油过程中，尽管存在多相流，但仍采用假

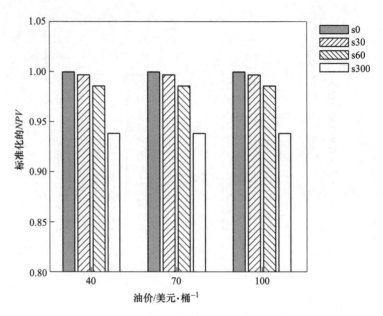

图 12.31　不同关井时间油价对 NPV 的影响

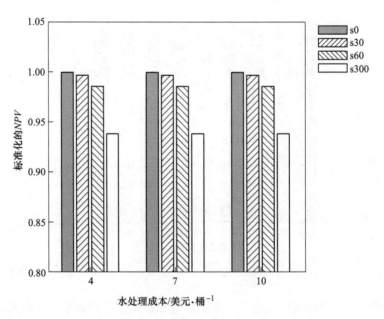

图 12.32　不同关井时间水处理成本对 NPV 的影响

设单相流的达西方程计算了相对渗透率 k_{ro}。图 12.33 显示了返排前的脱水和关井效果，图中早期平稳阶段代表清除了束缚水和束缚油，后期平稳阶段代表单相油流动，据此可以得出以下结论：（1）干缩情形下最终的 k_{ro} 恢复值要高于无干缩情况，前者可流动水更少。（2）干缩情况下，完全清除了流动水，因此最终的 k_{ro} 会恢复至相同值，但对于无干缩情况，实际返排时 k_{ro} 不能恢复至相同值。（3）无论干缩或者无干缩，关井时间均降低了 k_{ro} 的恢复值。

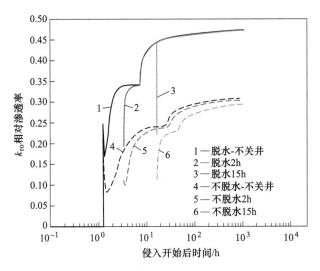

图 12.33 返排前关井和干缩对恢复相对渗透率的影响

一般来说，关井和返排程序可分为水力压裂后立即关井或首次返排（先返排后关井）、返排、先关井后返排及长期返排（生产）。Wijaya 和 Sheng（2019c）研究了返排前后的关井情况。相关文献和上文均讨论了先关井后返排问题，下文将讨论先返排后关井问题。在无干缩模型中，初始返排时间为 10h。从图 12.34 可以看出，关井时间越长，相对渗透率 k_{ro} 的恢复值越低，说明关井没有益处。

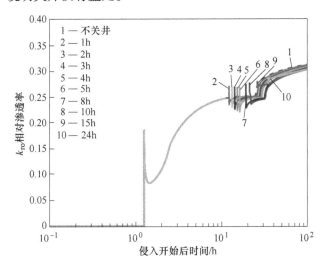

图 12.34 无干缩模型先返排后关井对 k_{ro} 的影响

Wijaya 和 Sheng（2019c）还对比了无干缩模型下返排前和返排后的关井性能，如图 12.35 所示。结果表明，关井后返排的 k_{ro} 值高于返排前，不关井的 k_{ro} 最高。

在致密油藏中，支撑剂在未交联压裂液会发生沉降，所以利用关井促使裂缝闭合不利于最终的产气量。此外，还会损失压裂对地层产生的增压，这里的增压是指滤失的压裂液在裂缝或井筒附近积聚形成的压力。在低压储层中，压裂后如果立即返排，存储在压缩矿

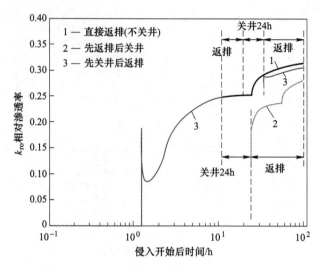

图 12.35 无干缩模型返排前和返排后关井对比

物、压裂液和气体中的能量将有助于压裂液的回收。在中-高渗透地层中，常常使用交联压裂液，裂缝中的支撑剂浓度一般很高，应确保足够的关井时间使压裂液破胶，然后再进行返排（Malone 和 Ely，2007）。

12.5 关井对裂缝导流能力的影响

Crafton 和 Noe(2013) 使用井筒和储层之间的导流能力参数来评估关井或延迟效应，即"表观裂缝长度"。他们认为，表观裂缝长度并不代表油藏或井筒附近的任何可测定的实体，它只是描述油藏和井筒之间连通性程度的代名词。

Crafton 和 Noe（2013）研究了 Marcellus 页岩 270 口井的生产动态，图 12.36 给出了压裂增产结束时延迟或立即进行第一次关井产生的影响。图中，将表观裂缝长度除以所使用的几百万磅支撑剂，以进行归一化处理，ITM 是界面张力改进剂的简称，研究数据来源于排液井（裂缝长度为最佳表观裂缝长度），比较了归一化长度对数和延迟（闷井）时间对

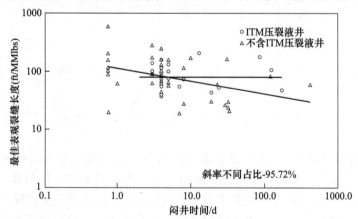

图 12.36 归一化表观裂缝长度与延迟或闷井时间（首次关井）关系
（Crafton 和 Noe，2013）

数的关系。图中显示，ITM 压裂液井的裂缝表观长度不随延迟时间而发生变化，无 ITM 压裂液井的裂缝表观长度随延迟时间的延长而减小。对此，他们得出的结论或给出的解释是，延迟造成的损害是迅速（短时间内观察到的损害）、持续和显著的。至少，短时间的延迟是没有益处的。

图 12.37 给出了 4 次关井过程中平均有效裂缝长度变化，并对 ITM 压裂液井和无 ITM 压裂液井进行分组，零关井时的有效裂缝长度为没有延迟或关井的长度。无 ITM 压裂液井的裂缝长度比 ITM 压裂液井短。无论是 ITM 压裂液井还是无 ITM 压裂液井，随着关井次数的增加，裂缝长度变得更短，从该统计数据可以明确看出关井没有好处。

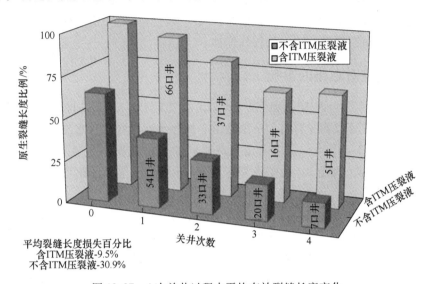

图 12.37　4 次关井过程中平均有效裂缝长度变化

Crafton（1998，2008）还观察到，在返排过程中，开始返排（第一次关井）延迟比关井（第二次关井或随后的关井）延迟造成的损害小；在第一个生产阶段，井口压力变化过快显然是有害的（例如高于 1.724MPa/d(250psi/d)）。存在一个最小流速，低于该最小流速，排液工作无法进行，地层就会受到损害。同时存在一个临界流速，高于该临界速度会对有效裂缝长度和导流能力产生严重的永久性伤害。

在压裂过程中，裂缝附近的区域被压缩并储存了高能量，这种能量可以帮助压裂液返排或排液。然而，这种能量会在裂缝闭合后开始迅速消散。因此，一般在压裂后应尽快利用该能量进行返排（Martin 和 Rylance，2007）。在致密地层中，裂缝闭合需要很长一段时间，可能会造成支撑剂对流脱离产层和井筒，这时应考虑立即返排或强制裂缝闭合手段（预闭合）（Ely 等，1990），或反向采用砾石充填（Ely，1996）。然而，人们普遍认为，强制裂缝闭合会导致裂缝宽度减小，进而马上降低井筒的导流能力。因此，这种方法的应用范围有限，需要谨慎考虑。确认裂缝闭合后，一旦压裂作业结束，就应立即开始返排（闭合后返排）。压裂液回流至井筒后，保持压裂液的流动性非常重要，在压裂液完全排出井筒前不要终止该过程。如果在一口井回收压裂液过程中进行关井，那么重新启动返排就会变得越来越困难。如果回收压裂液时还产生了一些气体，那么这种情况就会变得更糟糕，因为多相流效应会降低两相流的有效渗透率。此外，破乳剂、黏土稳定剂和低界面张力等防止地层损害的压裂液添加剂使用寿命有限，一般为几小时，而非几天或几周。压裂液在地层中停留的时间越长，这些添加剂的效果就越差，对地层或裂缝造成永久性伤害的可能性就越大（Martin 和 Rylance，2007）。Hawkins（1988）在实验中发现，随着关井时间的增加，稠化剂浓缩使得渗透率降低，导致最终渗透率和渗透率恢复都急剧下降。

返排工艺的设计还应尽量减少支撑剂的返排，通常采用的方法是控压降或控流量，避免压力和流量突变，油嘴尺寸应该根据需要缓慢增大或减小（Martin 和 Rylance，2007）。

Bilden 等人（1995）在实验室中测定了裂缝的导流能力，并通过井压力瞬时变化分析估算了井的表皮系数，实验结果未发现关井 7 天对裂缝导流能力造成任何影响，负表皮系数不能表明聚合物对裂缝导流能力的损伤增加。

12.6 初始润湿性对返排的影响

图 12.38（a）所示为返排过程中亲水性岩心（方形点）和亲油性岩心（圆形点）含水饱和度变化，图中可以明显看出，亲油性岩心的含水饱和度比亲水性岩心的含水饱和度下降得更快。从图 12.38（b）可以看出，在相同的返排速率下，亲水性岩心（曲线 1）的压降比亲油性岩心（曲线 2）的压降要高。当亲水性岩心裂缝面附近的含水单元被清除后，压降低于亲油性岩心（含或不含表面活性剂）。这些结果表明，为了促进水的返排，不应在压裂液中添加表面活性剂将岩石的亲油性变为亲水性。换句话说，岩石初始的亲油性更有利于压裂液的返排。需要注意的是，采用表面活性剂溶液浸泡的亲油性岩心的含水饱和度和压降均低于水浸泡亲油性岩心的含水饱和度。实验采用界面张力为 0.03mN/m 的阴离子表面活性剂溶液，在正戊烷中加入 1.5% 的环己戊酸，使岩心（印第安纳灰岩岩心）由亲水性转变为亲油性。这些实验表明，添加表面活性剂并没有明显改善亲油性岩心的返排性能。

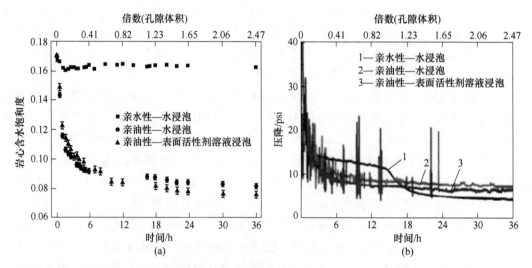

图 12.38 对比不同条件下返排时岩心内部总含水饱和度（a）和岩心两侧压降的变化情况（b）
（Liang 等，2017d）

虽然亲油情况下的返排量远大于亲水情况下的返排量，但在返排的不同阶段，渗透率的恢复程度不同。由图 12.39 可知，初始亲水性岩心对戊烷的渗透率恢复要低于初始亲油性岩心，但后期较高。这是因为在亲水性岩心中，水被毛细管力吸收到岩心深处，返排该部分水往往需要较长时间，最初渗透率恢复值较低，当裂缝面附近除去更多的水后，渗透率明显恢复，使其渗透率高于亲油性岩心，因为亲油性岩心的渗透率普遍较低。对于含表面活性剂溶液的亲油性岩心，其渗透率恢复趋势与不含表面活性剂的亲油性岩心基本一致，但最终的渗透率更高。站在石油生产角度结合本例来看，亲水性似乎是首选。

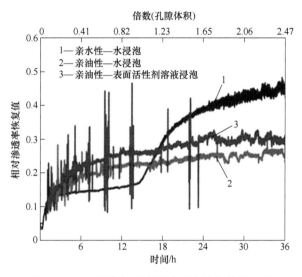

图 12.39　不同条件下戊烷渗透率恢复值的比较

(Liang 等，2017d)

Tangirala 和 Sheng (2019b) 比较了表面活性剂在浸泡（闷井）过程、侵入和返排过程中的作用。岩心初始时是亲油性的，并被原油饱和。他们开展了 Amott 型实验来研究闷井过程。实验采用 3 个孔隙度为 11% 的 Crab Orchard 致密岩心（标记为 T1、T2 和 T3）和 3 个孔隙度为 18% 的常规岩心（标记为 C1、C2 和 C3），主要矿物成分为石英。实验采用三种不同液体：去离子水、非离子表面活性剂溶液和阴离子表面活性剂溶液，这些液体的界面张力值和接触角见表 12.2。

表 12.2　不同溶液界面张力（IFT）和接触角

液体类型	浓度（质量分数）/%	油的界面张力/mN·m⁻¹	实验选取的岩心	接触角/(°)	液体基本性能	液体分类
去离子水	—	25±1.2	常规岩心	120.78±17.79	基础性能	C1
非离子表面活性剂溶液	0.2	0.58±0.06	Berea 砂岩	145.62±6.12	界面张力降低	C2
阴离子表面活性剂溶液	0.2	0.68±0.04		41.76±10.45	界面张力降低、润湿性改变	C3
去离子水	—	25±1.2	致密岩心	112.81±11.14	基础性能	T1
非离子表面活性剂溶液	0.2	0.58±0.06	Crab Orchard 砂岩	144.23±10.48	界面张力降低	T2
阴离子表面活性剂溶液	0.2	0.68±0.04		44.05±6.68	界面张力降低、润湿性改变	T3

图 12.40 给出了致密岩心和常规岩心浸泡过程中自吸采油情况。从两种类型岩心来看，界面张力适中且能够将岩石由亲油性变为亲水性的表面活性剂溶液，获得的采收率最高，去离子水溶液的采收率最低，非离子表面活性剂对岩心的亲油性影响更大，但界面张力降低，采收率中等，这些结果与早先公布的结果基本一致。

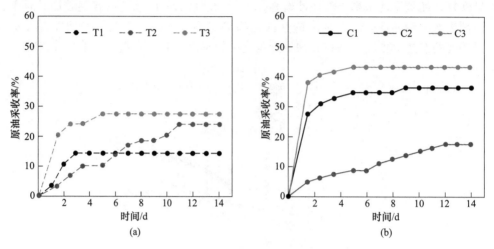

图 12.40 岩心浸泡过程的自吸采油
（a）致密岩心；（b）常规岩心

为了研究压裂液侵入和返排过程，使用了如图 12.41 所示的实验装置。首先，将原油以恒定的压降从 A 端驱替至 B 端，直到达到稳定的产油量 q_{o1}，利用达西方程计算原油渗透率。然后从岩心 B 端注入约 0.25 孔隙体积（PV）的液体，从而模拟侵入过程，注入过程控制小压降（ΔP）防止液体发生黏性指进。最后，在返排阶段，从 B 端采出液体，在相同的恒定压降（ΔP）下从 A 端注入实验用油来表征油气从深层油藏流向压裂井。利用烧瓶收集流出的液体，并在秤上对其连续称重。可以通过单位时间内累积产液量的增量来

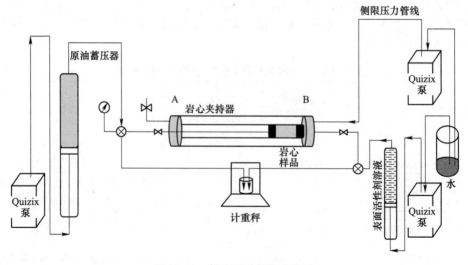

图 12.41 侵入和返排实验装置

计算返排过程中的产液速率。在致密岩心生产至少36h（1~4个孔隙体积）或常规岩心生产约10个孔隙体积后，达到稳态返排速率 q_{fb}。当流量稳定时，A端产油量 q_{o2} 应与B端产油量相等，而在此之前，二者是不相等的。为了做简单对比，采用 $R = q_{o2}/q_{o1}$ 的比值来评价渗透率变化，返排率等于返排液体积除以侵入液体积。

图12.42给出了水、非离子表面活性剂溶液和阴离子表面活性剂溶液注入及回流时致密岩心的渗透率恢复速率 R 和返排率。表面活性剂溶液有助于渗透率的恢复，并可以提高返排率，这与人们的直觉相悖。从图中可以看出，水的渗透率恢复速率和返排率均高于非离子和阴离子表面活性剂溶液，其中阴离子表面活性剂溶液的界面张力和润湿角较低，渗透率恢复速率和返排率最低。在这些实验中，毛细管数的数量级为 $10^{-7} \sim 10^{-6}$（Tangirala和Sheng，2019b），过低的毛细管数可能无法充分发挥毛细管的驱替机制作用（Sheng，2011）。因此，在这些实验过程中，起作用的机制可能是岩石的润湿性。由于岩心最初为亲油性，注纯水试验靠近B端的侵入区为亲油性，A端的原油可以自吸至靠近B端的岩心侵入区。毛细管力成为帮助液体从B端流出（返排）的驱动力。另外，由于岩心具有亲油性，故B端附近的水不会黏附在岩心上，注纯水情况下，渗透率恢复速率和返排率均最高。

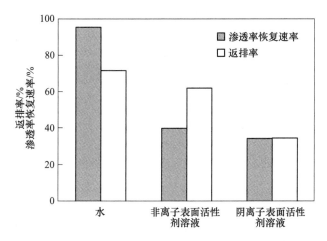

图12.42 致密油润湿岩心（渗透率为10mD）在不同液体作用下渗透率恢复速率及返排率对比

在阴离子表面活性剂溶液的作用下，靠近B端的侵入区变为亲水区，至少部分为亲水区。A端的原油自吸至该区存在一定阻力。在毛细管的末端效应作用下，水会优先停留在岩心内部，由此得到的渗透率恢复速率和返排率最低。

在非离子表面活性剂溶液的作用下，虽然侵入区仍然是亲油性的，但界面张力降低，因此毛细管驱动力低于纯水。因此，渗透率恢复速率和返排率均低于纯水。

图12.43给出了常规岩心的渗透率恢复速率 R 和返排率数据，常规岩心的特征与致密岩心相似，只是实验采用的不同溶液之间的差异更低。在常规岩心中，低界面张力和高流速使得毛细管数的数量级在 $10^{-5} \sim 10^{-3}$ 之间（Tangirala和Sheng，2019b），该数量级的毛细管发挥了驱替作用，从而改善了非离子和阴离子表面活性剂溶液的性能，将其与纯水的性能差异减小。

现场数据表明，降低界面张力能够降低启动或维持返排所需的压降；在Cotton Valley、

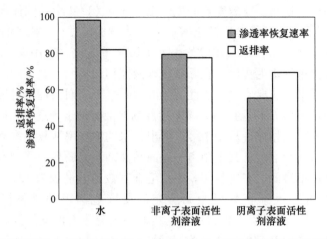

图 12.43 常规油润湿岩心（渗透率介于 1~10mD 之间）不同液体下渗透率恢复速率及返排率

Greater Green River、Piceance、San Juan Uinta 和 Vicksburg 盆地的 200 多口井中，压裂作业时加入表面活性剂获得的入井液最终返排量比单独使用压裂水（不含表面活性剂）要高 50%~100%（Paktinat 等，2005；Crafton 等，2009）。由于更容易维持返排，因此加入表面活性剂压裂液的最终返排量更高，对储层的堵塞最小（Crafton 等，2009；Penny 和 Pursley，2007；Butler 等，2009；Zelenev 和 Ellena，2009）。Appalachian、Barnett 和 Fayetteville 盆地的一些现场作业人员还发现，当采用微乳液形成的表面活性剂时，压裂井的初始产气增加（Penny 和 Pursley，2007）。在这些现场案例中，岩石的初始润湿性未知。

12.7 侵入深度对返排率和后期产油量的影响

Tangirala 和 Sheng（2019a）研究了侵入深度对返排率的影响，侵入深度可用侵入结束时的含水（水相）饱和度（%）表示。返排率定义为含水饱和度降低值除以侵入结束时的含水饱和度，具体实验细节已在本章前文介绍。他们发现，随着侵入深度的增加，返排率增加，特别是在纯水条件下，如图 12.44 和图 12.45 所示。在亲水性岩屑中，毛细管力阻止水的流出。侵入深度越深，正毛细管压力梯度越低，阻力越弱，从而提高了返排率。加入表面活性剂后，毛细管力降低，毛细管压力梯度对侵入深度的影响也变得不那么敏感

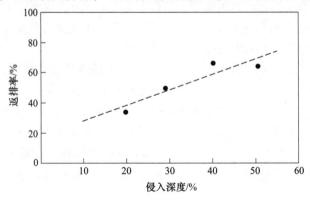

图 12.44 去离子水亲水性岩屑返排率和侵入深度关系

了。注意，表面活性剂不能改变岩屑的润湿性。

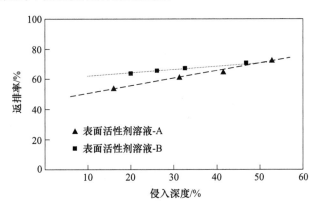

图 12.45 两种表面活性剂溶液亲水性岩屑返排率和侵入深度关系

然而，无论是纯水还是表面活性剂溶液，返排后期的稳定产油量随着侵入深度的增加而降低，如图 12.46 和图 12.47 所示。因此，学者们致力于发现一个较浅的侵入深度，并获得较高的产油量。值得注意的是，这种深入侵入是由流体漏失引起的，而非关井自吸。

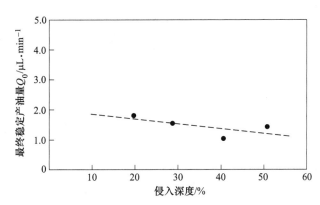

图 12.46 去离子水亲水性岩屑稳定产油量和侵入深度关系

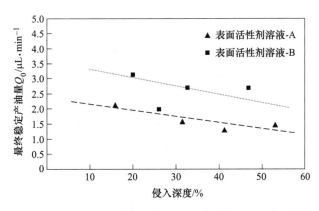

图 12.47 两种表面活性剂溶液亲水性岩屑稳定产油量和侵入深度关系

然而，当岩屑为亲油型时，返排率随侵入深度的增加而降低，如图 12.48 所示（Tangirala 和 Sheng，2018）。返排过程中，毛细管力为驱动力。随着侵入深度的增加，驱动压力梯度减小，返排率降低。因此稳定的产油量也随侵入深度的增加而降低，如图 12.49 所示。上述数据表明，当侵入深度较浅时，纯水的返排率和稳定产油量均高于表面活性剂溶液。这是因为表面活性剂降低了毛细管压力梯度，但随着侵入深度的增加，表面活性剂减少的界面张力导致毛细管数增加（Tangirala 和 Sheng，2018）。实验中，水的毛细管数分别为 10^{-4} 和 10^{-5}，相比于水的返排率有所增加。

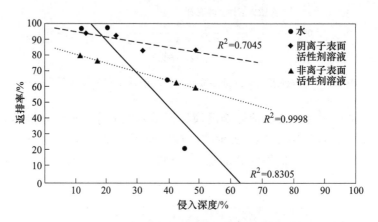

图 12.48 亲油岩屑返排率与侵入深度的关系

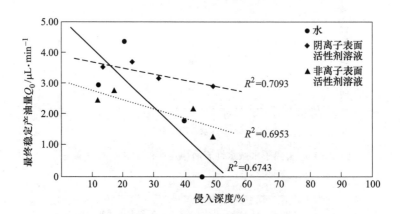

图 12.49 亲油性岩屑稳定产油量与侵入深度的关系

岩心驱替实验结果（Tangirala 等，2019）验证了上述亲油性岩屑的结果和结论。在相同的侵入深度下，对比了添加表面活性剂和不添加表面活性剂的水驱效果，以及返排结束时的残余油饱和度 S_{w2}、返排率 flb 和稳定产油量 Q_o。定义参数 X、Y、Z 如下：

$$X = \frac{(S_{w2})_{水} - (S_{w2})_{表面活性剂}}{\left| (S_{w2})_{水} - (S_{w2})_{表面活性剂} \right|_{max}} \tag{12.7}$$

$$Y = \frac{(flb)_{表面活性剂} - (flb)_{水}}{\left| (flb)_{表面活性剂} - (flb)_{水} \right|_{max}} \tag{12.8}$$

$$Z = \frac{(Q_o)_{\text{表面活性剂}} - (Q_o)_{\text{水}}}{|(Q_o)_{\text{表面活性剂}} - (Q_o)_{\text{水}}|_{\max}} \quad (12.9)$$

式中　下标水、表面活性剂——水和表面活性剂溶液；

下标 max——各变量（S_{w2}、flb、Q_o）不同侵入深度（%）下的最大差值。

根据岩屑和岩心实验结果可计算得出参数 X、Y、Z 的值，如图 12.50 所示。这些参数的负值表示表面活性剂压裂液性能低于不含表面活性剂的纯水。从图中可以看出，当侵入深度较浅时（岩屑驱替小于20%，岩心驱替30%），纯水的驱替效果优于表面活性剂压裂液，换句话说，表面活性剂压裂液比纯水压裂液的残余水饱和度高、返排率和产油量低。

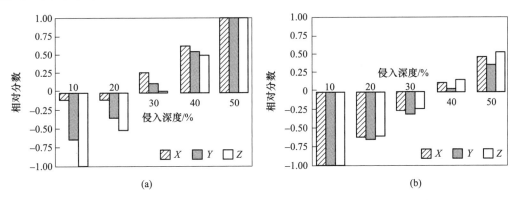

图 12.50　含表面活性剂压裂液与不含表面活性剂压裂液的相对性能
（a）岩屑驱替；（b）岩心驱替

从图 12.50 可以看出，不管岩屑的初始润湿性如何，最终稳定的产油量似乎都随侵入深度的增加而降低。从这些数据还可以得出返排率与最终稳定产油量发展趋势一致，即返排率越高，最终产油量越高。

亲油性岩屑需要较高的注入压力才能将水注入其内部，或者在一定压力下，侵入深度较浅，返排变得更简单。因此，与亲水性岩屑相比，亲油性岩屑预期的产油量更高。与水侵相比，表面活性剂可降低界面张力，从而降低毛细管阻力，可望获得更深的侵入深度。返排过程中，毛细管力对纯水的驱动力远大于表面活性剂溶液，因此纯水的返排率和产油量更高。然而，当侵入深度更深时，表面活性剂溶液降低了界面张力，增加了毛细管数，因此纯水的返排率和稳定产油量要低于表面活性剂溶液，这些判断与前段所述的实验结果基本一致。需要注意的是，在这种情况下，表面活性剂不能将岩屑的润湿性由亲油型转变为亲水型。如果表面活性剂能将润湿性变为亲水型，那么毛细管力就会成为阻力，但在返排过程中，原油的相对渗透率可能会增加，这两个因素的净效应决定了表面活性剂溶液和纯水的产油量。

12.8　表面活性剂对返排的影响

在前面的章节中，讨论了表面活性剂在关井、侵入深度和岩石初始润湿性方面的作用，本节将进一步讨论其对返排的影响。表面活性剂有两个基本功能：降低界面张力（IFT）和改变润湿性。一般来说，当界面张力降低时，毛细管数增加，残余饱和度降低，相对渗透率增加。在亲油条件下，油的相对渗透率降低，同样，在亲水条件下，水的相对渗透率也会降低。总体来说，站在 p_c（毛细管力）角度，表面活性剂溶液应该具有较高的界面张力和亲油变化，从而有利缓解水锁；但从 k_r（相对渗透率）角度来看，它们应该有较低的界面张力和亲水变化来增加 k_{ro}（油的相对渗透率）及降低 k_{rw}（水的相对渗透率）。表面活性剂的理想功能详见表12.3。从表中可以看出，对 p_c 和 k_r 的要求显然不一致，这就使得表面活性剂的选择更加复杂，最终的选择取决于这两个作用的净效果。表中还列出了一些有利于液体侵入地层的要求，使得表面活性剂的优化变得更加困难。需要注意的是，为了降低水的自吸量，低界面张力在初始亲水性地层中更有利。

表12.3 表面活性剂的理想功能

有利条件	初始润湿性	侵入少		返排高		高采收	
		界面张力	润湿性	界面张力	润湿性	界面张力	润湿性
自吸时的 p_c	水润湿	低	油润湿	高	油润湿	高	油润湿
驱替时的 k_{rw}	水润湿	高	水润湿	低	油润湿		
驱替时的 k_{ro}	水润湿					低	水润湿
自吸时的 p_c	油润湿	高	油润湿	高	油润湿	高	油润湿
驱替时的 k_{rw}	油润湿	高	水润湿	低	油润湿		
驱替时的 k_{ro}	油润湿					低	水润湿

如前所述，在压裂液中添加表面活性剂似乎比纯水更能有效地解除水锁，同时也提高了油的相对渗透率 k_{ro}。Wijaya 和 Sheng（2019d）通过对 Liang 等人（2017c）开展的初始亲水性岩心驱替实验数据进行历史拟合，分析了表面活性剂添加剂的有效性机理。图12.51 给出了液体侵入过程中及三个不同返排阶段距裂缝不同位置的含水饱和度历史记录。从图中可以看出：（1）去离子水的前缘水距裂缝距离更远（水侵入基质较深），从图12.51（b）上可以清楚看到去离子水前缘含水饱和度 S_w。由于侵入深度较浅，表面活性剂的情况下更容易去除侵入水。（2）表面活性剂情况下的返排比去离子水情况下的返排更有效，因为返排时的含水饱和度更低（对比图12.51（b）中的 0.2~0.25 区域和图12.51（a）中的 0.25~0.3 区域）。因此，表面活性剂情况下的 k_{ro} 恢复值或采油量更高。

另一个重要问题即为如何优化表面活性剂作用。Wijaya 和 Sheng（2019e）使用了上述历史拟合基础模型（初始为亲水性），并开展了一系列的模拟案例来分析何种条件下可以最大程度解除水锁，获得最大采收率或最大相对渗透率 k_{ro} 恢复值。其中分三个阶段进行观察：早期、中期和后期。与这些阶段相对应，开始时 k_{ro} 迅速增大，然后暂时减小，最终继续增大或趋于稳定。返排早期是指界面张力降低效应仍然存在的时期，返排中期指随着返排的继续将表面活性剂从岩石中移除，且裂缝中的水未被排完，界面张力降低效应逐渐减弱时期，导致水进一步自吸入基质内，k_{ro} 暂时下降。返排后期指的是裂缝中的水被完全清除，出现稳定油流，k_{ro} 再次增加或趋于稳定的阶段。图12.52 给出了低渗透油藏模型（3.69mD）返排早期、返排中期和返排后期结束时不同界面张力和油润湿性下的 k_{ro} 值。高 k_{ro} 的最佳条件似乎为低界面张力和亲水，对应表12.3 中的 k_{ro} 有利条件。同样，图12.53 给出了致密油藏模型（500nD）返排早期、返排中期和返排后期结束时不同界面张

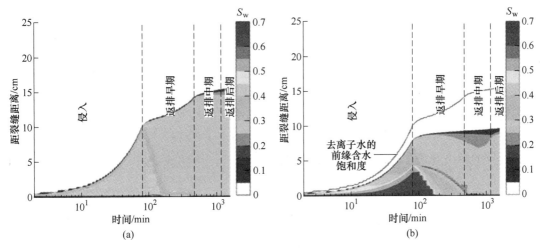

图 12.51 液体侵入过程中距裂缝不同位置处的含水饱和度记录及三个返排阶段

（a）去离子水（DI）；（b）表面活性剂

力和亲油下的 k_{ro} 值。高 k_{ro} 的最佳条件在返排早期为低界面张力和润湿性范围较广，返排中后期为油润湿性及界面张力范围较广，采油量与返排后期关系更大。致密油藏模型的最佳条件为亲油性，对应于表 12.3 中的负 p_c 条件。显然，该模拟案例表明，良好的 k_r 条件对低渗透亲水性地层有利；良好的 p_c 条件对致密亲水性地层有利。

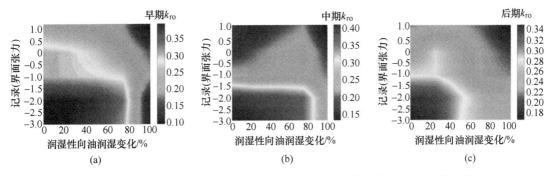

图 12.52 低渗透油藏模型（3.69mD）返排早期（a）、返排中期（b）和返排后期（c）结束时不同界面张力和油润湿性下的 k_{ro} 值

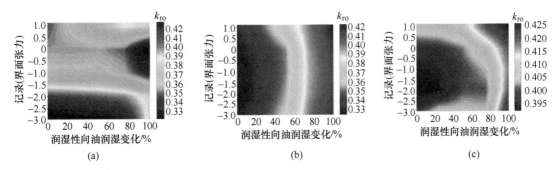

图 12.53 致密油藏模型（500nD）返排早期（a）、返排中期（b）和返排后期（c）结束时不同界面张力和油润湿性下的 k_{ro} 值

12.9 返排处理方案

根据基本流动理论（相对渗透率概念）可知，由于消除了更多的水锁，因此高返排会提高油气采收率。有时，当返排较低时，可以观察到较高的油气产量，可能是因为裂缝附近的圈闭水消散到地层深处，从而缓解了裂缝附近的水锁，在这种情况下，可能存在复杂的裂缝网络，能够促进水快速消散。如果在返排率高的情况下仍然只能获得较低油气产量，那么在裂缝网络不复杂的情况下，可能会出现相反的情况。在下面的章节中，提出了几种返排的解决方案，并给出几种实践案例。

12.9.1 避免使用易滞留压裂液

返排是为了解除液相圈闭，理想状况下应避免使用易滞留的压裂液，例如在强亲水性地层中应避免使用水。问题是许多页岩和致密地层表现出混合润湿性，原油或水可以自发地吸收到地层中。更重要的是，除了滞留问题之外，液体的选择还取决于许多因素，比如经济和环境问题。在大多数情况下，这种解决方案不实用。

12.9.2 返排早期压降大

由于水相流体在裂缝面附近聚集较为明显，类似岩心驱替实验中的毛细管力端部效应，会对油气流入裂缝造成水锁。高压降可能有助于解除这种水锁，但还需要考虑以下几个因素：精细运移、裂隙闭合等。裂缝面附近的水锁一般较为严重，想要有效解除这种水锁，应实行早期返排制度。这就意味着，如果已经做好返排的计划，那么返排开始得越早越好，因为随着时间的推移，水可能会进入地层深部，导致返排更加困难。或许有人认为深部消散可能会缓解水锁，这个问题上文已经讨论过，此处不再赘述。

12.9.3 注 CO_2

CO_2 溶于圈闭水中，可降低气-水界面张力，这种增能水更容易流出。

12.9.4 注入溶剂

在气藏中注入甲醇等互溶剂取得了成功，优选异丙醇、丁醇等重醇类（Sharma 和 Sheng，2017）。

12.9.5 使用表面活性剂

图 12.54 比较了返排时的含水饱和度剖面。实验中，从岩心另一端注入戊烷来驱替侵入的水。对于左列，侵入的液体仅仅是水。对于右列，侵入时在原位形成了不同类型的微乳液。首先，在水侵过程中，侵入区含水饱和度较平缓，代表前缘含水饱和度；对于表面活性剂溶液，裂缝面附近（岩心端部）含水饱和度较高，并下降至前缘含水饱和度，裂缝面附近的水锁效应将更显著。从图中所示的水饱和度可以看出，添加表面活性剂后，早期水锁会更加严重。

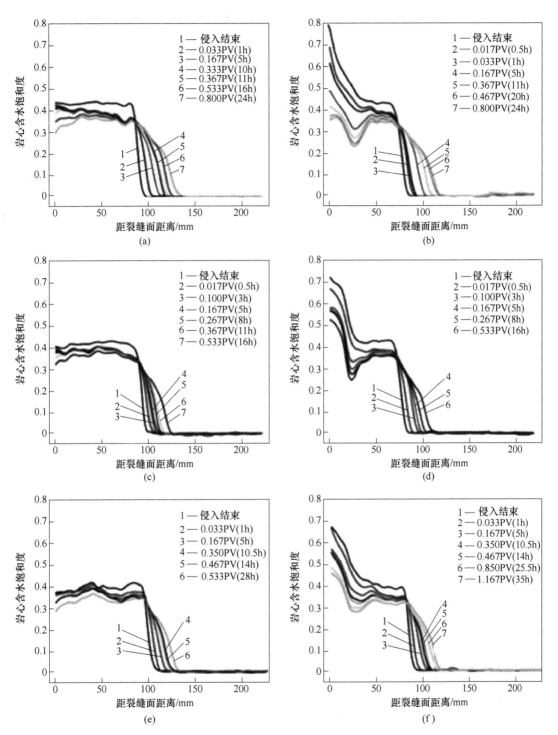

图 12.54　去离子水与不同表面活性剂溶液返排产烃含水饱和度剖面变化对比

（Liang 等，2017a）

（a）基线（去离子水）—4 号岩心驱替；（b）1%表面活性剂溶液（Ⅰ型）-5 号岩心驱替；

（c）基线（去离子水）—6 号岩心驱替；（d）1%表面活性剂溶液（Ⅱ型）-7 号岩心驱替；

（e）基线（去离子水）—1 号岩心驱替；（f）1%表面活性剂溶液（Ⅲ型）-3 号岩心驱替

在图 12.55 中，左列为对应图 12.54 的岩心平均含水饱和度。起初，添加表面活性剂的含水饱和度高于未添加表面活性剂的含水饱和度。但在返排过程中，添加表面活性剂的含水饱和度迅速下降，低于未添加表面活性剂的含水饱和度。在三种表面活性剂溶液中，Ⅰ型微乳液返排率最高。值得注意的是，由于戊烷油的黏度约为 0.24mPa·s，低于水的黏度，因此Ⅱ型溶液更容易通过水相，不如Ⅰ型溶液有效。Liang 等人（2017a）解释Ⅱ型表面活性剂溶液返排率低不是由于水分散在油包水微乳液中造成的；相反，油更容易绕过Ⅱ型微乳液。然而，这种解释并不支持传统推论，即Ⅱ型微乳液是油外部的，应该能够被油很好地驱替。图 12.55 右列比较了去离子水和三种微乳液的压降。Ⅰ型溶液的压降低于去离子水，表明表面活性剂溶液提高了基质的渗透率。对于Ⅱ型，前期压降较低，后期较高。对于Ⅲ型，压降持续下降，但在较长时间内高于去离子水。这些数据表明，Ⅰ型对改善基质渗透率效果最好，其次是Ⅱ型，最差的是Ⅲ型。

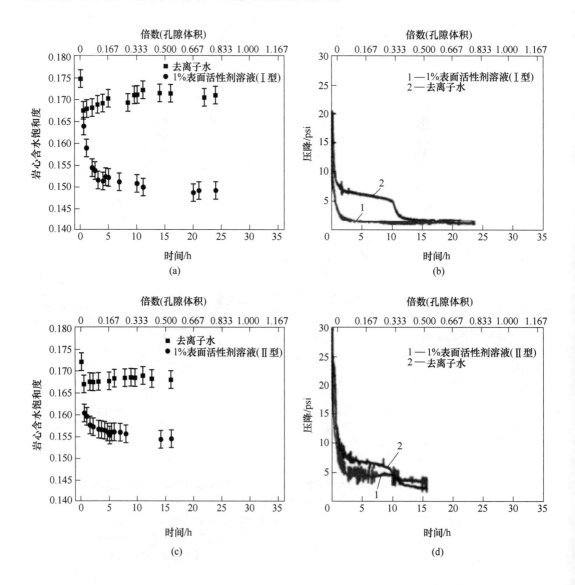

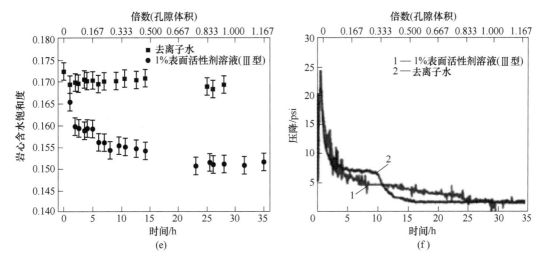

图 12.55 去离子水与不同表面活性剂溶液返排产烃岩心总含水饱和度及压降变化对比

（Liang 等，2017a）

（a）基线（去离子水）—4 号岩心驱替；（b）1%表面活性剂溶液（Ⅰ型）-5 号岩心驱替；

（c）基线（去离子水）—6 号岩心驱替；（d）1%表面活性剂溶液（Ⅱ型）-7 号岩心驱替；

（e）基线（去离子水）—1 号岩心驱替；（f）1%表面活性剂溶液（Ⅲ型）-3 号岩心驱替

（1psi＝6894.757Pa）

总体而言，实验室实验表明，表面活性剂恢复的油气渗透率比压裂水要多（Ahmadi 等，2011；Rostami 和 Nasr-El-Din，2014；Sayed 等，2018；Dong 等，2019）。

12.9.6 注入干气

原则上，可以注入干气使液体汽化，这样可以减轻液相圈闭。如果被束缚盐水中含有可溶离子，则应更加小心处理。当盐水脱水时，可溶离子可能会沉淀并堵塞孔隙，特别是在二价离子浓度高的地方（Bennion 等，1999）。

凝析油油藏吞吐过程中提出了该技术（Meng 等，2015a，b），该工艺还具有对产层再增压机理。不过，在页岩和致密储层中，可能出于经济和有效性考虑，还没有关于解除水锁的报道。

12.9.7 地层加热

Jamaluddin 等人（1995）提出了对地层进行加热来消除气藏中水相圈闭和水反应黏土造成的地层伤害。通过油管注入加热气体，地层加热范围高 2m，径向深度 1.5~2m。温度超过 500℃会导致束缚水超临界萃取和反应性黏土热分解脱敏。

Roychaudhuri 等人（2014）对页岩岩心开展了表面活性剂溶液强制自吸实验，其中表面活性剂溶液浓度为 0.006%，岩心被气体饱和，侧限压力为 17.237MPa（2500psi）。然后将表面活性剂溶液从岩心的一端注入，另一端封闭。由于毛细管力与注入压力相比微不足道且表面活性剂浓度偏低，因此去离子水或表面活性剂溶液的自吸速率都不高。但表面活性剂溶液的返排体积大于去离子水，这是因为表面活性剂使岩石由强亲水型转变为中亲水型。

13 注 空 气

摘　要：空气资源量极大，且获取方便，具有经济效益。本章主要讨论了页岩和致密轻质油藏的空气注入，其中详细介绍了以下几个特殊问题：（1）动力学参数；（2）氧化反应；（3）自燃；（4）低温氧化热效应；（5）低温氧化耗氧速率；（6）燃烧所需最低含油量；（7）燃烧所需空气；（8）页岩和致密油藏注空气提高采收率机理及提高采收率潜力。

关键词：注空气；空气需求；燃烧；动力学参数；低温氧化反应（LTO）；最小含油量；耗氧率；自燃

13.1　引言

由于页岩和致密储层渗透率极低，注气相对于其他注入方式具有明显优势，注气也是提高页岩油、致密油和凝析油采收率较为有效的方法。天然气作为一种清洁能源，在中国等一些国家供应不足，因此尽量避免注入天然气开采原油。采用注二氧化碳法时，往往需要建造很长的管道，建设成本极高。而空气资源量极大，获取方便，具有经济效益。页岩和致密油储层大多赋存轻质油，因此本章主要讨论页岩和致密轻质油藏注空气问题。

最开始，高压注空气（HPAI）技术针对的是轻质油油藏，主要利用高压气体的能量而非其加热作用，而原位燃烧技术（ISC）主要针对稠油油藏。在 Williston 盆地的北达科他州和南达科他州部分地区，轻质油油藏后期注入空气具有热效益。Kumar 等人（2007）指出，在 West Buffalo Red River Unit 的高压注空气项目中，超过一半的累计采油量是由热效应贡献的。因此，轻质油油藏注空气问题已引起人们的重视。

本章讨论了与页岩和致密储层注空气相关的几个特殊问题：（1）动力学参数；（2）氧化反应；（3）自燃；（4）低温氧化反应热效应；（5）低温氧化耗氧速率；（6）燃烧所需最低含油量；（7）燃烧所需空气；（8）页岩和致密油藏注空气提高采收率机理及提高采收率潜力。

在解决这些问题之前，本章介绍了几种基本的实验室测量注空气方法。

13.2　实验室实验设备

本节简要介绍了研究注空气提高采收率的方法和仪器，便于更好地了解注空气驱油技术。它们分别是热重法（TG）和差示扫描量热法（DSC），以及小型台架氧化反应器（SBR）、斜坡升温氧化法、燃烧管法和加速量热法（ARC）。Turta 和 Singhal（2001）列出了注空气驱油所需的实验室测试项目。

13.2.1　热重法

在热重仪中，将样品（原油）放入坩埚中，坩埚置于样品固定器上，如图 13.1 所示，固定器通过气体连续流动可控加热程序进行加热，气体可以是空气、纯氧或氮气。被净化的气体会接触并取代样品中的气相，实验过程中记录了不同温度下样品的剩余重量。该实验在大气压条件下进行，实验数据的分析方法见第13.3.1节。

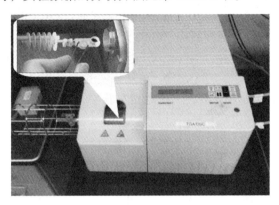

图 13.1 热重分析仪及其试样坩埚示例

13.2.2 差示扫描量热法

在 DSC 装置中，将样品（原油）放入容器，示例装置如图 13.2 所示。通过可控加热程序（1~10℃/min），采用连续气流加热样品，其中所用气体可以是空气、纯氧或氮气。在实验过程中，记录了不同温度下的热流，收集了原油样品的热流正偏差数据，并与参考值进行了比较。在原油样品中，出现了两个峰值，一个表示为低温氧化反应（LTO），另一个则表示为高温氧化反应（HTO）。实验在大气压下进行，采用第13.3.2节所述方法分析实验数据。

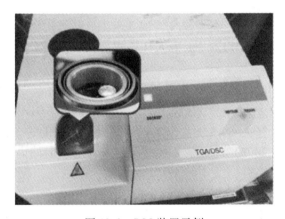

图 13.2 DSC 装置示例

13.2.3 小型台架氧化反应器

在一个小型台架氧化反应器（SBR）实验中（见图13.3），将原油和松散的砂岩混合，并放置在一个不锈钢容器中，从而使得空气与原油充分接触。在容器中，存在一定的自由空间，可以充填高压空气。在实验过程中，注入过量的原油，并将烘炉温度或系统温度保持恒定。换句话说，在恒温条件下进行实验。由于收集的气体体积较小，且系统压力较高，因此可忽略因抽气体积较小而导致的系统压力下降（Zhang 和 Sheng，2016）。实验过程中发生氧化反应，氧分压降低。为了分析氧气消耗引起的压力降低，在压力下降趋势稳定后再记录数据。收集实验过程中生成的气体，并通过 GC/MS 仪器分析气体成分。可通过单位质量的原油在一段时间间隔内消耗的氧的物质的量计算反应速率，并将空气压力与氧摩尔分数相乘，计算得出氧分压。此类实验通常在低温条件下进行，旨在研究低温氧化反应（LTO）。根据 Arrhenius-type 方程，可从该实验中获得活化能、指前常数（频率因子）和氧分压反应级数等动力学参数。在此类实验中，通常假设 LTO 过程不会产生大量的热量。

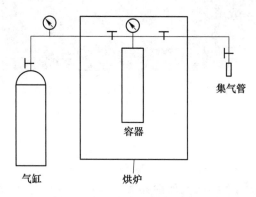

图 13.3　SBR 实验装置示意图

在此类 SBR 试验中，假设产物的体积几乎与消耗的氧气体积相同，因此总压力保持基本不变。通常情况下，与其他 LTO 产物相比，LTO 反应过程中产生的油气数量非常少，甚至可以忽略不计（Adegbesan 等，1987；Khansari 等，2014）。这一观察结果与实验结果一致。实际上，LTO 反应消耗了一部分氧气，但并未生成碳氧化合物，因此实验装置的总压力降低（Turta 和 Singhal，2001）。Ren 等人（1999）发现，压力的降低也可能与原油中的气体溶解有关。

在 Greavesetal（2000）的 LTO 实验（120℃）中，在经历长达 175h 的氧化反应后，氧气、CO_2 和 CO 的浓度分别为 2%、8% 和 1.2%。实验表明，CO_2 和 CO 是在 LTO 过程中生成的。在生成的气流中，CO_2 的浓度为 12%，这是燃烧反应的一个良好指标（Montes 等，2010）。在 Sarma 等人（2002）的等温 ARC 老化试验中，短时间内压力增加。

13.2.4　斜坡升温氧化反应

斜坡升温氧化反应（RTO）的装置由两个相同的管式反应器组成，并安装在同一个加热装置中，以恒定的加热速率同时对两个反应器进行加热。其中一个反应器是活性反应器，装有饱含原油和水的岩心；另一个反应器是参考反应器，其中仅装有干净的岩心。在实验过程中，惰性气体流经参考反应器，而含氧气体则流经活性反应器。比较两个反应器中的温度，以区分与氧化反应相关的放热和吸热反应。前人已经通过这一实验记录了表观原子 H/C 比、表观反应氧/燃比及活性反应器中转化为油气的活性氧百分比（Moore 等，1999）。

与 TG 或 DSC 实验相同，当加热速率高于氧化反应引发的加热速率时，RTO 实验的结果可能无法代表油藏中将发生的氧化反应（热滞后性）。这是因为，当油藏中的产热率较低时，产生的热量逸散到上伏和下覆岩层中，因此之后可能无法发生高温氧化反应。

13.2.5 燃烧管试验

燃烧管装置的基本部件是燃烧管，由一系列加热器对其进行绝缘和加热，从而减少径向热损失。同时，应调整加热器，使其不会促进燃烧反应的进行。通过保持燃烧管中部的温度略高于燃烧管管壁温度，可实现这一操作。实验过程中，用加热器点燃燃烧管的一端。而在燃烧管试验（CT）设计中，为人工点火，从而将 LTO 控制到最低程度。同时，从燃烧管试验中无法获得反应动力学参数。以下数据可通过燃烧管实验获得（Prasad 和 Slater，1986）：（1）燃烧燃料的 H/C 原子比；（2）氧燃比；（3）氧砂比；（4）表观燃料消耗；（5）产出流体的成分；（6）峰值燃烧温度。

13.2.6 加速量热仪

1991 年的石油相关文献（Yannimaras 和 Tiffin，1995）中介绍了加速量热仪（ARC），并认为是唯一能够在高压条件下确定动力学参数的仪器。ARC 的基本原理是在放热反应期间，使原油和岩石样品处于绝热状态，保持样品容器的温度与容器外系统的温度相同，从而实现绝热条件。首先将 ARC 加热至所需温度，并保持一段时间，从而达到热平衡。实验过程中，需要检查加热速率是否小于预设速率（例如，0.02℃/min）。如果是，在"加热—等待—搜索"（HWS）程序之后继续执行预定升温步骤（例如 5℃），直到自热速率大于预设速率。此时，将 ARC 保持在绝热状态，直到实验完成，如图 13.4 所示（Townsend 和 Tou，1980）。以放热率与温度的对数来表示实验数据，同时可以通过 ARC 实验数据、初始温度、放热量数据推导活化能、指前因子和反应级数等动力学参数。为了达到绝热条件，通常将油样放置在"密闭"ARC 系统中。但是，在高速空气吹扫和准绝热操作条件下，也可以使用"流动"型 ARC 实验系统（Yannimaras 和 Tiffin，1995）。ARC 与 DSC 或 TG 相似，不同之处在于，在 ARC 装置中，可以在高压条件下进行反应。

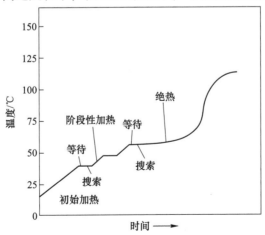

图 13.4 加速量热仪的"加热—等待—搜索"过程

（修改自 Townsend 和 Tou，1980）

13.3　动力学参数

通常采用 Arrhenius-type 方程描述氧化反应速率，该方程包括多个动力学参数：活化能、频率因子和反应级数。这些动力学参数是通过热重法（TG）、差示扫描量热法（DSC）、加速量热仪（ARC）和小型台架氧化反应器（SBR）获得的。下文介绍了使用 TG 和 DSC 获得动力学参数的示例方法。

13.3.1　热重分析

氧化反应是一个热分解过程，可通过动力学参数对其进行描述。经典方法之一是基于 Arrhenius 方法，通过热重法或热重分析（TGA）估算动力学参数（Coats 和 Redfern，1964）。在 TG 设备中，很容易获得时间-导数热重分析（DTG）数据，这一数据有时与 TG 数据一同使用。TG 实验能够测定温度升高时物质的质量损失。可通过以下方程对其进行描述：

$$\frac{\mathrm{d}m_t}{\mathrm{d}t} = kf(m, C_0, \cdots) \tag{13.1}$$

式中　$f(m, C_0, \cdots)$——时间 t、剩余质量 m_t 和氧化剂含量等参数的函数；

k——与温度相关的速率常数，m/t。

可通过 Arrhenius 方程对 k 进行描述：

$$k = A\mathrm{e}^{-\frac{E}{RT}} \tag{13.2}$$

式中　A——指前因子或频率因子 t^{-1}，s^{-1}；

E——分解反应的活化能 L^2/t^2，kJ/mol；

R——通用气体常数 $L^2/(Tt^2)$，kJ/(mol · K)；

T——绝对温度 T，K。

在函数 $f(m, C_0, \cdots)$ 中，描述了在可用质量、氧化剂浓度等参数影响下发生的反应（此处指质量损失）。如果反应不取决于上述这些参数，则上述两个函数在本质上是同一个。该反应为零级反应。如果反应取决于这些参数中的一个，例如，C_0^n，则该函数将变为 C_0^n 的函数，表示 C_0^n 的 n 级反应。在使用该函数的过程中，应确保单位一致。

为了简化解释结果，假设反应级数为零。通过结合式（13.1）和式（13.2），可得到：

$$\frac{\mathrm{d}m_t}{\mathrm{d}t} = A\mathrm{e}^{-\frac{E}{RT}} \tag{13.3}$$

对于包含线性加热速率 $\beta = \dfrac{\mathrm{d}T}{\mathrm{d}t}$ 的非等温 TG 试验，式（13.3）可表示为：

$$\frac{\mathrm{d}m_t}{\mathrm{d}T} = \frac{A}{\beta}\mathrm{e}^{-\frac{E}{RT}} \tag{13.4}$$

对式（13.4）两边取对数，可变为：

$$\ln\left(\frac{\mathrm{d}m_t}{\mathrm{d}T}\right) = \ln\left(\frac{A}{\beta}\right) - \frac{E}{RT} \tag{13.5}$$

当采用实验数据，绘制 $\gamma = \ln\left(\dfrac{\mathrm{d}m_t}{\mathrm{d}T}\right)$ 与 $x = \dfrac{1}{T}$ 的曲线时，可得到一条直线，其斜率为 E/R，截距为 $\ln(A/\beta)$。可分别从线性拟合曲线的斜率和截距得到活化能 E 和频率因子 A 的值。在 TG 试验期间，能够测定质量损失与温度的关系。

请注意，随着温度的升高，原油可能会发生蒸馏，同时在空气或氧气吹扫下，会发生质量损失。换句话说，质量损失并非完全由氧化反应引起。因此，建议以氮气吹扫下的 TG 试验结果为基准。图 13.5 是空气和氮气吹扫下的 TG 试验示例（Huang 等，2016a）。首先，请注意，空气和氮气吹扫下的两条曲线并非如式（13.5）所示，为整个温度范围内的两条直线，这表明实验过程中发生的反应并非零级反应。该图显示，当温度低于 192℃ 时，两条原油质量曲线重叠，表明蒸馏过程占主导地位。当温度高于 192℃ 时，原油质量迅速下降。在约 348℃ 时，空气吹扫下原油的剩余质量约为 9%，氮气吹扫下的原油剩余质量约为 15%。特定温度下的剩余质量的差异是由低温阶段的氧化反应造成的。这是因为，原油中的一些轻质组分发生氧化，因此导致了较高的质量损失率（Fassihi 等，1982）。结果表明，当温度处于 348~413℃ 范围内，空气吹扫导致的总质量损失率低于氮气吹扫；在 483℃ 的氮气吹扫条件下，以及 556℃ 的空气吹扫条件下，将分别出现原油的完全质量损失。在氮气吹扫下，该过程为蒸馏和裂解过程（非氧化）。在空气吹扫下，轻质油组分在低温氧化阶段与氧气发生反应，在燃料沉积阶段生成焦炭状燃料。在此阶段，原油质量损失率减小。最后，在高温范围内，原油被燃烧殆尽。

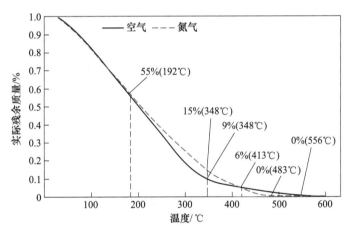

图 13.5 原油的氮气吹扫和空气吹扫对比试验（加热速率为 10℃/min）的温度记录（TG 曲线）

13.3.2 差示扫描量热法

在原油的氧化反应过程中，可能产生热量。因此，差示扫描量热法（DSC）是一种利用原油的放热性和氧化反应来推导动力学参数的方法。根据式（13.1），将释放的热量（焓）H_t 替换为 m_t，函数 f 由 H 定义，H 代表尚未释放的焓，等于 $H_o - H_t$。H_o 是释放的总热量，在 DSC 实验结束时能够得到这一参数。那么式（13.1）可变为：

$$\frac{\mathrm{d}H_t}{\mathrm{d}t} = A\exp\left(-\frac{E}{RT}\right)H \tag{13.6}$$

采用自然对数形式，上述方程可变为：

$$\ln\left(\frac{\frac{dH_t}{dt}}{H}\right) = \ln A - \frac{E}{RT} \qquad (13.7)$$

可以通过绘制 $\ln\left(\frac{\frac{dH_t}{dt}}{H}\right)$ 与 $1/T$ 的曲线，并计算斜率，从而估算活化能的值，其中 Arrhenius 常数是线性拟合线的截距（Huang 等，2016b）。图 13.6（Huang 等，2016a）显示了同一油样的 DSC 曲线，根据这一油样，同样也生成了图 13.5 中的 TG 曲线。结果表明，在氮气吹扫过程中，释放的热量为负值，表明存在吸热蒸馏过程。在温度低于 293℃时，氧气吹扫过程中也发生了吸热蒸馏。第一个峰值代表低温氧化反应（LTO），第二个峰值代表高温氧化反应（HTO）（Bae，1977）。LTO 和 HTO 之间的区域代表燃料沉积过程。

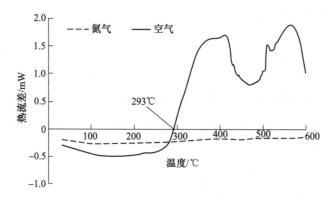

图 13.6　原油的氮气吹扫和空气吹扫对比试验（加热速率为 10℃/min）的温度记录（DSC 曲线）

13.3.3　动力学参数的实际值

当使用 Arrhenius-type 方程的分析方法估算动力学参数时，只能获得近似的"总体平均"值，因为反应过程中存在多个温度范围，而每个范围都有其独特的动力学值，详见 13.3.5 节。在使用模拟方法时，需要使用初始值。那么如何确定初始值呢？更实际的问题是，在一个实际的现场项目中，不可能等待实验数据的生成，从而进行项目评估；或者，出于实际原因，甚至可能无法进行实验。在这些情况下，了解动力学参数的实际值或典型值是非常必要的。

Huang 和 Sheng（2017a）调研了 22 种原油（API 度为 11~44.3）中已公布的动力学参数值。图 13.7 显示了这些原油的活化能数据分布范围。在 50% 的累积概率下，LTO 和 HTO 的平均值分别为 33kJ/mol 和 107kJ/mol。从调研数据中未发现 API 度与活化能之间的关系，这意味着无法使用 API 度描述原油热反应的全部描述性指标（Bae，1977）。

根据 11 种原油的调研结果显示，LTO 和 HTO 频率因子值分别为 $0.1 \sim 10^5 s^{-1}$ 和 $10^4 \sim 10^9 s^{-1}$。频率因子数值的分布范围较大，可能是由于这一数值是从对数轴的直线截距中获得的，该截距值对所选直线非常敏感。原油的 API 度与频率因子无关。

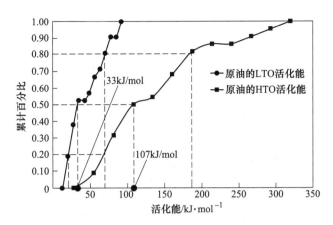

图 13.7　LTO 和 HTO 中 22 个原油样品的活化能数据

13.3.4　放热和吸热反应

为定义反应路径，需要了解放热和吸热反应；相关数据可以通过差热分析仪（DTA）、DSC 和加速量热仪（ARC）获得。从热力学实验中可以确定多种温度状态，分别是低温氧化反应（LTO）、燃料沉积反应（FD）和高温氧化反应（HTO）。据观察，API 度与温度的分布范围没有直接关系。Huang 和 Sheng（2017a）发现，根据 19 种原油的氧化温度状态可知，LTO 和 HTO 的平均反应温度分布区域分别为 149～364℃ 和 415～542℃，如图 13.8 所示。13 种原油的 LTO 和 HTO 峰值温度如图 13.9 所示，在图 13.9 中，显示 LTO 和 HTO 的平均峰值温度分别为 320℃ 和 469℃。前人认为，LTO 的第一个峰值代表液态烃的燃烧，而 HTO 的第二个峰值则代表焦炭的燃烧（Kok 等，1997）。焦炭指不溶于甲苯的馏分。一般来说，第二个放热高峰产生的热量值远远高于第一个放热高峰。放热峰值越低，越容易点火。因此，可采用放热峰值判断注空气法的可行性。图 13.8 和图 13.9 中的数据来自几乎相同的原油来源。

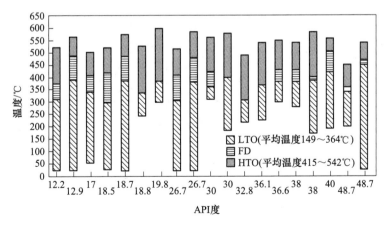

图 13.8　19 种原油的 LTO、FD 和 HTO 的温度分布范围

可通过 DSC 试验测定反应释放的热量。为了对热量数据进行质量检验，每个反应产生的

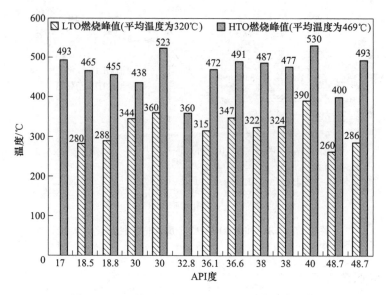

图 13.9 13 种原油的 LTO 和 HTO 放热温度峰值

热量（每单位燃料质量的焓）必须低于公布的完全燃烧值。表 13.1 列出了在 1atm（101325Pa）和 25℃的条件下，单位氧气（1kcal/mol）或单位空气（1BTU/ft³）中燃烧反应（1 和 2）和氧化反应（3~7）的热值，其中生成的水为液态。表 13.1 的数值表明，在相同类型的反应中，消耗 1mol 氧气释放的热量的数量级与碳氢化合物分子的性质无关。当以消耗的氧气（kcal/mol）或空气（BTU/ft³）表示时，同一类型的反应释放的热量几乎相同。总结该表数据可知，当碳氢化合物完全燃烧，或部分氧化为羧酸时，释放的热量约为 105kcal/mol 氧气，形成羰基化合物所释放的热量约为 85~95kcal/mol 氧气，形成羟基化合物时释放的热量约为 70~90kcal/mol 氧气，过氧化作用释放的热量约为 25~35kcal/mol 氧气。

表 13.1 燃烧反应和氧化反应的热值（Burger 和 Sahuquet，1972）

序号	反应类型	CH_4	C_2H_6	C_3H_8	$n-C_4H_{10}$	$n-C_7H_{16}$	C_6H_{12}	C_6H_6	$C_6H_5CH_3$
1	—CH_2——→CO_2	106.40	106.52	106.12	105.84	105.45	104.98	105.21	104.84
2	—CH_2——→CO	96.77	95.01	93.63	92.76	91.54	89.83	85.17	85.48
3	—CH_3→—$C\overset{O}{\underset{OH}{}}$	91.4	101.85	101.5	102.6	109.0	—	—	106.4
4	—CH_3→—$C\overset{O}{\underset{H}{}}$	78.7	87.8	92.6	90.55	88	—	—	92.4
5	—CH_2→—$C\underset{O}{—}$	—	—	95.3	97.5	99	95.8	—	—
6	—$\overset{\|}{C}$—H→—$\overset{\|}{C}$—OH	60.3	71.6	72.7	76.0	87	92.4	99	82
7	—$\overset{\|}{C}$—H→—$\overset{\|}{C}$—OOH		37.8		27.1	25.4	28.0		

表13.2列出了一些单一燃料的热值。燃料和空气的最佳混合物的初始点火温度为15.6℃，之后冷却到15.6℃，释放的总热量为燃料的总热值。将总热值减去燃烧产物中水蒸气凝结释放的热量，即可得到净热值。

表13.2 单一燃料的总热值和净热值（北美制造公司，1986）

燃料	总热值/$kJ \cdot g^{-1}$	净热值/$kJ \cdot g^{-1}$
乙炔	50.014	48.309
丁烷	49.593	49.771
碳	32.78	32.78
一氧化碳	10.11	10.11
乙烷	51.923	47.492
氢气	142.11	120.08
硫化氢	16.51	15.21
甲烷	55.533	49.997
辛烷	48.371	44.871
丙烷	50.402	46.373
硫	9.257	9.257

Burger 和 Sahuquet（1972）定义了一般燃烧反应（表13.1中的联合反应1和2）：

$$CH_x + \left[\frac{2 + \beta}{2(1 + \beta)} + \frac{x}{4} \right] O_2 \longrightarrow \frac{1}{1 + \beta} CO_2 + \frac{\beta}{1 + \beta} CO + \frac{x}{2} H_2O \qquad (13.8)$$

式中 x——燃料的 H/C 原子比；

β——废气中的 CO/CO_2 比。

前人还得出了单位质量燃料燃烧（凝结的 H_2O）的总热值：

$$Q(cal/g) = \frac{265700 + 19850\beta}{(1 + \beta)(12 + x)} + \frac{31175x - 171700}{12 + x} \qquad (13.9)$$

或

$$Q'(BTU/lb) = \frac{478260 + 356130\beta}{(1 + \beta)(12 + x)} + \frac{56115x - 309060}{12 + x} \qquad (13.10)$$

氧化剂的反应热量（kcal/mol 氧气或 BTU/ft^3 空气）为：

$$Q^* = \frac{265.7 + 197.85\beta}{1 + \frac{\beta}{2} + \frac{x}{4}(1 + \beta)} + \frac{31.175x - 171.7}{\frac{2 + \beta}{2(1 + \beta)} + \frac{x}{4}} \qquad (13.11)$$

由式（13.9）和式（13.10）得出的结果如图13.10所示，式（13.11）的结果如图13.11所示。表13.3给出了根据式（13.10）计算的碳和部分碳氢化合物的总热值，以及Perry等人（1963）的实验数据。

也可使用 ARC 和 SBR 测定动力学参数。ARC 可用于检测原油的自热速率，在试验条件下，可以保持近乎完美的绝热条件。在试验过程中，一旦检测到自热速率，研究人员就会记录时间、温度和压力数据。之后可以据此推导热力学数据和动力学数据。ARC 的优点是可以在非常高的压力条件下使用（41.368MPa（6000 psi））。SBR 试验包含两个样品架，一个是反应器，另一个则是参比单元。当空气流过时，需要加热反应器。在此期间，以

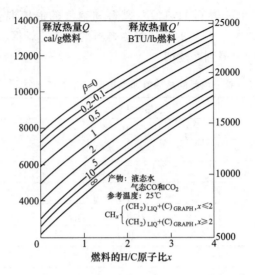

图 13.10 燃烧热（cal/g 和 BTU/lb CH$_x$）为燃料 H/C 比 x
（在水平轴上）和生成气体中 CO/CO$_2$ 比的函数

（Burger 和 Sahuquet，1972）

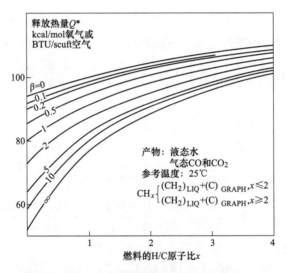

图 13.11 燃烧热（kcal/mol 氧气或 BTU/ft^3 空气）为燃料 H/C 比 x 和生成气体中 CO/CO$_2$ 比的函数

（Burger 和 Sahuquet，1972）

表 13.3 一些典型燃料（25℃，1atm，液态水）的式（13.8）反应中释放的热量

（BTU/lb）

燃料	H/C	CO/CO$_2$	Perry 等（1963）	Burger 和 Sahuquet（1972）
C 石墨，固态	0	0	14090	14100
		∞	3960	3920
C$_6$H$_5$-C$_{12}$H$_{25}$ 十二烷基苯，液态	1.667	0	19380	19220
		∞	10300	10300

燃料	H/C	CO/CO₂	Perry 等（1963）	Burger 和 Sahuquet（1972）
C₁₀H₁₈顺式十氢萘，液态	1.8	0	19540	19580
		∞	10730	10730
C₂₀H₄₀（二十烯），液态	2	0	20180	20100
		∞	11500	11380
C₆H₁₂环己烷，液态	2	0	20030	20100
		∞	11360	11380
C₂₀H₄₂二十烷，液态	2.1	0	20260	20350
		∞	11660	11690
C₄H₁₀丁烷，液态/气态	2.5	0	21110	21340
		∞	12750	12920
C₃H₈丙烷，液态/气态	2.667	0	21490	21740
		∞	13220	13410
C₂H₆乙烷，气态	3	0	22300	22500
		∞	14220	14360

试验所需的加热速率继续加热，直到达到终止温度，然后在试验期间保持该温度。在试验过程中，测量了反应器和参比单元的温度分布范围。通过比较这两种分布范围，可以确定放热过程和吸热过程的温度分布区间。通过分析 SBR 数据，也可以估算相关的动力学数据。

13.3.5 估算动力学参数和热值的模拟方法

基于 Arrhenius 方程，TG 和 DSC 实验数据应呈现一条直线，其中斜率与活化能成正比，截距表示频率因子。然而，实际的实验数据表现为多个温度范围内的直线，如图 13.12 所示，这表明，对于同一个油样，会在不同的温度范围内发生不同的反应。实际上，在整个试验温度范围内，会生成一条直线。显然，这是一个近似值，其中假设试验过程发生了一个单一反应。Sakthikumar 等人（1995）观察到，根据 ARC 确定的 LTO 活化能无法预测岩心流体动力学参数。为了改进这种方法，前人提出了一种模拟方法（Guitirrez 等，2012），并被 Huang 和 Sheng 广泛使用（2017a，b，c）。在模拟模型中，可以在相同的温度范围内定义多个不同的反应，和/或根据动力学参数（活化能、频率因子和反应熵）的值定义一个温度分布范围较大的反应，因为这些动力学参数控制着不同温度范围内的反应速率。这一模拟模型描述了油藏中实际发生的反应。在模拟过程中，使用 STOREAC 的几组关键字输入反应组分的化学计量系数，使用 STOPPROD 输入生成组分的化学计量系数，同时使用 CMG（2016）STARS 中的 EACT（活化能）、FREKFAC（频率因子）和 RENTH（反应熵）来描述反应，一套流程代表一个反应路径，其中活化能表示了反应速率与网格块温度的关系。对于化学反应（例如燃烧）而言，这二者呈正相关，即反应速率随温度的升高而增加，而当 EACT 为零时，反应速率与温度无关。为了避免反应速率过低或过高，使用 CMG STARS 中的两个关键词"RTEMLOWR"和"RTEMUPR"限制温度变化范围。如果反应温度低于（高于）RTEMLOWR（RTEMUPR），对反应速率进行设置，在 RTEMLOWR（RTEMUPR）温度下计算得出该速率。

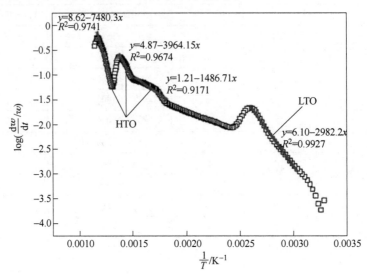

图 13. 12   油样的 DTG 曲线
（Ni 等，2014）

在一些情况下，不同温度下的模拟反应具有不同的速率响应，在这种情况下，反应速率与 $1/T$ 的自然对数曲线将不是一条直线。然而，有时可以通过一系列相连的直线来得到该图的近似图像，其中每条直线都有各自的温度范围和斜率。可以用 E 与 T 的数据来建模，其中每个温度范围均采用了与 ∗EACT 相同的形式。关键字为 EXCT_TAB，格式为：

EACT_TAB 参考温度编号

$T_1 E_1$

$T_2 E_2$

…

$T_N E_N$

{TE} 是 T 与活化能 E 的矩阵，E_i 对应于 T_i 到 T_{i+1}，$i = 1 \sim (N-1)$。STARS 中 N 的最大值为 20。下文温度数据必须增加至少 0.01℃。在下文示例中，当温度为 150～200℃ 时，活化能为 15000；当温度为 200～300℃ 时，活化能为 25000，当温度为 600～700℃ 时，活化能为 40000；当温度低于 150℃ 时，活化能为 15000，当温度高于 700℃ 时，活化能为 20000。在下文示例中，参考 3 号温度（第三行）。

　∗EACT_ TAB 3

　150　15000

　200　25000

　300　53500 ∗∗参考活化能

　600　40000

　700　20000

然而，根据 Arrhenius 方程，反应速率由活化能和频率因子定义。使用 EACT_TAB 不足以描述不同温度范围内的可变反应速率。理想情况下，应在 EACT_TAB 添加有关频率因子值的一列数据。

为了减少描述模型的非均匀性，本次研究利用不受氧化反应影响的氮气吹扫实验数据定义了拟组分，之后使用流体特性模型（如 CMG′s WinProp）中一些已知数据调整其他流体特性参数，例如，平衡 K 值。

首先，基于对相关反应机理的理解，提出了反应路径。通过上述关键参数调整动力学参数，使 TG 和 DSC 实验数据与模型预测相拟合。从而得到了各反应路径的动力学参数。注意，在实际的模拟模型中，定义了多个反应，而对于每个反应，则需要多个动力学参数来定义反应。因此，在模拟模型中，有许多参数可用于拟合动力学实验。由此可知，从建模方法获得的参数不是唯一的。下文介绍了模拟方法的示例。

13.3.6 动力学模拟模型的示例

在本次案例中，基于 Huang 和 Sheng（2017b，2017c）的研究成果，提出了一种分步建立动力学模拟模型的方法。

13.3.6.1 步骤 1：模型网格

为了建立能够代表 TG 和 DSC 实验的模拟模型，本次研究采用了一维模型（例如，在 X 方向），第一个块代表实验中的输入点，最后一个块代表实验中的输出点。第一个块内有一口注入井，最后一个块内有一口生产井。在注入井块和生产井块之间，至少需要一个块，最好使用多个块。在本次案例中，仅使用了一个块。在 TG 和 DSC 实验中，液态油未发生流动，仅生成气体或蒸汽。为了模拟这一现实情况，将液体油相对渗透率设置为零，气体相对渗透率设置为 1，如图 13.13 所示。

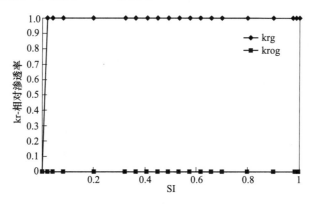

图 13.13　模型中使用的油气相对渗透率曲线

13.3.6.2 步骤 2：定义拟组分

原油中包含多种组分。为了减少计算量，在本次研究中，将一些组分集中到一个拟组分中，从而定义了多个拟组分。拟组分的定义基于原油馏分和可能发生的氧化反应等。在本例中，定义了 7 个拟组分，其性质见表 13.4。

为了确定上文定义的拟组分，模拟模型必须能够拟合氮气吹扫下的 TG 实验结果。在实验中，没有发生氧化反应，在热蒸馏过程中，原油损失质量。如图 13.14 所示，7 个拟组分的模拟模型与 TG 实验的结果相拟合。

表 13.4 拟组分的性质

拟组分	P_{crit}/kPa	T_{crit}/℃	MW/kg·mol^{-1}	T_b/℃
C$_{6\sim9}$	2735.77	324.85	0.121	277.9913
C$_{10\sim13}$	2191.64	390.75	0.161	407.93
C$_{14\sim16}$	1925.15	426.85	0.173	463.0484
C$_{17\sim19}$	1656.67	476.05	0.237	571.73
C$_{20\sim22}$	1455	509.75	0.275	641.93
C$_{23\sim25}$	1090.27	584.55	0.372	802.13
C$_{25+}$	734.636	680.55	0.531	1018.13

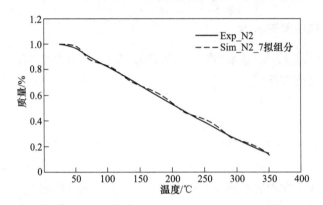

图 13.14 模拟模型与氮气吹扫下的 TG 实验结果相拟合

13.3.6.3 步骤 3：定义氧化反应的参数

为了定义反应过程，本书总结了 TG 和 DSC 实验。首先，在图 13.15 中，比较了氮气吹扫和空气吹扫（加热速率为 10℃/min）下的 TG 试验。结果表明，在温度低于 215℃ 时，氮气吹扫下的 TG 曲线与空气吹扫下的 TG 曲线重叠，表明蒸馏过程是原油质量损失的主要原因。图 13.16 还显示了油样的空气吹扫 DSC 曲线。可以看出，在温度低于 215℃ 的蒸馏过程，原油表现出吸热行为。当温度高于 215℃ 之后，随温度的升高，热流值开始增加，表明发生了 LTO 反应。如 Huang 等人（2016a）所述，可通过 Arrhenius 方程分析当温度为 215~350℃ 时的 TG 数据，如图 13.16 所示。结果表明，LTO 可分为 3 个反应：LTO 1（215~272℃）、LTO 2（272~308℃）和 NTC 相（308~350℃）。NTC 是负温度系数或负温度梯度的缩写（Moore 等，1999）。NTC 区域与氧化抑制剂的生成有关。这一反应发生在 LTO 和 HTO 之间（Fassihi 等，1984）。为了实现自燃，反应区域从 LTO 转移到 NTC，并最终达到 HTO，即燃烧反应。由于 NTC 区域的存在，产热率降低，小于向周边环境扩散的散热率。因此，在试验的最终阶段，无法实现点火。换句话说，NTC 效应也可以代表原油样品缺少放热性。如果原油的放热性足以克服 NTC 效应，并且能够使得温度升高至 HTO 区域，则仍然可以实现点火。

请注意，从该温度范围内的实验数据中能够获得活化能负值。Khansari 等人（2014）也获得了活化能负值。负活化能在物理上并不现实，但这一数值表明系统内存在竞争反应。在早期温度范围内生成的中间化合物具有活性，但在后期温度范围内，这些中间化合物被消耗（Khansari 等，2014）。还应注意，温度范围是用于定义反应动力学参数的数据，

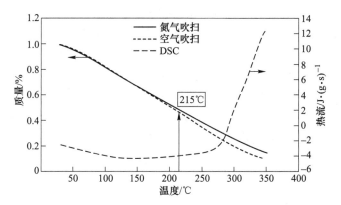

图 13.15 氮气吹扫、空气吹扫 TG 实验和空气吹扫 DSC 实验
（加热速率为 10℃/min）

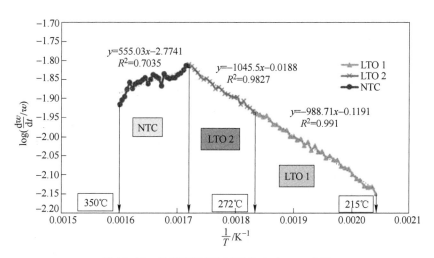

图 13.16 分析原油 TG 试验的 Arrhenius 方法

并不代表实际的反应温度范围。实际反应可能涵盖不同的温度范围，这取决于可用组分、动力学参数值和实际温度记录。

本次研究在定义了 3 个反应后，采用 Arrhenius 方法分析 TG 数据。根据斜率估算得到了对应活化能值，同时根据截距估算得到了对应频率因子值，见表 13.5。

表 13.5 氧化反应的 TGA 动力学数据

反应	所用数据的温度范围/℃	斜率	截距	活化能/kJ·(g·mol)$^{-1}$	频率因子/s^{-1}
LTO 1	215~272	-989	-0.119	18.93	$7.60×10^{-1}$
LTO 2	272~308	-1046	-0.019	20.02	$9.57×10^{-1}$
NTC	308~350	555	-2.774	-10.63	$1.77×10^{4}$

图 13.17 显示了当加热速率为 10℃/min 时，空气吹扫和氮气吹扫下的 DSC 数据，表明整个氮气吹扫过程是一个吸热过程。在空气吹扫过程中，当温度低于 290℃ 时，为吸热过程。因此，上文定义的 LTO 1 过程处于吸热阶段。然而，总体 LTO 过程应该是放热过程。热量到

哪里去了？Huang 和 Sheng（2017c）提出了两种解释。一是在这一 LTO 过程中，主要机制为蒸馏，来自 LTO 的热量被用于蒸馏反应。另一个原因是，在此期间存在大量未发生完全氧化的气体产物，如 Fan 等人（2015）所述，在完全氧化之前，这些气体产物从样品架排出。Zhao 等人（2012）还提出，在实验装置的出口处，通过 GC 仪器，可检测到轻质油组分和一氧化碳。如果第一种解释是正确的，则需要更好的方法来分析数据。如果第二种解释是正确的，则需要改进 DSC 实验设计。其中一种改进实验的方法是用纯氧代替空气，从而减少氧化气体和蒸汽的排放。另一种方法则是用一个大容器存放氧化产物。

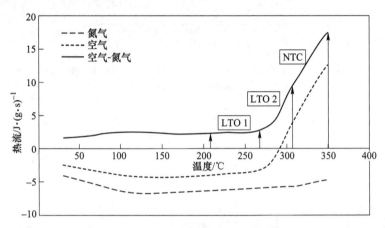

图 13.17　空气/氮气吹扫下生成的 DSC 数据及实验中减去的氧化反应热流值
（加热速率为 10℃/min）

基于上述两种解释或假设，LTO 的实际焓是通过空气吹扫焓减去氮气吹扫的负焓得到的。合成焓由图 13.17 中的实线表示。根据上文定义的 3 个 LTO 反应，LTO 1、LTO 2 和 NTC 的焓分别约为 844.1J/g、1209.2J/g 和 3327.0J/g。通过对相应温度间隔（加热速率为 10℃/min）所用时间内的热流进行积分，可得到这些焓值。

13.3.6.4　步骤 4：定义反应路径

请注意，上文描述了如何得到能够描述氧化反应的参数值。在本步骤中，简要讨论了如何定义反应路径。

实验温度低于 350℃，因此认为这些反应很可能是低温氧化反应。为了定义一个详细的 LTO 反应路径，首先研究哪些拟组分在 LTO 反应中占主导地位。图 13.18 显示了模拟模型中氮气吹扫下的累积产气量。可以看出，拟组分 $C_{6\sim9}$、$C_{10\sim13}$、$C_{14\sim16}$ 和 $C_{17\sim19}$ 在蒸馏阶段（温度低于 215℃时）几乎完全被吹扫气体置换。实际上，LTO 中只包含 $C_{20\sim22}$、$C_{23\sim25}$ 和 C_{25+} 拟组分。

通常情况下，LTO 反应是加氧反应，可形成重组分。轻组分 $C_{20\sim22}$ 可形成重组分 C_{25+}，该反应发生在 LTO 1 阶段；中间组分 $C_{23\sim25}$ 也形成重组分 C_{25+}，该反应发生在 LTO 2 阶段；重组分 C_{25+} 生成焦炭和较轻的过氧化氢 1、2、3，该反应发生在 NTC 阶段。为了简化模型，将这三种过氧化氢化合物分别视为较轻的拟组分 $C_{10\sim13}$、$C_{14\sim16}$ 和 $C_{17\sim19}$，这三种拟组分分别具有对应的物理性质。

结合前两步的结果，表 13.6 总结了最终的动力学反应模型。请注意，将表 13.6 与表 13.5 进行对比，可发现频率因子的值发生了变化。这是因为，为了使用空气吹扫 TG/DSC

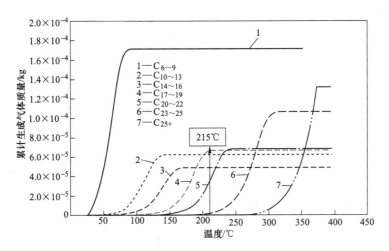

图 13.18 模拟模型中氮气吹扫下每个拟组分的累积产量

实验验证动力学模型，需要调整频率因子的值。进行这一操作的一个理由是，Barzin 等人（2013）发现，在斜坡升温试验中，通过实验获得的频率因子值不准确。最终模型与图 13.19 所示的空气吹扫 TG 试验完全拟合，从而完成了注空气作业的动力学模型的示例。

表 13.6 在注气过程中标定的反应路径

反应	活化能/kJ·(g·mol)⁻¹	频率因子/s⁻¹	焓/J·g⁻¹	反应路径
LTO 1	18.93	2.40×10^{-3}	8.44×10^2	$C_{20\sim22} + O_2 = C_{25+}$
LTO 2	20.02	2.80×10^{-3}	1.21×10^3	$C_{23\sim25} + O_2 = C_{25+}$
NTC	-10.63	3.40×10^{-4}	3.33×10^3	$C_{25+} + O_2 = HP1 + HP2 + HP3 + CO_2 + H_2O + 焦炭$

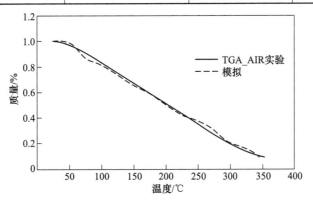

图 13.19 将 7 个拟组分的模拟模型与空气吹扫 TG 试验结果相拟合

13.4 氧化反应

本节总结了定义反应路径的术语和原则，然后讨论了影响氧化反应的因素。

13.4.1 定义反应路径的术语和原则

原油和氧气（空气）之间的氧化反应非常复杂，可将其分为 LTO 和 HTO。前人在反应过程中增加了中间温度氧化（Prasad 和 Slater，1986）或中温氧化阶段（Turta 和 Singhal，2001）。在 LTO 反应中，能够生成水和部分含氧碳氢化合物，如羧酸、醛、酮、醇和过氧化氢（Burger 和 Sahuquet，1972），碳氧化合物的含量可以忽略不计（Khansari 等，2014）。在中间温度氧化过程中，LTO 使得温度升高，蒸馏与热裂解耦合，生成氢气和轻烃气体。这些气体与氧气发生反应，在固态基质上留下重质油残渣，可作为燃料（Prasad 和 Slater，1986）。HTO 发生燃烧，在完全燃烧时生成 CO_2，在不完全燃烧时生成 CO。HTO 的运行温度高于 250～300℃（Burger 和 Sahuquet，1972）或 400～800℃（Khansari 等，2014）。

还可采用其他几个术语来描述氧化反应：热解、燃料沉积（FD）、热裂解（TC）和键断裂。热解是指在无氧条件下通过热效应对原油进行改性。LTO 组分发生热解，生成焦炭和气体。该区域的反应能够在整个温度范围内发生，但主要存在于 350～4500℃ 的温度范围内；它可能发生在温度升高的 LTO 区之前，但系统内的氧气已经消耗殆尽（Khansari 等，2014）。Moore 等人（1992）研究认为，在 200～300℃ 的温度范围内，焦炭的形成速度很快，同时焦炭产量与原油在该温度范围内停留的时间有着很大关系。在低温条件下，当系统中存在水，将热解称为减黏裂化或水热分解；在高温下，将其称为热裂化；在重质油中，人们认为燃料可通过热解作用沉积在液相和/或固相（焦炭）中，因此这一过程被称为燃料沉积（FD）（Barzin 等，2010）。在正向原位燃烧中，实际燃烧的燃料并非油藏中的原油。相反，燃烧前沿附近的剩余原油在热裂解和蒸馏作用下产生富碳残渣。如果岩石中赋存天然煤，也可以生成能够燃烧的燃料（Prats，1982）。水热裂解反应（加水热模拟实验）能够额外生成二氧化碳和硫化氢（Khansari 等，2014）。在键断裂反应中，氧分解了碳氢化合物分子，主要生成二氧化碳和水（燃烧型，在 150～300℃ 的轻质油中为优势组分，但在 450℃ 以下的重质油中不是优势组分（Moore 等，2002）（350～700℃（Sarma 等，2002）））。键断裂反应与类似焦炭的燃料有关，但这些反应可能是气相均相反应或液相均相反应（Barzin 等，2010）。

在负温度系数（NTC）区域，反应速率随温度的升高而降低。在 NTC 区域，烷基过氧自由基发生分解。这一反应通常发生在 400～500℃ 以上的气相反应中。如果发生在液相，则温度会更高（Freitag，2016）。如果需要在宽泛的操作条件下保证原位燃烧的数值模拟模型的有效性，则该模型中必须包含能够预测负温度梯度区域（随着温度升高，耗氧率降低）的反应路径（Moore 等，1992）。

Freitag（2016）认为，上文定义的反应不足以描述氧化过程基于原油组分化学特征和反应特征，他发现，至少需要 8 组用于原位燃烧和高压注空气（APAI）的基本反应，才能确定原油及其热解产物的氧化速率，其中两组用于过氧化氢的形成，一组反应由过氧化氢分开，两组控制 NTC 区域，一组用于氧化抑制，一组用于高温下的速率控制反应，另一组用于热解产生的焦炭燃烧。

Burger 和 Sahuquet（1972）定义了 LTO 和 HTO 中的反应，并根据一般反应 8 提供了 HTO（完全和不完全燃烧）的反应热值。Belgrave 等人（1993）假设沥青质和焦炭是 LTO 的产物，沥青质、焦炭和气体是热裂解的产物，二氧化碳和水是 HTO 的产物。Khansari 等人（2014）根据反应产物，在 4 个温度子范围内定义了重质油 LTO 反应。根据反应产物，文献中出现了许多不同形式的反应（见表 13.7）。然而，给定油样的反应性仅出现在特定

表 13.7　包含动力学数据的反应路径汇总 (Zhang 和 Sheng, 2017)

原油	作者		反应	频率因子	活化能 /BTU·(lb·mol)$^{-1}$	焓 /BTU·(lb·mol)$^{-1}$	原油密度 API
沥青	Belgrave 等, 1993	LTO	轻质沥青+O_2→沥青质				
		LTO	沥青质+O_2→焦炭				
		裂解	轻质沥青→沥青质				
		裂解	沥青质→焦炭				
		裂解	沥青质→气体				
	Lin 等, 1984	裂解	重质油→1.06 轻质油+61 焦炭	$4.00×10^6$	$3.49×10^4$	$4.00×10^4$	13
		燃烧	轻质油+19.35O_2→14.5CO_x+13H_2O	$1.00×10^6$	$4.30×10^4$	$4.06×10^6$	
		燃烧	重质油+87O_2→71CO_x+63.4H_2O	$1.00×10^6$	$4.30×10^4$	$1.86×10^7$	
		燃烧	焦炭+1.03O_2→1.0CO_x+0.25H_2O	$1.00×10^6$	$3.26×10^4$	$2.35×10^5$	
	Druganova 等, 2010	裂解	重质油→轻质油+焦炭				
		燃烧	轻质油+O_2→水+惰性气体+能量				
		燃烧	重质油+O_2→水+惰性气体+能量				
		燃烧	焦炭+O_2→水+惰性气体+能量				
重质油	Mercado Sierra 和 Trevisan, 2014	裂解	HO→1.81LO+19.35 焦炭	$6.95×10^3$	$1.10×10^5$	0.00	
		燃烧	HO+47.01O_2→16.64H_2O+38.69CO_2	$5.03×10^8$	$2.58×10^5$	$1.57×10^7$	
		燃烧	LO+12.97O_2→4.59H_2O+10.68CO_2	$5.03×10^8$	$2.58×10^5$	$6.77×10^7$	
		燃烧	焦炭+1.12O_2→0.43H_2O+0.93CO_2	6.95	$1.09×10^5$	$1.22×10^6$	
	Rodriguez 等, 2012	裂解	C_{21-30}→C_{5-20}+焦炭	$1.39×10^5$	$4.87×10^5$	0.00	
		LTO	C_{5-20}+O_2→C_{21-30}	$2.24×10^5$	$1.88×10^4$	$1.58×10^6$	
		LTO	C_{21-30}+O_2→焦炭	$4.86×10^1$	$1.68×10^5$	$6.05×10^6$	
		燃烧	焦炭+O_2→CO_2+H_2O	$5.41×10^5$	$7.91×10^4$	$1.31×10^6$	

续表 13.7

原油	作者		反应	频率因子	活化能 /BTU·(lb·mol)$^{-1}$	焓 /BTU·(lb·mol)$^{-1}$	原油密度 API
中质油	Lin 等, 1984	裂解	重质油→3.65 轻质油+10 焦炭	$3.32×10^{20}$	$1.44×10^{5}$	$4.00×10^{4}$	26.5
		燃烧	轻质油+13O$_2$→10CO$_x$+9.6H$_2$O	$7.25×10^{11}$	$7.68×10^{4}$	$2.97×10^{6}$	
			重质油+59O$_2$→48CO$_x$+43.5H$_2$O	$7.25×10^{10}$	$7.68×10^{4}$	$1.28×10^{7}$	
			焦炭+1.15O$_2$→1.0CO$_x$+0.5H$_2$O	$1.00×10^{6}$	$3.26×10^{4}$	$2.25×10^{5}$	
	Kumar, 1987	裂解	HO→LO+焦炭	$1.73×10^{12}$	$7.29×10^{4}$		26
			LO→焦炭	$2.10×10^{9}$	$6.45×10^{4}$		
		燃烧	HO+O$_2$→CO$_x$+H$_2$O	$3.02×10^{10}$	$5.95×10^{4}$		
			LO+O$_2$→CO$_x$+H$_2$O	$3.02×10^{10}$	$5.95×10^{4}$		
			焦炭+O$_2$→CO$_x$+H$_2$O	$4.17×10^{4}$	$2.52×10^{4}$		
轻质油	Tingas, 2000	裂解	C$_{21+}$→CH$_4$+焦炭	$2.10×10^{5}$	$2.50×10^{4}$	0.00	40.2
			C$_{10~20}$→CH$_4$+焦炭	$2.00×10^{5}$	$2.70×10^{4}$	0.00	
		燃烧	C$_{21}$+O$_2$→H$_2$O+CO+能量	$3.02×10^{10}$	$1.35×10^{4}$	$1.03×10^{4}$	
			C$_{11~20}$+O$_2$→H$_2$O+CO+能量	$3.02×10^{10}$	$1.55×10^{4}$	$4.92×10^{3}$	
			C$_{6~9}$+O$_2$→H$_2$O+CO+能量	$3.02×10^{10}$	$1.55×10^{4}$	$2.42×10^{3}$	
			C$_{2~5}$+O$_2$→H$_2$O+CO+能量	$3.02×10^{10}$	$1.50×10^{4}$	$1.46×10^{3}$	
			焦炭+O$_2$→H$_2$O+CO$_2$+能量	$3.00×10^{5}$	$5.50×10^{3}$	$4.61×10^{2}$	
			CH$_4$+O$_2$→H$_2$O+CO$_2$+能量	$3.02×10^{10}$	$5.95×10^{3}$	$5.03×10^{2}$	
	Fassihi 等, 2000	裂解	CO+O$_2$→CO$_2$+能量	$1.50×10^{5}$	$3.25×10^{3}$	$2.84×10^{5}$	32.7
			C$_{12~17}$→焦炭+C$_{7~11}$	$3.35×10^{5}$	$7.74×10^{4}$		
		燃烧	C$_{18+}$→焦炭+C$_{7~11}$	$3.35×10^{10}$	$7.74×10^{4}$		
			C$_{7~11}$+O$_2$→CO$_2$+H$_2$O	$4.00×10^{10}$	$4.86×10^{4}$		

续表 13.7

原油	作者		反应	频率因子	活化能 /BTU·(lb·mol)⁻¹	焓 /BTU·(lb·mol)⁻¹	原油密度 API
	Fassihi 等, 2000	燃烧	$C_{12\sim17}+O_2 \rightarrow CO_2+H_2O$	4.00×10^{10}	4.86×10^4		
			$C_{18+}+O_2 \rightarrow CO_2+H_2O$	4.00×10^{10}	4.86×10^4		
			焦炭$+O_2 \rightarrow CO_2+H_2O$	1.00×10^8	1.50×10^4		
	de Zwart 等, 2008	重质油裂解	$C_{27} \rightarrow$ 焦炭$+C_{7\sim15}$				36
		燃烧	$C_{7\sim15}+O_2 \rightarrow H_2O+CO+CO_x+$热量				
			$C_{16\sim26}+O_2 \rightarrow H_2O+CO+CO_x+$热量				
			焦炭$+O_2 \rightarrow H_2O+CO+CO_x+$热量				
	van Batenburg 等, 2010	重质油裂解	$C_{26} \rightarrow C_{7\sim15}+$焦炭				
		燃烧	$C_{16\sim25}+O_2 \rightarrow H_2O+CO+CO_x+$热量				
			$C_{26p}+O_2 \rightarrow H_2O+CO+CO_x+$热量				
			焦炭$+O_2 \rightarrow H_2O+CO+CO_x+$热量				
轻质油	Barzin, 2013	LTO	$MO+O_2 \rightarrow Asp$	7.60×10^4	1.77×10^5	2.00×10^5	39.7
		裂解	$Asp \rightarrow LO+HO+$焦炭	1.00×10^5	2.33×10^5	0.00	
		燃烧	$LO+O_2 \rightarrow CO_2+H_2O$	4.40×10^6	5.35×10^4	9.30×10^6	
			$MO+O_2 \rightarrow CO_2+H_2O$	1.70×10^8	8.37×10^4	1.67×10^7	
			$HO+O_2 \rightarrow CO_2+H_2O$	7.0×10^2	1.00×10^5	2.79×10^7	
			焦炭$+O_2 \rightarrow CO_2+H_2O$	1.30×10^6	1.77×10^5	2.00×10^5	

油藏中，目前还没有研究人员发表能够预测特定油藏氧化特性的筛选标准。对于轻质油，反应性取决于压力，但对于重质油而言则不是（Moore 等，2002）。定义氧化反应的基本方法是通过在 TG 和 DSC 等实验的温度范围内测量到的动力学参数和释放的热量值，定义较少的拟组分。可以在模拟模型中处理这些可变参数，并将模拟模型与实验结果进行拟合。

13.4.2 影响氧化反应的因素

很容易理解，原油的活性决定了氧化反应，从而决定了动力学参数。许多因素可能会对应造成影响，但研究人员目前尚未完全了解这些因素。本节简单总结了一些观察结果。

13.4.2.1 压力效应

前人已经观察到，随着系统压力的增加，反应速率增加，当释放更多的热量时，反应温度降低（Bae，1977；Yoshiki 和 Phillips，1985；Nickle 等，1987；Li 等，2006）。前人认为，更高的压力能够提升蒸馏碳氢化合物蒸汽的可燃极限（Li 等，2006）。Fan 等人（2015）甚至认为，原油的 LTO 反应产生的总热量与氧分压呈线性关系，如图 13.20 所示。这不是一个令人惊讶的结果，因为压力越高，氧气浓度越高，而反应是氧气浓度的函数。因此，理想情况下，应当进行加压差示扫描量热仪（PDSC）试验，而非 DSC 试验，以获得动力学参数。在 PDSC 试验过程中，需要使用加速量热仪（ARC）。同样，也可以通过使用氧浓度或氧分压为非零级的反应模型来测定这种压力效应，而 DSC 试验应该可以达到这一目的。此外，图 13.20 所示的线性关系可能不会出现在非常高的分压条件下，其中液态油压可能高达几百千帕，气相的分压甚至更低（Freitag 和 Verkoczy，2005）。如果分压非常高，释放的热量将会非常高。

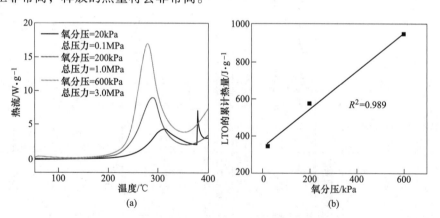

图 13.20　重质油 LTO 中生成的总热量与氧分压的关系
（Fan 等，2015）

Bae（1977）和 Li 等人（2006）观察到，LTO 中的压力效应更强。然而，Yoshiki 和 Phillips（1985）及 Kok 和 Gundogar（2010）观察到，增加的压力不会影响 LTO 的活化能，但会影响 HTO 的活化能（Kok 和 Gundogar，2010）。Burger 和 Sahuquet（1972）通过对比实验数据和模拟数据，发现正向燃烧的氧分压反应级数应小于 1。

13.4.2.2 添加剂的催化作用

前人已经观察到，黏土矿物可以降低 LTO 和 HTO 的活化能，并产生催化作用

（Vossoughi 等，1983；Kok，2006；Kok，2012；Sarma 和 Das，2009；Huang 等，2016a），而 Jia 等人（2012a）观察到，LTO 的活化能略有增加。黏土包括含有黏土的高岭石、蒙脱石、伊利石、绿泥石和页岩岩屑，其中蒙脱石的催化作用最强（Jia 等，2012b）。Pu 等人（2015）观察到，添加金属 $CuCl_2$ 会降低 LTO 和 HTO 的活化能。Burger 和 Sahuquet（1972）声称，铜、铁、镍、钒等金属衍生物降低了活化能，从而形成了更多的焦炭。Huang 和 Sheng（2017a）调研了 25 个添加剂效应案例，发现 LTO 和 HTO 的活化能值分别为 2673kJ/mol 和 73kJ/mol，如图 13.21 所示。与图 13.7 中的活化能值（LTO 和 HTO 分别为 3373kJ/mol 和 107kJ/mol）相比，这一数值更低，但 LTO 的活化能没有出现明显降低。在黏土的存在下，更多的燃料可用于氧化反应。这可能是由于黏土表面吸附了碳氢化合物，从而导致多孔介质中出现低温蒸馏和热解作用（Fassihi 等，1984）。

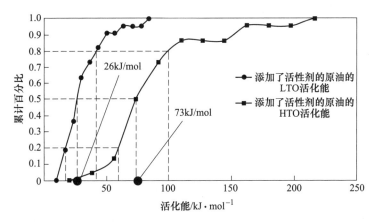

图 13.21　包含添加剂的 25 个原油样品的活化能

13.4.2.3　气相与油相

在气相中，包含大量的蒸发轻烃，其中包含 2~6 个脂肪族碳原子，同时抗氧化剂（氧化抑制剂）少得多；氧气扩散到气相的速度远远高于扩散到液相的速度；因此，蒸发的碳氢化合物能够被更快地氧化（Freitag，2016）。

13.4.2.4　轻质油与重质油

在重质油中，含有更重的组分，而轻质油中含有大量轻质脂肪族碳氢化合物，这些碳氢化合物会在蒸发作用下混入注入的空气中。因此，轻质油的氧化抑制剂含量较少，如芳烃；对于轻质油来说，气相中的氧化作用进行得更快。因此，轻质油温度峰值较低，且通常比重质油的温度峰值更早出现。在轻质油没有观察到通过热解生成焦炭的明显过程，因此轻质油油藏的温度不可能达到很高。综上所述，LTO 通常发生在轻质油藏中。

重质油含有更多天然芳香的重组分。芳香族氧化抑制剂在接近或高于 180℃ 时失效。因此，随着 LTO 将油藏温度提高到 220℃ 以上，重质油中的芳烃、树脂和沥青质馏分将进入一个新的动力学控制区域（Freitag 和 Verkoczy，2005）。当高于此温度时，芳香族化合物（ROOR）形成的过氧化物开始参与分支反应并停止抑制氧化反应。随着温度的进一步升高，通过热解作用形成更多的焦炭。燃料的增加导致燃烧温度升高（HTO）（Freitag，2016）。

13.5　自然发火

在自加热（由于放热内部反应）过程中，温度上升至燃点时，会发生自然发火（自燃）。在燃点处，给定燃料产生的蒸汽在明火点燃后将继续燃烧至少 5s，且闪点低于燃点。在闪点处，蒸汽短暂燃烧，但可能无法持续。

在 LTO 阶段，可能会释放热量。氧化反应速率随温度几乎呈指数增长，而热损失率则呈线性增长；在 LTO 反应阶段，能够实现自然发火（Gray，2016）。

如果油藏中可能发生自然发火，则可实现以下优势：

（1）注气项目的经济效益将显著提高；

（2）由于自然发火导致燃烧，消耗氧气，减少空气（氧气）指进，因此注空气的驱油效率将分布得更加均匀。

点火对于注空气作业而言至关重要，因为现场项目中的许多故障都是由点火故障引起的（Turta，2013）。通过了解自然发火及其热效应，有助于设计和优化注气方案，从而充分发挥自然发火和热效应的优势。因此，研究自然发火具有重要意义。

本节回顾了现场和实验室观察结果，并根据自然发火的可行性讨论了模拟结果。自然发火是热量累积的结果。换句话说，自然发火需要一段时间。因此，为了讨论自然发火的可行性，本书研究了点火延迟。

13.5.1　现场观察

在威利斯顿盆地北达科他州和南达科他州部分轻质油藏的注气项目中，能够观察到岩心原位燃烧和生产动态特征的相关证据。这些油田的渗透率小于 20mD，孔隙度为 11%～19%，原油黏度小于 2mPa·s，部分生产井的 CO_2 含量超过 12%。薄片显微照片显示，油藏中岩盐含量高，表明岩石经历了高温过程；岩心的含油饱和度非常低（4%），某些层段甚至未包含碳氢化合物（黑点）（Gutierrez 等，2008）。一半以上的累积石油产量都源于西布法罗红河区的热效应（Kumar 等，2007）。生产数据显示，与没有发生热效应的油井的气油比（GOR）指数增长相比，GOR 持平（Gutierrez 等，2009）。早在 1956 年，在加利福尼亚州的南贝尔里奇油田中，研究人员就观察到了自然发火现象。在注入空气 3 个月后，注入井筒的整体温度超过 538℃（Gates 和 Ramey，1958）。油藏中的原油黏度为 2700mPa·s。前人在霍尔特砂岩单元进行了小规模试验，其中油藏温度从 200℃ 升高到 230℃（Fassihi 等，2016）。在已调研的 25 个注气项目中，可提供 5 个项目自然发火的相关证据（Chu，1982）。

然而，Niu 等人（2011）认为，发生自然发火的可能性很低。在轻质油藏中，热效应最小，其中注入的空气为不发生混溶的烟气。Greaves 等人（1999）还认为，轻质油藏中注入的空气主要发生了 LTO，而不是原位燃烧反应，因此对于这一类油藏，最重要的任务是研究氧气消耗率是否足够高，以保证施工安全。

13.5.2　实验室观察

Montes 等人（2010）通过燃烧管试验观察到 GOR 保持不变，这表明燃烧前沿能够减少气体黏性指进，并提高波及效率。Barzin 等人（2010）对轻质油进行了一系列斜坡升温氧化试验，并观察到，当温度达到约 180℃ 时，系统温度突然升高约 60℃，表明在轻质油的氧化过程中，发生了自然发火。

然而，Christopher（1995）、Yannimaras 和 Tiffin（1995）使用几十种轻质油进行了 ARC 试验，结果表明，仅 20% 的油样表现出连续放热反应，其余油样并未显示发生自然发火的特征。

Abu Khamsin 等人（2001）使用固定床反应器进行了 22 次注气注水试验。研究发现，最高温度升高约 10℃，表明不会发生自然发火。他们认为，LTO 产生的热量低于热损失。Jia 等人（2012a）使用其开发的仪器和真实岩心进行了空气驱替试验，以检测热效应。其中将系统温度保持恒定，并用绝缘胶带包裹反应器，以减少热损失。在长达 22.2 天的试验中，岩心温度仅从 80℃ 升高到 89℃。他们认为，温度升高幅度较低是因为金属热电偶的热损失。

Clara 等人（2000）测定了绝热条件下空气流过 Handil 岩心时的温度变化。在试验过程中，虽然温度能够自发地从 134℃ 升高到 400℃，但无法通过氧化反应从 92℃ 升高到 134℃，因此，需要人工加热。这表明当初始岩心温度为 92℃ 或更低时，通过 LTO 无法发生自然发火。

Huang 等人（2016a、b）及 Huang 和 Sheng（2017c）使用 DSC 研究了 Wolfcamp 页岩油的放热行为。他们发现，只有当温度加热到 300℃ 以上时，原油才会表现出放热行为。但这种高温现象也可能是由于实验中的高加热速率（5~15℃/min）导致的热滞后性造成的。

上文（现场和实验室观察结果）表明，目前对于在实际油藏中是否会发生自然发火，尚未有定论。能否自然发火取决于发热和放热之间的平衡。如果产生热量的速度高于释放热量的速度，则局部温度可能达到一个临界点，从而可能发生自然发火。研究人员认为，在实际油藏中，热量的释放受到约束（绝热条件），因此可能发生自然发火。Turta 和 Singhal（2001）提到，在温度低于 30℃ 的油藏中，可能会发生自然发火。但是，在沥青流动（高活性成分）的通路上，不会发生自然发火，因为热量无法累积（A. K. Singhal，2015，私人通信）。实际油藏不是绝热的，但实验装置所施加的热负荷往往比反应区在现场所经受的热负荷要高得多。仅从装置的热容量和许多装置的小型反应容积来看，基本上不可能复制现场运行的氧化区的热损失环境。这就是为什么很难在实验室复制点火温度（Gordon Moore，私人通信，2015 年 10 月 20 日）。因此，与实验室条件相比，油藏环境相对"绝热"（Malcolm Greaves，私人通信，2015 年 10 月 27 日），在实验室中很难实现点火。

13.5.3 模拟研究

在实验室进行自然发火实验研究存在两个局限性：（1）自然发火是由 LTO 反应产生的热能累积引起的，但 LTO 反应很慢，因此可能需要很长时间才能达到点火所需的高温；（2）可能无法满足良好的绝热条件。可以通过模拟方法来克服这些限制。理论上，模拟模型可以在有限的实验时间和热损失下与 TG/DSC 实验进行历史拟合。利用这一历史拟合模型，可以模拟较慢的反应和绝热条件，从而研究自然发火的可行性。可以将实验室规模的模型放大为现场模型，以便研究现场自然发火现象。

Huang 和 Sheng（2018）构建了一个由尺寸为 36×1×1 网格组成的一维实验室规模基

础模型。x、y、z 方向的总网格块大小分别为 5.08cm、9.94cm 和 9.94cm。在单元（36，1，1）处注入空气，而生产井位于单元（1，1，1）处。油藏主要物性和热力学参数参考 Belgrave 等人（1993）的研究成果，见表 13.8。如表 13.6 所示，在动力学参数和反应路径中，共包含 11 组分的三种反应，数据来源于 Huang 和 Sheng（2017c）。在基础实验室规模模型中，上覆/下伏地层压力体积热容为 2.350J/（cm³·℃），油藏周边地层的导热系数为 1.038J/（cm·min·℃）。

表 13.8　实验室规模的模拟模型中使用的油藏和热力学参数

参数	值
参考深度/cm	0
孔隙度（无量纲）	0.41
水平渗透率/mD	12700
kv/kh（无量纲）	1
含油饱和度（无量纲）	0.882
参考压力/kPa	4100
油藏初始温度/℃	100
岩石体积比热容/J·（cm³·℃）⁻¹	2.35
岩石导热性/J·（cm·min·℃）⁻¹	1
水导热性/J·（cm·min·℃）⁻¹	0.36
原油导热性/J·（cm·min·℃）⁻¹	0.077
气体导热性/J·（cm·min·℃）⁻¹	0.083
注入气体温度/℃	100

图 13.22 显示了有关油藏基本情况的模型和绝热条件下网格（6，1，1）、（18，1，1）和（35，1，1）处的温度分布情况（Huang 和 Sheng，2018）。油藏初始温度为 100℃，在 LTO 反应下，温度升高约 10℃，在绝热条件下，温度升高约 25℃。这一温度升高的幅度与 Jia 等人（2012a）和 Abu Khamsin 等人（2001）报告的温度升高幅度接近。这一温度较低，可能不会导致自然发火。请注意，在绝热条件下，没有产生热量损失，生产端（单元（18，1，1）和（6，1，1））附近的温度保持在峰值温度，而注入端（单元（35，1，1））的温度降低，因为空气吹扫带走热量。

Huang 和 Sheng（2018）使用包含了热损失参数的基础模型进行敏感性分析。在试验过程中，比较了注空气和注氮气的累积产油量，发现两者相似，这表明热效应不显著；而增加频率因子或降低活化能，只能使注入井附近的峰值温度增加 5~8℃；注入纯氧会导致注入井附近的峰值温度升高 38℃；由于注入压力较高，焓增加一倍，因此注入井附近的峰值温度增加值小于 20℃。上述这些结果表明，如果注入过程中存在热损失，则无法达到较高的温度，因此无法发生自然发火。应当将这种灵敏度分析应用于绝热条件，以确定绝热条件下是否可能发生自然发火。

Huang 和 Sheng（2018）还应用现场模型研究了自然发火和热效应。该模型在 Tingas（2000）模型的基础进行了改进。其热性能与表 13.8 所示相同。现场模型显示，在上述基础实验室模型中，中间地层的温度升高约 20℃，高于上文实验室基础模型的升温幅

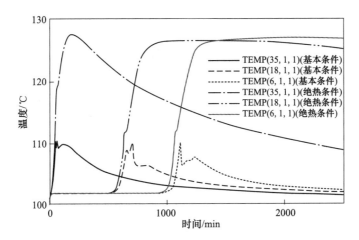

图 13.22　基本条件和绝热条件下的温度分布

度（10℃），低于绝热条件下的实验室模型（20℃）。结果表明，油藏中的热损失减少。因此，在如此小的升温幅度下，油藏中不会发生自然发火。

　　Huang 和 Sheng（2018）也应用现场模型进行了敏感性分析，其分析过程类似于基础实验室模型的分析过程。他们发现，注空气和注氮气的累积采油量相似，通过增加频率因子、降低活化能、注入纯氧或增加焓，注入井附近的峰值温度低于150℃（油藏初始温度为99℃）。上述结果表明，在低温氧化反应下，油藏不会发生自然发火。

13.5.4　自然发火延迟时间

　　当氧化反应产生的热量累积使温度升高至点火温度时，就会发生自然发火。Tadema 和 Wiejdema（1970）提出了分析解决方案，以天为单位计算点火延迟时间，Hou 等人（2011）对此进行了修改：

$$t_{SI} = \frac{[(1-\phi)\rho_r C_r + \phi S_{org}\rho_o C_o + \phi S_{ux}\rho_w C_w + \phi(1 - S_{org} - S_{ux})\rho_g C_g]E}{R\phi S_{org}Q_{O_2}Ap_{O_2}^n} \cdot$$

$$\left\{ \left[\left(\frac{RT}{E}\right)^2 + 2\left(\frac{RT}{E}\right)^3 \right] \exp\left(\frac{E}{RT}\right) \right\} \bigg|_{T_{SI}}^{T_r} \tag{13.12}$$

式中　　　　　　ϕ——有效孔隙度；

ρ_r，ρ_w，ρ_o——储层岩石、水和原油的平均密度，kg/m^3；

T_r——初始油藏温度，K；

T_{SI}——自然发火温度，K；

C_r，C_o，C_w，C_g——油藏岩石、原油、水和天然气的质量热容，$kJ/(kg \cdot ℃)$；

S_{org}，S_{ux}——气驱条件下的剩余含油饱和度和原生水饱和度；

E——氧化反应的活化能，J/mol；

p_{O_2}——氧分压，kPa；

A——频率因子，$d^{-1} \cdot kPa^{-n}$；

R——通用气体常数，$R = 8.3147 J/(mol \cdot K)$；

n——反应级数；

Q_{O_2}——相应反应的焓，kJ/m^3。

通过上述分析方程，图 13.23 显示了点火计算延时的示例。

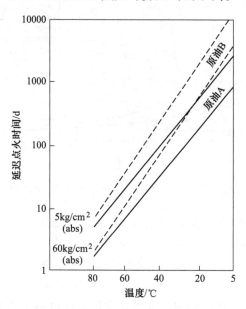

图 13.23　在不同空气注入压力下，计算点火延迟时间与温度的关系

(Dietz, 1970)

根据低温加氧反应产生的热量 $Q_{O_2}\rho_{O_2}A\exp(-E/RT)\mathrm{d}t$ 和将油藏系统温度从 T_r 增加到 T_{SI} 所需的热量 $C_f\rho_f\mathrm{d}T$ 之间的平衡，推导出上述方程式，其中下标 f 代表地层系统。

当油藏温度高于 60~70℃ 时，可能会发生自然发火（Turta，2013）。如果自然发火的实际延迟时间过长，则需要考虑人工点火。人工点火包括电加热、蒸汽注入、化学药剂注入，例如亚麻油（Turta，2013）和苯（Gjini 等，1999）。通过注入亚麻油，可在 33℃ 时开始点火。但实验室试验表明，在某种程度上，当使用亚麻油时，点火温度并非很低。因为在使用亚麻油的过程中，可能造成巨大的热损失。S. Ren（2017 年 10 月 5 日，个人通信）还发现，即使使用亚麻油，点火温度仍然很高（250~300℃）。

据此可以认为，人工点火的过程也存在延迟。对于自然发火而言，准确了解点火延迟可能不太重要。但对于人工点火来说，这是很重要的，因为延长点火时间将极大提高成本。

13.5.5　使用 Frank-Kamenetskii 法预测自然发火

热平衡方程如下所示：

$$\lambda\nabla^2 T + QA(c_o)\mathrm{e}^{-\frac{E}{RT}} = 0 \qquad (13.13)$$

在上述方程式中，第一项描述了周围环境的热损失，以系统单位体积焓（J/m^3）为单位，其中 λ 是系统的导热系数（$W/(m\cdot K)$）；T 是系统温度，单位为 K。第二项描述热量产生，单位为体积焓（J/m^3），其中 Q 是单位质量燃料的反应热，单位为 J/mol；$A(c_o)$ 表示化学反应速率，单位为 $mol/(m^3 \cdot s)$（$QA(c_o)$的单位应为$J/(m^3 \cdot s)$）；E 是反应的活化能，单位为 J/mol；R 是通用气体常数，等于 $8.314J/(mol \cdot K)$。$QA(c_o)\exp(-E/RT)$ 的乘积是单位体积的反应速率，类似于 Arrhenius 方程所描述的反应速率。上述方程式描述了热损失与反应产生的热量相等时的热平衡。

为了将上述方程转换为无量纲形式，将无量纲参数 δ 定义为：

$$\delta = \frac{QEA(c_o)L^2 e^{-\frac{E}{RT_a}}}{\lambda RT_a^2} \tag{13.14}$$

式中 L——系统的特征长度，通常使用油藏最小尺寸的一半，m；

T_a——环境温度。

在 δ 的某个值处，会发生自然发火。该值称为临界值 δ_c。表 13.9 列出了与部分油藏几何形状相对应的临界值 δ_c。

表 13.9   部分几何形状的油藏的 δ_c 值（Gray，2016）

几何形状	维度	δ_c
无限延伸的平面	宽为 $2L$	0.878
长方体	边长分别为 $2L$，$2r$，$2m$；$L<r$，m	$0.878(1+L^{2/12}+L^2/m^2)$
立方体	边长为 $2L$	2.52
无限长圆柱	半径为 L	2.00
等边圆柱	高为 $2L$，半径为 L	2.76
球体	半径为 L	3.32
无限平方杆	边长为 $2L$	1.70

在临界条件下，上述方程可以表示为：

$$\ln\left(\frac{\delta_c T_{a,c}^2}{L^2}\right) = \ln\left[\frac{QEA(c_o)}{\lambda R}\right] - \frac{E}{RT_{a,c}} \tag{13.15}$$

根据上述方程式，$\ln\left(\dfrac{\delta_c T_{a,c}^2}{L^2}\right)$ 与 $\dfrac{1}{T_{a,c}}$（临界环境温度）的图像将是一条直线，其斜率为 $-E/R$，截距为 $\ln\left[\dfrac{QEA(c_o)}{\lambda R}\right]$。

该方法可用于测量临界温度和临界尺寸的活化能。另外，也可将该方法作为临界环境温度的标度律，利用小尺度实验室样品预测大尺度油藏，其中将 L 作为上述方程的参数。或者，可采用该方程，在固定临界环境温度 $T_{a,c}$ 下，估算特定几何体 δ_c 的临界尺寸 L。进行此操作时，需要提供反应速率、活化能和反应热等参数。这些参数可以通过 TGA 和 DSC 实验获得。具体来说，可基于 Arrhenius 方法，采用 TGA 获得原油氧化反应的动力学参数，并采用 DSC 估算反应热。下文对该方法的可行性进行了研究。

首先考虑一个具有无限大平板几何结构的油藏。根据表 13.9，临界无量纲参数 δ_c 为 0.878。根据 Huang 和 Sheng（2017a）的研究，对于 LTO，活化能 E 的典型动力学数值为 20~70kJ/mol（中位数为 33kJ/mol），频率因子 A 的典型值为 $0.1 \sim 10^5 s^{-1}$（中位数为 $50000s^{-1}$）。根据 Zhang 和 Sheng（2017）的研究成果，LTO 的焓值 Q 为 20~3635kJ/mol。

在表 13.6 中，焓值分别为 844J/g 和 1210J/g。如果摩尔质量为 200g/mol，则焓值分别为 168.8kJ/mol 和 242kJ/mol。可采用 200kJ/mol 的平均值。Green 和 Willhite（1998）中使用的地层导热系数 λ 值约为 2.6J/(s·m·K)。假设原油密度为 850kg/m³，油藏温度 T_a 为 80℃。表 13.10 列出了上述平均值或基本条件值。使用这些值，计算得出能够导致自然发火的临界油藏厚度为 0.00073m。这表明油藏中能够发生自然发火。

表 13.10 Frank-Kamenetskii 方法中使用的平均（基本）参数

参数	δ_c	A	ρ	MW	λ	Q	E	T_a
单位	无量纲	1/s	kg/m³	g/mol	W/(m·K)	J/mol	J/mol	℃
数值	0.878	50000	850	200	2.6	200000	333000	80

在 Abu Khamsin 等人（2001）的实验中，最大升温幅度约为 10℃，表明无法发生自然发火。使用 Frank-Kamenetskii 法可检测是否可能发生自然发火。在他们的实验中，使用了径向固定床反应器。根据表 13.9 可知，δ_c 等于 2。在他们的论文中，没有包括其他数据。使用上述其他参数的基准值，估算临界长度 L 约为 0.001m，表明可能发生自然发火。理论和实验之间存在不拟合性，可能是由于使用了不正确的参数值。他们报告，自然发火的失效可能是由于气体吹扫或 LTO 燃料耗尽，从而导致热量损失过大。为了模拟多余的热损失，将导热系数 λ 增加 10000 倍，之后估算得出的临界长度为 0.1m，这是油藏厚度的好几倍。该分析结果表明，自然发火的失效不仅仅是由热损失引起的。

同样，在 Jia 等人（2012a）的实验中，也使用 Frank-Kamenetskii 方法进行分析。在他们的实验中，使用了一个圆柱形的岩心，并将 δ_c 设定为 2。Jia 等人（2012a）将活化能设定为 26kJ/mol。对于其余的其他参数值，使用上面的基值。当把导热系数 λ 增加 1000 倍时，临界长度为 0.1m。上述两个例子和基本情况都表明，油藏应该很容易实现自然发火。然而，现实并非如此。Frank-Kamenetskii 法似乎无法预测现实情况。接下来，本书将对 Frank-Kamenetskii 法中的每个参数进行敏感性研究。

首先研究动力学参数 E 和 A、热导率 λ 和焓 Q 对发生自然发火的临界特征长度 L_c 的敏感性。假定油藏为无限大的平面（δ_c 为 0.878），其温度为 80℃，结果见表 13.11。即使使用最大的 E 值，L_c 也仅为 0.28m，表明油藏很容易发生自然发火。试验过程中，E 的最小值和最大值分别为 20000J/mol 和 70000J/mol。对于其余 3 个参数，将其基本值增加 10 倍或减少至 1/10。结果表明，L_c 变化不大，接近 0.0002m。有趣的是，前人的研究成果认为，由于热损失非常明显，因此在实验室条件下很难发生自然发火。然而，当把 λ 增加 100 倍，从 0.26W/(m·K) 增加到 26W/(m·K) 时，L_c 仅增加 10 倍；更重要的是，L_c 仅为 0.0023m（非常小），表明在如此高的热导率（热损失）下，油藏可能发生自然发火。这与前人研究成果不一致。Frank-Kamenetskii 方法中使用的放热热能值来自 DSC 试验，并在 LTO 反应的温度范围内进行计算。在该方法中，假设热能可以累积，并提高原位温度，从而完成整个反应。换句话说，从 DSC 得到的热能与 Frank-Kamene tskii 方法中使用的热能之间存在差异。此外，在 Frank-Kamenetskii 方法中，假设氧气和反应物足以发生放热反应。因此，是否能够使用 Frank-Kamenetskii 方法预测自然发火的发生，目前仍是一个问题。

表 13.11 各参数不同取值下的临界长度

$E/\text{J}\cdot\text{mol}^{-1}$	A/s^{-1}	$\lambda/\text{W}\cdot(\text{m}\cdot\text{K})^{-1}$	$Q/\text{J}\cdot\text{mol}^{-1}$	L_c/m
33000	50000	2.6	200000	0.0007
20000				0.0001
70000				0.28
	5000.0			0.002
	500000			0.0002
		0.26		0.0002
		26		0.0023
			20000	0.0002
			2000000	0.0002

13.5.6 低温氧化反应中的热效应

当无法自然发火或无法维持燃烧时，在注空气期间，油藏中可能发生低温氧化反应（LTO）。除了 LTO 反应释放的热量引起的热效应外，LTO 也是一种加氧反应。其产物为水和部分含氧碳氢化合物，如羧酸、醛、酮、醇和氢过氧化物（Burger 和 Sahuquet，1972），因此原油黏度增加。LTO 如何提高原油采收率？为了回答这个问题，Huang 等人（2018）在不同温度下进行了一系列等温岩心驱替试验。下文将对其展开详细介绍。

13.5.7 实验性

研究采用长度为 5.308cm、直径为 3.874cm 的 Berea 组砂岩岩心，其孔隙度为 19.01%，氮气渗透率约为 200mD。在本次实验中，于不同温度下对该岩心反复注入空气和氮气。每次实验后，采用索氏提取器清洁岩心，以便进行下一次实验。实验过程中采用了 Wolfcamp 原油，该原油的密度为 0.83g/mL(38.98API)，在 25℃ 和大气压力下，该原油的黏度为 3.66mPa·s。

岩心被油和空气饱和，在入口处以 5.792MPa（840psi）的压力注入氮气，出口处的背压为 800psi。分别在 80℃、100℃ 和 120℃ 下注入氮气和空气以进行等温试验。

13.5.8 结果与讨论

图 13.24 分别显示了 80℃、100℃ 和 120℃ 温度下等温注空气试验的采收率（Huang 等，2018）。在注入 8 孔隙体积的气体后，最终采收率分别为 63.4%、70% 和 74%。当温度升高 20℃，从 80℃ 上升至 100℃ 时，增量采收率为 6.6%，而温度从 100℃ 上升到 120℃ 时，增量采收率为 4%。如果热效应对实验结果有重要影响，则预计温度从 80℃ 上升至

100℃时的采收率增量将低于从100℃上升至120℃的采收率增量,因为温度升高导致热损失较小,LTO产生的热效应更为明显。实验数据并没有显示这一预期结果。随着温度的升高,采收率增加,这是因为随着温度的升高,原油的黏度降低。随着温度从80℃升高至120℃,原油黏度从2.7mPa·s降低到1.1mPa·s。

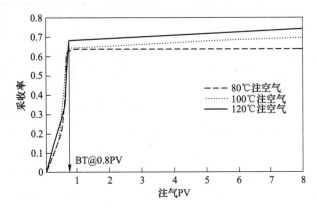

图13.24 分别在80℃、100℃和120℃下进行等温空气注入试验得到的采收率

在图13.25中,比较了80℃下氮气注入和空气注入的采收率。可以看出,注氮气的采收率高于注空气的采收率。当使用新采出的原油时,也能观察到这一现象。换言之,注氮气和注空气之间的采收率差异并非由不同气体的气体溶解度差异造成的。产生这种差异的原因可能是由于部分氧气被消耗。氧气的消耗导致实际驱替原油的空气量减少。

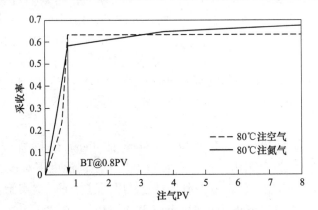

图13.25 80℃等温注空气试验和注氮气试验的采收率

在注气(氮气或空气)过程中,气体将其前方的原油驱替至生产井。一些剩余原油留在驱替前沿的后方。在注入部分孔隙体积(如8PV)的氮气后,不再产出更多的原油,之后注入空气。之后,空气和注氮气后残余的原油之间可能发生氧化反应。如果氧化反应能明显提高原油采收率,则可采收注氮气后的增量原油。图13.26显示了在80℃、100℃和120℃下的实验结果。在任何温度下,当注入体积为8PV的氮气后,再注入空气时,均无法采收原油。因此,在实验室条件下未观察到LTO热效应,研究认为,实验室条件下的热损失高于油藏中的热损失。同样,在注入8PV空气后,注入氮气。图13.26显示,预计将无法从额外的注氮气作业中采收更多的原油(Huang等,2018)。当温度为120℃时,似乎

又采收了一点原油。这些原油可能是实验过程中产生的误差。

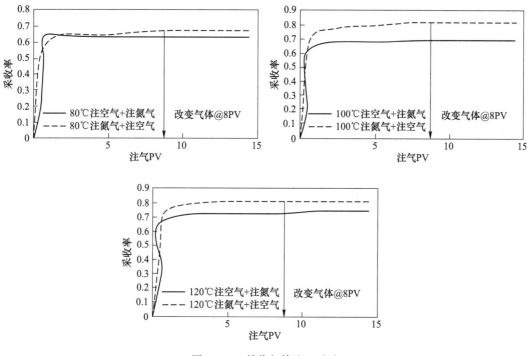

图 13.26 替代气体注入试验

13.5.9 数值分析

本次研究通过数值模拟进一步分析了上述实验中的 LTO 效应。其中利用 CMG-STARS 热模拟器建立了模拟模型。Wolfcamp 原油在 LTO 阶段的动力学数据和动力学模型取自 Huang 等人（2016a）和 Huang 与 Sheng（2017c）的研究成果。采用尺寸为 5×1×1 的一维笛卡尔网格表示岩心。表 13.12 列出了模型的主要油藏特性。注入井和生产井分别位于单元（5，1，1）和（1，1，1）处。通过 CMG WinProp PVT 模块，可获得相态模型中的气液 K 值。该模型成功地拟合了 80℃ 下的注空气试验。

实验中的热效应并不明显，研究人员怀疑这一现象与热损失有关。为了验证这一假设，前人比较了两个实验室规模模型的动态特征。一个模型是历史拟合模型，其热损失参数见表 13.12。另一个模型则处于绝热条件中。在此条件下，无需考虑上覆/下伏地层之间的传导热损失。模拟结果如图 13.27 所示（Huang 等，2018）。结果表明，有热损失和无热损失模型的油藏平均温度几乎相互重合；在两种模型中，均未显示温度升高（几乎无法观察到）；但其活化能较低（20kJ/mol），频率因子较高（105s^{-1}），导致温度升高了 25℃。在前一节中讨论的等温实验期间，观察到测量温度存在 1~2℃ 的差异，或者在使用和不使用绝热材料的情况下，温度没有差异。这些模拟结果和实验观察似乎表明，热效应的缺失不是由实验室条件下的热损失造成的，而是由于原油缺少放热活性（如高活化能和低频率因子）。

表 13.12　实验室规模模拟模型中使用的主要参数

参数（无量纲）	0.19
水平渗透率/mD	200
kv/kh（无量纲）	1
含油饱和度（无量纲）	0.998
参考压力/kPa	5800
油藏初始温度/℃	80
岩石体积比热容/J·(cm³·℃)⁻¹	2.35
岩石导热性/J·(cm·min·℃)⁻¹	1
水导热性/J·(cm·min·℃)⁻¹	0.36
原油导热性/J·(cm·min·℃)⁻¹	0.077
气体导热性/J·(cm·min·℃)⁻¹	0.083
注入气体温度/℃	80

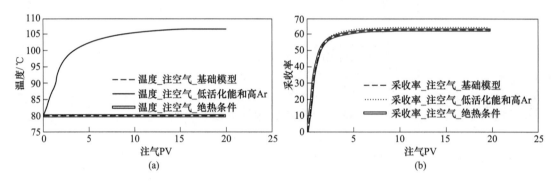

图 13.27　动力学数据和绝热条件对油藏平均温度（a）和采收率的影响（b）

13.6　低温氧化反应的耗氧率

通过上一节可知，在 LTO 期间，采收率非常接近注氮气的采收率。这意味着燃烧无法发生或维持，因此 LTO 的热效应不明显。实际上，对采收率而言，注空气与注烟气类似。然而，对于注空气而言，生产井中残存的大量空气将构成安全问题。因此，本节将讨论 LTO 中的耗氧率。

前人通过 SBR（小型台架氧化反应器）、氧化管和细管试验研究了 LTO 过程中的耗氧量（Ren 等，1999；Clara 等，2000；Niu 等，2011；Zhang 和 Sheng，2016）。可根据质量平衡计算氧反应速率。Ren 等人（1999）使用北海原油进行了 SBR 试验，发现在 120℃ 的温度和 120h 的反应时间条件下进行 SBR 试验后，测得的氧气含量不足 3%。反应速率的范围为 $8.92 \times 10^{-6} \mathrm{gmol}/(h \cdot cm^3)$ 至 $9.1 \times 10^{-6} \mathrm{gmol}/(h \cdot cm^3)$。Chen 等人（2013）在 SBR 试验中使用了中国长庆油田的原油，研究温度为 140℃，反应时间为 108h，氧浓度从 21% 降至 1%；当反应温度为 170℃ 时，仅需要 6h，即可将氧气浓度从 21% 降至 0.2%。然而，本次研究进行了 SBR 试验，其温度分别为 100℃、120℃ 和 140℃，反应时间分别为 138h、

129h 和 134h，结果显示，氧浓度分别为 17.85%、13.75% 和 5.51%。Ren 等人（1999）进行了氧化管试验，以研究 LTO 的耗氧量。根据研究报告显示，当氧化管试验的温度为 120℃时，产生的氧气浓度低于 2%。Niu 等人（2011）对中国中原油田的原油进行了细管实验，实验结果表明，当温度高于 100℃时，生成的氧气浓度低于 2%。本次研究还进行了岩心驱替试验，观察到在 100℃和 120℃条件下，驱替 3h 后，氧浓度为 17%~19%。为了防止生产井中可能存在的火灾和爆炸危险，氧气浓度应低于 10%（Kuchta，1985；Ji 等，2008；Liao 等，2018）。根据经验，生产井中的氧气浓度可高达 5%（Hou 等，2010）。

13.7 燃烧所需的最低原油含量

如果发生自然发火或人工点火，则会发生原位燃烧。为了保持这种燃烧，需达到最低原油含量 W_{omin}。根据燃烧前沿周边单位体积的能量平衡（Kharrat 和 Vossoughi，1985），可得出：

$$W_{omin} = S_o \phi \rho_o = \frac{\rho_b C_b \Delta T_f}{\Delta H} \tag{13.16}$$

其中

$$\rho_b C_b = (1 - \phi) \rho_s C_s + \phi \rho_g C_g$$

式中 ΔT_f——燃烧管试验的前沿温度减去室温；

         ΔH——DSC 试验中的原油热值；

         ϕ——孔隙度；

         ρ——密度；

         C——质量热容；

         S——饱和度；

下标 b，o，g，s——砂体、原油、天然气和固体。

$\rho_b C_b$ 可从 Perry 等人（1963）的研究中获得。Kharrat 和 Vossoughi（1985）计算了三种油藏的 W_{omin}，分别为 0.0465g/cm³、0.0511g/cm³ 和 0.604g/cm³，平均值为 0.0527g/cm³。对于页岩油藏而言，如果假设其他参数与上述示例相同，并且原油密度为 0.85g/cm³，孔隙度为 0.08，则 S_o 必须高于 0.77，以满足最低油量要求。实例计算表明，页岩油藏很难满足该需求。因此，即使页岩油藏开始燃烧，也无法维持较长时间。同时，Fassihi 和 Kovscek（2017）的研究表明，燃料浓度范围较低（0.016~0.04g/cm³）。

在重质油的实验和现场观察中可以发现，原位燃烧过程中，单位体积燃烧地层（英亩·英尺）的燃料消耗为 200~300 桶（Nelson 和 McNeil，1961）。如果原油完全燃烧，这一数值可转化为 2.6%~3.9% 的孔隙度，也可转换为 1.6~2.4lb/ft³，在 Showalter（1963）提供的数据中处于较高水平。由此可知，可能有 5%~10% 的原油在原位燃烧项目中燃烧（Hughes 和 Sarma，2006）。

13.8 燃烧作用发生时的空气需求量

只有当空气和燃料都可用时，才能推进燃烧前沿。对空气的需求与可用燃料密切相关。最低空气需求量与维持燃烧所需的最低燃料有关。Barzin 等人（2010）认为，对于典型的高密度重质油而言，其空气需求量为 173m³（STC）/m³；Martin 等人（1958）认为，这

一数字为 $135m^3(STC)/m^3$。但在现场项目中，观察到的结果是上述数值的好几倍。

13.9 页岩和致密油藏的提高采收率机理和提高采收率潜力

Fassihi 和 Kovscek（2017）列出了轻质油藏中的注空气机制：

（1）利用生成的 CO_2 汽提和蒸发轻质油组分；

（2）通过燃烧气体和可能存在的混相作用来扫油；

（3）形成油墙，改进扫油措施；

（4）加压和注采；

（5）温度升高致使原油黏度降低。

这些机制都与燃烧有关。然而，轻质油藏中的燃烧，特别是自然发火燃烧的发生或持续仍然是一个问题。在高温燃烧过程中，压力保持不变。但在 LTO 中，氧气消耗大于二氧化碳释放，因此压力降低（Turta 和 Singhal，2001）。在 Zhang 和 Sheng（2016）的小型台架氧化反应器实验中，氧分压和总压均随时间降低（见图 13.28）。因此，LTO 期间，注空气增压机制（上述机制（4））在注氮气或注烟气时可能无法发挥作用。

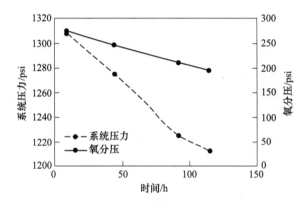

图 13.28 等温（124℃）SBR 试验中的总体系统压力和氧分压

（1psi＝0.006895MPa）

通常，在 LTO 过程中，温度升高幅度可能不会很大，原油黏度降低幅度也不会很大。LTO 生成的含氧化合物，如羧酸、醛、酮、醇和过氧化氢（Burger 和 Sahuquet，1972）将增加原油的黏度。因此，上述机制（5）可能不具备可行性。注空气的其他机制（上述机制（1）~（3））可能并未优于非氧化气体工艺，如注氮气或注烟气。此类观点得到 Huang 等人（2018）的研究结果的支持，他们在 LTO 过程中进行了有关热效应的实验（详见上述第 13.6 节）。

为了将注空气作业的采收率明显高于注非氧化气体，必须在油藏中发生燃烧。在页岩和致密地层中，即使在燃烧过程开始时，维持燃烧过程也需要最低燃料量，并注入空气。为了解决页岩和致密油藏的低渗透问题，前人对注气吞吐进行了评估（Jia 和 Sheng，2018）。模拟结果表明，20 年内可采出约 10% 的原油。同时，假设模型中可能发生燃烧。

Jia 和 Sheng（2017）讨论了页岩油藏注气的有利条件和不利条件。尽管页岩和致密油藏具有注入能力低等缺点，同时低孔隙度基质可能导致氧化温度难以提高，并增加热损失，但细粒基质提供了高比表面积，可促进原油在多孔介质中发生氧化。高比表面积使得放热温度范围降低（Drici 和 Vossoughi，1985）。页岩中黏土含量丰富，对原油氧化有催化作用。Jia 等人（2012b）发现蒙脱石在原油氧化催化能力方面排名第一，伊利石排名第二，绿泥石和高岭石排名第三。

页岩和致密油藏中的原油更有可能是轻质油。Freitag（2016）指出，芳烃是 LTO 反应过程中氧化抑制剂的主要来源。因此，重质油和轻质油放热行为的差异可能与其组成成分的不同有关。由于重质油含有更多的芳香族成分，而轻质油含有更多的脂肪族成分，因此，轻质油在 LTO 区域的放热活性往往强于重质油。

在充分理解和量化提高采收率机理之前，无法确定页岩和致密油藏中注空气的提高采收率潜力。

14 其他提高采收率方法

摘　要：本章简要介绍了其他提高采收率（EOR）的措施，主要包括连续自吸注气吞吐、化学混合物、空气泡沫驱、分支裂缝、拉链式压裂、重复压裂、转向压裂技术、增能压裂液、热采和微生物提高采收率等。

关键词：空气泡沫；微生物提高采收率；分支裂缝；化学驱；转向技术；增能压裂液；重复压裂；热采；拉链式压裂

14.1　引言

除了前几章介绍的提高采收率方法外，本书还介绍了其他提高页岩和致密油藏采收率方法。本章简要介绍了这些提高采收率方法，主要包括连续自吸注气吞吐、化学混合物、空气泡沫驱、分支裂缝、拉链式压裂、重复压裂、转向压裂技术、增能压裂液、热采和微生物提高采收率等。

14.2　连续注 CO_2 吞吐和表面活性剂辅助自吸

正如前几章所述，注气吞吐可以提高采收率，但随着吞吐轮次的增加，采油速度会下降，在后续的吞吐轮次中，该措施可能会失去经济优势。注气吞吐后期，可以通过在注入水中添加表面活性剂来激活自发渗吸，也称为表面活性剂辅助自吸（SASI）。Zhang 等人（2018）首先进行了注 CO_2 吞吐，然后使用井壁岩心进行 SASI 实验。图 14.1 给出了 4 种岩心注 CO_2 吞吐和表面活性剂辅助自吸的采收率（RF）结果。根据注入压力和吞吐轮次的不同，4 个不同岩心获得了不同的采收率，其中岩心 1 未进行注气吞吐。由图可知，吞吐采收率可达 50%（岩心 4），虽然 4 个岩心不同吞吐实验采出油量不同，但 4 个岩心 SASI 的采收率（图中柱状顶部）几乎相同，接近 10%。因此，最佳做法是首先进行注气吞吐，当采出原油量非常低时，改用表面活性剂辅助自吸方法。

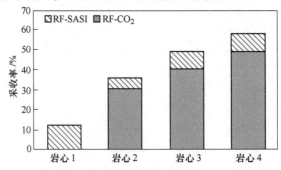

图 14.1　注 CO_2 吞吐及表面活性剂辅助自吸（SASI）采收率

（Zhang 等，2018）

14.3 化学混合物

Mohanty 等人（2017）设计并评价了一种化学混合物，用于提高采收率。该混合物由阴离子表面活性剂（0.1%~1%）、有机溶剂（1%~10%）和氧化剂（弱酸，0.1%~1%）组成，同时加入 0.1%的黏土稳定剂和 0.1%的阻垢剂。表面活性剂降低了界面张力（IFT），提高了亲水性。有机溶剂溶解了原油和沥青质等重质有机成分，清洗了流动通道。氧化剂用来氧化部分干酪根，氧化的副产物为弱酸，溶解了一部分方解石，但他们的论文并没有提及这些化学物质。

实验室测试使用了富含方解石（50%）的 Eagle Ford 页岩样品，这种溶液与页岩中的方解石发生反应。即使两种溶液中氧化剂的用量相同，纯氧化剂对方解石的溶解量也高于混合溶液，也可能是阴离子表面活性剂在混合溶液中的吸附作用阻碍了方解石的溶解。在三次测试中，页岩发生了溶解，因此其平均渗透率从 54μD 增加到 78μD，渗透率的增加主要是产生了大裂缝面或扩大了微裂缝。混合液没有弱化岩石，由于盐酸溶解的方解石比混合物溶解的方解石多，因此在盐酸的作用下，岩石硬度从 200MPa 降低到 70MPa，岩石的软化可能导致产生泥浆和支撑剂嵌入地层。由于混合液的持续流动使支撑剂充填更加紧密，溶解作用使裂缝的导流能力降低了 30%~60%。幸运的是，通常情况下，裂缝导流能力并非影响生产的主要阻力，基质中的阻力才决定了油气流动。只包含氧化剂的溶液不能产油。在盐水中添加氧化剂时，部分方解石发生溶解，而在页岩岩心老化时（自吸）没有原油析出。在有机溶剂和氧化剂的结合下，氧化剂与页岩发生反应，溶解了一部分方解石。但页岩没有产出原油。

有机溶剂溶解了石油和石油残留物，如沥青质。自吸实验表明，单有机溶剂溶液中，没有从页岩中产油，有机溶剂浮在溶液的顶部，有机溶剂与页岩之间没有发生相互作用。

当阴离子表面活性剂与氧化剂混合时，方解石的润湿性发生改变，但由于表面活性剂覆盖了部分方解石，方解石的溶解比单独使用氧化剂时要小。

当阴离子表面活性剂与有机溶剂混合时，表面润湿性发生改变，但在自吸过程中没有析出油。

当这三种组分混合时，润湿性发生改变，原油析出，方解石溶解。

在得克萨斯州南部的几口 Eagle Ford 井进行了现场试验，采用单独的 2% NaCl 盐水作为预入井液，以减轻压裂对地层的冲击。预入井液量为 3000~20000 桶，泵送速度为 2~5桶/min，平均关井时间为 2~5 周。数十口已压裂井均表现良好，累计产油量分别为 2 万桶和 1.2 万桶，闷井 5 周后，8 个月内返出 60%的注入水。请注意，实验室测试表明，关井时间 2 天足矣。

Miller 等人（2018）对富含黏土石英（75%）的页岩岩心开展了化学混合物类似研究。化学混合物由 0.1%~1.0%阴离子表面活性剂（Calfax）、0.1%~1.0%氧化剂（过硫酸盐）和 1.0%~10.0%柠檬烯组成。化学混合物与硫酸根离子共同作用，延缓了弱酸-碳酸反应，使得酸液能够到达基质深部。混合物还增加了页岩表面的粗糙度，裂缝导流能力的降低幅度最小。

上述化学混合物的性能及 Zeng 等人（2018）报道的表面活性剂组合的结果表明，表面活性剂混合物的性能优于单一表面活性剂协同作用，尤其在提高采收率方面。

14.4　空气泡沫驱

如果注入井和生产井之间存在裂缝，气驱过程中注入的气体会迅速突破。一些研究者称，即使是注气吞吐，气体也会突破至邻井。换句话说，即使在页岩或致密储层中，有时也需要处理波及效率问题。在常规油藏中，解决这个问题的一种方法是使用泡沫。关于页岩和致密储层的这一问题的文献报道不多，Singh 和 Mohanty（2015）提出的一篇论文与该主题十分接近，论文中，他们使用具有改变润湿性能力的泡沫来处理碳酸盐岩岩心（洞穴、亲油、志留系白云岩）。岩心渗透率为 792mD，孔隙度为 17.7%。其中采用的表面活性剂为低界面张力、能改变润湿性且起泡性弱的烷基丙氧基硫酸盐（APS）和起泡性好但不能改变润湿性的 α-烯烃磺酸盐（AOS），还加入了十二烷基甜菜碱和椰酰胺丙基甜菜碱两种两性离子促泡剂。二次水驱后，以固定的泡沫质量一并注入表面活性剂溶液与甲烷气。自吸实验和接触角测量表明，在碳酸钠存在的情况下，AOS 可以作为改变润湿性的表面活性剂，但无法单独起作用。两性离子表面活性剂和 AOS 的混合物在亲水型碳酸盐岩岩心中并没有起到稳定泡沫的作用。驱油实验表明，与水驱相比，同时注入可改变润湿性的表面活性剂和气体，采收率高达 33%。当 AOS 作为发泡剂时，不管岩心的润湿性如何，碳酸盐岩心中只传播微弱的泡沫。润湿性改变表面活性剂混合物（AOS 和两性离子表面活性剂）不仅改变了润湿性（由亲油性变为亲水性），而且还显著提高了有油情况下的抗泡沫系数。

2013 年 4 月，在 Chang 7 储层 An 83 层注水前，进行了空气泡沫测试来改善注水剖面。在 350m×150m 井网中（An 231-45 井网），注入空气 7824m^3，产生泡沫 3631m^3。井产能从平均 0.55t/d 增加到 0.88t/d，相比邻井的 0.39t/d 有了显著提高。2013 年 12 月开始注水，对应生产井的含水率开始增加。该试验表明，空气泡沫减缓了水突破（Wang 等，2015）。

14.5　分支裂缝

压裂液中加入纤维，纤维的黏度逐渐降低，形成分支裂缝。主裂缝形成后，添加纤维（0.1%～0.3%）与裂缝内的砂形成临时桥堵。随着压力的增加，压裂液会沿着水平段转向欠压裂层段，形成分支裂缝（Potapenko 等，2009）。裂缝形成后，压裂液黏度逐渐降低。因此，获得了一定裂缝导流能力（Wang 等，2013）。当最大和最小水平应力差较小时，更容易产生分支裂缝。

Fan 和 Liu（2016）报告了内蒙古海拉尔油田通过大规模压裂作业产生分支缝的现场案例。压裂作业中，每口井平均压裂液注入量为 1631m^3、加砂 161m^3，每口井加砂量约为7.8m^3/d。在封闭覆盖层的条件下，储层平均孔隙度为 15.3%，渗透率为 0.34mD。压裂后平均产油量从 0.7t/d 增加至 5.7t/d。压裂 500 天后，每口井平均增产 2244t，总共测试了6 口井。

Li（2012）报告了不同压裂方法的产油动态（产油量），产油量数据表明，多段压裂方式及多元醇压裂液效果较好。

14.6　拉链式压裂

现在的压裂方式不再是一次钻一口井，然后对其进行水力压裂，而是在一个区块现场同时钻探多口井,当一口井完成一段压裂后,在准备下一段压裂期间进行下电缆射孔作业,并在另一口井进行第一段压裂,压裂缝呈拉链状,如图 14.2 所示,其中还展示了其他压裂模式。图中主要介绍了两口井压裂模式。在常规压裂模式中,分别对井 1 和井 2 进行单独压裂,每口井从趾端到跟端依次进行压裂。而对于拉链式压裂结构而言,在井 1 进行第一段压裂后,井 2 开始第一段压裂,并重复此顺序。对于得克萨斯州的分步式压裂结构,改变了单井压裂段顺序。首先对水平井趾端进行压裂,然后对跟端进行压裂,接着在前两个已压裂段之间进行第三段压裂,中间压裂段的裂缝半长较短,主要是因为中间段压裂裂缝受前两段压裂应力扩展区影响。在改进的拉链式压裂结构中,交错压裂模式使得单个压裂储层体积(SRV)之间发生横向扩展叠置,进而增加了油藏近场和远场的裂缝复杂性。第二口井的每段压裂都扩展到了第一口井前两段裂缝扩展的应力改变区,该压裂模式综合了拉链和得克萨斯分步式压裂概念(Soliman 等,2010;Curnow 和 Tutuncu,2016)。

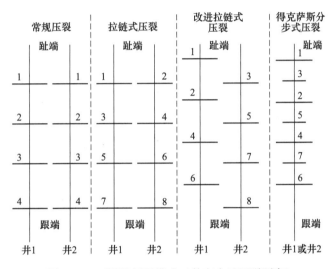

图 14.2 不同的压裂模式(数字表示压裂顺序)

水平井完井进行第一段压裂后,需要经过 2~3h 的下电缆作业,才能完成桥塞坐封,并进行下一段射孔。如果进行多井作业,则可以充分利用这段等待时间。除了可以缩短作业时间外,拉链作业和改进的拉链压裂方式还可以增加裂缝的复杂性,从而提高采收率。

要实现多井压裂模式,需要考虑三个主要因素(Jacobs,2014):

(1)存在传导型天然裂缝;

(2)两口井之间存在水力压裂应力干扰;

(3)能够改变两口井之间天然裂缝内的压力。

14.7 重复压裂

统计数据表明,重复压裂的成功案例要多于失败案例。Vincent(2010,2011)使用特定的现场案例来说明重复压裂的机理。这些机理主要包括扩大裂缝几何形状、增加直井压裂裂缝高度、水平井压裂更大的横向扩展范围或产生更多横向裂缝、恢复或增加裂缝导流能力及现有裂缝重新定向等。

14.8 转向压裂技术

常规油藏驱替过程中，常采用转向技术来提高驱替流体的波及效率。类似地，压裂中的转向技术可以促使压裂液进入更多甚至所有层位，从而产生更多裂缝，有时也会增加裂缝的复杂程度，实现转向的方法主要有机械方法和化学方法。机械转向为使用不同封隔器、可回收桥塞、滑套及封堵球等机械部件。化学转向为使用黏性流体或可溶性颗粒转向剂。这些转向方法的主要目的是将流体从高渗透层转向至低渗透层，或暂时封堵高渗透层。完成转向后，必须清除封堵，使得油气能够从所有区域回流或被开采出来。在水力压裂过程中，压裂液会分流至流通性较差的孔眼、射孔簇或裂缝中。为有效清除封堵，转向剂中的微粒必须能够发生生物、化学、热降解，或在接触原油后发生降解。

14.9 增能压裂液

气体是可压缩流体，当系统压力降低时，压缩气体会释放能量（减缓压力消耗）。因此，本次研究将含一个或多个可压缩气体组分分散的液体称为增能压裂液。常使用的可压缩气体为 CO_2、N_2 或它们的组合。然而，增能压裂具有一定缺陷，如高温稳定性低，泵送期间高摩阻及二氧化碳情况下具有一定腐蚀性。水力压裂常采用低温液氮 $-195.6 \sim -196.7℃$，研究发现，液氮可以降低储层破裂压力，增加裂缝的复杂性（Gomaa 等，2014）。可以用常规设备以液体形式泵送二氧化碳，当二氧化碳在容器中加热时，会发生蒸发作用，变成气态，气态二氧化碳可以促使压裂液返排。液态二氧化碳密度高，能够建立静水压力并携带支撑剂，其他优点还包括降低界面张力和抑制黏土膨胀等，同时二氧化碳饱和水会形成碳酸，可能对采油也有一定好处。很多情况下，还使用了不同泡沫类型的增能压裂液（Karadkar 等，2018）。

14.10 热采

为开发页岩油，可将干酪根就地加热至 343.3℃ 左右，使其转化为油气。尽管油页岩岩石中的干酪根含量远低于典型油页岩（10%），但对油页岩地层加热后，仍可将干酪根转化为油气，可能是由于干酪根发生分解，从而提高了地层的渗透率。Egboga 等人（2017）使用组合加热模拟器验证了井下原位加热的可行性，同时还建议在井底进行高频电磁（微波）加热，以避免热损失过大。微波能量可通过井眼水平段的辐射单元进入储层，通过储层中的原生水吸附电磁能，能够对储层进行加热。一口井可同时用于生产和加热，在加热过程中，油井不生产。在他们的模拟模型中，采用了 Bakken 组原油特性，表14.1 列出了模拟模型中使用的主要流体和岩石特征。

表 14.1 模型中采用的主要流体和岩石特征

基质渗透率/mD	0.0015
基质孔隙度	0.08
储层厚度/m	3.048
页岩热导率/BTU · $(m \cdot d \cdot ℃)^{-1}$	9.14
初始压力/MPa	47.159

续表 14.1

初始温度/℃	120
初始干酪根含量（质量分数)/%	10
原油黏度/mPa·s	0.31
水力裂缝半长/m	60.96
水力裂缝间距/m	60.96
井间距/m	45.72
天然裂缝间距/m	8.53

油藏开采初期（一次衰竭式开采，如图 14.3 所示）的井底压力为 13.789MPa（2000psi），然后对加热井进行加热（温度 371.1℃），紧接着进行二次衰竭开采，图 14.3 为油藏（模型）平均压力。结果表明，加热过程将储层压力从首次衰竭开采时的 27.751MPa（3300psi）提高到加热 1000 天后的 42.63MPa（7000psi），表明热增压是一个重要的机制。加热结束时，井附近温度升高，但温度升高仅将原油黏度从 0.3mPa·s 降至 0.23mPa·s，说明原油黏度降低不是重要机制。

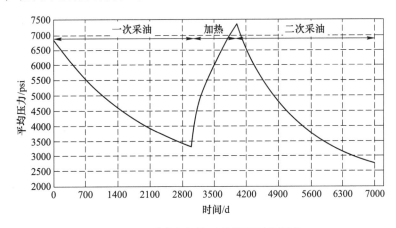

图 14.3　采油和加热过程储层平均压力
（Egboga 等，2017）（1psi＝6894.757Pa）

加热会加速干酪根分解为油气，从而提供更多的孔隙空间，提高储层的孔隙度和渗透率。研究发现，模型的孔隙率从 8% 增加到 10%，渗透率从 0.0015mD 增加到 0.002mD，从增加的渗透率绝对值来看，加热增产效果不明显。注意，他们的模型不包括热驱压裂机理，那么问题的关键就是这种加热是否会使局部压力高于压裂压力。

图 14.4 为不同采油方案 7000 天的采收率，图中可以看出在含 10% 干酪根的条件下，热采的采收率比不含干酪根的热采高 1%，说明加热作用下的干酪根分解不是主要机制，这是因为加热分解的干酪根主要集中在加热器附近局部区域，该结果与渗透率数据一致。

模拟模型表明，采收率从一次采油时的 7.2% 提高到 1000 天采油时的 11.5%。成本分析表明，多生产一桶石油增加的电能成本为 26 美元，其中不包括资本成本和实施成本。

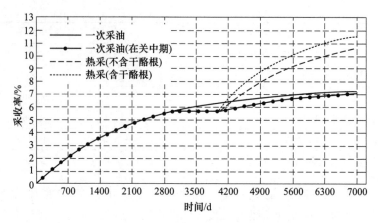

图 14.4 一次采油及含或不含干酪根的热采采收率
（Egboga 等，2017）

14.11 微生物提高采收率

微生物提高采收率法是在油藏中注入微生物反应产物或在油藏中注入微生物和营养物质，使其产生微生物产物（Sheng，2013b）。这些产物可以是酸、气体、溶剂、生物表面活性剂和生物聚合物，其提高采收率机理与注气和化学药剂的提高采收率机理相似。微生物提高采收率法一般适用于低温（<98℃）、高渗透率（>50mD）地层（Sheng，2013c）。然而，有报道称，在低渗透油藏中也应用了该方法（Liu 等，2010），如下所述。

中国安塞油田王窑区区块开展了微生物提高采收率先导试验区，储层孔隙度为 14%，渗透率为 5.22mD，温度为 45℃。试验前储层含水达到 66.1%，井平均产油 1.48t/d。注入井 Wang 15-5 附近有 7 口生产井，总共注入了 1150m³ 溶液，溶液主要包括两个段塞，第一个段塞为微生物和营养物质，第二个段塞为微生物反应产物。注入作业时间为 2009 年 6 月 28 日至 8 月 21 日，反应时间为 40 天，注入物 300 天内有效。截至 2009 年底，累计增产 297.65t，预计最终增产 550t。

参 考 文 献

ABOUSLEIMAN Y N, HOANG S K, TRAN M H. 2010. Mechanical characterization of small shale samples subjected to fluid exposure using the inclined direct shear testing device [J]. International Journal of Rock Mechanics and Mining Sciences, 47 (3): 355-367.

ABU-KHAMSIN S A, IDDRIS A, AGGOUR M A. 2001. The spontaneous ignition potential of a super-light crude oil [J]. Fuel, 80 (10): 1415-1420.

ADEGBESAN K O, DONNELLY J K, MOORE R G, et al. 1987. Low temperature oxidation kinetic parameters for in situ combustion numerical simulation [J]. Society of Petroleum Engineers Journal, 2 (4): 573-582.

ADERIBIGBE A A, LANE R H. 2013. Rock/fluid chemistry impacts on shale fracture behavior [C]// The SPE International Symposium on Oilfield Chemistry.

ADIBHATLA B, MOHANTY K K. 2008. Oil recovery from fractured carbonates by surfactant-aided gravity drainage: laboratory experiments and mechanistic simulations [J]. SPE Reservoir Evaluation and Engineering, 11 (1): 119-130.

ADIBHATLA B, SUN X, MOHANTY K K. 2005. Numerical studies of oil production from initially oil-wet fracture blocks by surfactant brine imbibitions [C] // The SPE International Improved Oil Recovery Conference in Asia Pacific.

Advanced Resources International Inc. 2013. EIA/ARI world shale gas and shale oil resource assessment [R] // Report Prepared for U. S. Energy Information Administration: U. S. Department of Energy, June. Arlington, VA, USA.

AGUILERA R. 2014. Flow units: from conventional to tight gas to shale gas to tight oil to shale oil reservoirs [J]. SPE Reservoir Evaluation and Engineering: 190-208.

AHMADI M, SHARMA M M, POPE G A, et al. 2011. Chemical treatment to mitigate condensate and water blocking in gas wells in carbonate reservoirs [J]. SPE Production and Operations, 26 (1): 67-74.

AKBARABADI M, SARAJI S, PIRI M, et al. 2017. Nano-scale experimental investigation of in-situ wettability and spontaneous imbibition in ultra-tight reservoir rocks [J]. Advances in Water Resources, 107: 160-179.

AKIN S, KOVSCEK A R. 2003. Computed Tomography in Petroleum Engineering Research [J]. Geological Society of London Spec Pub, 215 (1): 23-28.

AKITA E, MOGHANLOO R G, DAVUDOV D. 2018. A systematic approach for upscaling of the EOR results from lab-scale to well-scale in liquid-rich shale plays [C] //SPE Improved Oil Recovery Conference 14-18 April.

AKRAD O M, MISKIMINS J L, PRASAD M. 2011. The effects of fracturing fluids on shale rock mechanical properties and proppant embedment [C] //SPE Annual Technical Conference and Exhibition.

AL-ANAZI H A. 2003. Experimental Measurements of Condensate Blocking and Treatments in Low and High Permeability Cores [D]. Austin: University of Texas at Austin.

AL-ANAZI H A, WALKER J G, POPE G A, et al. 2005. A successful methanol treatment in a gas/condensate reservoir: field application [C]//SPE Production and Facilities, 20 (1): 60-69.

AL-BAZALI T. 2013. A novel experimental technique to monitor the time-dependent water and ions uptake when shale interacts with aqueous solutions [J]. Rock Mechanics and Rock Engineering, 46 (5): 1145-1156.

AL-BAZALI T, ZHANG J G, CHENEVERT M E, et al. 2008. Factors controlling the compressive strength and acoustic properties of shales when interacting with waterbased fluids [J]. International Journal of Rock Mechanics and Mining Sciences, 45 (5): 729-738.

AL-YAMI A M, GOMEZ F A, ALHAMED K I, et al. 2013. A successful field application of a new chemical treatment in a fluid blocked well in Saudi Arabia [C] //SPE Saudi Arabia Section Technical Symposium and

Exhibition.

ALHAMMADI A M, ALRATROUT A, SINGH K, et al. 2017. In situ characterization of mixed-wettability in a reservoir rock at subsurface conditions [J]. Scientific Reports, 7 (1): 10753-10761.

ALHARTHY N, TEKLU T, KAZEMI H, et al. 2015. Enhanced oil recovery in liquid-rich shale reservoirs: laboratory to field [C] //SPE Annual Technical Conference and Exhibition.

ALTAWATI F S. 2016. An Experimental Study of the Effect of Water Saturation on Cyclic N_2 and CO_2 Injection in Shale Oil Reservoirs [D]. Lubbock: Texas Tech University.

ALVAREZ J O, NEOG A, JAIS A, et al. 2014. Impact of surfactants for wettability alteration in stimulation fluids and the potential for surfactant EOR in unconventional liquid reservoirs [C]// The SPE Unconventional Resources Conference.

ALVAREZ J O, SCHECHTER D S. 2017. Wettability alteration and spontaneous imbibition in unconventional liquid reservoirs by surfactant additives [J]. SPE Reservoir Evaluation and Engineering, 20 (1): 107-117.

ALVAREZ J O, SAPUTRA I W R, SCHECHTER D S. 2018. The impact of surfactant imbibition and adsorption for improving oil recovery in the Wolfcamp and Eagle Ford reservoirs [C] // SPE Annual Technical Conference and Exhibition.

AMOTT E. 1959. Observations relating to the wettability of porous rock [J]. Transactions of the American Institute of Mining, Metallurgical and Petroleum Engineers, Incorporated (AIME), 216 (1): 156-162.

ANDERSON W G. 1986. Wettability literature survey part 2: wettability measurement [J]. Journal of Petroleum Technology, 38 (11): 1246-1262.

ANDERSON W G. 1987. Wettability literature survey-part 5: the effects of wettability on relative permeability [J]. Journal of Petroleum Technology, 39 (11): 1453-1468.

ANDREW M, BIJELJIC B, BLUNT M J. 2014. Pore-scale contact angle measurements at reservoir conditions using X-ray microtomography [J]. Advances in Water Resources, 68: 24-31.

APPEL M. 2004. Nuclear magnetic resonance and formation porosity [J]. Petrophysics, 45 (3): 296-307.

ARTUN E, ERTEKIN T, WATSON R, et al. 2011. Performance evaluation of cyclic pressure pulsing in a depleted, naturally fractured reservoir with stripperwell production [J]. Petroleum Science and Technology, 29: 953-965.

ASADI M, WOODROOF R A, HIMES R E. 2008. Comparative study of flowback analysis using polymer concentrations and fracturing-fluid tracer methods: A field study [J]. SPE Production and Operations, 23 (2): 147-157.

ASHOORI S, BALAVI A. 2014. An investigation of asphaltene precipitation during natural production and the CO_2 injection process [J]. Petroleum Science and Technology, 32 (11): 1283-1290.

ATKIN R, CRAIG V S J, WANLESS E J, et al. 2003. Mechanism of cationic surfactant adsorption at the solideaqueous interface [J]. Advances in Colloid and Interface Science, 103: 219-304.

ATKINSON B K. 1979. A fracture mechanics study of subcritical tensile cracking of quartz in wet environments [J]. Pure and Applied Geophysics, 117: 1011-1024.

ATKINSON B K. 1982. Subcritical crack propagation in rocks: theory, experimental results and applications [J]. Journal of Structural Geology, 4 (1): 41-56.

ATKINSON B K, MEREDITH P G. 1981. Stress corrosion cracking of quartz: a note on the influence of chemical environment [J]. Tectonophysics, 77: T1-T11.

AUSTAD T, MILTER J. 1997. Spontaneous imbibition of water into low permeable chalk at different wettabilities using surfactants [C] //International Symposium on Oilfield Chemistry.

AUSTAD T, STANDNES D C. 2003. Spontaneous imbibition of water into oil-wet carbonates [J]. Journal of

Petroleum Science and Engineering, 39: 363-376.

AUSTAD T, MATRE B, MILTER J, et al. 1998. Chemical flooding of oil reservoirs 8. Spontaneous oil expulsion from oil- and water-wet low permeable chalk material by imbibition of aqueous surfactant solutions [J]. Colloids and Surfaces A: Physicochemical and Engineering Aspects, 137 (1/3): 117-129.

AUSTIN U T. 2009. A Three-Dimensional Chemical Flood Simulator (UTCHEM, Version 9.95) [D]. Austin: University of Texas.

BABADAGLI T. 2001. Scaling of concurrent and countercurrent capillary imbibition for surfactant and polymer injection in naturally fractured reservoirs [J]. SPE Journal: 465-478.

BAE J H. 1977. Characterization of crude oil for fireflooding using thermal analysis methods [J]. SPE Journal, 17 (3): 211-218.

BAKER R, DIEVA R, JOBLING R, et al. 2016. The myths of waterfloods, EOR floods and how to optimize real injection schemes [C] //The SPE Improved Oil Recovery Symposium.

BANG V. 2007. Development of a Successful Chemical Treatment for Gas Wells with Condensate or Water Blocking Damage [D]. Austin: University of Texas.

BANG V S S, YUAN C, POPE G A, et al. 2008. Improving productivity of hydraulically fractured gas condensate wells by chemical treatment [C]// Offshore Technology Conference.

BANG V S S, POPE G A, SHARMA M M, et al. 2009. Development of a successful chemical treatment for gas wells with liquid blocking [C] //Annual Technical Conference and Exhibition.

BANG V S S, POPE G, Sharma M M, et al. 2010. A new solution to restore productivity of gas wells with condensate and water blocks [J]. SPE Reservoir Evaluation and Engineering, 13 (2): 323-331.

BARREE R D, MUKHERJEE H. 1995. Engineering criteria for fracture flowback procedures [C] // The Low Permeability Reservoirs Symposium.

BARZIN Y. 2013. An Experimental and Numerical Study of the Oxidation/combustion Reaction Kinetics in High Pressure Air Injection Process [D]. Galgary: University of Galgary.

BARZIN Y, MOORE R G, MEHTA S A, et al. 2010. Impact of distillation on the combustion kinetics of high pressure air injection (HPAI) [C] //SPE Improved Oil Recovery Symposium.

BARZIN Y, MOORE R G, MEHTA S A, et al. 2013. A comprehensive kinetics model for light oil oxidation/ combustion reactions under high pressure air injection process (HPAI) [C] // The SPE Annual Technical Conference and Exhibition.

BEHBAHANI H S, BLUNT M J. 2005. Analysis of imbibition in mixed-wet rocks using porescale modeling [J]. SPE Journal, 10 (4): 466-474.

BEHBAHANI T J, GHOTBI C, TAGHIKHANI V, et al. 2012. Investigation on asphaltene deposition mechanisms during CO_2 flooding processes in porous media: A novel experimental study and a modified model based on multilayer theory for asphaltene adsorption [J]. Energy and Fuels, 26 (8): 5080-5091.

BEHBAHANI T J, GHOTBI C, TAGHIKHANI V, et al. 2013. A modified scaling equation based on properties of bottom hole live oil for asphaltene precipitation estimation under pressure depletion and gas injection conditions [J]. Fluid Phase Equilibria, 358: 212-219.

BEHBAHANI T J, GHOTBI C, TAGHIKHANI V, et al. 2015. Experimental study and Mathematical modeling of asphaltene deposition mechanism in core sample [J]. Journal of Oil and Gas Science and Technology, 70 (6): 909-1132.

BEHNSEN J, FAULKNER D R. 2011. Water and argon permeability of phyllosilicate powders under medium to high pressure [J]. Journal of Geophysical Research, 116: B12203.

BELGRAVE J D M, MOORE R G, URSENBACH M G, et al. 1993. A comprehensive approach to in-situ combustion modeling [J]. SPE Advanced Technology Series, 1 (1): 98-107.

BENNION D B, THOMAS F B, BIETZ R F, et al. 1999. Remediation of water and hydrocarbon phase trapping problems in low permeability gas reservoirs [J]. Petroleum Society of Canada, 38 (8).

BERTONCELLO A, WALLACE J, BLYTON C, et al. 2014. Imbibition and water blockage in unconventional reservoirs: Well-management implications during flowback and early production [C]//The SPE/EAGE European Unconventional Resources Conference and Exhibition, 2014.

BI Z, LIAO W, QI L. 2004. Wettability alteration by CTAB adsorption at surfaces of SiO_2 film or silica gel powder and mimic oil recovery [J]. Applied Surface Science, 221 (1-4): 25-31.

BILDEN D M, FLETCHER P A, MONTGOMERY C T, et al. 1995. The effect of long-term shut-in periods on fracture conductivity [C] //The SPE Annual Technical Conference and Exhibition.

BOL G M, WONG S W, DAVIDSON C J, et al. 1994. Borehole stability in shales [J]. SPE Drilling and Completion, 9 (2): 87-94.

BOLOURI H, SCHAFFIE M, KHARRAT R, et al. 2013. An experimental and modeling study of asphaltene deposition due to CO_2 miscible injection [J]. Petroleum Science and Technology, 31 (2): 129-141.

BONEAU D F, CLAMPITT R L. 1997. A surfactant system for the oil-wet sandstone of the north burbank unit [J]. Journal of Petroleum Technology, 29: 501-506.

BOSTROM N, CHERTOV M, PAGELS M, et al. 2014. The time-dependent permeability damage caused by fracture fluid [C] //The SPE International Symposium and Exhibition on Formation Damage Control.

BOURBIAUX B J, KALAYDJIAN F J. 1990. Experimental study of cocurrent and countercurrent flows in natural porous media [J]. SPERE, 5 (3): 361-368.

BROOKS R H, COREY A T. 1966. Properties of porous media affecting fluid flow [J]. Journal of the Irrigation and Drainage Division, 6: 61-88.

BROWN R J S, FATT, I. 1956. Measurements of fractional wettability of oil field' rocks by the nuclear magnetic relaxation method [C] //Fall Meeting of the Petroleum Branch on AIME.

BUCKLEY S E, LEVERETT M C. 1942. Mechanisms of fluid displacement in sands [J]. Transactions of the American Institute of Mining, Metallurgical and Petroleum Engineers, Incorporated (AIME), 146: 107-116.

BURGER J G, SAHUQUET B C. 1972. Chemical aspects of in-situ combustionheat of combustion and kinetics [J]. SPE Journal, 12 (5): 410-422.

BUTLER M, TRUEBLOOD J B, POPE G A, et al. 2009. A field demonstration of a new chemical stimulation treatment for fluid-blocked gas wells [C] //The SPE Annual Technical Conference and Exhibition.

CAI J C, YU B M. 2011. A discussion of the effect of tortuosity on the capillary imbibition in porous media [J]. Transport in Porous Media, 89 (2): 251-263.

CAI J, YU B. 2012. Advances in studies of spontaneous imbibition in porous media [J]. Advances in Mechanics, 42 (6): 735-754.

CARMINATI S, DEL GAUDIO L, ZAUSA F, et al. 1999. How do anions in water-based Muds affect shale stability? [C] //SPE International Symposium on Oilfield Chemistry.

CAZABAT A M, LANGEVIN D, POUCHELON A. 1980. Light-scattering study of water-oil microemulsions [J]. Journal of Colloid and Interface Science, 73 (1): 1-12.

CHAKRABORTY N, KARPYN Z T. 2015. Gas permeability evolution with soaking time in ultra-tight shales [C]//The SPE Annual Technical Conference and Exhibition.

CHEN P, MOHANTY K. 2013. Surfactant-mediated spontaneous imbibition in carbonate rocks at harsh reservoir conditions [J]. SPE Journal, 18 (1): 124-133.

CHEN P, MOHANTY K K. 2014. Wettability alteration in high temperature carbonate reservoirs [C] //Tne SPE

Improved Oil Recovery Symposium.

CHEN P, MOHANTY K K. 2015. Surfactant-Enhanced oil recovery from fractured oil-wet carbonates: Effects of low IFT and wettability alteration [C] //The SPE International Symposium on Oilfield Chemistry.

CHEN Z, NARAYAN S P, YANG Z, et al. 2000. An experimental investigation of hydraulic behaviours of fractures and joints in granitic rock [J]. International Journal of Rock Mechanics and Mining Sciences, 37: 1061-1071.

CHEN H L, LUCAS L R, NOGARET L A D, et al. 2001. Laboratory monitoring of surfactant imbibition with computerized tomography [J]. SPE Reservoir Evaluation and Engineering, 2: 16-25.

CHEN C, BALHOFF B, MOHANTY K K. 2013a. Effect of reservoir Heterogeneity on improved shale oil recovery by CO_2 huff-n-puff [C] //The SPE Unconventional Resources Conference .

CHEN C, BALHOFF B, MOHANTY K K. 2014. Effect of reservoir heterogeneity on primary recovery and CO_2 huff 'n' puff recovery in shale-oil reservoirs [J]. SPE Reservoir Evaluation and Engineering, 17 (3): 404-413.

CHEN Z, WANG L, DUAN Q, et al. 2013b. High-pressure air injection for improved oil recovery: Low-temperature oxidation models and thermal effect [J]. Energy and Fuels, 27 (2): 780-786.

CHEN Q, YOU L, KANG Y, et al. 2018. Gypsum-crystallization-induced fracturing during ShaleFluid reactions and application for shale stimulation [J]. Energy & Fuels, 32: 10367-10381.

CHEN Q, KANG Y, YOU Y, et al. 2017. Change in composition and pore structure of Longmaxi black shale during oxidative dissolution [J]. International Journal of Coal Geology, 172: 95-111.

CHENEVERT M E. 1969. Adsorptive pore pressures of Argillaceous rocks [C] //Symposium on Rock Mechanics (USRMS) .

CHENEVERT M E. 1970. Shale alteration by water adsorption [J]. Journal of Petroleum Technology, 22 (9): 1141-1148.

CHENG Y. 2012. Impact of water dynamics in fractures on the performance of hydraulically fractured wells in gas-shale reservoirs [J]. Journal of Canadian Petroleum Technology, 51 (2): 143-151.

CHENG J Y, WAN Z J, ZHANG Y D. 2015. Experimental study on anisotropic strength and deformation behavior of a coal measure shale under room dried and water saturated conditions [J]. Shock and Vibration: 1-13.

CHOU S I, SHAH D O. 1980. The droplet size in oil-external microemulsions using the membrane diffusion technique [J]. Journal of Colloid and Interface Science, 78 (1): 249-252.

CHRISTOPHER C A. 1995. Air injection for light and medium gravity reservoirs [C] //DTI Share Meeting (1) .

CHU C. 1982. State-of-the-Art review of fireflood field projects [J]. Journal of Petroleum Technology, 34 (1): 19-36.

CLARA C, DURANDEAU M, QUENAULT G, et al. 2000. Laboratory studies for light-oil air injection projects: Potential application in handil field [J]. SPE Reservoir Evaluation and Engineering, 3 (3): 239-248.

CLARK A. 2009. Determination of recovery factor in the Bakken formation, Mountrail County, ND [C] //The SPE Annual Technical Conference and Exhibition.

CLEARY M P, DOYLE R S, TENG E Y, et al. 1994. Major new developments in hydraulic fracturing, with documented reductions in job costs and increases in normalized production [C] //The SPE Annual Technical Conference and Exhibition.

COATS A W, REDFERN J P. 1964. Kinetic parameters from thermogravimetric data [J]. Nature, 201: 68-69.

CMG (Computer Modeling Group) . 2014. GEM User Guide [R]. Compositional & Unconventional Reservoir Simulator, Calgary, Alberta, Canada.

CMG (Computer Modelling Group) . 2016. STARS User Guide [R]. Advanced Processes & Thermal Reservoir

Simulator (Calgary, Alberta, Canada).

COULTER G R, WELLS R D. 1972. The advantages of high proppant concentration in fracture stimulation [J]. Journal of Petroleum Technology, 24 (6): 643-650.

CRAFTON J W. 1998. Well evaluation using early time post-stimulation flowback data [C] //The SPE Annual Technical Conference and Exhibition.

CRAFTON J W. 2008. Modeling flowback behavior or flowback equals "slowback" [C] //The SPE Shale Gas Production Conference.

CRAFTON J W, NOE S. 2013. Impact of delays and shut-ins on well productivity [C] //The SPE Eastern Regional Meeting.

CRAFTON J W, PENNY G S, BOROWSKI D M. 2009. Micro-emulsion effectiveness for twenty four wells, Eastern Green River, Wyoming [C] //The Rocky Mountain Petroleum Technology Conference.

CUDE H E, HULETT G A. 1920. Some properties of charcoals [J]. Journal of the American Chemical Society, 42 (3): 391-401.

CUIEC L E, BOURBIAUX B, KALAYDJIAN F. 1994. Oil recovery by imbition in lowpermeability chalk [J]. SPE Formation Evaluation, 9 (3): 200-208.

CURNOW J S, TUTUNCU A N. 2016. A coupled geomechanics and fluid flow modeling study for hydraulic fracture design and production optimization in an eagle ford shale oil reservoir [C] //The SPE Hydraulic Fracturing Technology Conference.

CUSS R, WISEALL A, HENNISSEN J, et al. 2015. Hydraulic Fracturing: A Review of Theory and Field Experience [R]. British Geological Survey, Keyworth, Nottingham, NG12 5GG, UK.

DANDEKAR A Y. 2013. Petroleum Reservoir Rock and Fluid Properties, Second Version [M]. CRC Press/Taylor & Francis Group, Boca Raton, Florida, USA.

DAWSON M, NGUYEN D, CHAMPION N, et al. 2015. Designing an optimized surfactant flood in the Bakken [C] //The SPE/CSUR Unconventional Resources Conference.

DE ZWART A H, VAN BATENBURG D W, BLOM C P A, et al. 2008. The modeling challenge of high pressure air injection [C] //The SPE Symposium on Improved Oil Recovery.

DEHGHANPOUR H, ZUBAIR H A, CHHABRA A, et al. 2012. Liquid intake of organic shales [J]. Energy and Fuels, 26: 5750-5758.

DEHGHANPOUR H, LAN Q, SAEED Y, et al. 2013. Spontaneous imbibition of brine and oil in gas shales: Effect of water adsorption and resulting microfractures [J]. Energy and Fuels, 27: 3039-3049.

DELSHAD M, NAJAFABADI N F, SEPEHRNOORI K. 2008. Scale up methodology for wettability modification in fractured carbonates [C] // SPE Reservoir Simulation Symposium.

DIETZ D N. 1970. Wet underground combustion, state of the art [J]. Journal of Petroleum Technology, 22 (5): 605-617.

DONALDSON E C, THOMAS R D, LORENZ P B. 1969. Wettability determination and its effect on recovery efficiency [J]. SPE Journal, 9 (1): 13-20.

DONG B, MENG M, QIU Z, et al. 2019. Formation damage prevention using microemulsion in tight sandstone gas reservoir [J]. Journal of Petroleum Science and Engineering, 173: 101-111.

DONG C, HOFFMAN B T. 2013. Modeling gas injection into shale oil reservoirs in the Sanish field, North Dakota [C] //The Unconventional Resources Technology Conference.

DRICI O, VOSSOUGHI S. 1985. Study of the surface area effect on crude oil combustion by thermal analysis techniques [J]. Journal of Petroleum Technology, 37 (4): 731-735.

DRUGANOVA E V, SURGUCHEV L M, IBATULIN R R. 2010. Air injection at MordovoKarmalskoye field:

simulation and IOR evaluation [C] //The SPE Russion Oil and Gas Conference and Exhibition.

DUAN Q B, YANG X S. 2014. Experimental studies on gas and water permeability of fault rocks from the rupture of the 2008 Wenchuan earthquake, China [J]. Science China Earth Sciences, 57 (11): 2825-2834.

DUNNING J D, LEWIS W L, DUNN D E. 1980. Chemomechanical weakening in the presence of surfactants [J]. Journal of Geophysical Research, 85: 5344-5354.

DUTTA R, LEE C H, ODUMABO S, et al 2014. Experimental investigation of fracturing-fluid migration caused by spontaneous imbibition in fractured low-permeability sands [J]. SPE Reservoir Evaluation and Engineering, 17 (1): 74-81.

EGBOGA N U, MOHANTY K K, BALHOFF M T. 2017. A feasibility study of thermal stimulation in unconventional shale reservoirs [J]. Journal of Petroleum Science and Engineering, 154: 576-588.

EIA. 2018a. Oil and Natural Gas Resources and Technology [R]. Issue in Focus from the Annual Energy Outlook 2018, March, Independent Statistics & Analysis. U. S. Department of Energy, Washington, USA.

EIA. 2018b. Annual Energy Outlook 2018 with Projections to 2050 [R]. February. U. S. Department of Energy, Washington, USA.

EIA. 2016. Initial Production Rates in Tight Oil Formations Continue to Rise [R]. 11 February 2016.

ELY J W. 1996. Experience proves forced fracture closure works [J]. World Oil, 217 (1): 37-41.

ELY J W, ARNOLD W T, HOLDITCH S A. 1990. New techniques and quality control find success in enhancing productivity and minimizing proppant flowback [C] //The SPE Annual Technical Conference and Exihibition.

ENGELDER T, CATHLES L M, BRYNDZIA L T. 2014. The fate of residual treatment water in gas shale [J]. Journal of Unconventional Oil and Gas Resources, 7: 33-48.

ERSHAGHI I, HASHEMI R, CAOTHIEN S C, et al. 1986. Injectivity losses under particle cake buildup and particle invasion [C] //The SPE California Regional Meeting.

EWY R T, STANKOVIC R J. 2010. Shale Swelling, Osmosis, and Acoustic Changes Measured under Simulated Downhole Conditions [J]. SPE Drilling & Completion, 25 (2): 177-186.

EZULIKE O, DEHGHANPOUR H, VIRUES C, et al. 2016. Flowback fracture closure: A key factor for estimating effective pore volume [J]. SPE Reservoir Evaluation and Engineering, 19 (4): 567-582.

FAI-YENGO V, RAHNEMA H, ALFI M. 2014. Impact of light component stripping during CO_2 injection in Bakken formation [C] //The SPE/AAPG/SEG Unconventional Resources Technology Conference.

FAKCHAROENPHOL P, CHAROENWONGSA S, KAZEMI H, et al. 2013. The effect of water-induced stress to enhance hydrocarbon recovery in shale reservoirs [J]. SPE Journal, 18 (5): 897-909.

FAKCHAROENPHOL P, KURTOGLU B, KAZEMI H, et al. 2014. The effect of osmotic pressure on improve oil recovery from fractured shale formations [C] //The SPE Unconventional Resources Conference.

FAKCHAROENPHOL P, TORCUK M, KAZEMI H, et al. 2016. Effect of shut-in time on gas flow rate in hydraulic fractured shale reservoirs [J]. Journal of Natural Gas Science and Engineering, 32: 109-121.

FAN W G, LIU Q H. 2016. Development test of tight oil in Hailaer oilfield [J]. Sino-Global Energy, 21: 54-57.

FAN C, ZAN C, ZHANG Q, et al. 2015. Air injection for enhanced oil recovery: In situ monitoring the low-temperature oxidation of oil through thermogravimetry/differential scanning calorimetry and pressure differential scanning calorimetry [J]. Industrial and Engineering Chemistry Research, 54 (26): 6634-6640.

FASSIHI M R, KOVSCEK A R. 2017. Low-Energy Processes for Unconventional Oil Recovery [R]. Society of Petroleum Engineers, Richardson, Texas, USA.

FASSIHI M R, RAMEY H J, BRIGHAM W E. 1982. Laboratory Combustion Tube Studies, Final Report (No. DOE/ET/12056-22) [R]. Department of Energy, Washington, DC (USA).

FASSIHI M R, BRIGHAM W E, RAMEY H J. 1984. Reaction kinetics of in-situ combustion: Part 2-Modeling

[J]. SPE Journal, 24 (4): 408-416.

FASSIHI M R, YANNIMARAS D V, NEWBOLD F, et al. 2000. Laboratory and simulation characterization of light oil air injection [J]. In Situ, 24 (4): 219-249.

FASSIHI M R, MOORE R G, MEHTA S A, et al. 2016. Safety considerations for high-pressure air injection into light-oil reservoirs and performance of the Holt sand unit project [J]. SPE Production and Operations, 31 (3): 197-206.

FAULKNER D, RUTTER E. 2000. Comparisons of water and argon permeability on natural clay-bearing fault gouge under high pressure at 20C [J]. Journal of Geophysical Research, 105: 16415-16426.

FENG L, XU L. 2015. Implications of shale oil compositions on surfactant efficacy for wettability alteration [C]// The SPE Middle East Unconventional Resources Conference and Exhibition.

FERNO M A, HAUGEN A, GRAUE A. 2012. Surfactant prefloods for integrated EOR in fractured, oil-wet carbonate reservoirs [C] //The SPE Annual Technical Conference and Exhibition.

FISCHER H, MORROW N R. 2006. Scaling of oil recovery by spontaneous imbibition for wide variation in aqueous phase viscosity with glycerol as the viscosifying agent [J]. Journal of Petroleum Science and Engineering, 52 (1-4): 35-53.

FISCHER H, WO S, MORROW N R. 2006. Modeling the effect of viscosity ratio on spontaneous imbibition [J]. SPE Reservoir Evaluation and Engineering, 11 (3): 577-589.

FONTAINE J, JOHNSON N, SCHOEN D. 2008. Design, execution, and evaluation of a "typical" Marcellus shale slickwater stimulation: a case history [C] //The SPE Eastern Regional/AAPG Eastern Section Joint Meeting.

FRAGOSO A, SELVAN K, AGUILERA R. 2018a. Breaking a paradigm: Can oil recovery from shales be larger than oil recovery from conventional reservoirs? the answer is yes! [C] //The SPE Canada Unconventional Resources Conference.

FRAGOSO A, SELVAN K, AGUILERA R. 2018b. An investigation on the feasibility of combined refracturing of horizontal wells and huff and puff gas injection for improving oil recovery from shale petroleum reservoirs [C]// The SPE Improved Oil Recovery Conference.

FREITAG N P. 2016. Chemical-Reaction mechanisms that govern oxidation rates during insitu combustion and high-pressure air injection [J]. SPE Reservoir Evaluation and Engineering, 19 (4): 645-654.

FREITAG N P, VERKOCZY B. 2005. Low-Temperature oxidation of oils in terms of SARA fractions: why simple reaction models don't work [J]. Journal of Canadian Petroleum Technology, 44 (3): 54-61.

FU Y F, WONG Y L, POON C S, et al. 2004. Experimental study of micro/macro crack development and stress-strain relations of cement-based composite materials at elevated temperature [J]. Cement and Concrete Research, 34 (5): 789-797.

GALA D, SHARMA M. 2018. Compositional and geomechanical effects in huff-n-puff gas injection IOR in tight oil reservoirs [C]//The SPE Annual Technical Conference and Exhibition.

GAMADI T D, SHENG J J, SOLIMAN M Y. 2013. An experimental study of cyclic gas injection to improve shale oil recovery [C]//The SPE Annual Technical Conference and Exhibition.

GAMADI T, ELLDAKLI F, SHENG, J J. 2014a. Compositional simulation evaluation of EOR potential in shale oil recovery by cyclic natural gas injection [C]//The Unconventional Resources Technology Conference.

GAMADI T D, SHENG J J, SOLIMAN M Y, et al. 2014b. An experimental study of cyclic CO_2 injection to improve shale oil recovery [C]//The SPE Improved Oil Recovery Symposium.

GANJDANESH R, REZAVEISI M, POPE G A, et al. 2015. Treatment of condensate and water blocks in hydraulic fractured shale gas-condensate reservoirs [C]//The SPE Annual Technical Conference and

Exhibition.

GARRELS R M, THOMPSON M E. 1960. Oxidation of pyrite by iron sulfate solutions [J]. American Journal of Science, 258: 57-67.

GATES C F, RAMEY H J. 1958. Field results of south Belridge thermal recovery experiment [J]. Petroleum Transaction, AIME, 203: 236-244.

GHADERI S M, CLARKSON C R, KAVIANI D. 2012. Evaluation of recovery performance of miscible displacement and WAG processes in tight oil formations [C]//The SPE/EAGE European Unconventional Resources Conference and Exhibition.

GHANBARI E, DEHGHANPOUR H. 2015. Impact of rock fabric on water imbibition and salt diffusion in gas shales [J]. International Journal of Coal Geology, 138: 55-67.

GHANBARI E, ABBASI M A, Dehghanpour H, et al. 2013. Flowback volumetric and chemical analysis for evaluating load recovery and its impact on early-time production [C]//The SPE Unconventional Resources ConferenceeCanada.

GHASSEMI A. 2012. A review of some rock mechanics issues in geothermal reservoir development [J]. Geotechnical and Geological Engineering, 30 (3): 647-664.

GJINI D, BUZI X, MASTMANN M, et al. 1999. Experience with cyclic in situ combustion in Albania [C]// 1999 CSPG and Petroleum Society Joint Convention, Digging Deeper, Finding a Better Bottom Line.

GOMAA A M, Qu Q, NELSON S, et al. 2014. New insights into shale fracturing treatment design [C]//SPE/ EAGE European Unconventional Resources Conference and Exhibition.

GRAY B F. 2016. Spontaneous combustion and self-heating [M]//Hurley, M. SFPE Handbook of Fire Protection Engineering. Society of Fire Protection Engineers, New York, USA: 604-632.

GREAVES M, REN S R, XIA T X. 1999. New air injection technology for IOR operations in light and heavy oil reservoirs [C]//Asia Pacific Improved Oil Recovery Conference.

GREAVES M, REN S R, RATHBONE R R, et al. 2000. Improved residual light oil recovery by air injection (LTO process) [J]. Journal of Canadian Petroleum Technology, 39 (1): 57-61.

GREEN D W, WILLHITE G P. 1998. Enhanced Oil Recovery [R]. Society of Petroleum Engineers, Richardson, Texas, USA.

GRIESER W V, WHEATON W E, MAGNESS W D, et al. 2007. Surface reactive fluid's effect on shale [C]// SPE Production and Operations Symposium.

GROISMAN A, KAPLAN E. 1994. An experimental study of cracking induced by desiccation [J]. Europhysics Letters, 25 (6): 415-420.

GROUND WATER PROTECTION COUNCIL, CONSULTING, A. 2009. Modern Shale Gas Development in the United States [R]. U. S. Department of Energy (DOE) .

GUEUTIN P, ALTMANN S, GONCÇLVES J, et al. 2007. Osmotic interpretation of overpressures from monovalent based triple layer model, in the callovooxfordian at the Bure site [J]. Physics and Chemistry of the Earth, 32 (1-7): 434-440.

GUO Q, JI L, RAJABOV V, et al. 2012. Shale gas drilling experience and lessons learned from Eagle Ford [C]//Americas Unconventional Resources Conference.

GUPTA A, CIVAN F. 1994. An improved model for laboratory measurement of matrix to fracture transfer function parameters in immiscible displacement [C]//SPE Annual Technical Conference and Exhibition.

GUTIERREZ D, TAYLOR A R, KUMAR V, et al. 2008. Recovery factors in high-pressure air injection projects revisited [J]. SPE Reservoir Evaluation and Engineering, 11 (6): 1097-1106.

GUTIERREZ D, MILLER R J, TAYLOR A R, et al. 2009. Buffalo field highpressure air injection projects 1977 to 2007: Technical performance and operational challenges [J]. SPE Reservoir Evaluation and Engineering, 12 (4): 542-550.

HABIBI A, DEHGHANPOUR H, BINAZADEH M, et al. 2016. Advances in understanding wettability of tight oil formations: A montney case study [J]. SPE Reservoir Evaluation and Engineering, 19 (4): 583-603.

HAMADOU R, KHODJA M, KARTOUT M, et al. 2008. Permeability reduction by asphaltenes and resins deposition in porous media [J]. Fuel, 87: 2178-2185.

HANDY L L. 1960. Determination of effective capillary pressures for porous media from imbibition data [J]. Transactions of the American Institute of Mining, Metallurgical and Petroleum Engineers, Incorporated (AIME), 219: 75-80.

HAWKINS G W. 1988. Laboratory study of proppant-pack permeability reduction caused by fracturing fluids concentrated during closure [C]//SPE Annual Technical Conference and Exhibition.

HAWTHORNE S. 1990. Analytical-scale supercritical fluid extraction [J]. Analytical Chemistry, 62 (11): 633-642.

HAWTHORNE S B, GORECKI C D, SORENSEN J A, et al. 2013. Hydrocarbon mobilization mechanisms from upper, middle, and lower Bakken reservoir rocks exposed to CO [C]//SPE Unconventional Resources Conference.

HEIDUG W K, WONG S W. 1996. Hydration swelling of water-absorbing rocks: A constitutive model [J]. International Journal for Numerical and Analytical Methods in Geomechanics, 20 (6): 403-430.

HEMPHILL T, ABOUSLEIMAN Y, TRAN M, et al. 2008. Direct strength measurements of shale interaction with drilling fluids [C]//Abu Dhabi International Petroleum Exhibition and Conference.

HENSEN E J M, SMIT B. 2002. Why clays smell [J]. Journal of Physical Chemistry B, 106 (49): 12664-12667.

HERNANDEZ I, FAROUQ ALI S M, BENTSEN R G. 1999. First steps for developing an improved recovery method for a gas condensate reservoir [C]//Annual Technical Meeting of Petroleum Society of Canada.

HIRASAKI G, ZHANG D L. 2004. Surface chemistry of oil recovery from fractured, oil-wet, carbonate formations [J]. SPE Journal, 9 (2): 151-162.

HOFFMAN B T. 2018. Huff-N-Puff gas injection pilot projects in the Eagle Ford [C]//SPE Canada Unconventional Resources Conference.

HOFFMAN B T, EVANS J G. 2016. Improved oil recovery IOR pilot projects in the Bakken formation [C]// SPE Low Perm Symposium.

HOU S, REN S, WANG W, et al. 2010. Feasibility study of air injection for IOR in low permeability oil reservoirs of Xinjiang Oilfield China [C]//International Oil and Gas Conference and Exhibition.

HU Q H, EWING P R, DULTZ S. 2012. Low pore connectivity in natural rock [J]. Journal of Contaminant Hydrology, 133: 76-83.

HU Y, DEVEGOWDA D, STRIOLO A, et al. 2013. A pore scale study describing the dynamics of slickwater distribution in shale gas formations following hydraulic fracturing [C]//SPE Unconventional Resources Conference.

HUANG S, SHENG J J. 2017. Discussion of thermal experiments' capability to screen the feasibility of air injection [J]. Fuel, 195: 151-164.

HUANG S, SHENG J J. 2017. A practical method to obtain kinetic data from TGA (thermogravimetric analysis) experiments to build an air injection model for enhanced oil recovery [J]. Fuel, 206: 199-209.

HUANG S, SHENG J J. 2017. An innovative method to build a comprehensive kinetic model for air injection using TGA/DSC experiments [J]. Fuel, 210: 98-106.

HUANG S, SHENG J J. 2018. Feasibility of spontaneous ignition during air injection in light oil reservoirs [J]. Fuel, 226: 698-708.

HUANG S, JIA H, SHENG J J. 2016. Research on oxidation kinetics of tight oil of Wolfcamp field [J]. Petroleum Science and Technology, 34 (10): 903-910.

HUANG S, JIA H, SHENG J J. 2016. Exothermicity and oxidation behavior of tight oil with cuttings from the Wolfcamp shale reservoir [J]. Petroleum Science and Technology, 34 (21): 1735-1741.

HUANG S, ZHANG Y, SHENG J J. 2018. Experimental investigation of enhanced oil recovery mechanisms of air injection under a low-temperature oxidation process: Thermal effect and residual oil recovery efficiency [J]. Energy and Fuels, 32 (6): 6774-6781.

HUGHES B, SARMA H K. 2006. Burning reserves for greater recovery? Air injection potential in Australian light oil reservoirs [C]//SPE Asia Pacific Oil & Gas Conference and Exhibition.

HUH C. 1979. Interfacial tension and solubilizing ability of a microemulsion phase that coexists with oil and brine [J]. Journal of Colloid and Interface Science, 71: 408-428.

IBRAHIM A F, NASR-EL-DIN H. 2018. Experimental investigation for the effect of the soaking process on the regain permeability after hydraulic fracturing in tight sandstone and shale formations [C]//SPE Abu Dhabi International Petroleum Exhibition & Conference.

IDOWU N, LONG H, ØREN P, et al. 2015. Wettability analysis using micro-CT, FESEM and QEMSCAN, and its applications to digital rock physics [C]//International Symposium of the Society of Core Analysts.

JACOBS S. 2014. The shale evolution: Zipper fracture takes hold [J]. Journal of Petroleum Technology, 66 (10): 60-67.

JADHUNANDAN P P, MORROW N R. 1995. Effect of wettability on waterflooding recovery for crude oil/brine/rock systems [J]. SPE Reservoir Evaluation and Engineering, 10: 40-46.

JAMALUDDIN A K M, VANDAMME M, MANN B K. 1995. Formation Heat treatment (FHT): A state-of-the-art technology for near-wellbore formation damage treatment [C]//Annual Technical Meeting.

JANSEN T, ZHU D, HILL A D. 2015. Effect of Rock mechanical properties on fracture conductivity for shale formations [C]//SPE Hydraulic Fracturing Technology Conference.

JAVAHERI A, DEHGHANPOUR H, WOOD J. 2017. Imbibition oil recovery from tight rocks with dual-wettability pore-network a Montney case study [C]//SPE Unconventional Resources Conference.

JENNINGS JR H Y. 1957. Surface properties of natural and synthetic porous media [J]. Production Monthly, 21 (5): 20-24.

JERAULD G R, RATHMELL J J. 1997. Wettability and relative permeability of Prudhoe Bay: A case study in mixed-wet reservoirs [J]. SPERE, 12 (1): 58-65.

JI L J, GEEHAN T. 2013. Shale failure around hydraulic fractures in water fracturing of gas shale [C]//SPE Unconventional Resources Conference.

JIA H, SHENG J J. 2017. Discussion of the feasibility of air injection for enhanced oil recovery in shale oil reservoirs [J]. Petroleum, 3: 249-257.

JIA H, SHENG J J. 2018. Simulation study of huff-n-puff air injection for enhanced oil recovery in shale oil reservoirs [J]. Petroleum, 4: 7-14.

JIA H, ZHAO J Z, PU W F, et al. 2012. Laboratory investigation on the feasibility of light-oil autoignition for application of the highpressure air injection (HPAI) process [J]. Energy and Fuels, 26 (9): 5638-5645.

JIA H, ZHAO J Z, PU W F, et al. 2012. The influence of clay minerals types on the oxidation thermokinetics of crude oil [J]. Energy Sources, Part A: Recovery, Utilization, and Environmental Effects, 34 (10): 877-886.

JOHNSON C E. 1976. Status of caustic and emulsion methods [J]. Journal of Petroleum Technology, 28 (1): 85-92.

JOHNSTON C T, TOMBACZ E. 2002. Surface chemistry of soil minerals [M]//DIXON J B, SCHULZE D G. Soil Mineralogy with Environmental Applications. Soil Science Society of America, Madison, Wisconsin, USA: 37-67.

JOSLIN K, GHEDAN S G, ABRAHAM A M, et al. 2017. EOR in tight reservoirs, technical and economical feasibility [C]//SPE Unconventional Resources Conference.

KARADKAR P, BATAWEEL M, BULEKBAY A, et al. 2018. Energized fluids for upstream production enhancement: A review [C]//SPE Kingdom of Saudi Arabia of Annual Technical Symposium and Exhibition.

KARANDISH G R, RAHIMPOUR M R, SHARIFZADEH S, et al. 2015. Wettability alteration in gas-condensate carbonate reservoir using anionic fluorinated treatment [J]. Chemical Engineering Research and Design, 93: 554-564.

KARFAKIS M G, AKRAM M. 1993. Effects of chemical solutions on rock fracturing [J]. International Journal of Rock Mechanics and Mining Sciences and Geomechanics Abstracts, 30 (7): 1253-1259.

KARPOV V B, PARSHIN N V, SLEPTSOV D I, et al. 2016. Tight oil field development optimization based on experience of Canadian analogs [C]//SPE Annual Caspian Technical Conference & Exhibition.

KATHEL P, MOHANTY K K. 2013. EOR in tight oil reservoirs through wettability alteration [C]//SPE Annual Technical Conference and Exhibition.

KATZ D L, LUNDY C L. 1982. Absence of connate water in Michigan reef gas reservoirs e an analysis [J]. AAPG Buletin, 66 (1): 91-98.

KAZEMI H, GILMAN J R, ELSHARKAWY A M. 1992. Analytical and numerical solution of oil recovery from fractured reservoirs with empirical transfer functions [J]. SPERE: 219-227.

KELEMEN P, SAVAGE H, KOCZYNSKI T A. 2017. Methods and Systems for Causing Reaction Driven Cracking in Subsurface Rock Formations. Patent No. : US 9657559 B2 [P]. 2017-5-23.

KENNEDY H T, BRUJA E O, BOYKIN R S. 1955. An investigation of the effects of wettability on the recovery of oil by waterflooding [J]. Journal of Physical Chemistry, 59: 867-869.

KHANSARI Z, KAPADIA P, MAHINPEY N, et al. 2014. A new reaction model for low temperature oxidation of heavy oil: Experiments and numerical modeling [J]. Energy, 64: 419-428.

KHARRAT R, VOSSOUGHI S. 1985. Feasibility study of the in-situ combustion process using TGA/DSC techniques [J]. Journal of Petroleum Technology: 1441-1445.

KIM T S, KONNO T, DAUSKARDT R H. 2009. Surfactant-controlled damage evolution during chemical mechanical planarization of nanoporous films [J]. Acta Materialia, 57: 4687-4696.

KING G E. 2012. Hydraulic fracturing 101: what every representative, environmentalist, regulator, reporter, investor, university researcher, neighbor and engineer should know about estimating frac risk and improving frac performance in unconventional gas and oil wells [C]//SPE Hydraulic Fracturing Technology Conference.

KÖK M V. 2006. Effect of clay on crude oil combustion by thermal analysis techniques [J]. Journal of Thermal Analysis and Calorimetry, 84 (2): 361-366.

KÖK MV. 2012. Clay concentration and heating rate effect on crude oil combustion by€ thermogravimetry [J]. Fuel Processing Technology, 96: 134-139.

KÖK M V, GUNDOGAR A S. 2010. Effect of different clay concentrations on crude oil combustion kinetics by thermogravimetry [J]. Journal of Thermal Analysis and Calorimetry, 99 (3): 779-783.

KÖK M V, HUGHES R, PRICE D. 1997. Combustion characteristics of crude oil-limestone mixtures [J]. Journal of Thermal Analysis, 49 (2): 609-615.

KÖK M V, SZTATISZ J, POKOLG. 1997. High-pressure DSC applications on crude oil€ combustion [J]. Energy and Fuels, 11 (6): 1137-1142.

KONG B. WANG S, CHEN S. 2016. Simulation and optimization of CO_2 huff-and-puff processes in tight oil reservoirs [C]//SPE Improved Oil Recovery Conference.

KOO J, KLEINSTREUER C. 2003. Liquid flow in microchannels: experimental observations and computational analyses of microfluidics effects [J]. Journal of Micromechanics and Microengineering, 13 (5): 568-579.

KRALL A H, SENGERS J V, KESTIN J. 1992. Viscosity of liquid toluene at temperatures from 25 to 150. degree. C and at pressures up to 30MPa [J]. Journal of Chemical and Engineering Data, 37 (3): 349-355.

KSIEZNIAK K, ROGALA A, HUPKA J. 2015. Wettability of shale rock as an indicator of fracturing fluid composition [J]. Physicochemical Problems of Mineral Processing, 51: 315-323.

KUCHTA J M. 1985. Investigation of Fire and Explosion Accidents in the Chemical, Mining, and Fuel-Related Industries-A Manual [R]. Bulletin. Bureau of Mines, Washington, DC (USA).

KUMAR M. 1987. Simulation of laboratory in-situ combustion data and effect of process variations [C]//SPE Symposium on Reservoir Simulation.

KUMAR V, POPE G A, SHARMA M M. 2006. Improving the gas and condensate relative permeability using chemical treatments [C]//SPE Gas Technology Symposium.

KUMAR V K, GUTIERREZ D, MOORE R G, et al. 2007. Case history and appraisal of the West Buffalo Red River Unit high-pressure air injection project [C]//Hydrocarbon Economics and Evaluation Symposium.

KUMAR K, DAO E K, MOHANTY K K. 2008. Atomic force microscopy study of wettability alteration by surfactants [J]. SPE Journal, 13: 137-145.

KURTOGLU B. 2013. Integrated Reservoir Characterization and Modeling in Support of Enhanced Oil Recovery for Bakken [D]. Golden: Colorado School of Mines.

KURTOGLU B, KAZEMI H. 2012. Evaluation of Bakken performance using coreflooding, well testing, and reservoir simulation [C]//SPE Annual Technical Conference and Exhibition.

KURTOGLU B, SORENSEN J A, BRAUNBERGER J, et al. 2013. Geologic characterization of a Bakken reservoir for potential CO_2 EOR [C]//Unconventional Resources Technology Conference.

KUUSKRAA V A. 2013. EIA/ARI World Shale Gas and Shale Oil Resource Assessment [R]. EIA.

LAN Q, DEHGHANPOUR H, WOOD J, et al. 2015. Wettability of the Montney tight gas formation [J]. SPE Reservoir Evaluation and Engineering, 18 (3): 417-431.

LAN Q, XU M, BINAZADEH M, et al. 2015. A comparative investigation of shale wettability: the significance of pore connectivity [J]. Journal of Natural Gas Science and Engineering, 27: 1174-1188.

LEI Q, LATHAM J P, XIANG J, et al. 2017. Role of natural fractures in damage evolution around tunnel excavation in fractured rocks [J]. Engineering Geology, 231: 100-113.

LEVERETT M C. 1941. Capillary behavior in porous solids [J]. Transactions of the American Institute of Mining, Metallurgical and Petroleum Engineers, Incorporated (AIME), 142: 152-169.

LI K, FIROOZABADI A. 2000. Experimental study of wettability alteration to preferential gaswetting in porous media and its effects [J]. SPE Reservoir Evaluation and Engineering, 3 (2): 139-149.

LI K, HORNE R N. 2006. Generalized scaling approach for spontaneous imbibition: an analytical model [J]. SPE Reservoir Evaluation and Engineering, 9 (3): 251-258.

LI L, SHENG J J. 2017. Numerical analysis of cyclic CH injection in liquid-rich shale reservoirs based on the experiments using different-diameter shale cores and crude oil [J]. Journal of Natural Gas Science and Engineering, 39: 1-14.

LI L, SHENG J J. 2017. Upscale methodology for gas huff-n-puff process in shale oil reservoirs [J]. Journal of Petroleum Science and Engineering, 153: 36-46.

LI J, MEHTA S A, MOORE R G, et al. 2006. Investigation of the oxidation behaviour of pure hydrocarbon components and crude oils utilizing PDSC thermal technique [J]. Journal of Canadian Petroleum Technology, 45 (1): 48-53.

LI K, LIU Y, ZHENG H, et al. 2011. Enhanced gas-condensate production by wettability alteration to gas wetness [J]. Journal of Petroleum Science and Engineering, 78: 505-509.

LI L, SHENG J J, SHENG J. 2016. Optimization of huff-n-puff gas injection to enhance oil recovery in shale reservoirs [C] //SPE Low Perm Symposium.

LI L, SHENG J J, XU J. 2017. Gas selection for huff-n-puff EOR in shale oil reservoirs based upon experimental and numerical study [C]//SPE Unconventional Resources Conference.

LI L, ZHANG Y, SHENG J J. 2017. Effect of the injection pressure on enhancing oil recovery in shale cores during the CO_2 huff-n-puff process when it is above and below the minimum miscibility pressure [J]. Energy and Fuels, 31: 3856-3867.

LI L, SHENG J J, SU Y, et al. 2018. Further Investigation of Effects of Injection Pressure and Imbibition Water on CO_2 Huff-n-Puff Performance in Liquid-Rich Shale Reservoirs [J]. Energy Fuels, 32: 5798-6789.

LIANG J, XIONG X, LIU X. 2015. Experimental study on crack propagation in shale formations considering hydration and wettability [J]. Journal of Natural Gas Science and Engineering, 23: 492-499.

LIANG L, LUO D, LIU X, et al. 2016. Experimental study on the wettability and adsorption characteristics of Longmaxi Formation shale in the Sichuan Basin, China [J]. Journal of Natural Gas Science and Engineering, 33: 1107-1118.

LIANG T, ACHOUR S H, LONGORIA R A, et al. 2017. Flow physics of how surfactants can reduce water blocking caused by hydraulic fracturing in low permeability reservoirs [J]. Journal of Petroleum Science and Engineering, 157: 631-642.

LIANG T, LONGORIA R A, LU J, et al. 2017. Enhancing hydrocarbon permeability after hydraulic fracturing: Laboratory evaluations of shut-ins and surfactant additives [J]. SPE Journal, 22 (4): 1011-1023.

LIANG T, LUO X, NGUYEN Q, et al. 2017. Computed-tomography measurements of water block in low-permeability rocks: Scaling and remedying production impairment [J]. SPE Journal, 23 (3): 762-771.

LIANG T, ZHOU F, LU J, et al. 2017. Evaluation of wettability alteration and IFT reduction on mitigating water blocking for low-permeability oil-wet rocks after hydraulic fracturing [J]. Fuel, 209: 650-660.

LIAO G Z, YANG H J, JIANG Y W, et al. 2018. Applicable scope of oxygen-reduced air flooding and the limit of oxygen content [J]. Petroleum Exploration and Development, 45 (1): 111-117.

LI L, SHENG J J. 2016. Experimental study of core size effect on CH_4 huff-n-puff enhanced oil recovery in liquid-rich shale reservoirs [J]. Journal of Natural Gas Science and Engineering, 34: 1392-1402.

LIN C Y, CHEN W H, LEE S T, et al. 1984. Numerical simulation of combustion tube experiments and the associated kinetics of in-situ combustion process [J]. SPE Journal, 24 (6): 657-666.

LINDMAN B, KAMENKA N, KATHOPOULIS T M, et al. 1980. Translational diffusion and solution structure of microemulsions [J]. Journal of Physical Chemistry, 84: 2485-2490.

LIU J, SHENG J J. 2019. Experimental investigation of surfactant enhanced spontaneous imbibition in Chinese shale oil reservoirs using NMR tests [J]. Journal of Industrial and Engineering Chemistry, 72: 414-422.

LIU J, SHENG J J, HUANG W. 2019. Experimental investigation on microscopic mechanisms of surfactant-enhanced spontaneous imbibition in shale cores [J]. Energy Fuels, 33: 7188-7199.

LIU H, WANG M C, ZHOU X, et al. 2005. EOS simulation for CO_2 huff-n-puff process [C]//Petroleum

Society's 6th Canadian International Petroleum Conference.

LIU J, SHENG J J, WANG X, et al. 2019. Experimental study of wettability alteration and spontaneous imbibition in Chinese shale oil reservoirs using anionic and nonionic surfactants [J]. Journal of Petroleum Science and Engineering, 175: 624-633.

LOOMIS A G, CROWELL D C. 1962. Relative Permeability Studies: Gas-Oil and Water-Oil Systems (No. BM-BULL-599) [R]. Bureau of Mines. San Francisco Petroleum Research Lab, San Francisco, Calif. (USA).

LOOYESTIJN W J, HOFMAN J. 2006. Wettability-index determination by nuclear magnetic resonance [J]. SPE Reservoir Evaluation and Engineering, 9 (2): 146-153.

LU C F. 1988. A new technique for the evaluation of shale stability in the presence of polymeric drilling fluid [J]. SPEPE, 3 (3): 366-374.

MA S, MORROW N R, ZHANG X. 1997. Generalized scaling of spontaneous imbibition data for strongly water-wet systems [J]. Journal of Petroleum Science and Engineering, 18 (3/4): 165-178.

MACPHAIL W F P, SHAW J C. 2014. Well injection and production method and system: WO2014124533A1 [P]. 2014-8-21.

MAHADEVAN J. 2005. Flow through Drying of Porous Media [D]. Austin: The University of Texas at Austin.

MAHADEVAN J, SHARMA M M. 2005. Factors affecting clean-up of water-blocks: A laboratory investigation [J]. SPE Journal, 10 (3): 238-246.

MAKHANOV K. 2013. An Experimental Study of Spontaneous Imbibition in Horn River Shales [D]. Edmonton: University of Alberta.

MAKHANOV K, HABIBI A, DEHGHANPOUR H, et al. 2014. Liquid uptake of gas shales: A workflow to estimate water loss during shut-in periods after fracturing operations [J]. Journal of Unconventional Oil and Gas Resources, 7: 22-32.

MALONE M, ELY J W. 2007. Execution of hydraulic fracturing treatments [M]//ECONOMIDES M J, MARTIN T. Chapter 9 in Modern Fracturing, Enhancing Natural Gas Production. ET Publishing, Houston, Texas, USA.

MANDAL A. 2015. Chemical flood enhanced oil recovery: A review [J]. International Journal of Oil, Gas and Coal Technology, 9 (3): 241-264.

MANTELL M. 2013. Recycling and Reuse of Produced Water to Reduce Freshwater Use in Hydraulic Fracturing Operations [C]//EPA Hydraulic Fracturing Study Water Acquisition Workshop.

MARINE I W. 1974. Geohydrology of buried triassic basin at Savannah river plant, South Carolina [J]. AAPG Bulletin, 58 (9): 1825-1837.

MARINE I W, FRITZ S J. 1981. Osmotic model to explain anomalous hydraulic heads [J]. Water Resources Research, 17 (1): 73-82.

MARMUR A. 1988. Penetration of a small drop into a capillary [J]. Journal of Colloid and Interface Science, 122 (1): 209-219.

MAROUDAS A. 1966. Particles deposition in granular filter media-2 [J]. Filtration and Separation, 3 (2): 115-121.

MARTIN R J. 1972. Time-dependent crack growth in quartz and its application to the creep of rocks [J]. Journal of Geophysical Research, 77: 1405-1419.

MARTIN T, RYLANCE M. 2007. Technologies for mature assets [M]//ECONOMIDES M J, MARTIN T. Chapter 13 in Modern Fracturing, Enhancing Natural Gas Production. ET Publishing, Houston, Texas, USA.

MARTIN W L, ALEXANDER J D, DEW J N. 1958. Process variables of in situ combustion [J]. Petroleum

Transactions, AIME, 213: 28-35.

MATTAX C C, KYTE J R. 1962. Imbibition oil recovery from fractured, water-drive reservoir [J]. SPE Journal, 2 (2): 177-184.

MCCAIN W D. 1989. The Properties of Petroleum Fluids [M]. Tulsa: Penn Well Publishing Company.

MCCURDY R. 2011. EPA Hydraulic Fracturing Workshop 1 [C]//High Rate Hydraulic Fracturing Additives in NonMarcellus Unconventional Shales, February 24-25.

MCGUIRE P L, OKUNO R, GOULD T L, et al. 2016. Ethane-Based EOR: An innovative and profitable EOR opportunity for a low price environment [C]//Improved Oil Recovery Conference.

MCKIBBEN M A, BARNES H L. 1986. Oxidation of pyrite in low temperature acidic solutions: rate laws and surface textures [J]. Geochimica et Cosmochimica Acta, 50 (7): 1509-1520.

MCWHORTER D B, SUNADA D K. 1990. Exact integral solutions for two-phase flow [J]. Water Resources Research, 26 (3): 399-413.

MEHTAR M, BRANGETTO M, ABOU SOLIMAN A, et al. 2010. Effective implementation of high performance water based fluid provides superior shale stability offshore Abu Dhabi [C]//Abu Dhabi International Petroleum Exhibition and Conference.

MENG X, SHENG J J. 2016. Optimization of huff-n-puff gas injection in a shale gas condensate reservoir [J]. Journal of Unconventional Oil and Gas Resources, 16: 34-44.

MENG X, SHENG J J. 2016. Experimental and numerical study of huff-n-puff gas injection to revaporize liquid dropout in shale gas condensate reservoirs [J]. Journal of Natural Gas Science and Engineering, 35: 444-454.

MENG M, GE H, JI W, et al. 2015. Monitor the process of shale spontaneous imbibition in co-current and counter-current displacing gas by using low field nuclear magnetic resonance method [J]. Journal of Natural Gas Science and Engineering, 27: 336-345.

MENG X, SHENG J J, YU Y. 2015. Evaluation of enhanced condensate recovery potential in shale plays by huff-n-puff gas injection [C]//SPE Eastern Regional Meeting.

MENG X, YU Y, SHENG J J, et al. 2015. An experimental study on huff-n-puff gas injection to enhance condensate recovery in shale gas reservoirs [C]//Unconventional Resources Technology Conference.

MENG X, SHENG J J, YU Y. 2017. Experimental and numerical study on enhanced condensate recovery by huff-n-puff gas injection in shale gas condensate reservoirs [J]. SPE Reservoir Evaluation and Engineering: 471-477.

MERCADO SIERRA D P, TREVISAN O V. 2014. Numerical simulation of a dry combustion tube test for a Brazilian heavy oil [C]//SPE Latin American and Caribbean Petroleum Engineering Conference.

MILLER C, TONG S, MOHANTY K K. 2018. A Chemical Blend for Stimulating Production in Oil-Shale Formations [C]//Unconventional Resources Technology Conference.

MIRCHI V, SARAJI S, GOUAL L, et al. 2014. Dynamic interfacial tensions and contact angles of surfactant-in-brine/oil/shale systems: implications to enhanced oil recovery in shale oil reservoirs [C]//SPE Improved Oil Recovery Symposium.

MIRZAE M, DICARLO D. 2013. Imbibition of anionic surfactant solution into oil-wet capillary tubes [J]. Transport in Porous Media, 99: 37-54.

MOGHADAM A A, CHALATURNYK R. 2015. Laboratory investigation of shale permeability [C]//SPE/CSUR Unconventional Resources Conference.

MOHAMMED SINGH L J, SINGHAL A K, SIM S S K. 2006. Screening criteria for carbon dioxide huff 'n' puff operations [C]//SPE/DOE Symposium on Improved Recovery.

MOHANTY K K, TONG S, MILLER C, et al. 2017. Improved hydrocarbon recovery using mixtures of energizing chemicals in unconventional reservoirs [C]//SPE Annual Technical Conference and Exhibition.

MONGER T G, COMA J M. 1988. A laboratory and field evaluation of the CO_2 process for light oil recovery [J]. SPE Reservoir Evaluation and Engineering, 3 (4): 1168-1176.

MONTES A R, GUTIERREZ D, MOORE R G, et al. 2010. Is highpressure air injection (HPAI) simply a flue-gas flood? [J]. Journal of Canadian Petroleum Technology, 49 (2): 56-63.

MOORE T F, SLOBOD R L. 1956. The effect of viscosity and capillarity on the displacement of oil and water [J]. Producers Monthly, 20: 20.

MOORE R G, BELGRAVE J D M, MEHTA R, et al. 1992. Some Insights into the Low-Temperature and High-Temperature In-Situ Combustion Kinetics [C]//SPE/DOE Enhanced Oil Recovery Symposium.

MOORE R G, URSENBACH M G, LAURESHEN C J, et al. 1999. Ramped temperature oxidation analysis of Athabasca oil sands bitumen [J]. Journal of Canadian Petroleum Technology, 38 (13): 1-10.

MOORE R G, MEHTA S A, URSENBACH M G. 2002. A guide to high pressure air injection (HPAI) based oil recovery [C]//SPE/DOE Improved Oil Recovery Symposium.

MOORE J E, CRANDALL D, LOPANO C L, et al. 2017. Carbon Dioxide Induced Swelling of Unconventional Shale Rock and Effects on Permeability [R]. NETL-TRS-92017, NETL Technical Report Series. U. S. Department of Energy, National Energy Technology Laboratory, Morgantown, West Virginia, USA.

MORADIAN Z, SEIPHOORI A, EVANS B. 2017. The role of bedding planes on fracture behavior and acoustic emission response of shale under unconfined compression [C]//51st US Rock Mechanics/Geomechanics Symposium.

MORIN E, MONTEL F. 1995. Accurate predictions for the production of vaporized water [C]//SPE Annual Technical Conference and Exhibition.

MORROW N R, MCCAFFERY F G. 1978. Displacement studies in uniformly wetting porous media [M]// PADDY, G F. Wetting, Spreading and Adhesion. New York: Academic Press: 289-319.

MORROW N R, SONGKRAN B. 1981. Effect of viscous and buoyancy forces on nonwetting phase trapping in porous media [M]//SHAH D O. Surface Phenomena in Enhanced Oil Recovery. New York: Plenum Press: 387-411.

MORSY S, SHENG J J. 2014. Effect of water salinity on shale reservoir productivity [J]. Advances in Petroleum Exploration and Development, 8 (1): 9-14.

MORSY S, SHENG J J. 2014. Imbibition characteristics of the Barnett shale formation [C]//SPE Unconventional Resources Conference.

MORSY S, GOMAA A, SHENG J J, et al. 2013. Potential of improved waterflooding in acid-hydraulically-fractured shale formations [C]//SPE Annual Technical Conference and Exhibition.

MORSY S, SHENG J J, SOLIMAN M Y. 2013. Improving hydraulic fracturing of shale formations by acidizing [C]//SPE Eastern Regional Meeting.

MORSY S, SHENG J J, EZEWU R O. 2013. Potential of waterflooding in shale formations [C]//Nigeria Annual International Conference and Exhibition.

MORSY S, GOMAA A, SHENG J J. 2014. Imbibition characteristics of Marcellus shale formation [C]//SPE Improved Oil Recovery Symposium.

MORSY S, GOMAA A, SHENG J J. 2014. Improvement of Eagle Ford shale formations water imbibition by mineral dissolution and wettability alteration [C]//SPE Unconventional Resources Conference.

MORSY S, HETHERINGTON C J, SHENG J J. 2015. Effect of low-concentration HCl on the mineralogy, physical, and mechanical properties, and recovery factors of some shale [J]. Journal of Unconventional Oil and Gas Resources, 9: 94-102.

MORSY S, GOMAA A, SHENG J J. 2016. Effects of salinity and alkaline concentration on the spontaneous imbibition behavior and rock properties of some shale rocks [J]. International Journal of Petroleum Engineering, 2 (3): 209-224.

MUHAMMAD M, MCFADDEN J, CREEK J. 2003. Asphaltene precipitation from reservoir fluids: asphaltene solubility and particle size vs. pressure [C]//International Symposium on Oilfield Chemistry.

NAJAFABADI N F, DELSHAD M, SEPEHRNOORI K, et al. 2008. Chemical flooding of fractured carbonates using wettability modifiers [C]//SPE Symposium on Improved Oil Recovery.

NELSON T W, MCNEIL J S. 1961. How to engineer an in situ combustion project [J]. Oil and Gas Journal, 69 (23): 58-65.

NEUZIL C E, PROVOST A M. 2009. Recent experimental data may point to a greater role for osmotic pressures in the subsurface [R]. Water Resources Research 45, W03410.

NGHIEM L X, HASSAM M S, NUTAKKI R, et al. 1993. Efficient modelling of asphaltene precipitation [C]// SPE Annual Technical Conference and Exhibition.

NGUYEN D, WANG D, OLADAPO A, et al. 2014. Evaluation of surfactants for oil recovery potential in shale reservoirs [C]//SPE Improved Oil Recovery Symposium.

NI J, JIA H, PU W, et al. 2014. Thermal kinetics study of light oil oxidation using TG/DTG techniques [J]. Journal of Thermal Analysis and Calorimetry, 117: 1349-1355.

NICKLE S K, MEYERS K O, NASH L J. 1987. Shortcomings in the use of TGA/DSC techniques to evaluate in-situ combustion [C]//SPE Annual Technical Conference and Exhibition.

NICOT J, SCANLON B. 2012. Water use for Shale-gas production in Texas, U. S. [J]. Environmental Science and Technology, 46 (6): 3580-3586.

NIU B, REN S, LIU Y, et al. 2011. Low-temperature oxidation of oil components in an air injection process for improved oil recovery [J]. Energy and Fuels, 25 (10): 4299-4304.

North America Mfg C. o. 1986. North American Combustion Handbook [M] 3rd. Cleveland, OH 44105, USA.

North Dakota Council. 2012. Available from: http://www. ndoil. org/? id = 78&advancedmode = 1&category = BakkenpBasics.

NPC (National Petroleum Council). 2011. Unconventional Oil, Prepared by the Unconventional Oil Subgroup of the Resource & Supply Task Group.

ODUSINA E O, SONDERGELD C H, RAI C S. 2011. NMR study of shale wettability [C]//Canadian Unconventional Resources Conference.

OJHA S P, MISRA S, TINNI A, et al. 2017. Relative permeability estimates for Wolfcamp and Eagle Ford shale samples from oil, gas and condensate windows using adsorption-desorption measurements [J]. Fuel, 208: 52-64.

OLSON D K, HICKS M D, HURD B G, et al. 1990. Design of a novel flooding system for an oil-wet central texas carbonate reservoir [C]//SPE/DOE Enhanced Oil Recovery Symposium.

ONAISI A, AUDIBERT A, BIEBER M T, et al. 1993. X-ray tomography vizualization and mechanical modelling of swelling shale around the wellbore [J]. Journal of Petroleum Science and Engineering, 9: 313-329.

ORANGI A, NAGARAJAN N R, HONARPOUR M M, et al. 2011. Unconventional shale oil and gas-condensate reservoir production, impact of rock, fluid, and hydraulic fractures [C]//SPE Hydraulic Fracturing Technology Conference.

OROZCO D, FRAGOSO A, SELVAN K, et al. 2018. Eagle ford huff-and-puff gas injection pilot: Comparison of reservoir simulation, material balance and real performance of the pilot well [C]//SPE Annual Technical and Exhibition.

OTSU N. 1979. A threshold selection methods from gray-level histograms [J]. IEEE Transactions on Systems, Man, and Cybernetics, 9: 62-66.

PAGELS M, HINKEL J J, WILLBERG D M. 2012. Measuring capillary pressure tells more than pretty pictures [C]//SPE International Symposium and Exhibition on Formation Damage Control.

PAKTINAT J, PINKHOUSE J A, STONER W P, et al. 2005. Case histories: post-frac fluid recovery improvements of Appalachian Basin gas reservoirs [C]//SPE Eastern Regional Meeting.

PALISCH T T, VINCENT M, HANDREN P J. 2010. Slickwater fracturing: Food for thought [J]. SPE Production and Operations, 25 (3): 327-344.

PARIA S, KHILAR K C. 2004. A review on experimental studies of surfactant adsorption at the hydrophilic solidewater interface [J]. Advances in Colloid and Interface Science, 110: 75-95.

PARK J H, SHIN H J, KIM M H. 2016. Application of montmorillonite in bentonite as a pharmaceutical excipient in drug delivery systems [J]. Journal of Pharmaceutical Investigation, 46 (4): 363-375.

PARMAR J S, DEHGHANPOUR H, KURU E. 2013. Drainage against gravity: Factors impacting the load recovery in fractures [C]//SPE Unconventional Resources Conference.

PARMAR J, DEHGHANPOUR H, KURU E. 2014. Displacement of water by gas in propped fractures: Combined effects of gravity, surface tension, and wettability [J]. Journal of Unconventional Oil and Gas Resources, 5: 10-21.

PARRA J E, POPE G A, MEJIA M, et al. 2016. New approach for using surfactants to enhance oil recovery from naturally fractured oil-wet carbonate reservoirs [C]//SPE Annual Technical Conference and Exhibition.

PEDLOW J, SHARMA M. 2014. Changes in shale fracture conductivity due to interactions with water-based fluids [C]//SPE Hydraulic Fracturing Technology Conference.

PENG D Y, ROBINSON D B. 1976. A new two-constant equation of state [J]. Industrial and Engineering Chemistry Fundamentals, 15 (1): 59-64.

PENG S, XIAO X. 2017. Investigation of multiphase fluid imbibition in shale through synchrotron-based dynamic micro-CT imaging [J]. Journal of Geophysical Research Solid Earth, 122: 4475-4491.

PENNY G S, PURSLEY J T. 2007. Field studies of drilling and completion fluids to minimize damage and enhance gas production in unconventional reservoirs [C]//European Formation Damage Conference.

PERRY R H, CHILTON C H, KIRKPATRICK S D. 1963. Chemical Engineers Handbook [M]. New York: McGraw-Hill Book Co.

PETIJOHN F J. 1957. Sedimentary Rocks [M]. 2nd ed. New York: Harper & Row Publishers.

PHILLIPS Z D, HALVERSON R J, STRAUSS S R, et al. 2009. A case study in the Bakken formation: Changes to hydraulic fracture stimulation treatments result in improved oil production and reduced treatment costs [C]// Rocky Mountain Oil & Gas Technology Symposium.

POTAPENKO D I, TINKHAM S K, LECERF B, et al. 2009. Barnett shale refracture stimulations using a novel diversion technique [C]//SPE Hydraulic Fracturing Technology Conference.

PRASAD R S, SLATER J A. 1986. High-Pressure combustion tube tests [C]//SPE Enhanced Oil Recovery Symposium.

PRATS M. 1982. Thermal Recovery [R]. SPE Monograph, vol. 7. American Institute of Mining, Mettallurgical, and Petroleum Engineers, Inc., Dallas, Texas, USA.

PU W F, LIU P G, LI Y B, et al. 2015. Thermal characteristics and combustion kinetics analysis of heavy crude oil catalyzed by metallic additives [J]. Industrial and Engineering Chemistry Research, 54 (46): 11525-11533.

RAGHAVAN R, CHIN L Y. 2002. Productivity changes in reservoirs with stress-dependent permeability [C]//

SPE Annual Technical Conference and Exhibition.

RAHMAN M K, HOSSAIN M M, RAHMAN S S. 2002. A shear-dilation-based model for evaluation of hydraulically stimulated naturally fractured reservoirs [J]. International Journal for Numerical and Analytical Methods in Geomechanics, 26 (5): 469-497.

RAI R R. 2003. Parametric Study of Relative Permeability Effects on Gas-Condensate Core Floods and Wells [D]. Austin: University of Texas at Austin.

RAI S K, BERA A, MANDAL A. 2015. Modeling of surfactant and surfactantepolymer flooding for enhanced oil recovery using STARS (CMG) software [J]. Journal of Petroleum Exploration and Production Technology, 5 (1): 1-11.

RAPOPORT L A. 1955. Scaling laws for use in design and operation of water-oil flow models [J]. Transactions of the American Institute of Mining, Metallurgical and Petroleum Engineers, Incorporated (AIME), 204: 143-150.

REN S R, GREAVES M, RATHBONE R R. 1999. Oxidation kinetics of North sea light crude oils at reservoir temperature [J]. Trans IChemE, 77: 385-394.

RILIAN N A, SUMESTRY M, WAHYUNINGSIH. 2010. Surfactant stimulation to increase reserves in carbonate reservoir "a case study in Semoga field" [C]//SPE EUROPEC/EAGE Annual Conference and Exhibition.

RODRIGUEZ E, COMES J, TRUJILLO M, et al. 2012. A framework for consolidating air injection experimental data [C]//SPE Latin American and Caribbean Petroleum Engineering Conference.

ROSHAN H, EHSANI S, MARJO C E, et al. 2015. Mechanisms of water adsorption into partially saturated fractured shales: An experimental study [J]. Fuel, 159: 628-637.

ROSHAN H, AL-YASERI A Z, SARMADIVALEH M, et al. 2016. On wettability of shale rocks [J]. Journal of Colloid and Interface Science, 475: 104-111.

ROSS J K, BUSTIN R M. 2009. The importance of shale composition and pore structure upon gas storage potential of shale gas reservoirs [J]. Marine and Petroleum Geology, 26: 916-927.

ROSTAMI A, NASR-EL-DIN H A. 2014. Microemulsion vs. surfactant assisted gas recovery in low permeability formations with water blockage [C]//Western North American and Rocky Mountain Joint Meeting.

ROYCHAUDHURI B, XU J, TSOTSIS T T, et al. 2014. Forced and spontaneous imbibition experiments for quantifying surfactant efficiency in tight shales [C]//SPE Western North American and Rocky Mountain Joint Meeting.

SAGDEEV D, FOMINA M, MUKHAMEDZYANOV G K, et al. 2013. Experimental study of the density and viscosity of n-heptane at temperatures from 298K to 470K and pressure upto 245MPa [J]. International Journal of Thermophysics, 34 (1): 1-33.

SAKTHIKUMAR S, MADAOUI K, CHASTANG J. 1995. An investigation of the feasibility of air injection into a waterflood light oil reservoir [C]//SPE Middle East Oil Show.

SALATHIEL R A. 1973. Oil recovery by surface film drainage in mixed-wettability rocks [J]. Journal of Petroleum Technology, 25: 1216-1224.

SALEHI M, JOHNSON S J, LIANG J T. 2008. Mechanistic study of wettability alteration using surfactants with applications in naturally fractured reservoirs [J]. Langmuir, 24: 14099-14107.

SAMANTA A, BERA A, OJHA K, et al. 2012. Comparative studies on enhanced oil recovery by alkaliesurfactant and polymer flooding [J]. Journal of Petroleum Exploration and Production Technology, 2 (2): 67-74.

SANCHEZ-RIVERA D, MOHANTY K, BALHOFF M. 2015. Reservoir simulation and optimization of huff-and-puff operations in the Bakken shale [J]. Fuel, 147: 82-94.

SANTOS H, FONTOURA S A B D. 1997. Concepts and misconceptions of mud selection criteria: How to minimize borehole stability problems？［C］//Annual Technical Conference and Exhibition.

SANTOS H, FONTOURA S A B D, GUPTA A, et al. 1997. Laboratory tests for wellbore stability in deepwater, Brazil［C］//Fifth Latin American and Caribbean Petroleum Engineering Conference and Exhibition.

SANTOS H, REGO L F B, DA FONTOURA S A B. 1997. Integrated study of shale stability in deepwater, Brazil ［C］//Latin American and Caribbean Petroleum Engineering Conference.

SARMA H K, DAS S C. 2009. Air injection potential in Kenmore oilfield in Eromanga Basin, Australia：A screening study through thermogravimetric and calorimetric analyses［C］//SPE Middle East Oil and Gas Show and Conference.

SARMA H K, YAZAWA N, MOORE R G, et al. 2002. Screening of three light-oil reservoirs for application of air injection process by accelerating rate calorimetric and TG/PDSC tests［J］. Journal of Canadian Petroleum Technology, 41（3）：50-61.

SAYED M A, AL-MUNTASHERI G A. 2014. Liquid bank removal in production wells drilled in gas-condensate reservoirs：A critical review［C］//SPE International Symposium and Exhibition on Formation Damage Control.

SAYED M, LIANG F, OW H. 2018. Novel surface modified nanoparticles for mitigation of condensate and water blockage in gas reservoirs［C］//SPE International Conference and Exhibition on Formation Damage Control.

SCHECHTER D S, DENQEN Z, ORR F M. 1991. Capillary imbibition and gravity segregation in low IFT systems ［C］//SPE Annual Technical Conference and Exhibition.

SCHECHTER D S, ZHOU D, ORR F M. 1994. Low IFT drainage and imbibition［J］. Journal of Petroleum Science and Engineering, 11：283-300.

SCHEPERS K C, NUTTALL B C, OUDINOT A Y, et al. 2009. Reservoir modeling and simulation of the devonian gas shale of eastern Kentucky for enhanced gas recovery and CO_2 storage［C］//Annual 2009 SPE International Conference on Capture, Storage, and Utilization.

SCHMIDK S, GEIGER S. 2013. Universal scaling of spontaneous imbibition for arbitrary petrophysical properties：water-wet and mixed-wet states and Handy's conjecture［J］. Journal of Petroleum Science and Engineering, 101：44-61.

SCHMIDT M, SEKAR B K. 2014. Innovative Unconventional2 EOR-A light EOR an unconventional tertiary recovery approach to an unconventional Bakken reservoir in southeast Saskatchewan［C］//21st World Petroleum Congress.

SCHMITT L, FORSANS T, SANTARELLI F J. 1994. Shale testing and capillary phenomena［J］. International Journal of Rock Mechanics and Mining Science and Geomechanics Abstracts, 31（5）：411-427.

SCHOLZ C H. 1972. Static fatigue of quartz［J］. Journal of Geophysical Research, 77：2104-2114.

SCHWARTZ M W, MUKHERJEE A K. 1974. The migration of point defects in crack tip stress fields［J］. Materials Science and Engineering, 13：175-179.

SEETHEPALLI A, ADIBHATLA B, MOHANTY K K. 2004. Physicochemical interactions during surfactant flooding of fractured carbonate reservoirs［J］. SPE Journal, 9（4）：411-418.

SETTARI A, SULLIVAN R B, BACHMAN R C. 2002. The modeling of the effect of water blockage and geomechanics in waterfracs［C］//SPE Annual Technical Conference and Exhibition.

SHANLEYK W, CLUFF R M, ROBINSON J W. 2004. Factors controlling prolific gas production from low-permeability sandstone reservoirs：implications for resource assessment, prospect development, and risk analysis［J］. AAPG Bulletin, 88（8）：1083-1121.

SHARMA M M, MANCHANDA R. 2015. The role of induced un-propped（IU）fractures in unconventional oil and gas wells［C］//SPE Annual Technical Conference and Exhibition.

SHARMA M M, MANCHANDA R, GILMORE E D. 2013. Systems and methods for injection and production from a single wellbore. WO2013159007A1 ［P］. 2013-10-24.

SHARMA G, MOHANTY K. 2013. Wettability alteration in high-temperature and high-salinity carbonate reservoirs ［J］. SPE Journal, 18 (4): 646-655.

SHARMA S, SHENG J J. 2017. A comparative study of huff-n-puff gas and solvent injection in a shale gas condensate core ［J］. Journal of Natural Gas Science and Engineering, 38: 549-565.

SHARMA S, SHENG J J. 2018. Comparison of huff-n-puff gas injection and solvent injection in large-scale shale gas condensate reservoirs ［J］. Journal of Natural Gas Science and Engineering, 52: 434-453.

SHARMA M M, WUNDERLICH R W. 1987. The alteration of rock properties due to interactions with drilling-fluid components ［J］. Journal of Petroleum Science and Engineering, 1 (2): 127-143.

SHARMA S, SHENG J J, SHEN Z. 2018. A comparative experimental study of huff-n-puff gas injection and surfactant treatment in shale gas-condensate cores ［J］. Energy and Fuels, 32: 9121-9131.

SHARP K V, ADRIAN R J, SANTIAGO J G, et al. 2001. Liquid Flow in Microchannels ［M］//The MEMS Handbook (Gad El-Hak, M.). CRC Press.

SHAYEGI S, JIN Z, SCHENEWERK P, et al. 1996. Improved cyclic stimulation using gas mixtures ［C］//SPE Annual Technical Conference and Exhibition.

SHEN Z, SHENG J J. 2016. Experimental study of asphaltene Aggregation during CO_2 and CH_4 injection in shale oil reservoirs ［C］//SPE Improved Oil Recovery Conference.

SHEN Z, SHENG J J. 2017. Experimental study of permeability reduction and pore size distribution change due to asphaltene deposition during CO_2 huff and puff injection in Eagle Ford shale ［J］. Asia-Pacific Journal of Chemical Engineering, 12 (3): 381-390.

SHEN Z, SHENG J J. 2017. Investigation of asphaltene deposition mechanisms during CO_2 huff-n-puff injection in Eagle Ford shale ［J］. Petroleum Science and Technology, 35 (20): 1960-1966.

SHEN Z, SHENG J J. 2018. Experimental and numerical study of permeability reduction caused by asphaltene precipitation and deposition during CO_2 huff and puff injection in Eagle Ford shale ［J］. Fuel, 211: 432-445.

SHEN Z, SHENG J J. 2019. Optimization strategy to reduce asphaltene deposition associated damage during CO_2 huff-n-puff injection in shale ［J］. Arabian Journal for Science and Engineering Published Online.

SHEN Y, GE H, LI C, et al. 2016. Water imbibition of shale and its potential influence on shale gas recovery-a comparative study of marine and continental shale formations ［J］. Journal of Natural Gas Science and Engineering, 35: 1121-1128.

SHEN Y, GE H, MENG M, et al. 2017. Effect of water imbibition on shale permeability and its influence on gas production ［J］. Energy and Fuels, 31: 4973-4980.

SHENG J J. 2011. Modern Chemical Enhanced Oil Recovery: Theory and Practice ［M］. Burlington: Elsevier.

SHENG J J. 2012. Surfactant Enhanced Oil Recovery in Carbonate Reservoirs, Book Chapter in Enhanced Oil Recovery Field Cases ［M］. Burlington: Elsevier.

SHENG J J. 2013a. Review of surfactant enhanced oil recovery in carbonate reservoirs ［J］. Advances in Petroleum Exploration and Development, 6 (1): 1-10.

SHENG J J. 2013b. Comparison of the effects of wettability alteration and IFT reduction on oil recovery in carbonate reservoirs ［J］. Asia-Pacific Journal of Chemical Engineering, 8 (1): 154-161.

SHENG J J. 2013c. Introduction to MEOR and Field Applications in China, Chapter 19 in EOR Field Case Studies ［M］. Burlington: Elsevier: 543-560.

SHENG J J. 2013d. Foams and Their Applications in Enhancing Oil Recovery, Chapter 11 in EOR Field Case Studies ［M］. Burlington: Elsevier: 251-280.

SHENG J J. 2014. Critical review of low-salinity waterflooding ［J］. Journal of Petroleum Science and Engineering,

120：216-224.

SHENG J J. 2015a. Preferred calculation formula and buoyancy effect on capillary number ［J］. Asia-Pacific Journal of Chemical Engineering，10（3）：400-410.

SHENG J J. 2015b. Increase liquid oil production by huff-n-puff of produced gas in shale gas condensate reservoirs ［J］. Journal of Unconventional Oil and Gas Resources，11：19-26.

SHENG J J. 2015c. Status of alkaline flooding technology ［J］. Journal of Petroleum Engineering and Technology，5（1）：44-50.

SHENG J J. 2015d. Enhanced oil recovery in shale reservoirs by gas injection，invited review ［J］. Journal of Natural Gas Science and Engineering，22：252-259.

SHENG J J. 2017a. Critical review of field EOR projects in shale and tight reservoirs ［J］. Journal of Petroleum Science and Engineering，159：654-665.

SHENG J J. 2017b. Optimization of huff-n-puff gas injection in shale oil reservoirs ［J］. Petroleum，3：431-437.

SHENG J J. 2017c. What type of surfactants should be used to enhance spontaneous imbibition in shale and tight reservoirs? ［J］. Journal of Petroleum Science and Engineering，159：635-643.

SHENG J J，Chen K. 2014. Evaluation of the EOR potential of gas and water injection in shale oil reservoirs ［J］. Journal of Unconventional Oil and Gas Resources，5：1-9.

SHENG J J，MAINI B B，HAYES R E，et al. 1997. Experimental study of foamy oil stability ［J］. Journal of Canadian Petroleum Technology，36（4）：31-37.

SHENG J J，MAINI B B，HAYES R E，et al. 1998. A non-equilibrium model to calculate foamy oil properties ［J］. Journal of Canadian Petroleum Technology，38（4）：38-45.

SHENG J J，MODY F，GRIFFITH P J，et al. 2016. Potential to increase condensate oil production by huff-n-puff gas injection in a shale condensate reservoir ［J］. Journal of Natural Gas Science and Engineering，28：46-51.

SHI C，HORNE R N. 2008. Improved recovery in gas-condensate reservoirs considering compositional variations ［C］//SPE Annual Technical Conference and Exhibition.

SHOAIB S，HOFFMAN B T. 2009. CO_2 flooding the Elm Coulee field ［C］//SPE Rocky Mountain Petroleum Technology Conference.

SHOWALTER W E. 1963. Combustion-drive tests ［J］. SPE Journal，3（1）：53-58.

SHULER P J，Tang H，Lu Z，et al. 2011. Chemical process for improved oil recovery from Bakken shale ［C］// Canadian Unconventional Resources Conference.

SIDDIQUIM A Q，ALI S，FEI H，et al. 2018. Current understanding of shale wettability：A review on contact angle measurements ［J］. Earth-Science Reviews，181：1-11.

SIEBOLD A，WALLISER A，NARDIN M，et al. 1997. Capillary rise for thermodynamic characterization of solid particle surface ［J］. Journal of Colloid and Interface Science，186（1）：60-70.

SIGMUND P M. 1976. Prediction of molecular diffusion at reservoir conditions. Part Ⅱ-estimating the effects of molecular diffusion and convective mixing in multicomponent systems ［J］. Journal of Canadian Petroleum Technology，15（3）：53-62.

SINGER P C，STUMM W. 1970. Acidic mine drainage：the rate-determining step ［J］. Science，167（3921）：1121-1123.

SINGH H. 2016. A critical review of water uptake by shales ［J］. Journal of Natural Gas Science and Engineering，34：751-766.

SINGH R，MOHANTY K K. 2015. Foams with wettability-altering capabilities for oil-wet carbonates：A synergistic approach ［C］//SPE Annual Technical Conference and Exhibition.

SIRATOVICH P A，SASS I，HOMUTH S，et al. 2011. Thermal stimulation of geothermal reservoirs and laboratory investigation of thermally-induced fractures [C]//Prod. , Geothermal Resources Council Annual Meeting, 35: 1529-1535.

SOLIMAN M Y, EAST L E, AUGUSTINE J R. 2010. Fracturing design aimed at enhancing fracture complexity [C]//SPE EUROPEC/EAGE Annual Conference and Exhibition.

SONG C, YANG D. 2013. Performance evaluation of CO_2 huff-n-puff processes in tight oil formations [C]//SPE Unconventional Resources Conference Canada.

SONG Y, ZHUO L, LIN J, et al. 2015. The concept and the accumulation characteristics of unconventional hydrocarbon resources [J]. Petroleum Science, 12: 563-572.

SØREIDE I, WHITSON C H. 1992. Peng-Robinson predictions for hydrocarbons, CO_2, N_2, and H_2S with pure water and NaCl brine [J]. Fluid Phase Equilibria, 77: 217-240.

SORENSEN J A, HAWTHORNE S B, JIN L, et al. 2018. Subtask 2. 20-Bakken CO_2 Torage and Enhanced Recovery Program-Phase II, Final Report to National Energy Technology Laboratory [J]. Department of Energy.

SORENSEN J A, PEKOT L J, TORRES J A, et al. 2018. Field test of CO_2 injection in a vertical middle bakken well to evaluate the potential for enhanced oil recovery and CO_2 storage [C]//Unconventional Resources Technology Conference.

SORENSEN J A, HAMLING J A. 2016. Historical Bakken Test Data Provide Critical Insights on EOR in Tight Oil Plays [J]. Available.

SPEIGHT J G. 2017. Deep Shale Oil and Gas [M]. Elsevier, Cambridge, Massachusetts, USA.

STANDNES D C, AUSTAD T. 2000. Wettability alteration in chalk 2. Mechanism for wettability alteration from oil-wet to water-wet using surfactants [J]. Journal of Petroleum Science and Engineering, 28: 123-143.

STANDNES D C, NOGARET L A D, CHEN H, et al. 2002. An evaluation of spontaneous imbibition of water into oil-wet carbonate reservoir cores using a nonionic and a cationic surfactant [J]. Energy and Fuels, 16 (6): 1557-1564.

STEIGER R P. 1982. Fundamentals and use of potassium/polymer drilling fluids to minimize drilling and completion problems associated with hydratable clays [J]. Journal of Petroleum Technology, 34 (8): 1661-1670.

SUN Y, BAI B, WEI M. 2015. Microfracture and surfactant impact on linear cocurrent brine imbibition in gas-saturated shale [J]. Energy and Fuels, 29: 1438-1446.

SWAIN M V, WILLIAMS J S, LAWN B R, et al. 1973. A comparative study of the fracture of various silica modifications using the Hertzian test [J]. Journal of Materials Science, 8: 1153-1164.

TABATABAL A, GONZALEZ M V, HARWELL J H, et al. 1993. Reducing surfactant adsorption in carbonate reservoirs [J]. SPERE: 117-122.

TADEMA H J, WIEJDEMA J. 1970. Spontaneous ignition of oil sands [J]. Oil and Gas Journal, 68 (50): 77-80.

TAGAVIFAR M, BALHOFF M, Mohanty K, et al. 2019. Dynamics of lowinterfacial-tension imbibition in oil-wet carbonates [J]. SPE Journal: 1-16.

TAKAHASHI S, KOVSCEK A R. 2009. Spontaneous counter current imbibition and forced displacement characteristics of low permeability, siliceous rocks [C]//Western Regional Meeting.

TALEGHANI A D, AHMADI M, WANG W, et al. 2014. Thermal reactivation of microfractures and its potential impact on hydraulic-fracture efficiency [J]. SPE Journal, 19 (5): 761-770.

TALENS F I, PATON P, GAYA S. 1998. Micellar flocculation of anionic surfactants [J]. Langmuir, 14: 5046-5050.

TANG G Q, FIROOZABADI A. 2002. Relative permeability modification in gas/liquid systems through wettability alteration to intermediate gas wetting [J]. SPE Reservoir Evaluation and Engineering, 5 (6): 427-436.

TANGIRALA S, SHENG J J. 2018. Effects of invasion of water with and without surfactant on the oil production and flowback through an oil wet matrix e a microfluidic chip based study [J]. Open Journal of Yangtze Gas and Oil, 3: 278-292.

TANGIRALA S, SHENG J J. 2019a. Investigation of Oil Production and Flowback in Hydraulically-Fractured Water-Wet Formations Using the Lab-On-A-Chip Method [J]. Fuel.

TANGIRALA S, SHENG J J. 2019b. Roles of Surfactants in Invasion, Soaking and Flow Back in Oil-Wet Cores [J].

TANGIRALA S, SHENG J J, TU J. 2019. Chip flood (vs) core flood e assessment of flowback and oil productivity in oil-wet hydraulic fractured rocks [J]. Open Journal of Yangtze Gas and Oil, 4: 59-78.

TCHISTIAKOV A A. 2000. Colloid chemistry of in-situ clay-induced formation damage. Society of Petroleum Engineers [C]//SPE International Symposium on Formation Damage Control.

TEKLU T W, ALAMERI W, KAZEMI H, et al. 2015. Contact angle measurements on conventional and unconventional reservoir cores [C]//Unconventional Resources Technology Conference.

THOMAS G A, MONGER-MCCLURE T G. 1991. Feasibility of cyclic CO_2 injection for light-oil recovery [J]. SPE Reservoir Evaluation and Engineering: 179-184.

THOMAS F B, ZHOU X, BENNION D B, et al. 1995. Towards optimizing gas condensate reservoirs [C]//Annual Technical Meeting of Petroleum Society of Canada.

THOMAS A, KUMAR A, RODRIGUES K, et al. 2014. Understanding water flood response in tight oil formations: A case study of the lower Shaunavon [C]//SPE/CSUR Unconventional Resources Conference.

TIAB D, DONALDSON E C. 2014. Petrophysics e Theory and Practice of Measuring Reservoir Rock and Fluid Transport Properties [M]. 2nd ed. Burlington: Elsevier.

TINGAS J. 2000. Numerical Simulation of Air Injection Processes in High Pressure Light & Medium Oil Reservoirs [D]. Somerset: University of Bath.

TODD M R, LONGSTAFF W J. 1972. The development, testing, and application of a numerical simulator for predicting miscible flood performance [J]. Journal of Petroleum Technology, 24 (7): 874-882.

TOVAR F D, EIDE O, GRAUE A, et al. 2014. Experimental investigation of enhanced recovery in unconventional liquid reservoirs using CO_2: A look ahead to the future of unconventional EOR [C]//SPE Unconventional Resources Conference.

TOWNSEND D I, TOU J C. 1980. Thermal hazard evaluation by an accelerating rate calorimeter [J]. Thermochimica Acta, 3791: 1-30.

TU J, SHENG J J. 2019. Experimental and numerical study of shale oil EOR by surfactant additives in fracturing fluid [C]//Unconventional Resources Technology Conference.

TURTA A T. 2013. Situ Combustion, Chapter 18 in EOR Field Case Studies [M]//Sheng J J, Ed. Burlington: Elsevier: 447-541.

TURTA A T, SINGHAL A K. 2001. Reservoir engineering aspects of light-oil recovery by air injection [J]. SPE Reservoir Evaluation and Engineering, 4 (4): 336-344.

VAN BATENBURG D W, DE ZWART A H, DOUSH M. 2010. Water alternating high pressure air injection [C]//SPE Improved Oil Recovery Symposium.

VAN OLPHEN H. 1963. An Introduction to Clay Colloid Chemistry: For Clay Technologists, Geologists, and Soil Scientists [J]. Interscience Publishers.

VAN OLPHEN H. 1977. Clay Colloid Chemistry [M]. 2nd ed. New York: John Wiley & Sons Inc.

VAN OSS C J, GIESE R F, LI Z, et al. 1992. Determination of contact angles and pore sizes of porous media by column and thin layer wicking [J]. Journal of Adhesion Science and Technology, 6: 413-428.

VANDECASTEELE I, MARÍ RIVERO I, SALA S, et al. 2015. Impact of shale gas development on water resources: A case study in northern Poland [J]. Environmental Management, 55 (6): 1285-1299.

VENGOSH A, JACKSON R, WARNER N, et al. 2014. A critical review of the risks to water resources from unconventional shale gas development and hydraulic fracturing in the United States [J]. Environmental Science and Technology, 48 (15): 8334-8348.

VIJAPURAPU C S, RAO D N. 2004. Compositional effects of fluids on spreading, adhesion and wettability in porous media [J]. Colloids and Surfaces A: Physicochemical and Engineering Aspects, 241 (1-3): 335-342.

VINCENT M C. 2010. Refracs-why do they work, and why do they fail in 100 published field studies? [C]//SPE Annual Technical Conference and Exhibition.

VINCENT M C. 2011. Restimulation of unconventional reservoirs: When are refracs beneficial? [J]. Journal of Canadian Petroleum Technology, 50 (5): 36-52.

VON ENGELHARDT W, LUBBEN H. 1957. Study of the influence of interfacial stress and contact angle on the displacement of oil by water in porous material, 11-test results [J]. Erdol und Kohle, 10 (12): 826-830.

VOSSOUGHI S, WILLHITE G, EL SHOUBARY Y, et al. 1983. Study of the clay effect on crude oil combustion by thermogravimetry and differential scanning calorimetry [J]. Journal of Thermal Analysis, 27 (1): 17-36.

WALTMAN C, WARPINSKI N, HEINZE J. 2005. Comparison of single and dual array microseismic mapping techniques in the Barnett Shale [J]. SEG Technical Program Expanded Abstracts, 1 (24): 1261.

WAN T, SHENG J J. 2015a. Compositional modelling of the diffusion effect on EOR process in fractured shale-oil reservoirs by gas flooding [J]. Journal of Canadian Petroleum Technology, 54 (2): 107-115.

WAN T, SHENG J J. 2015b. Evaluation of the EOR potential in hydraulically fractured shale oil reservoirs by cyclic gas injection [J]. Petroleum Science and Technology, 33: 812-818.

WAN T, SHENG J J, SOLIMAN M Y. 2013a. Evaluation of the EOR potential in shale oil reservoirs by cyclic gas injection [C]//SPWLA 54th Annual Logging Symposium.

WAN T, SHENG J J, SOLIMAN M Y. 2013b. Evaluation of the EOR potential in fractured shale oil reservoirs by cyclic gas injection [C]//Unconventional Resources Technology Conference.

WAN T, MENG X, SHENG J J, et al. 2014a. Compositional modeling of EOR process in stimulated shale oil reservoirs by cyclic gas injection [C]//SPE Improved Oil Recovery Symposium.

WAN T, YU Y, SHENG J J. 2014b. Comparative study of enhanced oil recovery efficiency by CO_2 injection and CO_2 huff-n-puff in stimulated shale oil reservoirs [C]//AIChE Annual Meeting.

WAN T, YU Y, SHENG J J. 2015. Experimental and numerical study of the EOR potential in liquid-rich shales by cyclic gas injection [J]. Journal of Unconventional Oil and Gas Resources, 12: 56-67.

WANG J, RAHMAN S S. 2015. An investigation of fluid leak-off due to osmotic and capillary effects and its impact on micro-fracture generation during hydraulic fracturing stimulation of gas shale [C]//Europec.

WANG X K, SHENG J J. 2017a. Discussion of liquid threshold pressure gradient [J]. Petroleum, 3: 232-236.

WANG X K, SHENG J J. 2017b. Effect of low-velocity non-darcy flow on well production performance in shale and tight oil reservoirs [J]. Fuel, 190: 41-46.

WANG S, CIVAN F, STRYCKER A R. 1999. Simulation of paraffin and asphaltene deposition in porous media [C]//SPE International Symposium on Oilfield Chemistry.

WANG X, LUO P, ER V, et al. 2010. Assessment of CO_2 flooding potential for Bakken formation, Saskatchewan [C]//SPE Canadian Unconventional Resources and International Petroleum Conference.

WANG D, BUTLER R, LIU H, et al. 2011. Flow-Rate behavior and imbibition in shale [J]. SPE Reservoir Evaluation and Engineering, 14 (4): 485-492.

WANG G, ZHAO Z, LI K, et al. 2015. Spontaneous imbibition laws and the optimal formulation of fracturing fluid during hydraulic fracturing in Ordos Basin [J]. Procedia Engineering, 126: 549-553.

WASHBURN E W. 1921. Dynamics of capillary flow [J]. Physical Review, 17 (3): 273-283.

WEI F R. 2016. Discussion of high-volume water injection and soaking effect in an ultralow permeability tight formation [J]. Exploration and Development, 3: 155-157, 180.

WEINHEIMER R M, EVANS D F, CUSSLER E L. 1981. Diffusion in surfactant solutions [J]. Journal of Colloid and Interface Science, 80 (2): 357-368.

WEISS W W, XIE X, WEISS J, et al. 2006. Artificial intelligence used to evaluate 23 single-well surfactant-Soak treatments [J]. SPE Reservoir Evaluation and Engineering, 6: 209-216.

WENG X, SESETTY V, KRESSE O. 2015. Investigation of shear-induced permeability in unconven tional reservoirs [C]//49th US Rock Mechanics/Geomechanics Symposium.

WIEDERHORN S M. 1978. Mechanisms of subcritical crack growth in glass [M]//Fracture Mechanics of Ceramics. New York: Plenum Press: 549-580.

WIJAYA N, SHENG J J. 2019a. Effect of desiccation on shut-in benefits in removing water blockage in tight water-wet cores [J]. Fuel, 244: 314-323.

WIJAYA N, SHENG J J. 2019b. Shut-in effect in removing water blockage in shale-oil reservoirs with stress-dependent permeability considered [J]. SPE Reservoir Evaluation and Engineering: 1-12.

WIJAYA N, SHENG J J. 2019c. Comparative study of well soaking timing (pre vs. post flowback) for water block removal from matrix-fracture interface [J]. Petroleum, 6 (3): 7.

WIJAYA N, SHENG J J. 2019d. Mitigating near-fracture blockage and enhancing oil recovery in tight reservoirs by adding surfactants in hydraulic fracturing fluid [J]. Revision submitted to Journal of Petroleum Science and Engineering.

WIJAYA N, SHENG J J. 2019e. Maximizing long-term oil recovery in tight reservoirs by adding surfactants in hydraulic fracturing fluid: Optimum interfacial tension and wettability criteria [J]. Submitted to Colloids and Surfaces A: Physicochemical and Engineering Aspects.

WONG R C K. 1998. Swelling and softening behaviour of La Biche shale [J]. Canadian Geotechnical Journal, 35: 206-221.

WOOD T, MILNE B. 2011. Waterflood Potential Could Unlock Billions of Barrels: Crescent Point Energy.

XIE X, WEISS W W, TONG Z, et al. 2005. Improved oil recovery from carbonate reservoirs by chemical stimulation [J]. SPE Journal, 10 (3): 276-285.

XU M, DEHGHANPOUR H. 2014. Advances in understanding wettability of gas shales [J]. Energy and Fuels, 28 (7): 4362-4375.

XU L, FU Q. 2012. Ensuring better well stimulation in unconventional oil and gas formations by optimizing surfactant additives [C]//SPE Western Regional Meeting.

XU T, SPYCHER N, SONNENTHAL E, et al. 2012. TOUGHREACT USER's Guide: A Simulator Program for Non-isothermal Multiphase Reactive Transport in Variably Saturated Geological Media. Version 2. 0.

XUE H, ZHOU S, JIANG Y, et al. 2018. Effects of hydration on the microstructure and physical properties of shale [J]. Petroleum Exploration and Development, 45 (6): 1146-1153.

YAICH E, WILLIAMS S, BOWSER A, et al. 2015. A case study: the impact of soaking on well performance in the Marcellus [C]//Unconventional Resources Technology Conference.

YANQ, LEMANSKI C, KARPYN Z T, et al. 2015. Experimental investigation of shale gas production impairment due to fracturing fluid migration during shut-in time [J]. Journal of Natural Gas Science and Engineering, 24: 99-105.

YANG H D, WADLEIGH E E. 2000. Dilute surfactant IOR e design improvement for massive, fractured carbonate applications [C]//SPE International Petroleum Conference and Exhibition.

YANG L, GE H, SHEN Y, et al. 2015. Imbibition inducing tensile fractures and its influence on in-situ stress analyses: A case study of shale gas drilling [J]. Journal of Natural Gas Science and Engineering, 26: 927-939.

YANG D, SONG C, ZHANG J, et al. 2015. Performance evaluation of injectivity for water-alternating-CO_2 processes in tight oil formations [J]. Fuel, 139: 292-300.

YANG L, GE H, SHI X, et al. 2016. The effect of microstructure and rock mineralogy on water imbibition characteristics in tight reservoirs [J]. Journal of Natural Gas Science and Engineering, 34: 1461-1471.

YANNIMARAS D V, TIFFIN D L. 1995. Screening of oils for in-situ combustion at reservoir conditions via accelerating rate calorimetry [J]. SPE Reservoir Engineering, 10 (1): 36-39.

YASSIN M R, BEGUM M, DEHGHANPOUR H. 2017. Organic shale wettability and its relationship to other petrophysical properties: A Duvernay case study [J]. International Journal of Coal Geology, 169: 74-91.

YOSHIKI K S, PHILLIPS C R. 1985. Kinetics of the thermo-oxidative and thermal cracking reactions of Athabasca bitumen [J]. Fuel, 64 (11): 1591-1598.

YU Y, SHENG J J. 2015. An experimental investigation of the effect of pressure depletion rate on oil recovery from shale cores by cyclic N_2 injection [C]//Unconventional Resources Technology Conference.

YU Y, SHENG J J. 2016a. Experimental evaluation of shale oil recovery from Eagle Ford core samples by nitrogen gas flooding [C]//SPE Improved Oil Recovery Conference.

YU Y, SHENG J J. 2016b. Experimental investigation of light oil recovery from fractured shale reservoirs by cyclic water injection [C]//SPE Western Regional Meeting.

YU Y, SHENG J J. 2017. A comparative experimental study of IOR potential in fractured shale reservoirs by cyclic water and nitrogen gas injection [J]. Journal of Petroleum Science and Engineering, 149: 844-850.

YU W, AL-SHALABI E W, SEPEHRNOORI K. 2014a. A sensitivity study of potential CO_2 injection for enhanced gas recovery in Barnett shale reservoirs [C]//SPE Unconventional Resources Conference.

YU W, LASHGARI H, SEPEHRNOORI K. 2014b. Simulation study of CO_2 huff-n-puff process in Bakken tight oil reservoirs [C]//SPE Western North American and Rocky Mountain Joint Meeting.

YU Y, SHENG J J, BARNES W, et al. 2015. Evaluation of cyclic gas injection EOR performance on shale core samples using X-ray CT scanner [C]//2015 AIChE Annual Meeting.

YU Y, LI L, SHENG J J. 2016a. Further discuss the roles of soaking time and pressure depletion rate in gas huff-n-puff process in fractured liquid-rich shale reservoirs [C]//SPE Annual Technical Conference and Exhibition.

YU Y, MENG X, SHENG J J. 2016b. Experimental and numerical evaluation of the potential of improving oil recovery from shale plugs by nitrogen gas flooding [J]. Journal of Unconventional Oil and Gas Resources, 2016, 15: 56-65.

YU Y, Li L, SHENG J J. 2017. A comparative experimental study of gas injection in shale plugs by flooding and huff-N-puff processes [J]. Journal of Natural Gas Science and Engineering, 38: 195-202.

YUAN B, WANG Y, ZENG S. 2018. Effect of slick water on permeability of shale gas reservoirs [J]. Journal of Energy Resources Technology, 140: 1-7.

ZELENEV A S, ELLENA L. 2009. Microemulsion technology for improved fluid recovery and enhanced core permeability to gas [C]//8th European Formation Damage Conference.

ZENG T S, MILLER C, MOHANTY K. 2018. Application of surfactants in shale chemical EOR at high temperatures［C］//SPE Improved Oil Recovery Symposium.

ZHANG F, ADEL I A, PARK K H, et al. 2018. Enhanced oil recovery in unconventional liquid reservoir using a combination of CO_2 huff-n-puff and surfactant-assisted spontaneous imbibition［C］//SPE Annual Technical Conference and Exhibition.

ZHANG J, LIU H. 1991. Determination of viscosity under pressure for organic substances and its correlation with density under high pressure［J］. Journal of Chemical Industry and Engineering, 3: 269-277.

ZHANG Y, SHENG J J. 2016. Oxidation kinetics study of the wolfcamp light oil［J］. Petroleum Science and Technology, 34 (13): 1180-1186.

ZHANG S, SHENG J J. 2017a. Effect of water imbibition on hydration induced fracture and permeability of shale cores［J］. Journal of Natural Gas Science and Engineering, 45: 726-737.

ZHANG S, SHENG J J. 2017b. Study of the propagation of hydration-induced fractures in Mancos shale using computerized tomography［J］. International Journal of Rock Mechanics and Mining Sciences, 95: 1-7.

ZHANG S, SHENG J J. 2017c. Effects of salinity and confining pressure on hydrationinduced fracture propagation and permeability of Mancos shale［J］. Rock Mechanics and Rock Engineering, 50 (11): 2955-2972.

ZHANG Y, SHENG J J. 2017d. The mechanism of the oxidation of light oil［J］. Petroleum Science and Technology, 35 (12): 1224-1233.

ZHANG S, SHENG J J. 2018. Effect of water imbibition on fracture generation in Mancos shale under isotropic and anisotropic stress conditions［J］. Journal of Geotechnical and Geoenvironmental Engineering, 144 (2): 1-10.

ZHANG S, SHENG J J, QIU Z S. 2016. Water adsorption on kaolinite and illite after polyamine adsorption［J］. Journal of Petroleum Science and Engineering, 142: 13-20.

ZHANG S, SHENG J J, SHEN Z. 2017. Effect of hydration on fractures and permeabilities in Mancos, Eagleford, Barnette and Marcellus shale cores under compressive stress conditions［J］. Journal of Petroleum Science and Engineering, 156: 917-926.

ZHANG F, SAPUTRA I W R, ADEL I A, et al. 2018. Scaling for wettability alteration induced by the addition of surfactants in completion fluids: Surfactant selection for optimum performance［C］//Unconventional Resources Technology Conference.

ZHANG F, SAPUTRA I W R, PARSEGOV S G, et al. 2019. Experimental and numerical studies of EOR for the wolfcamp formation by surfactant enriched completion fluids and multi-cycle surfactant injection［C］//SPE Hydraulic Fracturing Technology Conference and Exhibition.

ZHAO J Z, JIA H, PU W F, et al. 2012. Sensitivity studies on the oxidation behavior of crude oil in porous media［J］. Energy and Fuels, 26 (11): 6815-6823.

ZHAO H, NING Z, ZHAO T, et al. 2015. Applicability comparison of nuclear magnetic resonance and mercury injection capillary pressure in characterisation pore structure of tight oil reservoirs［C］//Asia Pacific Unconventional Resources Conference and Exhibition.

ZHAO W, HU S, HOU L. 2018. Connotation and strategic role of in-situ conversion processing of shale oil underground in the onshore China［J］. Petroleum Exploration and Development, 45 (4): 563-572.

ZHOU X, MORROW N R, MA S. 2000. Interrelationship of wettability, initial water saturation, aging time, and oil recovery by spontaneous imbibition and waterflooding［J］. SPE Journal, 5 (2): 199-207.

ZHOU Z, ABASS H, LI X, et al. 2016. Experimental investigation of the effect of imbibition on shale permeability during hydraulic fracturing［J］. Journal of Natural Gas Science and Engineering, 29: 413-430.

ZHU P, BALHOFF M T, MOHANTY K K. 2015. Simulation of fracture-to-fracture gas injection in an oil-rich shale［C］//SPE Annual Technical Conference and Exhibition.

ZOBACK M D, KOHLI A, DAS I, et al. 2012. The importance of slow slip on faults during hydraulic fracturing stimulation of shale gas reservoirs [C]//SPE Americas Unconventional Resources Conference.

ZOLFAGHARI A, DEHGHANPOUR H, NOEL M, et al. 2016. Laboratory and field analysis of flowback water from gas shales [J]. Journal of Unconventional Oil and Gas Resources, 14: 113-127.

ZUBARI H K, SIVAKUMAR V C B. 2003. Single well tests to determine the efficiency of alkaline-surfactant injection in a highly oil-wet limestone reservoir [C]//Middle East Oil Show.

郭伟峰, 房育金, 杨永霞, 等. 2004. 低渗透油田周期注水的研究及应用 [J]. 吐哈油气, 9 (3): 262-265.

侯胜明, 刘印华, 张建丽, 等. 2011. 轻质油油藏注空气自发点燃延迟时间预测模型 [J]. 油气地质与采收率, 18 (3): 61-63.

黄大志, 向丹. 2004. 注水吞吐采油机理研究 [J]. 油气地质与采收率, 11 (5): 39-41, 43.

吉亚娟, 周乐平, 任韶然, 等. 2008. 油田注空气工艺防爆实验的研究 [J]. 中国安全科学学报, 18 (2): 87-92.

贾承造, 郑民, 张永峰. 2014. 非常规油气地质学重要理论问题 [J]. 石油学报, 35 (1): 1-10.

贾承造, 邹才能, 李建忠, 等. 2012. 中国致密油评价标准、主要类型、基本特征及资源前景 [J]. 石油学报, 33 (3): 343-350.

姜洪福, 雷友忠, 熊霄, 等. 2008. 大庆长垣外围特低渗透扶杨油层 CO_2 非混相驱油试验研究 [J]. 现代地质, 22 (4): 659-663.

解伟, 石立华, 吕迎红, 等. 2016. 特低渗透非均质油藏周期注水方案研究 [J]. 非常规油气, 3 (1): 47-52.

李继强, 杨承林, 许春娥, 等. 2001. 黄河南地区无能量补充井的单井注水吞吐开发 [J]. 石油与天然气地质, 22 (3): 221-224, 229.

李龙龙. 2012. 胡尖山油田长 7 致密油藏提高单井产能技术对策 [J]. 石油地质与工程, 26 (5): 56-58.

李晓辉. 2015. 致密油注水吞吐采油技术在吐哈油田的探索 [J]. 特种油气藏, 22 (4): 144-146.

李贻勇. 2011. 异步注采注水方式在东胜堡潜山的应用 [J]. 石油地质与工程, 25: 16-17.

李忠兴, 李健, 屈雪峰, 等. 2015. 鄂尔多斯盆地长 7 致密油开发试验及认识 [J]. 天然气地球科学, 26 (10): 1932-1940.

李忠兴, 屈雪峰, 刘万涛, 等. 2015. 鄂尔多斯盆地长 7 段致密油合理开发方式探讨 [J]. 石油勘探与开发, 42 (2): 217-221.

蔺明阳, 王平平, 李秋德, 等. 2016. 安 83 区长 7 致密油水平井不同吞吐方式效果分析 [J]. 石油化工应用, 35 (6): 94-97.

刘建英, 申坤, 黄战卫, 等. 2010. 安塞特低渗透油田微生物驱先导试验 [J]. 新疆石油地质, 31 (6): 634-636.

齐成伟. 2015. 致密油藏水力碎裂区是"死油区" [J]. 内蒙古石油化工, 17: 146-147.

汤爱云, 李伟. 2010. 注水吞吐采油在牛圈湖油田的应用 [J]. 吐哈油气, 15 (3): 274-275.

田梦, 林海, 孙跃武, 等. 2003. 低产低渗裂缝油田吞吐采油试验研究 [J]. 世界地质, 22 (3): 279-283.

汪艳勇. 2015. 大庆榆树林油田扶杨油层 CO_2 驱油试验 [J]. 大庆石油地质与开发, 34 (1): 136-139.

王平平, 李秋德, 杨博, 等. 2015. 胡尖山油田安 83 长 7 致密油地层能量补充方式研究 [J]. 石油化工应用, 34 (3): 58-62.

王贤君, 尚立涛, 张明慧, 等. 2013. 可降解纤维压裂技术研究与现场试验 [J]. 大庆石油地质与开发, 32 (2): 141-144.

杨华, 李士祥, 刘显阳. 2013. 鄂尔多斯盆地致密油、页岩油特征及资源潜力 [J]. 石油学报, 34 (1):

1-11.

杨伟伟，冯渊，杨勇，等 . 2015. 页岩油藏的成藏条件及中国页岩油藏有利区展布 [J]. 新疆石油地质，36 (3)：253-257.

杨亚东，杨兆中，甘振维，等 . 2006. 单井注水吞吐在塔河油田的应用 [J]. 天然气勘探与开发，29 (2)：32-35.

郑定业，庞雄奇，张可，等 . 2017. 玛湖凹陷西斜坡致密油藏有效储层物性下限确定 [J]. 科学技术与工程，17 (24)：196-203.

周庆凡，杨国丰 . 2012. 致密油与页岩油的概念与应用 [J]. 石油与天然气地质，33 (4)：541-544，570.

邹才能，陶士振，白斌，等 . 2015. 论非常规油气与常规油气的区别和联系 [J]. 中国石油勘探，20 (1)：1-16.

邹才能，朱如凯，吴松涛，等 . 2012. 常规与非常规油气聚集类型、特征、机理及展望——以中国致密油和致密气为例 [J]. 石油学报，33 (2)：173-187.

符 号 表

α 表面沉积速率系数

β 废气中的 CO/CO_2 比（第 13 章），或夹带率系数（第 3 章），或应力敏感指数和渗透率应力指数（第 2 章和第 12 章）

γ 堵塞沉积速率系数（第 3 章），或不同润湿性下 k_r 和 p_c 的插值参数（第 9 章）

γ_g 旋磁比

γ_i 瞬时堵塞沉积的速率系数

γ_w 气体混合物中水的摩尔分数

δ 式（13.14）中定义的无量纲参数

δ_c 式（13.15）中定义的临界条件的无量纲参数

$\delta_{o,SI}$ 式（9.61）中，自发渗吸原油体积占总渗吸原油体积中的百分比

$\delta_{w,SI}$ 式（9.60）中，自发吸水量占总吸水量的百分比

Δ 表示离散变化的运算符

ΔH DSC 试验中的原油热值，J

ΔT_f 界面温度减去燃烧管试验的室温

θ 接触角，（°）

θ_{osi} 自发渗吸过程中的原油润湿角

θ_{wsi} 自发渗吸过程中的水润湿角

λ 系统的导热系数，W/（m·K）

μ 黏度，mPa·s，或衰减系数（第 2 章）

μ_e 两相（但视为单相）的有效黏度，mPa·s

μ_{gr} 气饱和岩心的衰减系数

μ_{or} 油饱和岩心的衰减系数

ρ 密度，kg/m^3

ρ_{or} 孔隙完全饱和的含油岩石的密度

σ 界面张力，mN/m，或雪球效应的沉积常数，无量纲（第 3 章）

π 圆周与圆直径的常数比，或渗透压（第 12 章）

ϕ 孔隙度

Φ 电位

Γ_s 吸附表面活性剂浓度（体积分数），%

ω 混合参数

ω_{kr} k_r 的插值比例因子，无量纲

ω_{oc} p_c 的插值比例因子，无量纲

a Langmuir 型等温线的经验常数

A 指前因子或频率因子，在式（13.2）中单位为 s^{-1}，在式（13.12）中的单位为 $d^{-1} \cdot kPa^{-n}$，或代表面积

A_f 裂缝表面积

b Langmuir 型等温线的经验常数

c 常数，在式（10.13）中为重力与毛细管力之比，无量纲，或两个参数之比

C 比热容，单位为 kJ/（kg·℃）或 J/（kg·K），或表示式（9.45）中的转换常数

C_A 液相中沥青质沉淀的浓度，m/L^3，meq/mL

C_H Huh 方程的经验常数

C_{pc} 毛细管参数

C_{surf} 表面活性剂的平衡浓度（体积分数），%

c_t 总压缩性，psi^{-1}

CT 物质中测定的 CT 值

CT_a 空气中的 CT 值

CT_{ar} 饱含空气的干燥岩石的 CT 值

CT_g 气体中的 CT 值

CT_{gor} 天然气、原油和岩石系统的 CT 值

CT_{gr} 饱含气体的干燥岩石的 CT 值

CT_o 原油的 CT 值

CT_{or} 饱含原油的干燥岩石的 CT 值

CT_r 岩石的 CT 值

D 孔径或渗透深度（第 2 章），ft；或扩散系数，cm^2/s（第 10 章）

D_{pt} 平均孔喉直径

D_{ptc} 临界孔喉直径

E_A 沥青质沉积所占的孔隙体积分数

E 分解或氧化反应的活化能，kJ/mol，J/mol

E_{pc} 毛细管压力函数的指数，无量纲

F_c 毛细管力

F_v 黏性力

g 重力常数，m/s^2

G 磁梯度

h 高度

H 尚未释放的焓，J

H_o 总释放热量，J

H_t 在任意时间释放的热（焓），J

I_W 润湿指数

k 渗透率，mD

k_0 初始应力 σ_0 下的渗透率

k_e^* 两相在 S_{wf} 下的有效渗透率

k_r 相对渗透率，无量纲

l 渗吸距离，m

L 长度，ft

L_a 特征长度，ft

L_c 临界和特征长度，ft

M 相对分子质量

M_e 有效流动性

m_t 质量，kg

n k_r 方程中的反应级数或指数，无量纲

N_B 键数，无量纲

N_C 毛细管数，无量纲

$(N_C)_c$ 临界毛细管数，无量纲

$(N_C)_{max}$ 最大毛细管数，无量纲

N_{pe} Péclet 数，无量纲

N_T 截留数，无量纲

p 压力，kPa，atm，psi

p_{avg} 基质平均压力，kPa

p_c 毛细管压力，psi

p_D 无量纲压力

p_e^* S_{wf} 下的毛管压力，psi

p_{huff} 注入时间内的无量纲压力

p_{max} 一个轮次中的最大基质平均压力，psi

p_{O_2} 氧分压，kPa

p_{puff} 回采时间内的无量纲压力

p_w^* 纯水组分的蒸气压

Q 每单位质量的燃料燃烧的总热值，在式（13.9）中的单位为 cal/g，或每单位质量燃料的反应热，在式（13.13）中的单位为 J/mol

Q' 每单位质量燃料燃烧的总热值，在式（13.10）中的单位为 BTU/lb

Q^* 氧化剂的反应热，在式（13.11）中为 kcal/mol 氧气或 BTU/ft³ 空气

Q_{O_2} 氧化反应焓，kJ/mol

r 毛管或孔隙半径，m

R 通过自发吸水或气体常数（8.3147J/（K·mol）或 0.082（L·atm）/（K·mol））得到的采收率

R^* 标准原油采收率，无量纲

RF 原油采收率，小数或%

r_w 水滴半径

S 式（9.11）中含水饱和度

S_1 一个轮次内的基质平均压力随注气（吞）时间（t_{huff}）变化的积分

S_2 注气过程中最大的平均基质压力所定义的区域

S_3 一个轮次内基质平均压力随回采（吐）时间（t_{puff}）的积分

S_4 最大的平均基质压力所定义的区域

S_{or} 残余油饱和度

S_w 式（10.3）中渗吸前缘后的平均含水饱和度

S_{w2} 返排结束时的残余油饱和度

t 时间，s、h、d

T 温度

T_2 孔隙介质中的横向弛豫时间，ms

$T_{2,bulk}$ 分散液体中的横向弛豫时间，ms

T_a 环境温度

$T_{a,c}$ 临界环境温度

t_D 无量纲时间

T_E 测量序列回波间隔，ms

t_g 黏滞力和重力的比值

t_{huff} 注气时间

T_p 用于拟合实验室测定值的参数

t_{puff}　回采时间

T_r　初始油藏温度，K

T_{SI}　自然发火温度，K

T_j　j 相的截留参数，无量纲

u_L　表面达西速率

v_L　间隙速率

v_{Lc}　临界间隙速率

V_o　原油体积

V_{O_2}　吸入干岩心柱 2 中的归一化油体积

V_{om}　微乳液相中的油体积

V_{or}　孔隙完全饱和的含油岩石体积

V_{osi}　原油自发渗吸体积

V_p　孔隙体积

V_r　固体岩石的体积

V_{sm}　微乳液相中表面活性剂的体积

V_w　水自发渗吸体积

V_{w1}　吸入干岩心柱 1 中的归一化水体积

V_{wsi}　水自发渗吸体积

W　功

W_{dry}　岩石的干重

W_{end}　每次注水结束时岩心柱的质量

W_{exp}　从容器中取出后的岩心质量

W_i　第 i 轮次结束时含水和油的岩石质量

WI_o　油的润湿性指数

WI_w　水的润湿性指数

W_{omin}　保持原位燃烧所需的最低原油含量，定义
见式（13.16）

W_{r+w+o}　最初被水和油饱和的岩石质量

W_{sat}　饱含原油的岩心的质量

x　燃料的 H/C 原子比

x_o^W　油在水相（微乳液相）中的摩尔分数

x_o^O　油相中油的摩尔分数

x_w^O　油相中水的摩尔分数

x_w^W　水相中水的摩尔分数

x_s^O　油相中表面活性剂的摩尔分数

x_s^W　水相中表面活性剂的摩尔分数

x_{sw}　表面活性剂在水溶液中的摩尔分数

y　原油中气体的摩尔分数（第 2 章）

上标

e　k_r 方程的终点

high　高毛细管数或高截留数

L　下界

low　低毛细管数或截留数

mw　混湿

U　上界

WA　仅润湿性发生变化

ww　水湿

ow　油湿

下标

0　初始

a　空气

as　空气-固体（界面）

b　体积

b1，b2　虚拟相 b1、b2

c　临界

D　无量纲

f　组

F　裂缝

FI　强制渗吸

fm　基质裂缝

g　气体

huff　注入期间

i　初始

j　虚拟相 j

j′　相 j 的共轭相位

nw　非湿润

o　原油或原始成分（初始）

oa　原油-空气（界面）

or　剩余油

ow，wo　水-原油（界面）

os　原油-固体（界面）

osa　原油-固体-空气系统

puff　回采期间

P　相

r, R 岩石或残余物

S 固体

SI 自发渗吸

w, W 水

wa 水-空气（界面）

wf 水驱前缘

wr 剩余水

ws 水-固体（界面）

wsa 水-固体-空气系统

索　引